U0150533

全国高等职业教育规划教材

Protel DXP 2004 SP2 印制电路板设计实用教程

第3版

主　编　陈兆梅
副主编　王然升
参　编　李茂松　于宏伟
主　审　张　杰

机　械　工　业　出　版　社

Protel DXP 2004 SP2 是目前国内使用最广泛的 EDA 软件之一。本书介绍了使用 Protel DXP 2004 SP2 进行印制电路板设计应具备的基础知识，包括原理图设计、印制电路板设计、集成库的创建以及仿真技术。本书充分考虑了高职高专学生的知识结构，以培养学生形成正确的设计思路、提高解决实际问题的能力为目标，合理选择内容和案例，并安排了 20 个针对性很强的“上机与指导”。

本书可作为高等职业院校电子类、电气类、通信类各专业学生的教材，也可以供职业技术教育、技术培训以及从事电子产品设计与开发的工程人员参考。

本书配有授课电子课件，需要的教师可登录 www. cmpedu. com 免费注册，审核通过后下载，或联系编辑索取（QQ：1239258369，电话：010 - 88379739）。

图书在版编目(CIP)数据

Protel DXP 2004 SP2 印制电路板设计实用教程／陈兆梅主编．—3 版．—北京：机械工业出版社，2015. 12
全国高等职业教育规划教材
ISBN 978-7-111-52204-1

Ⅰ. ①P… Ⅱ. ①陈… Ⅲ. ①印刷电路 - 计算机辅助设计 - 应用软件 - 高等职业教育 - 教材 Ⅳ. ①TN410. 2

中国版本图书馆 CIP 数据核字(2015)第 279004 号

机械工业出版社(北京市百万庄大街 22 号 邮政编码 100037)
责任编辑：王 颖
责任校对：张艳霞
责任印制：李 洋

北京宝昌彩色印刷有限公司印刷

2016 年 4 月第 3 版・第 1 次印刷
184mm×260mm・16. 5 印张・406 千字
0001—3000册
标准书号：ISBN 978-7-111-52204-1
定价：39. 90 元

凡购本书，如有缺页、倒页、脱页，由本社发行部调换
电话服务
服务咨询热线：(010)88379833
读者购书热线：(010)88379649
网络服务
机 工 官 网：www. cmpbook. com
机 工 官 博：weibo. com/cmp1952
教育服务网：www. cmpedu. com
金 书 网：www. golden - book. com

全国高等职业教育规划教材

电子类专业编委会成员名单

出 版 说 明

《国务院关于加快发展现代职业教育的决定》指出：到2020年，形成适应发展需求、产教深度融合、中职高职衔接、职业教育与普通教育相互沟通，体现终身教育理念，具有中国特色、世界水平的现代职业教育体系，推进人才培养模式创新，坚持校企合作、工学结合，强化教学、学习、实训相融合的教育教学活动，推行项目教学、案例教学、工作过程导向教学等教学模式，引导社会力量参与教学过程，共同开发课程和教材等教育资源。机械工业出版社组织全国60余所职业院校（其中大部分是示范性院校和骨干院校）的骨干教师共同策划、编写并出版的“全国高等职业教育规划教材”系列丛书，已历经十余年的积淀和发展，今后将更加结合国家职业教育文件精神，致力于建设符合现代职业教育教学需求的教材体系，打造充分适应现代职业教育教学模式的、体现工学结合特点的新型精品化教材。

“全国高等职业教育规划教材”涵盖计算机、电子和机电三个专业，目前在销教材300余种，其中“十五”“十一五”“十二五”累计获奖教材60余种，更有4种获得国家级精品教材。该系列教材依托于高职高专计算机、电子、机电三个专业编委会，充分体现职业院校教学改革和课程改革的需要，其内容和质量颇受授课教师的认可。

在系列教材策划和编写的过程中，主编院校通过编委会平台充分调研相关院校的专业课程体系，认真讨论课程教学大纲，积极听取相关专家意见，并融合教学中的实践经验，吸收职业教育改革成果，寻求企业合作，针对不同的课程性质采取差异化的编写策略。其中，核心基础课程的教材在保持扎实的理论基础的同时，增加实训和习题以及相关的多媒体配套资源；实践性较强的课程则强调理论与实训紧密结合，采用理实一体的编写模式；涉及实用技术的课程则在教材中引入了最新的知识、技术、工艺和方法，同时重视企业参与，吸纳来自企业的真实案例。此外，根据实际教学的需要对部分课程进行了整合和优化。

归纳起来，本系列教材具有以下特点：

1）围绕培养学生的职业技能这条主线来设计教材的结构、内容和形式。

2）合理安排基础知识和实践知识的比例。基础知识以“必需、够用”为度，强调专业技术应用能力的训练，适当增加实训环节。

3）符合高职学生的学习特点和认知规律。对基本理论和方法的论述容易理解、清晰简洁，多用图表来表达信息；增加相关技术在生产中的应用实例，引导学生主动学习。

4）教材内容紧随技术和经济的发展而更新，及时将新知识、新技术、新工艺和新案例等引入教材。同时注重吸收最新的教学理念，并积极支持新专业的教材建设。

5）注重立体化教材建设。通过主教材、电子教案、配套素材光盘、实训指导和习题及解答等教学资源的有机结合，提高教学服务水平，为高素质技能型人才的培养创造良好的条件。

由于我国高等职业教育改革和发展的速度很快，加之我们的水平和经验有限，因此在教材的编写和出版过程中难免出现问题和疏漏。我们恳请使用这套教材的师生及时向我们反馈质量信息，以利于我们今后不断提高教材的出版质量，为广大师生提供更多、更适用的教材。

机械工业出版社

前　言

电子设计自动化（EDA）技术的基本思想是借助于计算机，在 EDA 软件平台上完成电子产品的电路设计、仿真分析以及印制电路板设计的全过程。熟练使用 EDA 工具进行设计是电子工程人员的必备技能。

Altium 公司的 Protel DXP 2004 SP2 将所有的设计工具集成于一个平台，从最初的项目模块规划到最终形成生产数据都可以通过 Protel DXP 2004 SP2 实现。Protel DXP 2004 SP2 功能齐全，体系庞大，是 EDA 设计的综合平台，本书定位于它的基础与低端应用。本书的目的是帮助学生了解 Protel DXP 2004 SP2 软件的功能，并快速掌握该软件的基本使用方法和技巧。

本书改版后具有以下特点：

1）以学生在电工基础、低频电子线路、数字电子线路和单片机学习中接触到的电路为案例，使学生切实理解软件中各菜单和工具的作用以及相关操作。

2）以引导学生建立正确的作图思路为目的，根据案例的需要介绍菜单和工具的使用。在相应的章节最后列出常用操作，以方便学生查阅。

3）先讲软件的基本使用，包括原理图和印制电路板的制作，再讲原理图库和封装方式库的制作，让学生先学会用，再学会做，最后是设计进阶。内容由简单到复杂，配合案例难度的逐步提高，逐渐深化学生对软件的理解。

每个知识点都配有相应的上机与指导，既注重巩固高职学生的基本操作技能，又考虑到升级能力的需要，兼顾水平较高的学生。本书在上机与指导中，对关键问题进行点拨，帮助学生快速定位自己的错误，自行进行修改。

4）根据本书前两版的使用情况，结合高职学生的专业英语应用能力，第 3 版将全书的英文菜单根据软件的汉化版本加上了中文解释，既方便采用英文版本的学生使用，又方便采用汉化版本的学生使用，解决了学生找不到菜单的问题，也有效解决了汉化版本的生涩问题，更有利于学生自己学习与提高。

本书第 2、3、7 章及附录由陈兆梅编写，第 1、8 章由李茂松编写，第 4、5、6 章由王然升编写，第 9 章由于宏伟编写。全书由陈兆梅统稿，张杰主审。

软件中原理图符号采用 IEEE 标准绘制，与目前国内流行的电子电路教材中的国标符号有诸多不一致的地方，为了方便读者阅读，在本书编写的过程中，对部分案例中常用的元器件符号已经按照国标作了修改，如二极管、电位器等，而集成运放符号和逻辑门电路符号则使用软件中的符号。书中所用部分元器件的文字符号采用了软件默认的文字符号，例如晶体管等，软件中的图形符号以及文字符号与国标的对比，在附录中列出，请读者参考。

由于编者水平有限，书中不妥、疏漏或错误之处在所难免，恳请广大读者批评指正。

编　者

目　录

第1章　Protel DXP 2004 SP2 概述

本章要点

- 软件发展历史
- 软件基本功能
- 软件系统配置要求及其运行
- 文档组织结构与文档管理

1.1　软件简介

在电子行业，借助 Protel、PADS、Power-Logic、PowerPCB、OrCAD 等计算机软件对产品进行设计已经成为一种趋势，熟练使用这类工具软件可以极大地提高设计产品的质量与工程人员的设计效率。

与其他同类电子设计自动化（Electronic Design Automation，EDA）软件相比，Protel 功能相对完善、容易学习和掌握、使用方便、资料丰富，是目前国内使用最广泛的软件之一。

1.1.1　软件发展历史

Altium 的前身为 Protel 国际有限公司。该公司创建于 1985 年，致力于开发基于个人计算机的、为印制电路板（PCB）设计提供辅助的软件。随着 PCB 设计软件包的成功，Altium 公司不断改进其产品的功能，包括原理图输入、PCB 自动布线和自动 PCB 器件布局软件。

1991 年，Altium 公司发布了世界上第一个基于 Windows 的 PCB 设计系统，即 Advanced PCB。

1997 年，Altium 公司认识到越来越需要把所有核心 EDA 软件工具集中到一个集成软件包中，从而实现从设计概念到生产的无缝集成。因此，Altium 发布了专为 Windows NT 平台构建的 Protel 98，这是首次将所有 5 种核心 EDA 工具集成于一体的产品，这 5 种核心 EDA 工具包括原理图输入、可编程逻辑器件（PLD）设计、仿真、板卡设计和自动布线。随后在 1999 年 Altium 公司又发布了 Protel 99 和 Protel 99 SE，这些版本提供了更高的设计流程自动化程度，进一步集成了各种设计工具，并引进了“设计浏览器”平台。设计浏览器平台允许对电子设计的各方面（包括设计工具、文档管理、器件库等）进行无缝集成，它是 Altium 建立涵盖所有电子设计技术的完全集成化设计系统理念的起点。

2002 年，Altium 公司重新设计了设计浏览器（Design Explorer，DXP）平台，并发布第一个在新 DXP 平台上使用的产品 Protel DXP。Protel DXP 是 EDA 行业内第一个可以在单个应用程序中完成整个板级设计处理的工具。随后，Altium 陆续发布了 DXP 2004 SP1、SP2、SP3、SP4 等产品服务包，进一步完善了软件功能，并提供了对多语言的支持。

目前，Altium 公司开发的 EDA 软件的最新版本是 Altium Designer。Altium Designer 是业界首例将设计流程、集成化 PCB 设计、可编程器件设计和基于处理器设计的嵌入式软件开发功能整合在一起的产品，是一种能同时进行 PCB 和现场可编程门阵列（Field Programmable Gate Array，FPGA）设计以及嵌入式设计的解决方案，具有将设计方案从概念转变为最终成品所需的全部功能，属于 EDA 设计的高端产品，系统配置要求较高。

1.1.2 软件新特性

从 Protel 98 版本开始，Protel 系列电子线路设计辅助软件都具备了电路设计的基本功能，即原理图设计、原理图元器件设计、印制电路板设计、封装方式设计和仿真，并且用户界面友好。除了操作界面有所区别外，各版本的操作方法大同小异。本书以 DXP 2004 SP2 为参考介绍软件的使用。

与以往软件相比，Protel DXP 2004 SP2 具有如下新特性：

1）Protel DXP 提供丰富和全面的集成环境，全面支持 PCB 和 FPGA 项目设计。

2）Protel DXP 采用集成的方式管理元器件库，把每个元器件的原理图符号和 PCB 封装、通用模/数电路仿真器（Simulation Program with Integrated Circuit Emphasis，SPICE）模型以及信号完整性模型连接在一起，极大减少了用户的工作量。同时软件提供了强大的库元器件查询功能。

3）Protel DXP 是规则驱动的板图编辑环境，使用户对板图设计全部细节都能充分控制。通过详尽、全面的设计规则定义可以为板图设计符合实际要求提供保证。Protel DXP 采用了最新的 Situs 布线技术，通过生成拓扑路径图的方式，来解决自动布线时遇到的困难。Situs 布线有很高的布通率，接近于人工布线的效果。

1.2 软件安装的系统配置要求、软件安装及运行

1.2.1 软件安装的系统配置要求

1. 推荐的最佳系统要求

- Windows 7
- 3 GHz 奔腾 4 处理器或同等性能
- 1 GB 的 RAM
- 2 GB 的硬盘空间（安装 + 用户文件）
- 分辨率为 1280 × 1024 像素的双显示器，32 位彩色、64 MB 图形卡

2. 对系统配置的最低要求

- Windows 2000 专业版 SP2
- 1.8 GHz 处理器
- 1 GB 的 RAM
- 2 GB 的硬盘空间（安装 + 用户文件）
- 分辨率为 1280 × 1024 像素的主显示器，最低屏幕分辨率为 1024 × 768 像素、32 位彩色、32 MB 图形卡的从显示器

以上配置来源于 Protel 开发商 Altium 公司的软件使用说明。事实上，一般用户的计算机配置达不到这样的要求。但按如下配置，Protel DXP 2004 SP2 软件也可正常运行。

- Windows 2000 专业版 SP2 或 Windows XP

- 1.8 GHz 处理器
- 512 MB 的 RAM
- 2 GB 硬盘空间（安装 + 用户文件）
- 分辨率为 1024 × 768 像素的显示器，32 位彩色、32 MB 图形卡

1.2.2 软件安装及运行

在 DXP 2004 SP2 源文件所在路径下（CD-ROM 或硬盘），找到 Setup. exe（安装）图标，然后按照安装向导的提示，逐步操作，完成安装。

1）用鼠标双击 Setup. exe 图标，弹出图 1-1 所示的安装向导开始界面，开始进行安装。

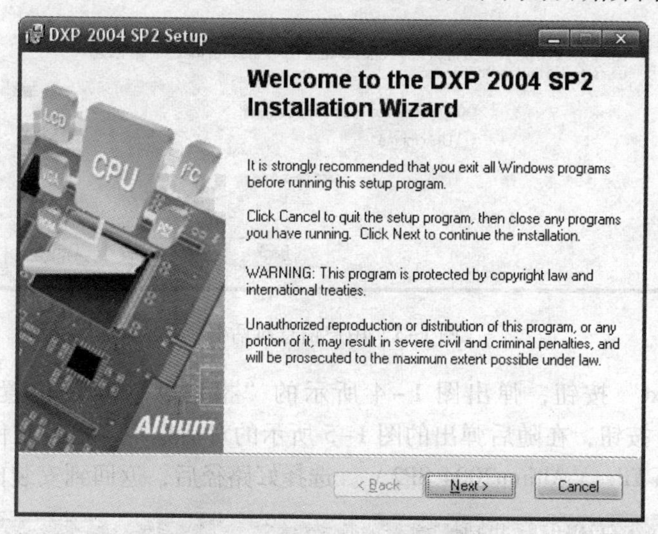

图 1-1 “安装向导开始”界面

2）单击“Next”（下一步）按钮，弹出图 1-2 所示的对话框，要求用户选择是否接受软件使用协议，选中“I accept the license agreement”（我接受协议）选项。

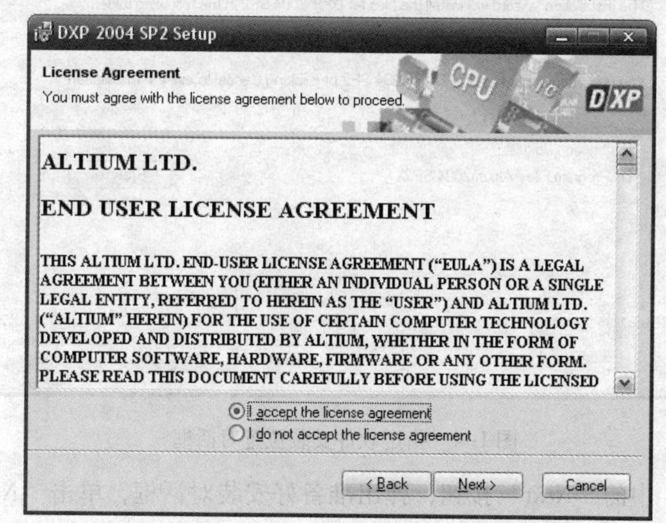

图 1-2 “是否接受软件使用协议”对话框

3）单击“Next”按钮，弹出图1-3所示的“用户信息”对话框，填入用户名，并限定软件使用权限。

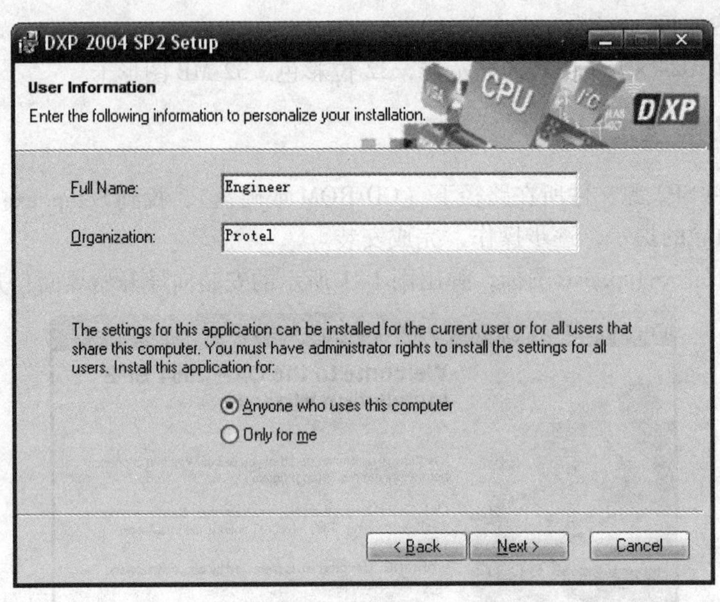

图1-3　用户信息对话框

4）单击“Next”按钮，弹出图1-4所示的“指定软件安装位置”对话框：单击“Browse”（浏览）按钮，在随后弹出的图1-5所示的对话框中，指定软件安装的位置，本例指定D:\Program Files\ Altium2004 SP2\。选择好路径后，返回到安装向导中。

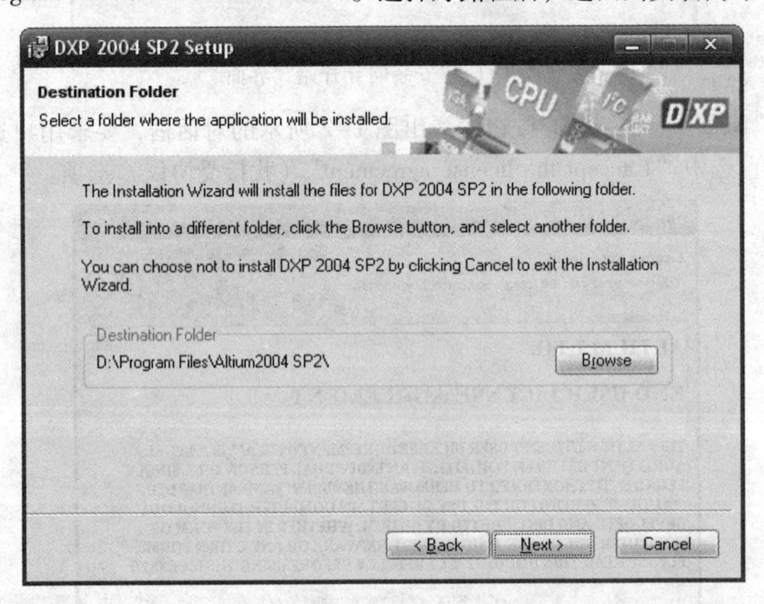

图1-4　指定软件安装位置对话框

5）单击图1-4中的“Next”按钮，弹出准备好安装对话框，单击“Next”按钮，弹出图1-6所示的“安装进度显示”对话框。在安装过程中，随时可以单击“Cancel”（取消）按钮，取消程序的安装。安装完成后，将弹出图1-7所示的对话框，提示安装已经完成。

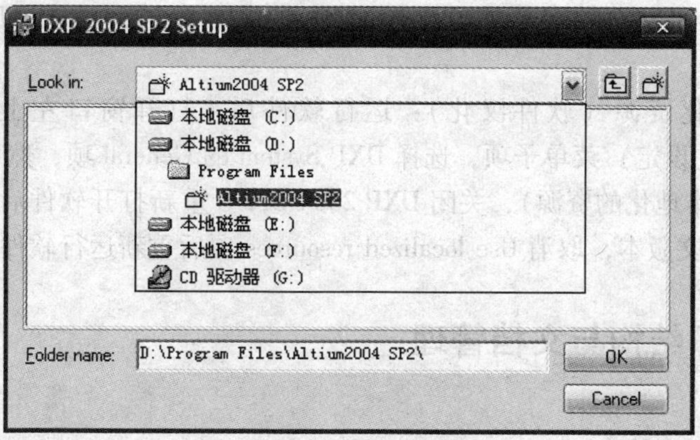

图 1-5　指定软件安装的位置

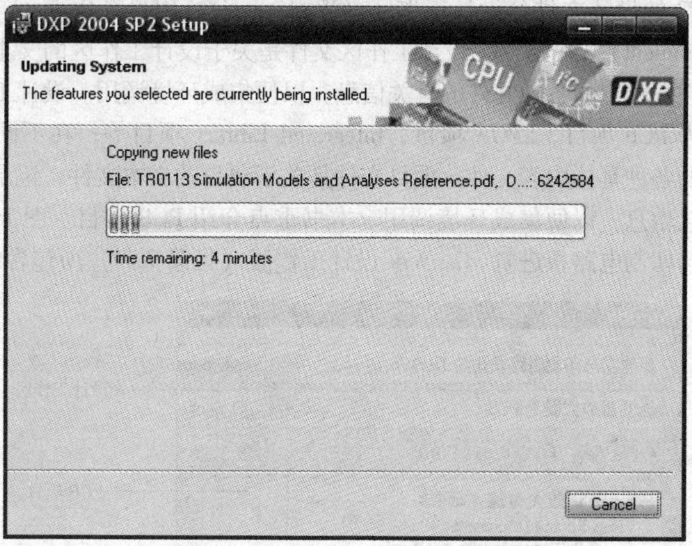

图 1-6　安装进度显示

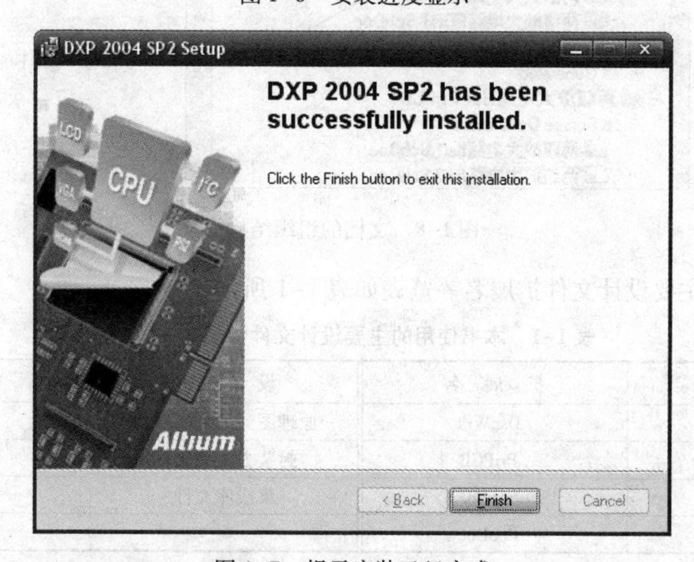

图 1-7　提示安装已经完成

6）从 Windows 的“开始”菜单运行 DXP 2004 SP2，经过许可认证后（安装 License），软件方可正常使用。

7）使用本地化资源（软件汉化）：运行软件后，打开窗口左上角 DXP 菜单下的“Preference”（优先设定）菜单子项，选择 DXP System 的 General 项，然后选中 Use localized resources（使用经本地化的资源），关闭 DXP 2004 SP2。重新打开软件后则变为简体中文版本。如果想使用英文版本，取消 Use localized resources 项后重新运行软件即可。

1.3　文档组织结构与文档管理

1.3.1　文档组织结构

DXP 2004 SP2 的设计文件分设计工作区（Workspace）、项目（Project）和含有具体设计内容的文件（Document）3 个层次。设计工作区文件是关于设计工作区的文本文件，它起着链接的作用，记录它管辖下的各种文件的有关信息，以便集成环境调用。设计工作区可以包含多个项目，项目分为 PCB 项目、FPGA 项目、Integrated Library 项目等；在不同的设计工作区中又包含着其相应的各种具体内容文件。项目文件是关于项目的文本文件，记录属于它的各种文件及各种相关链接信息，以便集成环境调用。本书重点介绍 PCB 项目。图 1-8 所示的文档组织结构为原理图与印制电路板进阶 . DsnWrk 设计工作区（见第 7 章）所包含的内容。

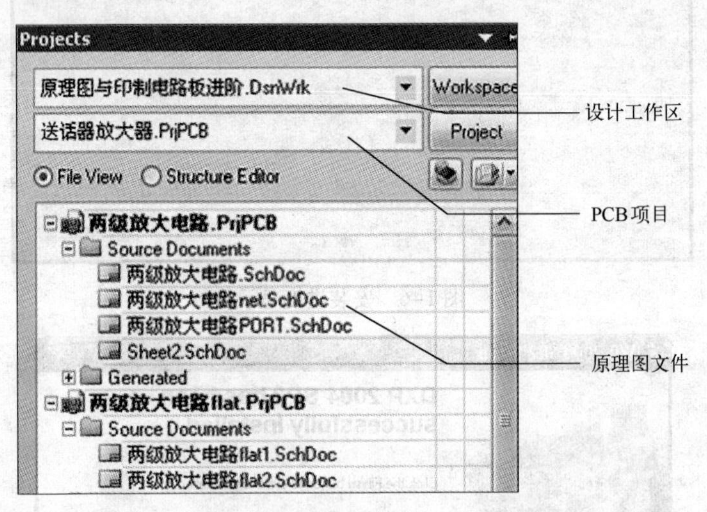

图 1-8　文档的组织结构

本书使用的主要设计文件扩展名一览表如表 1-1 所示。

表 1-1　本书使用的主要设计文件扩展名一览表

设计文件	扩展名	设计文件	扩展名
设计工作区	. DsnWrk	原理图元器件库文件	. SchLib
PCB 项目	. PrjPCB	封装方式库文件	. PcbLib
原理图文件	. SchDoc	集成库文件	. IntLib
PCB 文件	. PcbDoc		

1.3.2 文档创建

DXP 2004 SP2 以设计工作区总领一个大型设计任务的所有文件。在开始一个新的大型设计任务时，遵循以下顺序创建设计文件：先新建设计工作区，再在设计工作区内添加项目，然后在相应的项目内添加含有具体设计内容的文件。然而，这并不意味着该设计工作区内的所有文件在存储器内是在一起的，事实上各个文件的存放位置可以任意，每个文件也是独立的，可以采用 Windows 命令进行操作（如复制、粘贴等）。

1.3.3 文档保存

在设计过程中要养成隔时段保存文件的习惯。在关闭软件时，软件会弹出“保存”对话框，供用户保存与设计任务相关的各个层次的文件。图 1-9 为“保存”对话框，它对应了图 1-10 的设计文档内容。

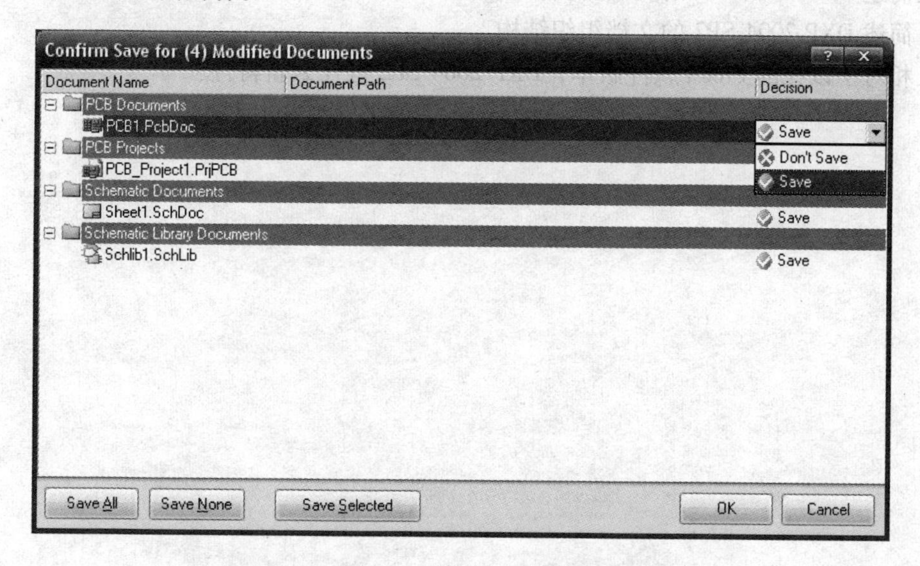

图 1-9 “保存”对话框

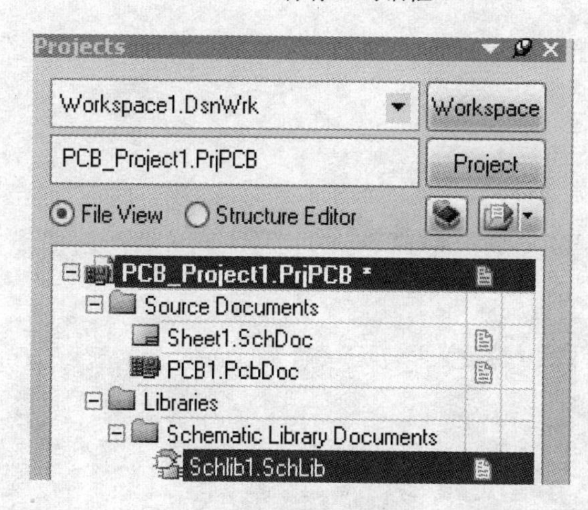

图 1-10 设计文档内容

在图 1-9 中，5 个命令按钮的作用如下所述。

1）Save All（全部保存）：保存全部文件。

2）Save None（不保存）：不保存文件。

3）Save Selected（保存被选文件）：只保存被选中的文件（例如在图 1-9 中选择 Don’t Save 后，PCB1. PcbDoc 文件将不被保存）。

4）OK（确认）：在确认前面 3 项中的一项后，单击“OK”按钮，如果选择保存文档，则逐一选择路径保存文件，保存完毕后退出软件；如果选择不保存文件，则立即关闭软件。

5）Cancel（取消）：放弃关闭软件的操作，继续进行设计。

1.4 习题

1. 简述 DXP 2004 SP2 的发展历史。
2. 简述 DXP 2004 SP2 的文档组织结构。
3. 相对于以往的 Protel 软件版本，DXP 2004 SP2 有什么新特性？

第 2 章　原理图制作基础

本章要点

- 原理图的制作
- 集成库的安装与使用
- 原理图的编辑

2.1　制作第一个原理图——单管共射放大电路

单管共射放大电路是模拟电子技术中最基本的电路，如图 2-1 所示。此处以它作为例子来介绍原理图制作的基本方法。该图与读者在模拟电子电路中所见电路的不同之处在于多了接插件 P1，这是印制电路板与外部电路的接口。

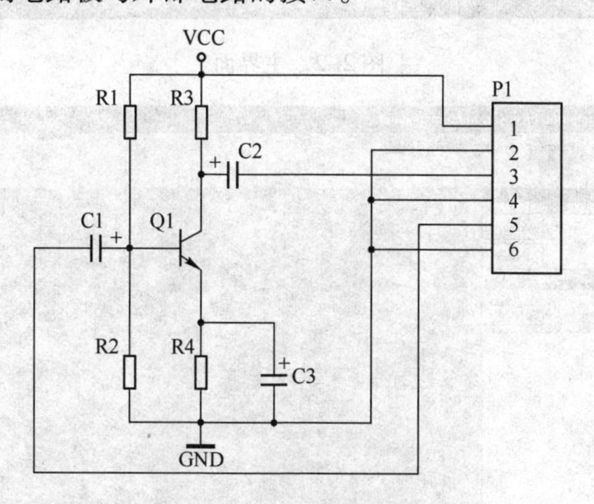

图 2-1　单管共射放大电路

该图包括以下几个最基本的部件：一个晶体管、4 个电阻、3 个电解电容、一个接插件和若干导线。用软件制作这个图与在图样上画出这个图的步骤基本是一致的，即准备一张图样→做一些基本设置→画图→后期整理。

2.1.1　新建原理图文件

1）运行 DXP 2004 SP2 软件，运行结果显示主界面，如图 2-2 所示。如果软件不是第一次被使用，可执行菜单“View”（查看）→“Desktop Layouts”（桌面布局）→“Default”（默认），使主界面如图 2-2 所示，以方便初学者学习。

2）整理工作环境。关闭图 2-2 ①所示位置的面板（若由于显示器尺寸小显示不完全，则可用鼠标左键按住面板标题栏，往左边拖动，露出关闭按钮，然后关闭它）。单击位置②

的 Project（项目）面板标签，显示项目面板；在③所示的 Home（主页面）位置上单击鼠标右键，出现其右键菜单 Close Home（关闭主页面，执行菜单“View（查看）”→“Home（主页）”可以重新显示）。整理结果即准备工作的界面，如图 2-3 所示。

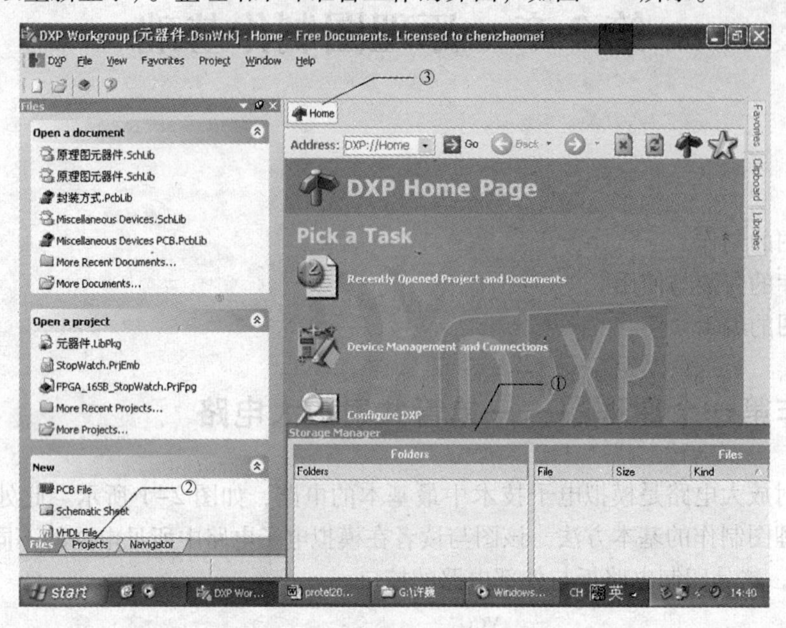

图 2-2　主界面

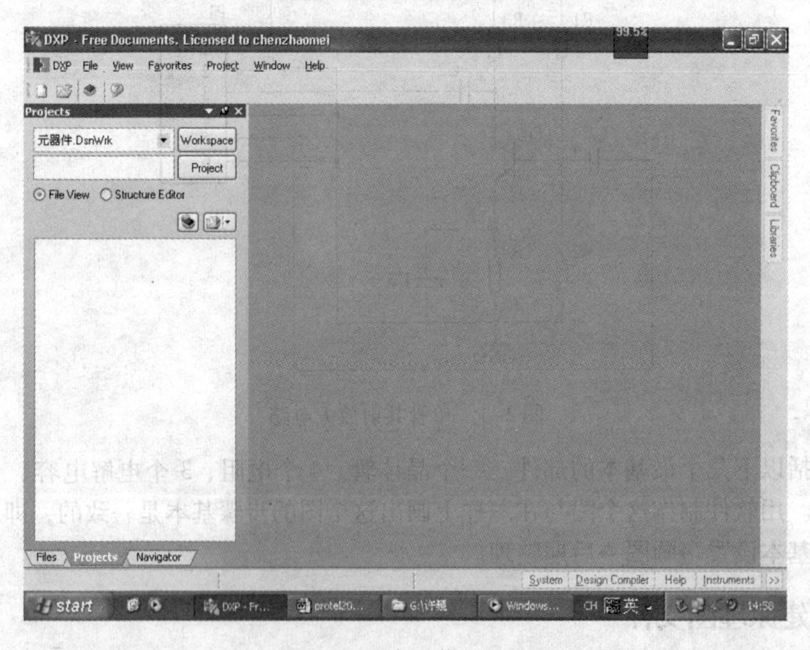

图 2-3　准备工作的界面

3）新建并保存设计工作区。执行菜单“File”（文件）→“New”（创建）→“Design Workspace”（设计工作区），在建立设计工作区后，再执行菜单“File”（文件）→“Save Design Workspace”（保存设计工作区），命名设计工作区为“晶体管放大电路”，保存到硬盘上。新建并保存设计工作区如图 2-4 所示。可以将 Protel DXP 2004 SP2 的文件保存在硬盘上的任意位置上，软件会自动建立它们之间的关联，但作为一个电子工程师，应养成一个大设计思想，习惯整理并保护工作任务文档。建议保存在 E、F 等次序靠后的逻辑盘上，并新建专门的文件夹予以保存，例如本例保存于 F 盘上。

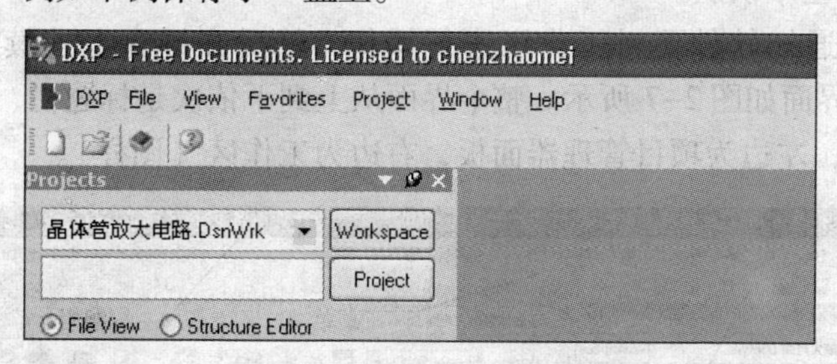

图 2-4　新建并保存设计工作区

4）新建并保存项目。执行菜单“File”（文件）→“New”（创建）→“Project”（项目）→“PCB Project”（PCB 项目）或者在项目管理器上单击“Workspace”（工作区）按钮，然后执行“Add New Project”（追加新项目）→“PCB Project”（PCB 项目），产生新项目后，执行菜单“File”（文件）→“Save Project”（保存项目），对项目命名并将项目保存在建立的文件夹中。新建并保存项目如图 2-5 所示。

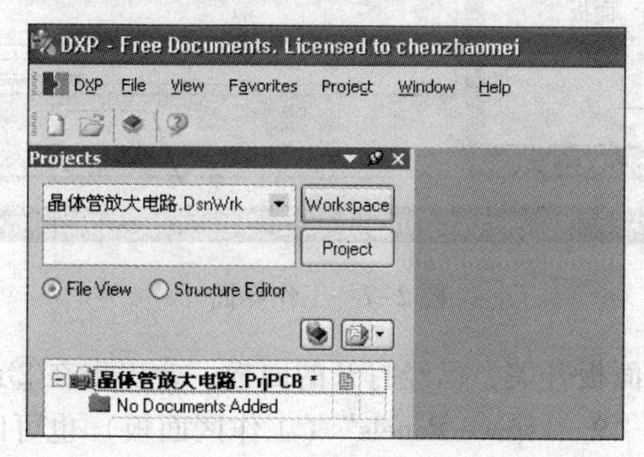

图 2-5　新建并保存项目

5）新建并保存原理图文件。执行菜单“File”（文件）→“New”（创建）→“Schematic”（原理图），或者在图 2-5 中用鼠标右键单击“晶体管放大电路.PrjPCB”，然后执行菜单“Add New to Project”（追加新文件到项目中）→“Schematic”，再执行“File”→“Save”（保存），对原理图命名并将其保存到建立的文件夹中。新建并保存原理图文件如图 2-6 所示。关闭屏幕右侧 Sheet（图样）面板，目前不使用该面板。

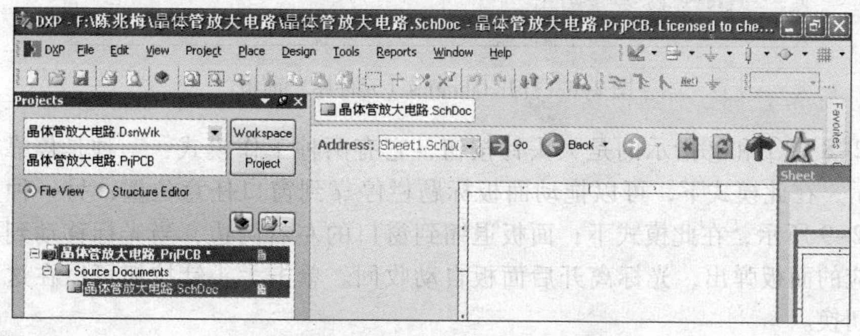

图 2-6　新建并保存原理图文件

2.1.2　工作界面与图样的设置

1. 工作界面的基本认识

单击工作区，通知软件要对工作区进行操作，然后在键盘上连续按字母键〈Z〉和〈A〉，则显示工作界面如图2-7所示。整个界面从上到下依次是标题栏、菜单、工具条，然后左右分成两部分，左边为项目管理器面板，右边为工作区（图样）。

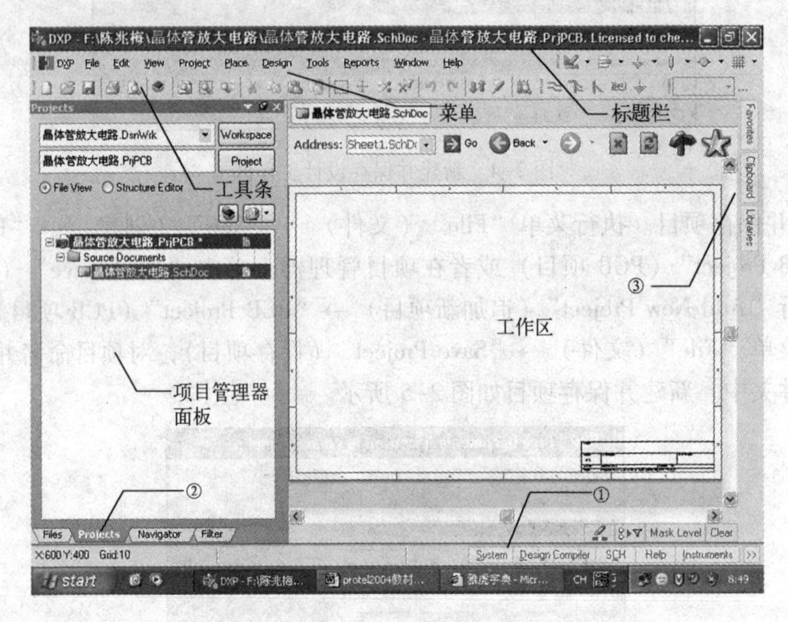

图2-7　工作界面

工作区的底部①处为面板开关，已经打开的面板，会出现在②或③的位置上。通过执行菜单“View”（查看）→“Workspace Panels”（工作区面板）也可以开、关面板。单击③处的Libraries（元件库）面板标签，打开Libraries（元件库）面板，如图2-8所示。

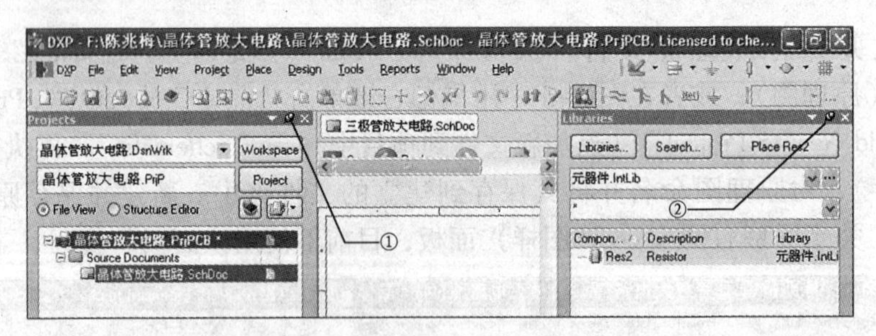

图2-8　打开Libraries（元件库）面板

在图2-8中①和②指示的是大头针按钮，它有两种工作模式：一种是停靠模式，如图2-8所示，在此模式下，可以拖动面板标题栏停靠到窗口任意位置；另一种是弹出模式，如图2-9所示，在此模式下，面板退缩到窗口的左右两边，当光标移动到面板标签上时，相应的面板弹出，光标离开后面板自动收回。单击大头针按钮可以在这两种模式之间进行切换。

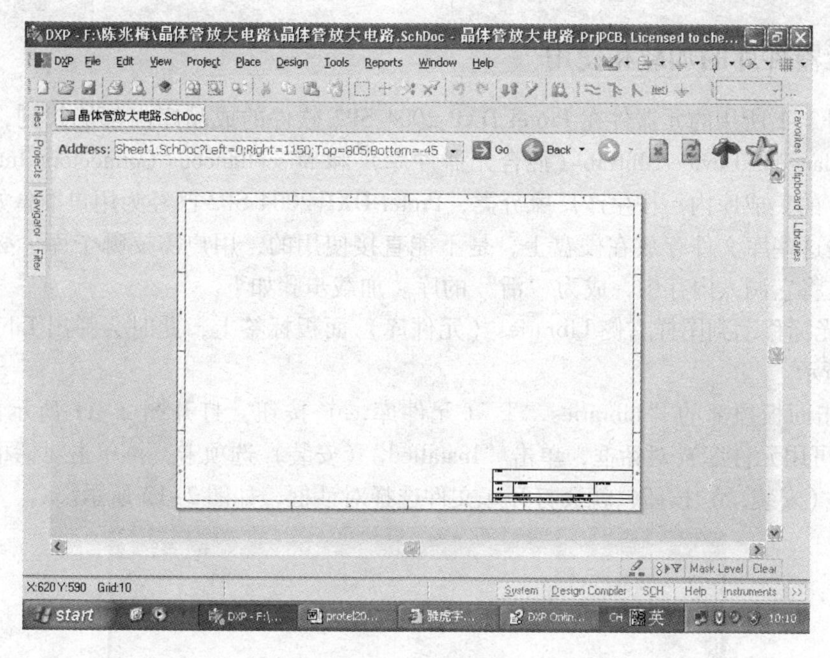

图 2-9　弹出模式

2. 图样的基本设置

执行菜单“Tools”（工具）→“Schematic Preferences”（原理图优先设定）…，会出现图 2-10 所示的优先设定对话框。注意，在图中左侧展开选项中应选择“Schematic”→“Graphical Editing”。在该选项的右上部，为 Auto Pan Options（自动摇景选项）设置区域。自动摇景是为了帮助用户高效利用有限的屏幕显示区域而设计的，当屏幕无法完全显示一张图样时，这个功能可以发挥作用。当光标移动到工作区边缘时，软件将沿着移动方向重新选取显示中心。在学习初期，应取消此功能，单击“Style”（风格速度）下拉列表，选择“Auto Pan Off”（关闭自动摇景）。

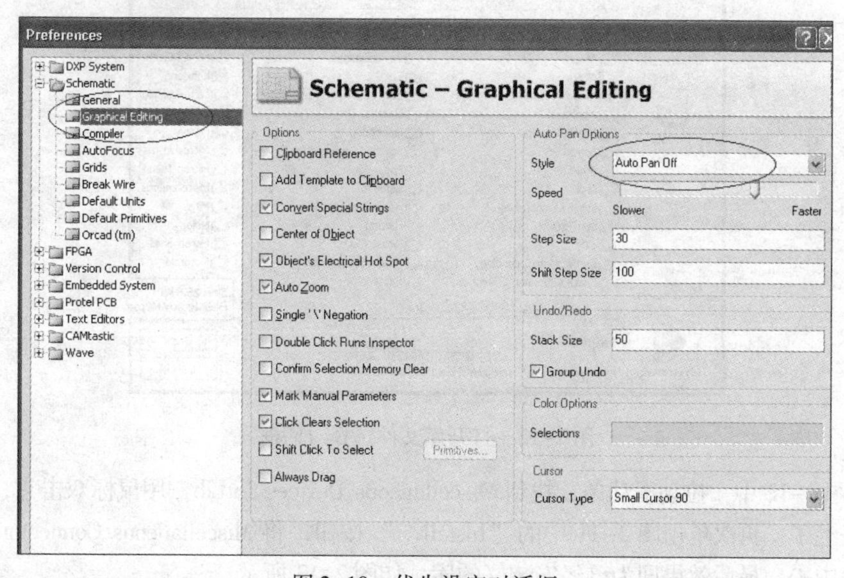

图 2-10　优先设定对话框

2.1.3　元器件库的加载和使用

制作图 2-1 所用的元器件在 Protel DXP 2004 SP2 软件的成品库内都能找到，它们位于名为 Miscellaneous Devices. IntLib（混合元器件库）和 Miscellaneous Connectors. IntLib（混合连接器库）的集成库内。按生产厂家分类，Protel DXP 2004 SP2 已经为用户准备好大量的元器件，但是这些库文件存放在硬盘上，是不能直接使用的，用户需要哪个库，必须先加载它，也就是将它调入内存中，成为“活”的库。加载步骤如下。

1）将光标移动到图样右侧 Libraries（元件库）面板标签上，此时会弹出 Libraies 面板，如图 2-8 所示。

2）单击面板顶部的“Libraries…”（元件库…）按钮，打开图 2-11 所示的 Avaiable Libraries（可用元件库）对话框，单击“Installed”（安装）选项卡，再单击对话框右下角的“Install…”（安装…）按钮，就会打开库文件选择对话框，如图 2-12 所示。

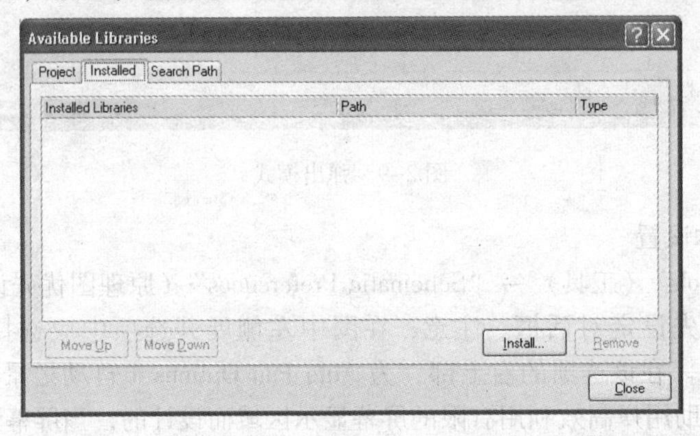

图 2-11　可用元件库对话框

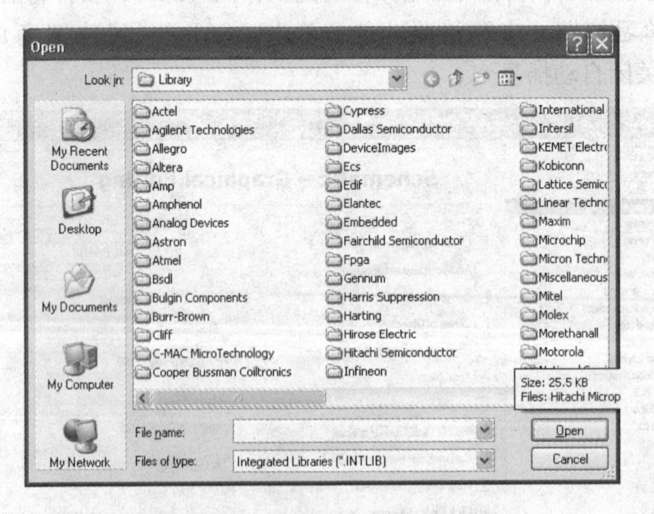

图 2-12　打开库文件选择对话框

3）在图 2-12 中，拉动滑动条，找到 Miscellaneous Devices. IntLib，用鼠标双击它，该库就被添加到列表上了，再次单击图 2-11 中的“Install…”按钮，将 Miscellaneous Connectors. IntLib 也添加到列表中去，最后效果即为已经安装好的库，如图 2-13 所示。

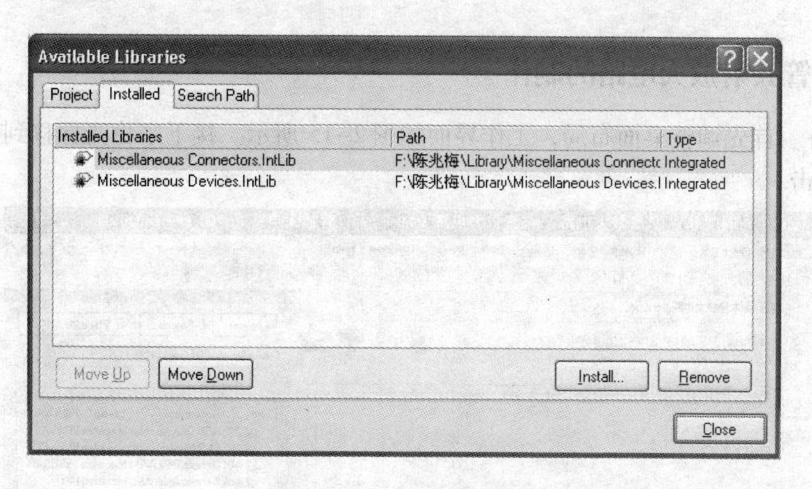

图 2-13　已经安装好的库

4）若想卸载某个库，则在图 2-13 中选择这个库文件，然后单击右下角的“Remove”（删除）按钮。

加载完成后的库面板如图 2-14 所示。库的使用方法如下：在元器件库列表中，选择元器件所在的库，则元器件列表中显示该库内所有的元器件。在元器件筛选框内输入元器件名称的第一个字母，元器件列表内就会显示出所有元器件名称（Component Name）和元器件描述（Description）以该字母开头的元器件，例如对 Miscellaneous Devices. IntLib 进行操作时，输入 R，则会显示名称和描述以 R 为开头的所有元器件，找到需要的元器件，用鼠标双击就可以将它放置到原理图上去。

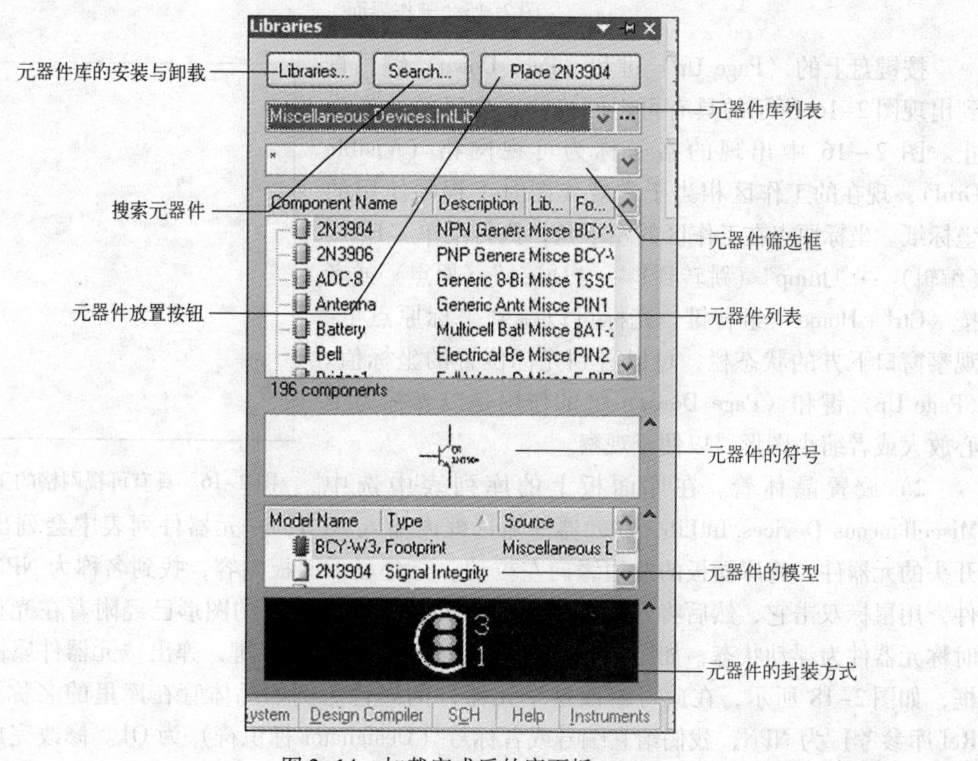

图 2-14　加载完成后的库面板

2.1.4 单管共射放大电路的制作

1）准备。首先调整桌面布局，工作界面如图 2-15 所示。接下来将光标移到工作区的中间位置并单击。

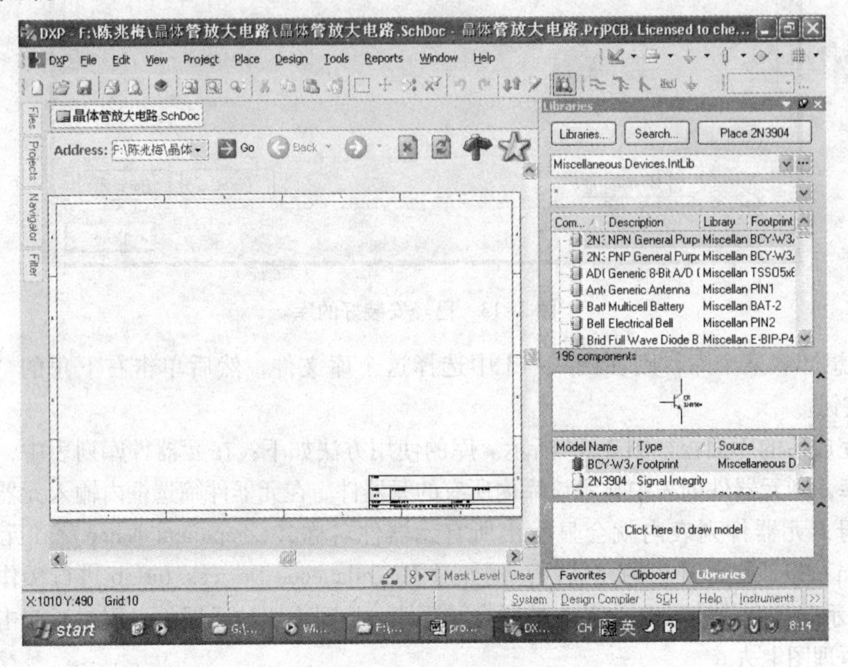

图 2-15 工作界面

按键盘上的〈Page Up〉键和〈Page Down〉键，直到出现图 2-16 所示的具有可视网格的工作区的效果为止。图 2-16 中出现的格子称为可视网格（Visible Grid），现在的工作区相当于常规作图时工程师使用的坐标纸。坐标原点在工作区的左下角，执行菜单“Edit”（编辑）→“Jump”（跳转到）→“Origin”（原点）或者按〈Ctrl + Home〉组合键，光标可以跳到坐标原点上。观察窗口下方的状态栏，可以看到光标位置的坐标值。〈Page Up〉键和〈Page Down〉键的作用是以光标为中心放大或者缩小图形，以便于观察。

图 2-16 具有可视网格的工作区

2）放置晶体管。在库面板上的库列表中选中 Miscellaneous Devices. IntLib，在元器件筛选框内输入 NPN，则元器件列表中会列出以 NPN 开头的元器件，将库面板的左边缘向左拉动，充分显示面板内容，找到名称为 NPN 的元器件，用鼠标双击它，然后将光标移动到工作区内，这时 NPN 的图形已经附着在光标上，此时称元器件为浮动状态，如图 2-17 所示。按键盘上的〈Tab〉键，弹出“元器件属性”对话框，如图 2-18 所示，在此可修改这个元器件的属性。例如晶体管在库里的名称（Library Ref 库参考）为 NPN，我们给它编号或者标号（Designator 标识符）为 Q1。修改完成后单击“OK”按钮或者按键盘上的〈Enter〉键确定。

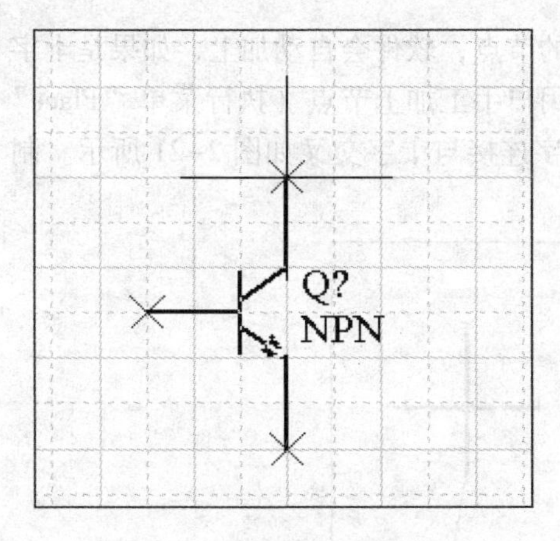

图 2-17　浮动状态的元器件

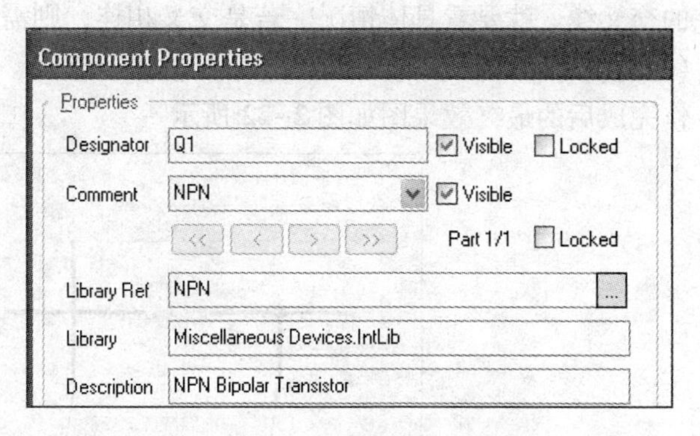

图 2-18　“元器件属性”对话框

此时，元器件仍然处于浮动状态，按〈空格〉键元器件可以旋转，按〈X〉键元器件左右翻转，按〈Y〉键元器件上下翻转，当移动到合适的位置并调整到合适的状态时，按〈Enter〉键或者按鼠标左键，将元器件放置到该位置上，此时称为固定状态。固定之前如果按键盘上的〈Esc〉键或者按鼠标右键，则取消放置操作。固定后还可以用鼠标左键按住元器件移动位置。按〈Enter〉键相当于按鼠标左键，意思是确定操作；按〈Esc〉键相当于按鼠标右键，意思是取消操作。以后所有的操作都如此，不再赘述。晶体管的放置效果如图 2-19 所示。

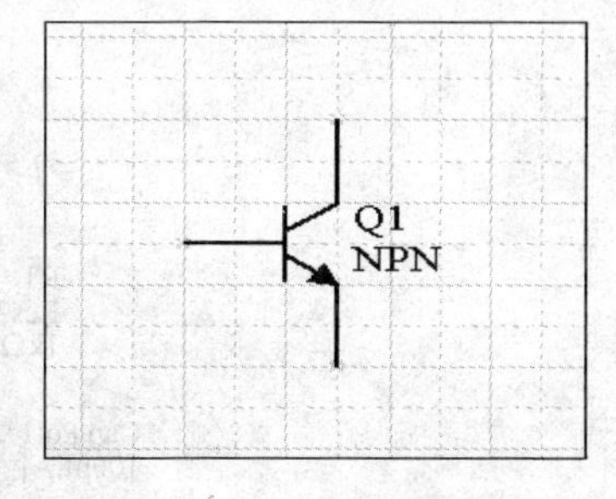

图 2-19　晶体管的放置效果

3）放置其他元器件。用同样的方法放置电阻、电容和插座。4 个电阻的名称为 Res2，标号分别为 R1、R2、R3 和 R4，3 个电解电容的名称为 Cap Pol2，标号分别为 C1、C2 和 C3；插座位于 Miscellaneous Connectors. IntLib 库中，名称为 Header 6，标号为 P1。注意电解电容的方向，其正极必须接直流高电位。元器件的布局如图 2-20 所示。

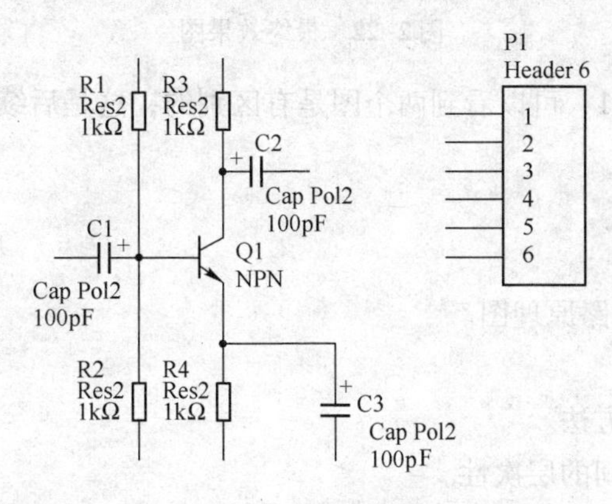

图 2-20　元器件的布局

4）连接电路。执行菜单“Place”（放置）→“Wire”（导线），放置导线，光标变成“＊”状，注意看，如果光标捕捉到带有电连接性的点，“＊”字就变大且变成红色。按照左键确定、右键取消的原则操作鼠标连线。切记：①元器件只有引脚的顶端具有电连接性，引脚的其他部分是没有电连接性的；②对丁字连接线的节点，软件会自动加上，如果是十字的交叉线，就要看具体情况。若是交叉相连，则需要用户手工加上节点（执行菜单“Place”（放置）→“Manual Junction”（手工放置节点））。丁字连接与十字交叉如图 2-21 所示。制作完成后的最终效果图如图 2-22 所示。

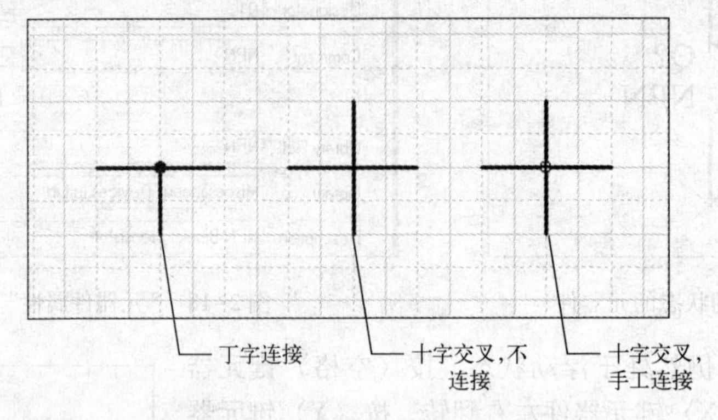

图 2-21　丁字连接与十字交叉

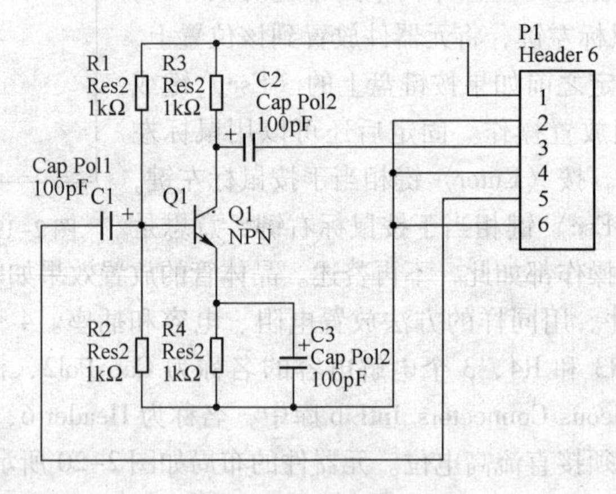

图 2-22　最终效果图

比较图 2-22 和图 2-1，可以看到两个图是有区别的，这是后续的内容。

2.1.5　上机与指导 1

1. 任务要求

制作单管共射放大电路原理图。

2. 能力目标

1）学会运行软件的方法。

2）理解软件文档之间的层次性。

3）学会元器件库的使用方法。

4）学会放置元器件和导线。

5）学会保存文档以及退出软件的方法。

3. 基本过程

1）运行软件。

2）新建设计工作区、PCB 项目以及原理图文件，并保存。

3）制作原理图。

4）保存文档。

4. 关键问题点拨

1）文档的存放位置问题：软件采用项目思想管理文档，使用者可以将文档随意存放，软件将会有效组织这些文档。但是如果移动项目内容到其他的计算机上，就会出现问题，所以需要建立项目文件夹，便于整体移动文档以及方便用户自己寻找。

2）当用本软件作图时，要注意观察图 2-1 中元器件的布局，尽量做到一样。

3）当放置元器件、导线或其他图形对象而屏幕滚动难以控制时，可参考本章 2.1.2 节，对图样进行设置。

4）在制作过程中，当出现整个窗口界面错乱而难以控制时，可参考本章 2.1.1 节进行整理。

5）关于文档保存，效率高而且安全的方法可分为以下几个层次。

① 当新建任意一个文档（包括设计工作区、项目和具体内容的文档等）时，为其指定路径保存。

② 在后期制作过程中，经常单击编辑器常用工具栏中的“保存”按钮（参考本书 2.5.2 节工具条内容），保存具体内容的文档，以防意外掉电造成大的损失。

③ 当最后退出软件时，在“保存”对话框中，先单击“Save All”按钮，再单击“OK”按钮，完成各层次文档的保存，见图 1-9。

如果在新建各种文档的时候，不为其指定路径（也就是没保存），那么在退出软件的时候，软件就会一一询问各种文档的保存路径。这对于初学者来说，会显得比较眼花缭乱。

6）当打开文件夹里的文档时，应采用打开设计工作区文件或者项目文件的方法，以保证属于同一项目的各个文件同时出现在项目面板上，如果用鼠标双击具体文档（例如原理图文件）打开，就会造成此文件成为 Free Documents（自由文件），导致后续工作出现问题。推荐先运行软件，然后在软件的文件菜单里打开设计工作区或者打开项目的方法。

5. 能力升级

1）试用 Windows 里面的画图工具完成图 2-1，体会软件的编程思想，分析元器件库存在的重要性和合理性。

2）怎样将图画得与图 2-1 完全相同？试一试。读者可从 2.2 节中寻找答案。

2.2 图形对象的放置和属性修改

2.2.1 元器件的放置和属性修改

1. 元器件的放置

在加载所需的元器件库后，才可以放置元器件。元器件的放置有以下 5 种方法。

1）在库面板上找到需要的元器件，双击元器件，放置。

2）执行菜单“Place”（放置）→“Part”（元件）…。

3）在工作区空白处单击鼠标右键，然后执行右键菜单 Place→Part…。

4）使用实用工具（Utility Tools）放置元器件：执行菜单“View”（查看）→

"Toolbars"（工具栏）→"Utility Tools"（实用工具），可以显示（不显示）该工具条。

5）使用快捷键〈P-P〉（即在键盘上连着按两次字母〈P〉键。注意观察菜单"Place"→"Part"…，其中带下画线的字母组合为软件预先定义的快捷键，其他操作的快捷键也遵循这个规律，即按顺序输入带下画线的字母）。

对于后4种方法，执行后都会出现放置元件的对话框，如图2-23所示。

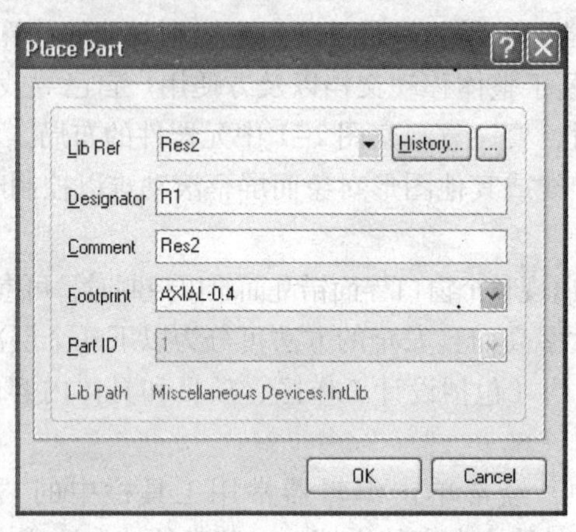

图2-23 "放置元件"对话框

如果能够确定名称，就可以直接把要放置的元器件的名称填写到Lib Ref（库参考）框内，也可以单击右边的下拉列表，或者单击"History..."（履历）按钮，从已经放置过的元器件里选择所需元器件，或者单击"..."按钮，从加载的元器件库内选择元器件。如果填写的元器件在库内不存在，就会出现图2-24所示的出错提示，即在已打开库内没有发现名称为Aaa的元器件。

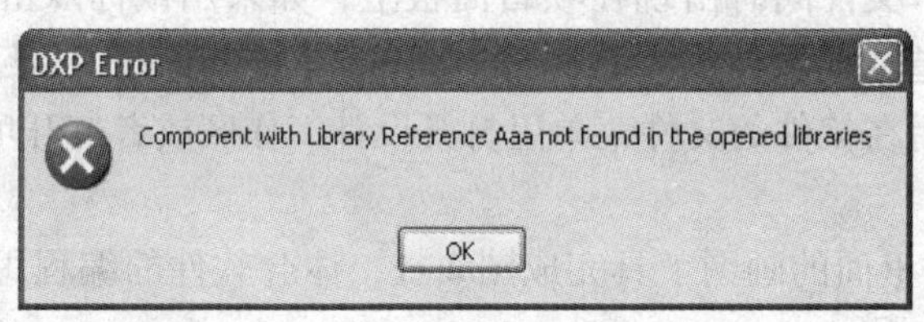

图2-24 出错提示

第一种方法和后4种方法的区别是：如果从库内选择元器件进行放置，那么必须找到相应的库，才可以从里面选择相应的元器件；而后4种方法是，只要含有该元器件的库加载了，不需要在对应库内找到它，就可以进行放置。

2. 元器件的属性修改

修改元器件的属性需要打开元器件的属性对话框。有以下4种方法：

1）在元器件浮动的情况下，按键盘上的〈Tab〉键。

2）在元器件固定的情况下，用鼠标左键双击该元器件。

3）在元器件固定的情况下，执行菜单"Edit"（编辑）→"Change"（变更），然后单击该元器件。

4）在元器件固定的情况下，用鼠标右键单击该元器件，并执行右键菜单"Properties"（属性）…。

优先推荐第一种方法，尤其是在制作大型原理图时，软件在放置下一个元器件时会自动继承前一个元器件的属性，并将文字标号中的数字自动加 1，可以有效提高工作效率。在后续制作原理图元器件、印制电路板、封装方式的过程中，当放置图形对象时也要注意使用〈Tab〉键，以提高速度。

用鼠标双击原理图中的 R1，打开“元器件属性”对话框，如图 2-25 所示。

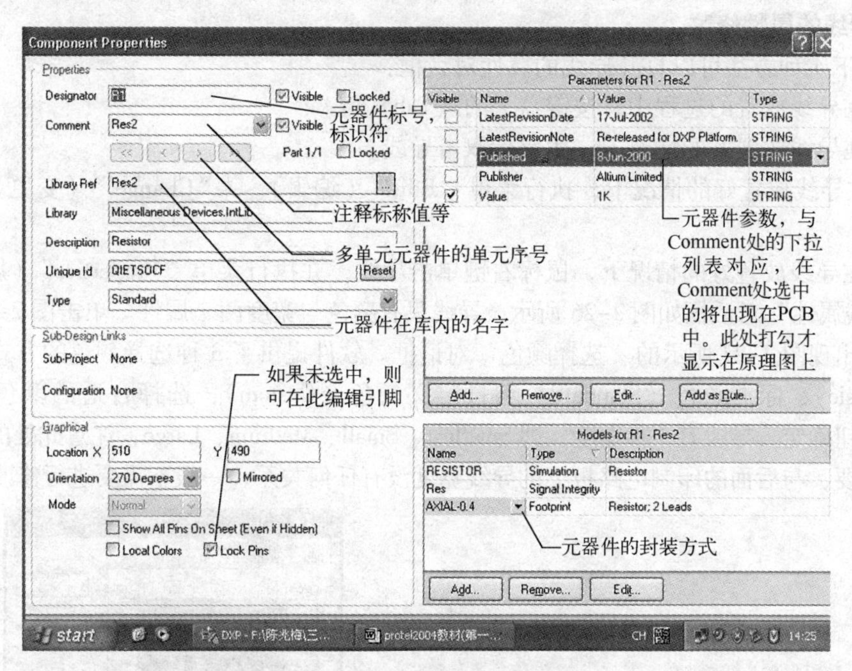

图 2-25 “元器件属性”对话框

在图 2-25 中，标出了元器件必须填写的几个属性，其中需要注意的是元器件标号（标识符）。一般来说，本软件晶体管的标号以 Q 开头，例如 Q1、Q2、Q3、Q4 等；电阻的标号以 R 开头；电容的标号以 C 开头；集成电路的标号以 U 开头。必须填写元器件的标号，而且不能重复，否则以后在仿真和制作印制电路板时都会出错误。对于仿真来说，必须填写标称值属性，可使用 Visible 框来决定是否显示在原理图上；对于制作印制电路板来说，必须选择元器件的封装方式。

2.2.2 导线的放置和属性修改

1. 导线的放置

导线的放置有以下 4 种方法。

1）执行菜单“Place”（放置）→“Wire”（导线）。

2）在工作区内单击鼠标右键，并执行菜单“Place”→“Wire”。

3）使用电气连接工具条中的画导线工具：执行菜单“View”→“Toolbars”→“Wiring”（配线），可以显示（不显示）该工具条。

4）使用快捷键〈P-W〉。

此处要注意一个问题，在电气连接中的“Place”→“Wire”（导线）和实用工具条中的“Place”→“Line”（直线）工具是不一样的，后者没有电连接性。

对以上 4 种放置导线的方法，推荐使用快捷键〈P-W〉。放置导线时应注意，当第一次单击时，确定导线起点。当第二次单击鼠标左键确定时分为两种情况：如果是在有电连接性的地方确定，那么该线段完成并同时放弃该操作点；如果是在没有电连接性的地方确定，那么该线段结束但是操作点不变，鼠标右键单击一次可以另换操作点。之后鼠标右键单击可以取消放置导线操作。

2. 导线的属性修改

有以下 4 种方法可以打开导线的属性对话框：

1）在导线放置的过程中，按键盘上的〈Tab〉键。

2）在导线放置好的情况下，用鼠标双击导线。

3）在导线放置好的情况下，执行菜单“Edit”（编辑）→“Change”（变更），然后单击导线。

4）在导线放置好的情况下，鼠标右键单击导线，并执行菜单“Properties”（属性）…。

“导线属性”对话框如图 2-26 所示。导线只有颜色与宽度两个属性。单击图 2-26 所示的颜色块，出现图 2-27 所示的“选择颜色”对话框。软件提供了 3 种选择颜色的方式，即基本颜色（Basic）、标准颜色（Standard）和自定义颜色（Custom），选择合适的颜色，并单击“OK”按钮确定。导线有 4 种宽度，即 Smallest、Small、Medium、Large，注意此处的宽度只是显示的需要，与后面的印制电路板上的导线宽度没有任何关系，一般不需要进行修改。

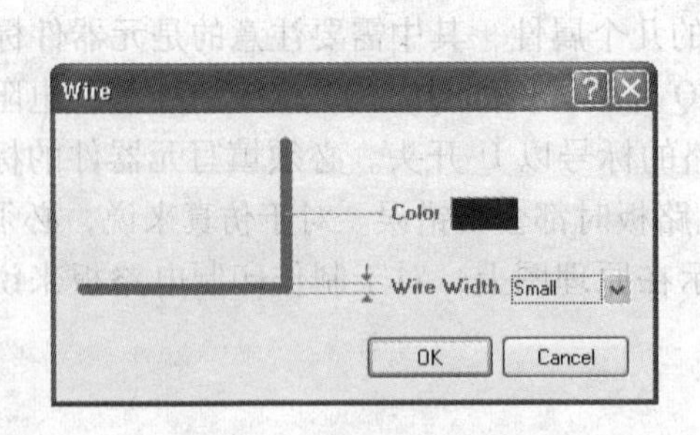

图 2-26 “导线属性”对话框

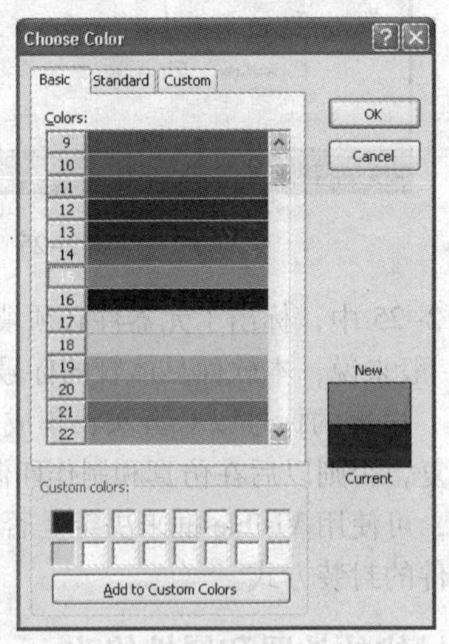

图 2-27 “选择颜色”对话框

2.2.3 手工节点的放置和属性修改

1. 手工节点的放置

放置手工节点有以下 3 种方法：

1）执行菜单“Place”（放置）→“Manual Junction”（手工放置节点）。

2）在工作区内执行右键菜单“Place”→“Manual Junction”。

3）使用快捷键〈P-J〉。

2. 手工节点的属性修改

手工节点的属性设置类似于导线设置，此处不再赘述。

2.2.4 电源端口的放置和属性修改

1. 电源端口的放置

有4种方法放置电源的端口。

1）执行菜单“Place”（放置）→“Power Port”（电源端口）。

2）在工作区内执行右键菜单“Place”→“Power Port”。

3）使用 Utilities 工具。

4）使用快捷键〈P-O〉。

2. 电源端口的属性修改

“电源端口的属性”对话框如图2-28所示。电源端口的主要属性有两项，即 Net（端口名称）和 Style（端口形状）。端口形状共有7种，如图2-29所示。从左到右依次是 Circle（圆圈）、Arrow（箭头）、Bar（小横杠）、Wave（波状）、Power Ground（电源地）、Signal Ground（信号地）和 Earth（大地）。Net 文本框中的内容就是电源端口所在网络的标号。

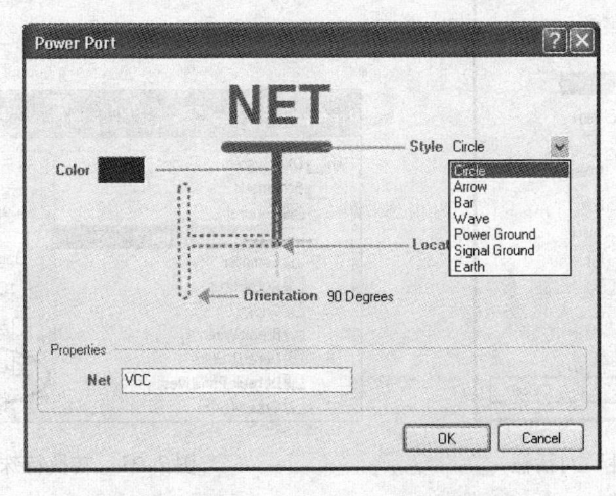

图2-28 “电源端口的属性”对话框

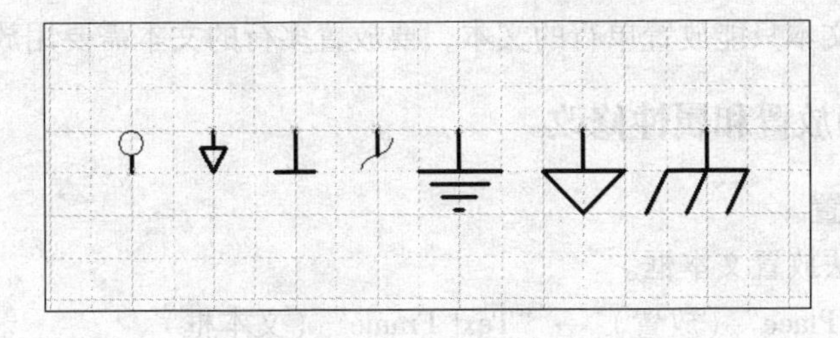

图2-29 端口形状

2.2.5 文本的放置和属性修改

1. 文本的放置

有如下4种方法放置文本。

1）执行菜单“Place”（放置）→“Text String”（文本字符串）。

2）在工作区内执行右键菜单“Place”→“Text String”。

3）使用 Utilities 工具。

4）使用快捷键〈P-T〉。

2. 文本的属性修改

“文本属性”对话框如图 2-30 所示。

文本主要有两个属性需要设置：Text（文本内容）和 Font（字体）。文本的内容可键入，也可以从右边的下拉列表中选择特殊字符串。注意，选择特殊字符串要执行“Design”（设计）→“Document Options”（文档选项）...菜单，并在“Parameters”（参数）选项卡里面设置，而且需要执行“Tools”（工具）→“Schematic Preferences”（原理图优先设定）...菜单，选中 Schematic 下 Graphical Editing 中的 Convert Special Strings（转换特殊字符串），如图 2-31 所示。

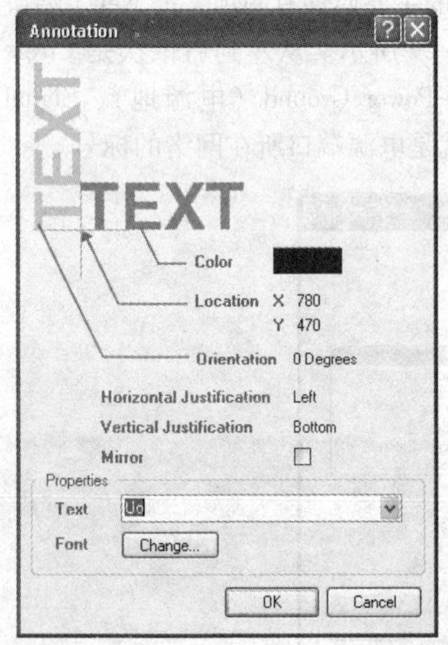

图 2-30 “文本属性”对话框

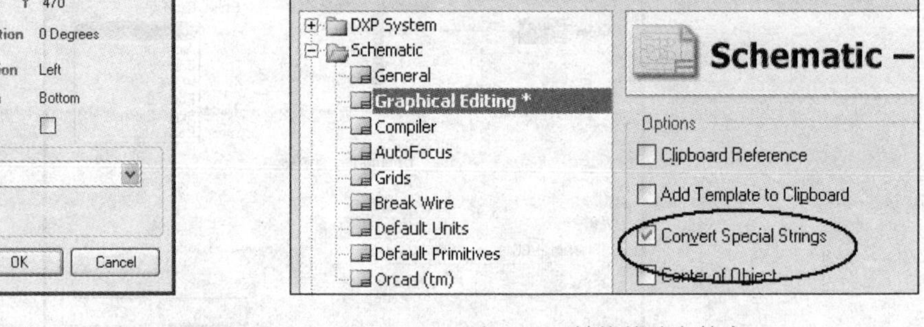

图 2-31 转换特殊字符串

文本的字体属性可以单击图 2-30 所示的“Change...”（变更）按钮进行设置，包括字体、字号等。放置文本只能放置单行的文本，要放置多行的文本需要用放置文本框。

2.2.6 文本框的放置和属性修改

1. 文本框的放置

有如下 4 种方法放置文本框。

1）执行菜单“Place”（放置）→“Text Frame”（文本框）。

2）在工作区内执行右键菜单“Place”→“Text Frame”。

3）使用 Utilities 工具。

4）使用快捷键〈P-F〉。

2. 文本框的属性修改

“文本框的属性”对话框如图 2-32 所示。

主要设置如下。

1）Text Color 属性：文本颜色。

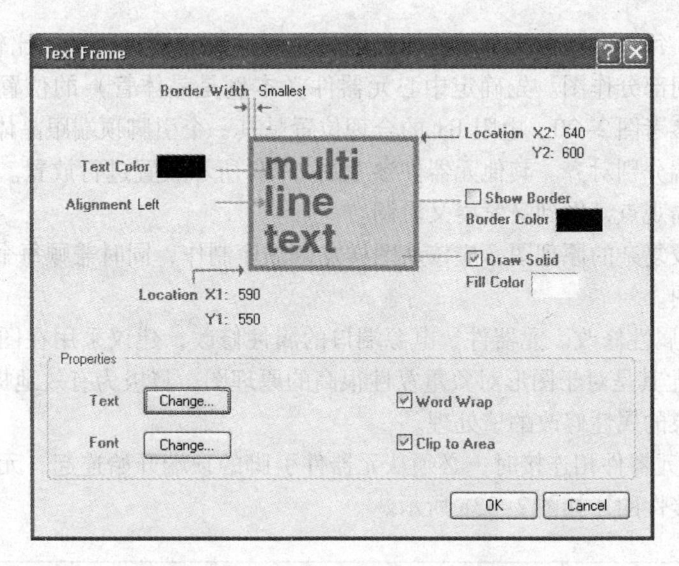

图 2-32 “文本框的属性”对话框

2）Alignment（排列）属性：对齐方式。

3）Show Border（显示边界）属性：是否显示文本框边界。

4）Border Color（边缘色）属性：边界颜色。

5）Draw Solid（画实心）属性：是否用填充颜色填充文本框，若不选，则文本框内部透明。

6）Fill Color（填充色）属性：填充颜色。

7）Text（文本）属性：文本框内容，单击“Change...”（变更）按钮修改其中的内容。

8）Font（字体）属性：文本的字体设置。

2.2.7 上机与指导 2

1. 任务要求

完善单管共射放大电路。

2. 能力目标

1）学习电源端口的放置。

2）学习图形对象属性的修改。

3）明确元器件标号的意义。

4）学会合理布局原理图。

5）学习使用快捷键，提高作图速度。

3. 基本过程

1）运行软件。

2）新建设计工作区、PCB 项目以及原理图文件，并保存。

3）制作原理图。

4）保存文档。

4. 关键问题点拨

1）元器件布局问题。观察图 2-19 中晶体管的符号，引脚是黑色的，符号主体是蓝色的，很容易分辨，每个引脚占两个网格的长度。对于这种元器件较少，比较简单的原理图，可以在图样的中间部分作图。先确定中心元器件（本例是晶体管）的位置，其他元器件以之为中心放置。参考图2-20，电阻R1的合理位置是其一个引脚顶端跟晶体管基极引脚顶端和集电极引脚顶端分别对齐。其他元器件参考图2-20所示放置进行放置。精心做好第一个图，可以培养全局观点，做到又紧凑又协调。

对于较大、较复杂的原理图，应该从图样左侧顺序制作，同时兼顾每个单元电路易于识别，方便用户读图。

2）图形对象属性修改。元器件、电源端口的属性修改，建议采用在图形对象浮动时按〈Tab〉键修改，尤其是对于图形对象重复性很高的原理图，将极为有效地提高作图速度。

其他图形对象的属性修改酌情处理。

3）当导线与元器件相连接时，必须从元器件引脚的顶端开始连起，元器件引脚的其他部分是没有电连接性的，如图2-33a所示。

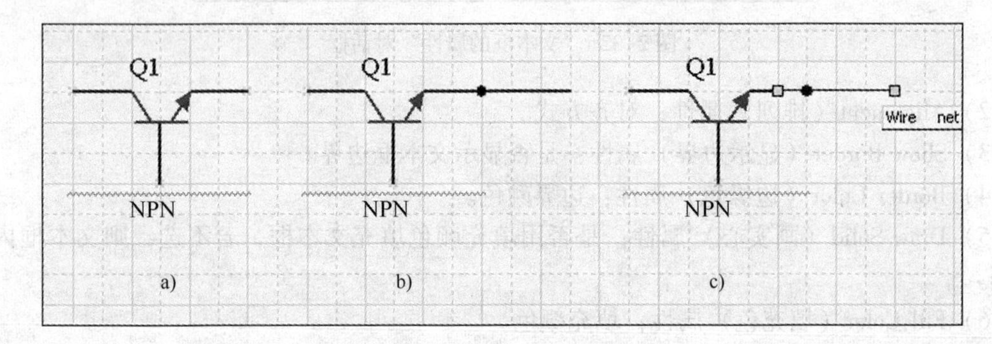

图2-33　导线与元器件相连接

在图2-33b中出现了不该有的节点，就是因为导线是从元器件引脚的中间开始连接的。解决的方法如图2-33c所示，用鼠标左键单击导线就会出现操作柄，用鼠标左键按住左端操作柄向右拉动到引脚的顶端。图中每个元器件下面的波纹表示元器件的标号重复，软件自动提示错误，在使用过程中应该注意。

4）几个需要用到的技巧。

① 删除单个图形对象：用鼠标左键单击图形对象，然后按键盘上的〈Delete〉键。

② 删除多个图形对象：在工作区内框选需要删除的图形对象，然后按键盘上的〈Delete〉键。

③ 在导线放置完成后，如果长度不合适，就可以用鼠标左键单击导线，使之成为操作焦点，然后拉动导线的操作柄任意调整导线的长度。

④ 注意使用快捷键〈Z－A〉，观察图形的整个面貌。在删除图形对象后，如果屏幕效果不好，使用快捷键〈Z－A〉就可以同时刷新屏幕。

5. 能力升级

1）制作图2-34所示的电路图，并学会按照表2-1所示的元器件一览表准备以后的实验。元器件库中没有电位器RW1的图形，可用Miscellaneous Devices. IntLib中的RPOT暂时代替。

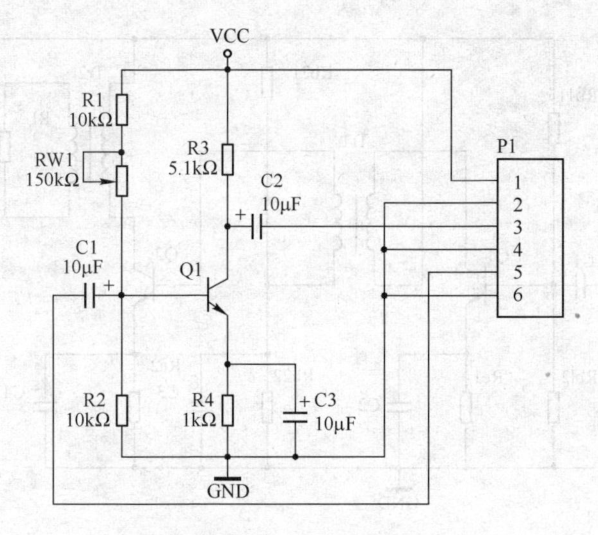

图 2-34　第 1）题图

表 2-1　元器件一览表

元器件标号	元器件在库内的名字	元器件的标称值	元器件所在的库
Q1	NPN		Miscellaneous Devices. IntLib
RW1	RPOT	150 kΩ	Miscellaneous Devices. IntLib
R1	Res2	10 kΩ	Miscellaneous Devices. IntLib
R2	Res2	10 kΩ	Miscellaneous Devices. IntLib
R3	Res2	5. 1 kΩ	Miscellaneous Devices. IntLib
R4	Res2	1 kΩ	Miscellaneous Devices. IntLib
C1	Cap Pol2	10 μF	Miscellaneous Devices. IntLib
C2	Cap Pol2	10 μF	Miscellaneous Devices. IntLib
C3	Cap Pol2	10 μF	Miscellaneous Devices. IntLib
P1	Header 6		Miscellaneous Connectors. IntLib

2）制作图 2-35 所示的电路图。

提示：+、-、Vi 和 Vo 采用放置文本的方法放置。Tr1 和 Tr2 为变压器，Miscellaneous Devices. IntLib 库内没有同样的图形，可先用库内名称为 Trans Ideal（理想变压器）的元器件代替。

3）制作图 2-36 所示的电路图，部分元器件资料如表 2-2 所示。在元器件库中没有 VD1 ~ VD4 和 DW 的符号，可用表 2-2 中相应的元器件图形代替，读者可待第 4 章学过以后自己修改库元件。

表 2-2　部分元器件的资料

元器件标号	元器件在库内的名字	元器件的标称值	元器件所在的库
F1	Fuse 1	2A	Miscellaneous Devices. IntLib
VD1 ~ VD4	DIODE		Miscellaneous Devices. IntLib
DW	D Zener		Miscellaneous Devices. IntLib

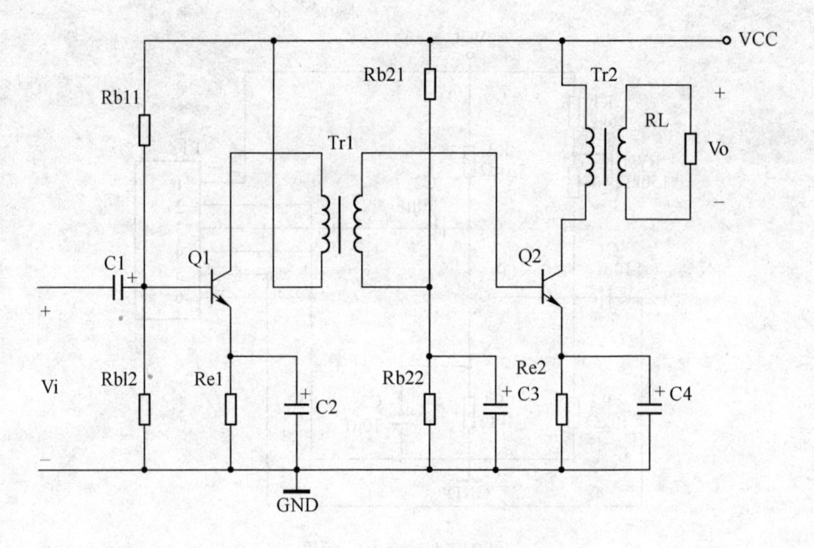

图 2-35　第 2）题图

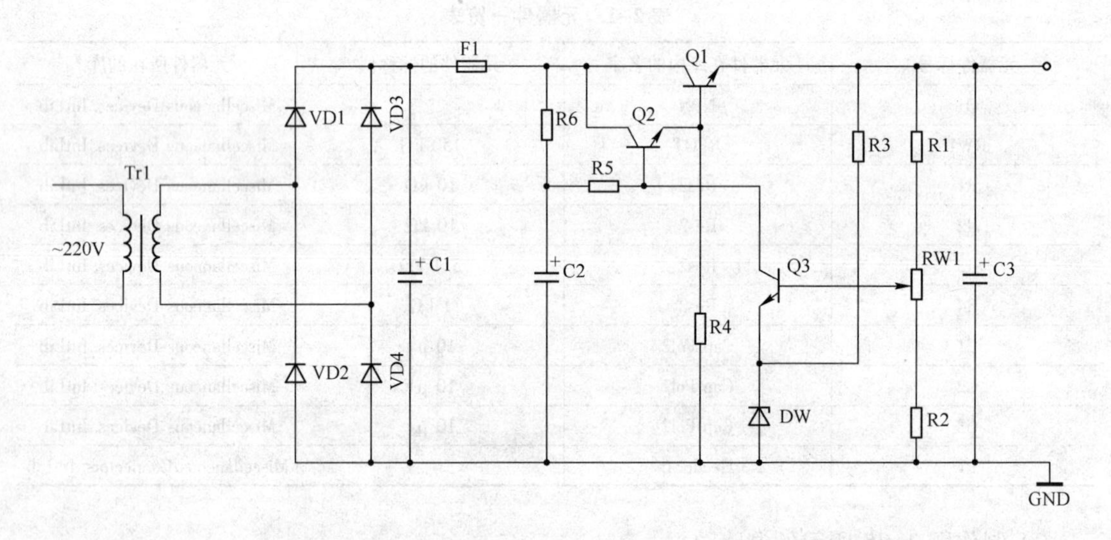

图 2-36　第 3）题图

2.3　网络表

网络表提取原理图的内容，为后续的仿真或者设计印制电路板服务。使用的目的不同，提取的网络表的内容就不一样。对于设计印制电路板来讲，网络表包含元器件资料和元器件之间的连接关系，本节以此为重点进行介绍。

在生成网络表之前，首先要制作完整的原理图，即在前面制作的基础上给所有的元器件添加封装方式，并对有关网络（图 2-37 所示为有网络标签的单管共射放大电路）进行标注。本节以此电路为实例进行介绍。

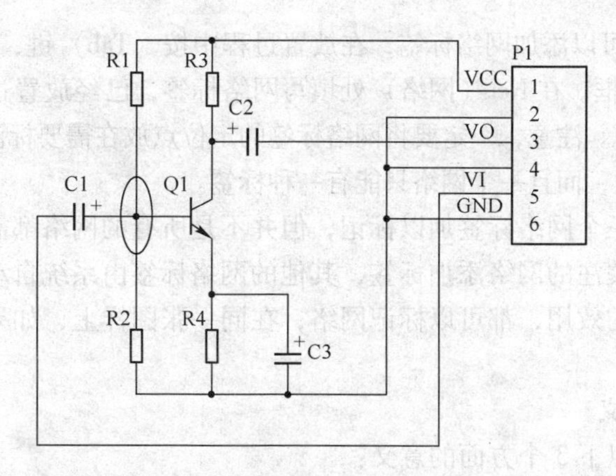

图 2-37　有网络标签的单管共射放大电路

2.3.1　元器件封装方式的添加

元器件实物、元器件符号以及元器件封装方式的有关知识将在 3.1.5 节介绍，此处只介绍如何给元器件添加封装方式。用鼠标双击 R1，“打开 R1 的属性”对话框，如图 2-38 所示，在图中标注的下拉列表处选择元器件的封装方式：AXIAL-0.4（轴向长度为 0.4 in）。用同样的方法添加 R2、R3、R4 的封装方式：AXIAL-0.4。晶体管的封装方式是 BCY-W3（TO 封装，引脚轴向，引脚直线排列，管帽直径为 4.8 mm）。电容的封装方式是 CAPPR2-5 x 6.8（两个引脚距离为 2 mm，器件外径为 5 mm，高度为 6.8 mm，注意：此处先用默认封装方式 PORLAR0.8 代替）。接插件的封装方式是 HDR1x6（6 个引脚接插件，引脚按 1x6 排列）。注意：此处用字母 x 代表乘号，大小写皆可。

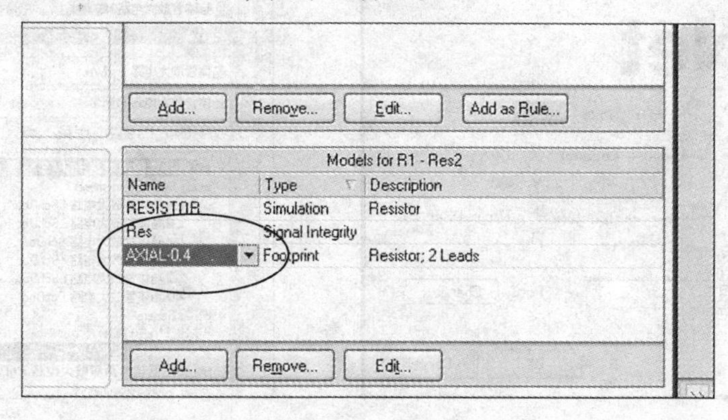

图 2-38　“打开 R1 的属性”对话框

2.3.2　网络的概念及网络表的生成

1. 网络的概念

在电子学上网络表示电气互连关系，标注的位置如图 2-37 所示，该点与 Q1 的基极、R1、R2 和 C1 的一个引脚在电气上相连，一般称之为一个网络，可以看到该电路中还有几个不同的网络。

2. 网络标签的放置

不同的网络用网络标签（Net Label）加以区别，执行菜单“Place”（放置）→“Net

Label”（网络标签），可以添加网络标签，在放置过程中按〈Tab〉键，会出现图 2-39 所示的“网络标签属性”对话框。在 Net（网络）处填写网络标签，已经放置过的网络标签会在该列表中列出，供用户选择。注意，一定要将网络标签的定位点放在需要标注的导线上或者元器件引脚的顶部，否则无效，而且一个网络只能有一种标签。

每个网络都需要一个网络标签加以标记，但并不是所有的网络都需要用户添加标签，用户只需要给自己需要关注的网络添加标签，其他的网络标签由系统自动生成。电源端口的名称和网络标签有同样的效用，都可以标记网络，在同一张图样上，如果两者同名，在电气上就是相连的。

3. 网络标签的意义

给网络加标注有以下 3 个方面的意义：

1）代替导线实现电气连接。这对于长距离的导线连接和对于计算机方面的总线尤其有意义。

2）在后期印制电路板的制作时，需要根据网络标签来对应设置布线宽度等。例如，地线宽度要加宽，以减小地电流引起的干扰等。

3）在后期进行电路仿真时，要采用网络标签提取用户感兴趣的数据与波形。

4. 网络表的生成和网络表的内容

（1）网络表的生成

若执行菜单“Design”（设计）→“Netlist For Project”（设计项目的网络表）→“Protel”，则在项目中生成与项目同名的 . net 文件。网络表的生成如图 2-40 所示。

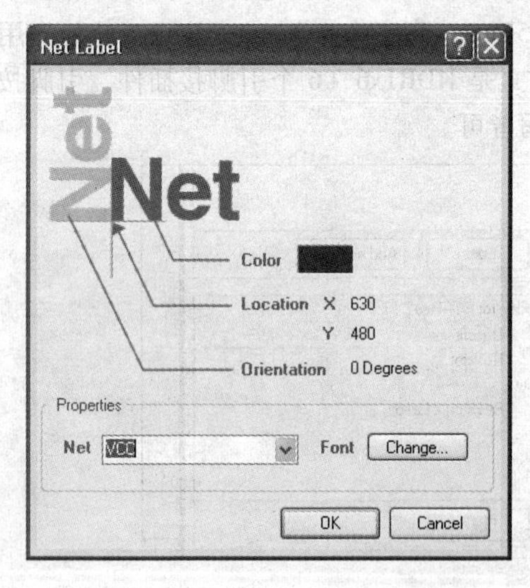

图 2-39 “网络标签属性”对话框

图 2-40 网络表的生成

（2）网络表的内容

网络表包含两部分内容，即元器件资料和网络连接关系。首先是元器件资料，每一对方括号描述一个元器件的属性，包括元器件名称、封装方式等。例如，C1 的封装方式是 CAPPR2-5x6. 8，元器件名称是 Cap Pol1。有多少个元器件就有多少对方括号。

```
[
C1
CAPPR2-5x6. 8
```

```
Cap Pol1
]
[
C2
CAPPR2-5x6.8
Cap Pol1
]
⋮
```

然后是网络连接关系，每一对圆括号描述一个网络的内容，有多少个网络就有多少对圆括号。

```
⋮
NetC3_1
C3-1
Q1-3
R4-1
)
(
VO
C2-2
P1-3
)
(
VI
C1-2
P1-5
)
(
VCC
P1-1
P1-1
P1-1
R1-1
R1-1
R1-1
R3-1
R3-1
R3-1
)
⋮
```

从网络表上可以看到前面添加的网络标签 VO、VCC 等，而 NetC3_1 是软件自动添加的网络标签。此处需要注意一个问题，网络表提取的是原理图的内容，在每次修改原理图后需要重新生成网络表，网络表的内容才得以更新。Protel DXP 2004 SP2 不同于 Protel 99 SE，在本版本的 PCB 环境中，不再有菜单供加载网络表，而是直接从原理图上将内容同步到 PCB 中，用户在该操作过程中可以看到与网络表相对应的内容。

2.3.3 上机与指导 3

1. 任务要求

制作单管共射放大电路，并生成网络表。

2. 能力目标

1）理解网络表的含义。

2）了解网络标签存在的意义。

3）学习网络标签的放置方法。

4）学习网络表的生成方法。

3. 基本过程

1）运行软件。

2）新建设计工作区、PCB 项目以及原理图文件，并保存。

3）制作原理图、生成网络表、分析网络表。

4）保存文档。

4. 关键问题点拨

1）网络标签和电源端口的 Net 属性作用相同，都可以标识网络，所以，放置了电源端口的网络，就不需要再放置网络标签。

2）网络标签的放置位置问题。

① 不允许有不依附于任何电连接的网络标签。

② 若两条导线十字交叉但不连接（即没放置手工节点），则需要注意，不允许将网络标签的定位放置在十字交叉点上，否则就会出现连接错误。

③ 同一个网络上只允许有一种网络标签。

5. 能力升级

制作图 2–41 所示的串联稳压电源电路原理图，并生成网络表。元器件一览表如表 2–3 所示。

表 2–3 元器件一览表

元器件标号	元器件在库内的名字	元器件的封装方式	元器件所在的库
VD1 ~ VD4	DIODE 1N4001	DIO10. 46-5. 3x2. 8	Miscellaneous Devices. IntLib
C1	Cap Pol2	CAPPR7. 5-16x35	Miscellaneous Devices. IntLib
C2、C3	Cap Pol2	CAPPR2-5x6. 8	Miscellaneous Devices. IntLib
F1	Fuse 1	PIN-W2/E2. 8	Miscellaneous Devices. IntLib
Q1 ~ Q3	NPN	SIP-P3/E10. 4	Miscellaneous Devices. IntLib
R1 ~ R6	Res2	AXIAL-0. 4	Miscellaneous Devices. IntLib
RW1	RPot	VR5	Miscellaneous Devices. IntLib
DW	D Zener	AXIAL-0. 3	Miscellaneous Devices. IntLib
P1	Header 4	HDR1X4	Miscellaneous Connectors. IntLib

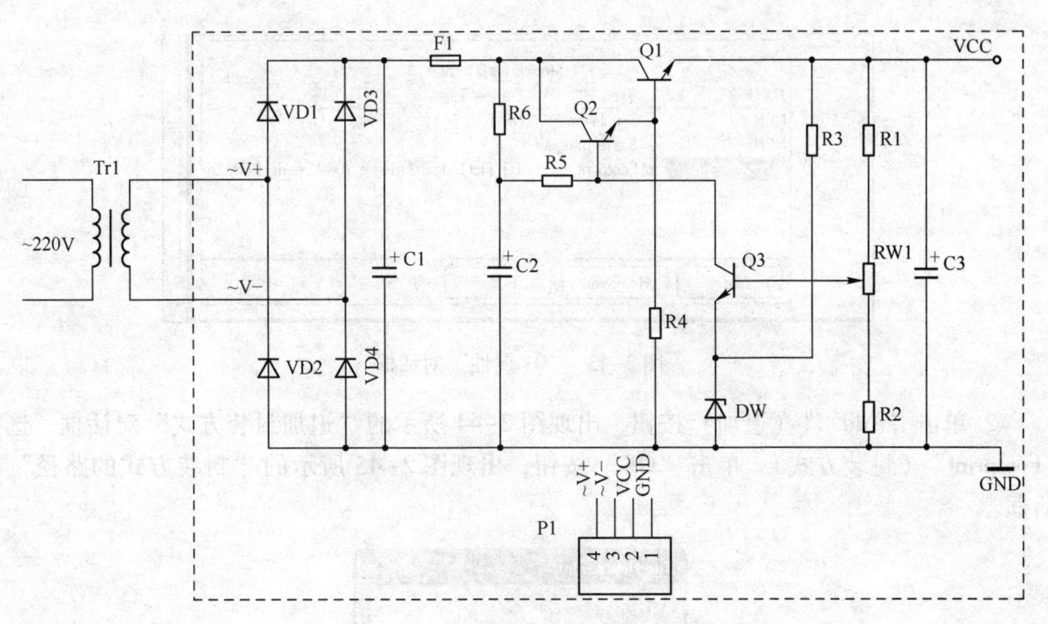

图 2-41　串联稳压电源电路原理图

需要注意以下几项：

1）图 2-41 中虚线所标记的部分为制作印制电路板的内容。因变压器有重量大、体积大和漏磁干扰等问题，考虑到电子设备机械因素以及电磁兼容性的要求，一般要将变压器固定在支撑物上，而不放在印制电路板上。

2）虚线的制作。执行菜单“Place”（放置）→“Drawing Tools”（描画工具）→“line”（直线），打开图 2-42 所示的“折线的设置”对话框，修改 Line Style（线风格）为虚线（Dashed）。注意，画图工具制作的图形没有电连接性，只起标注作用。

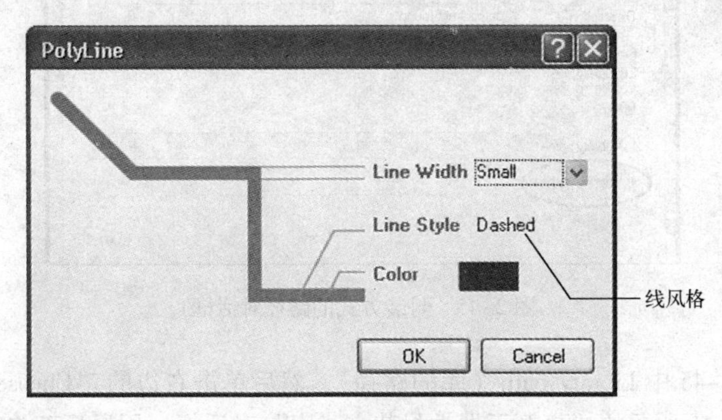

图 2-42　折线的设置对话框

3）图中的接插件是为了提供交流输入和直流输出接口，可采用网络标签的方式进行连接，以提高图的可读性。

4）封装方式的追加。Q1 ~ Q3、C1 ~ C3 和 DW 的封装方式未在集成库内做关联，需要自己添加，步骤如下：

① 在放置好元器件后，用鼠标双击 Q1，打开 Q1 属性对话框，如图 2-43 所示。

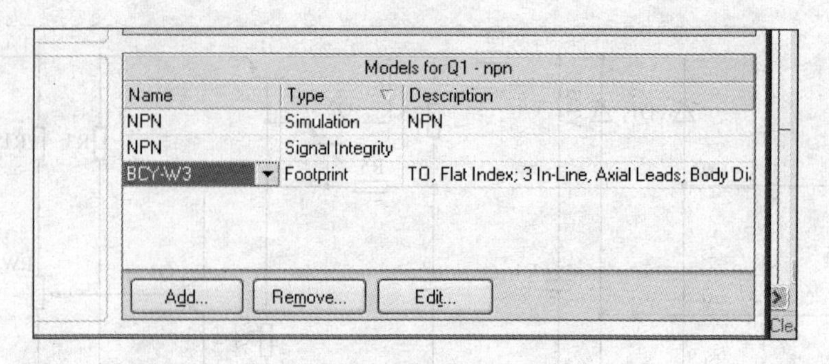

图 2-43 “Q1 属性”对话框

② 单击“Add...”（追加）按钮，出现图 2-44 所示的“追加封装方式”对话框，选择“Footprint”（封装方式）。单击“OK”按钮，出现图 2-45 所示的“封装方式的路径”对话框。

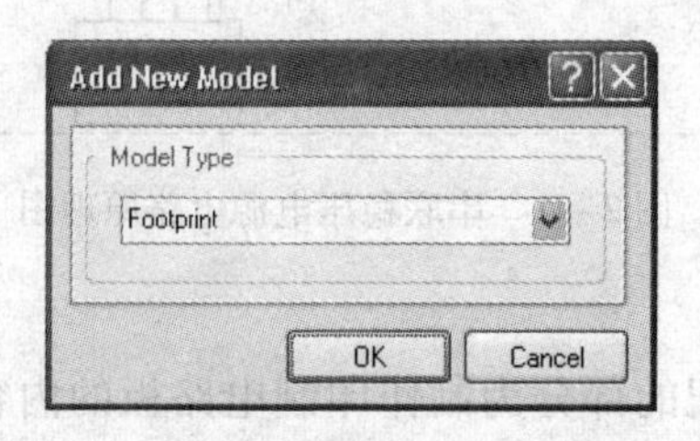

图 2-44 追加封装方式对话框

图 2-45 封装方式的路径对话框

③ 选中图 2-45 中 Library path（库的路径），然后单击右边的“Choose...”（选择...）按钮，出现图 2-46 所示的“打开元器件封装方式库”对话框。用鼠标双击 Pcb 文件夹，打开它，出现图 2-47 所示的“打开封装方式列表”对话框。

④ 用鼠标双击 Single In-Line with no Mounting Hole. PcbLib 图标，出现图 2-48 所示的“完成路径选择”对话框。若在图 2-48 中的 Name（名称）框内填入 SIP-P3/E10. 4，则出现图 2-49 所示的“填写封装方式名称”对话框。至此，已经把 SIP-P3/E10. 4 封装方式与 NPN 建立了关联。单击“OK”按钮确定上述设置。回到“元器件属性”对话框，选择刚才追加的封装方式。

图 2-46 “打开元器件封装方式库”对话框

图 2-47 “打开封装方式列表”对话框

⑤ 用同样的方法追加其他元器件的封装方式。电容的封装方式位于 Capacitor Polar Radial Cylinder. Pcblib 库中。稳压管 DW 的封装方式位于 Miscellaneous Devices PCB. PcbLib 库中。

⑥ 在图 2-11 所示的位置上追加所需的封装方式库。

⑦ 也可采用以下几个步骤进行封装方式的追加。

- 在图 2-11 中追加需要的封装方式所在的封装方式库。
- 执行前述方法中的第①、②两步。

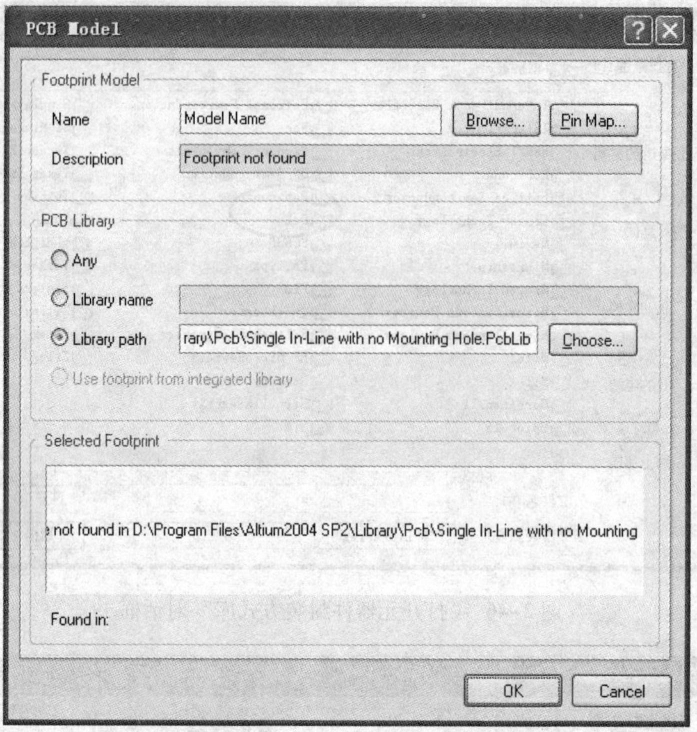

PCB Model

Footprint Model

Name Model Name Browse... Pin Map...

Description Footprint not found

PCB Library

Any

Library name

Library path rary\Pcb\Single In-Line with no Mounting Hole.PcbLib Choose...

Use footprint from integrated library

Selected Footprint

e not found in D:\Program Files\Altium2004 SP2\Library\Pcb\Single In-Line with no Mounting

Found in:

OK Cancel

图 2–48 “完成路径选择”对话框

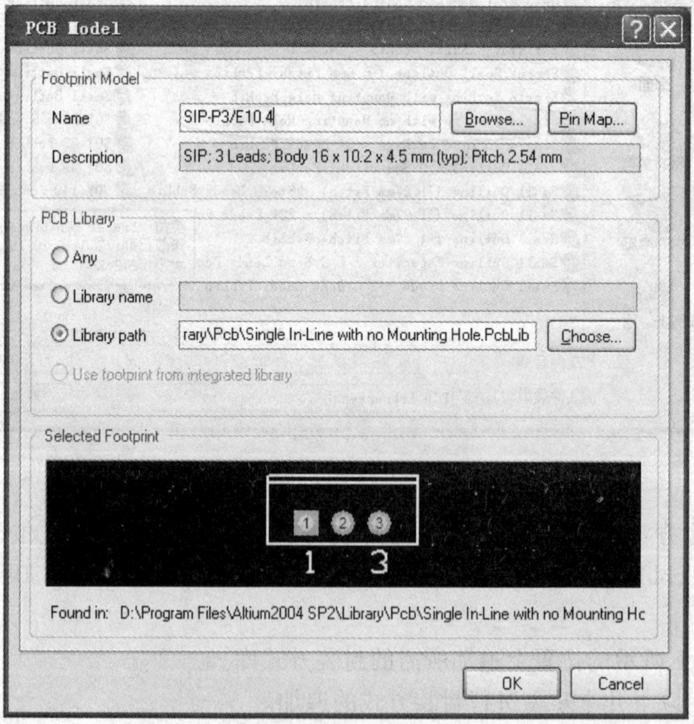

PCB Model

Footprint Model

Name SIP-P3/E10.4 Browse... Pin Map...

Description SIP; 3 Leads; Body 16 x 10.2 x 4.5 mm (typ); Pitch 2.54 mm

PCB Library

Any

Library name

Library path rary\Pcb\Single In-Line with no Mounting Hole.PcbLib Choose...

Use footprint from integrated library

Selected Footprint

1 2 3

1 3

Found in: D:\Program Files\Altium2004 SP2\Library\Pcb\Single In-Line with no Mounting Hc

OK Cancel

图 2–49 “填写封装方式名称”对话框

- 在图 2-49 中单击“Browse”（浏览）按钮，从列表中选择需要的封装方式库，然后从其中选择需要的封装方式进行追加。例如：电容 C1、C2 和 C3 以及稳压管 DW 的封装方式可以在默认安装的 Miscellaneous Devices. Intlib 中找到。

2.4 多单元元器件的使用——半加器电路的制作

本节以用与非门（MC74HC00AN）实现半加器逻辑电路的制作为例介绍多单元元器件的使用。MC74HC00AN 是四 2 输入与非门，在同一个封装内集成了在逻辑上互相独立的 4 个与非门，4 个与非门共用电源，如图 2-50a 所示，其封装方式为 DIP-14，如图 2-50b 所示。由两图比较可以看出，元器件符号上没有 14 脚（电源）和 7 脚（地），实际上它们是存在的，只不过被隐藏了。在原理图上软件会将这些引脚与相应的网络自动进行连接（详见第 3 章）。

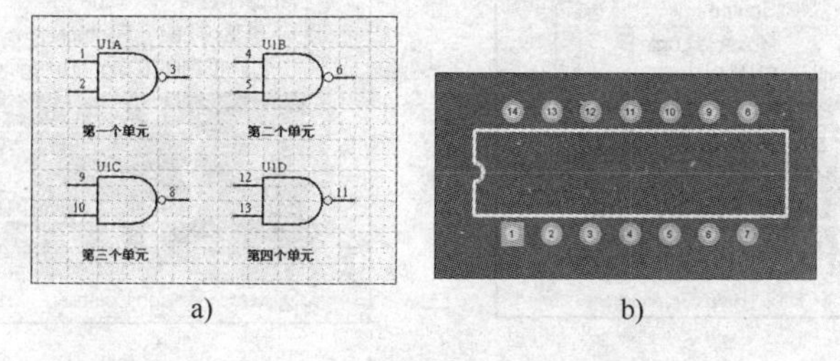

图 2-50　MC74HC00AN 符号及其封装方式

a）四 2 输入与非门　b）封装方式为 DIP-14

2.4.1 多单元元器件的放置

1）新建设计工作区。执行菜单“File”（文件）→“New”（创建）→“Design Workspace”（设计工作区），建立新的设计工作区，然后执行菜单“File”→“Save Design Workspace”，命名为半加器，并保存。

2）新建 PCB 项目。执行菜单“File”→“New”→“Project”（项目）→“PCB Project”，然后执行菜单“File”→“Save Project”，命名为半加器，并保存。

3）新建原理图文件。执行菜单“File”→“New”→“Schematic”（原理图），然后执行菜单“File”→“Save”，命名为半加器，并保存。新建原理图文件如图 2-51 所示。

图 2-51　新建原理图文件

4）安装元器件库。元器件库 Motorola Logic Gate. IntLib 在软件安装路径下的/Library/Motorola 文件夹中。

5）观察 MC74HC00AN。弹出库面板，在库列表内选择“Motorola Logic Gate. IntLib”。若在元器件筛选框内填入 MC74HC00AN，则该元器件出现在元器件列表内。MC74HC00AN 符号如图 2-52所示。若单击“+”号，则可以看到该元器件包含了逻辑上没有关系的 4 个逻辑单元（此处是 4 个与非门），MC74HC00AN 内单元电路如图 2-53 所示。若用鼠标双击需要的单元，则该单元被放置到工作区内。

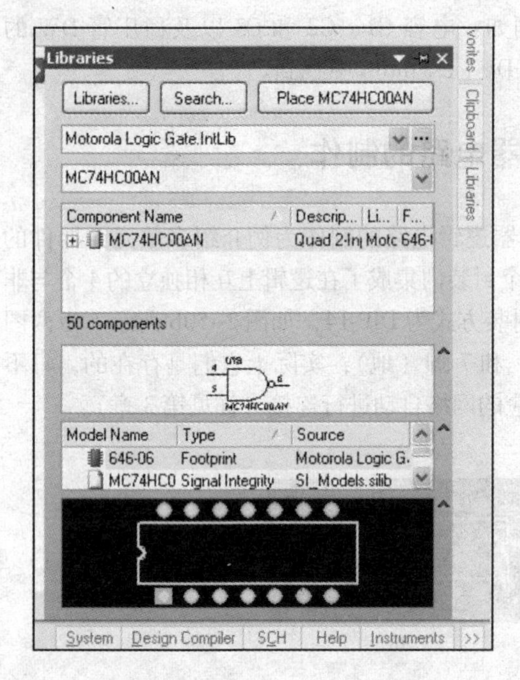

图 2-52　MC74HC00AN 符号

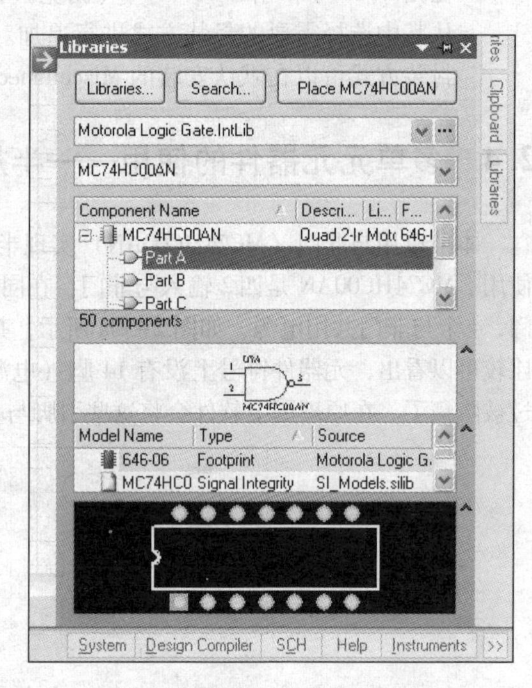

图 2-53　MC74HC00AN 内单元电路

2.4.2　半加器电路的制作

用与非门实现半加器的电路原理图如图 2-54 所示。

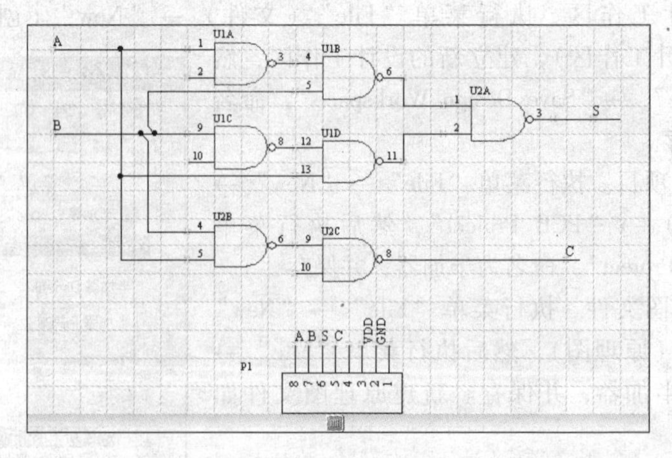

图 2-54　用与非门实现半加器的电路原理图

制作步骤如下：

1）在工作区内单击，若使用快捷键〈P-P〉，则会出现图 2-55 所示的“放置元件”对话框。按照图示填入内容，注意 Part ID（零件 ID）列表，该列表提供 4 个单元电路的选择。

2）单击“OK”按钮，关闭对话框，并按键盘上的〈Tab〉键，打开元器件的“U1 属性”对话框，如图 2-56所示。将 Comment（注释）后面的 Visible（可视）属性的对勾去掉。观察圈画出来的部分，在这里也可以改变所使用的单元。单击“OK”按钮，关闭对话框。放置好第一个单元电路，U1A 符号如图 2-57 所示。在图 2-56 中元器件标号填写的是 U1，但是在图 2-57 中显示的却是 U1A 符号，其中的 A 表示使用的是第一单元电路，是软件自动加上的。同样，当使用第二、三、四个单元时，标号应该为 U1B、U1C、U1D。如果元器件标号为 U2，则单元电路标号应为 U2A、U2B、U2C、U2D。

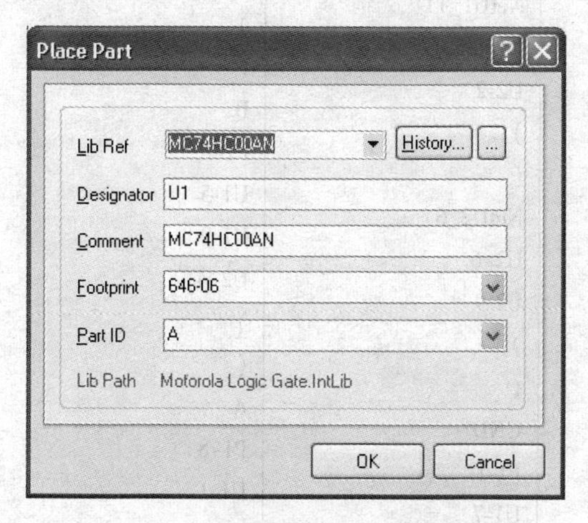

图 2-55　元器件放置对话框

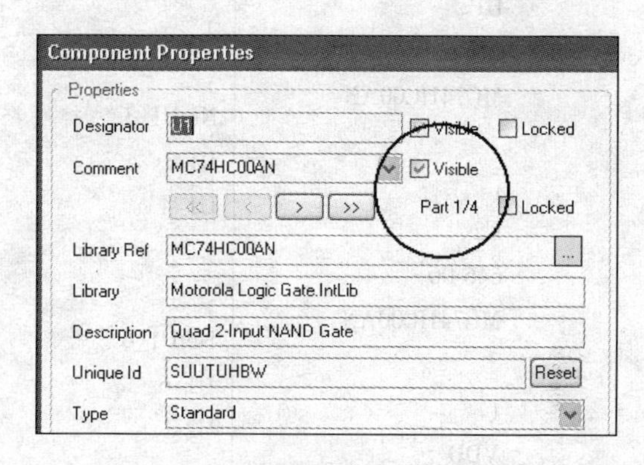

图 2-56　“U1 属性”对话框

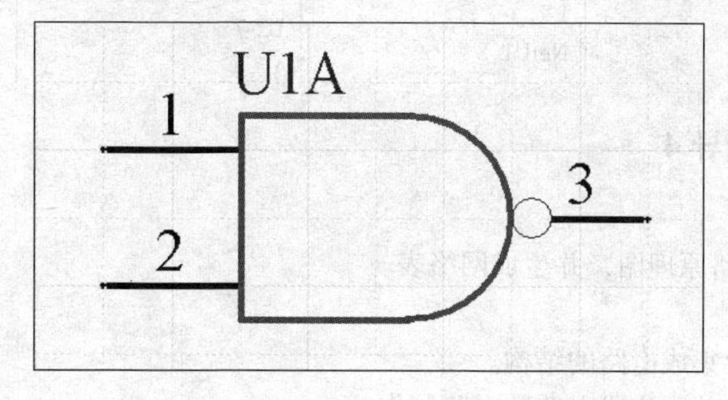

图 2-57　U1A 符号

3）按照图 2-54 所示的布局，继续放置其他的单元电路。如果仔细观察放置过程，就会发现，在第一个单元电路的属性按〈Tab〉键设置好后，元器件单元电路的序号（A、B、C、D）是自动递增的，第一个集成块的 4 个单元用完后，元器件标号会自动变为 U2。此处注意，单元电路不是一定要按照 A、B、C、D 的顺序使用，根据印制电路板的布局需要可以进行调整。除了前面介绍的几种方法外，在元器件放置好后，执行菜单“Edit”（编辑）→“Increment Part Number”（增加元件号码）还可以顺序递增单元电路的序号。

4）放置 8 个引脚的接插件 Header 8，封装方式是 HDR1x8（8 个引脚接插件，按 1x8 方式排列）。

5）放置网络标签。

6）生成网络表，观察网络表。注意观察 VDD 网络和 GND 网络所连接的引脚。

半加器 . NET 的内容如下：

```
[
P1
HDR1x8
Header 8
]
[
U1
646-06
MC74HC00AN
]
[
U2
646-06
MC74HC00AN
]
(
VDD
P1-2
U1-14
U1-14
U2-14
)
(
S
P1-6
U2-3
)
(
NetU1_3
U1-3
U1-4
)
(
NetU1_6
U1-6
U2-1
)
(
NetU1_8
U1-8
U1-12
)
(
NetU1_11
U1-11
U2-2
)
(
NetU2_6
U2-6
U2-9
)
(
GND
P1-1
U1-7
U1-7
U2-7
)
(
C
P1-5
U2-8
)
(
B
P1-7
U1-5
U1-9
U2-4
)
(
A
P1-8
U1-1
U1-13
U2-5
)
```

2.4.3 上机与指导 4

1. 任务要求

制作半加器电路原理图，并生成网络表。

2. 能力目标

1）理解多单元集成电路的结构。

2）学习包含多单元集成电路的电路制作。

3）掌握多单元集成电路的隐藏电源引脚的处理方法。

4）分析包含多单元集成电路的电路网络表。

3. 基本过程

1）运行软件。

2）新建设计工作区、PCB 项目以及原理图文件，并保存。

3）制作原理图、生成网络表、分析网络表。

4）保存文档。

4. 关键问题点拨

1）多单元集成电路的标号问题。例如，在图 2-54 中的 U1B，其属性设置参考图 2-56 所示，标号“U1B”中的“U1”在 Designator（标识符）区域填写，而“B”则是在图中圆圈处 Part 区域，按动单箭头将 1/4 改为 2/4 后，由软件自动生成。Part 后面的数字，分母是该集成电路所拥有的单元电路数目，分子表示这是第几个单元。

2）数字集成电路隐藏电源引脚的问题。如果该集成电路是 TTL 的，则其电源引脚的名字为 VCC；如果是 CMOS 的，则其电源引脚的名字是 VDD。要注意电源网络的名字（Net）设置，尤其是在电路中混合了两种元器件时，要处理好电源问题。

5. 能力升级

1）画出图 2-58a 所示的电路，并生成网络表。图中采用的运放 UA741 在 Protel DXP 2004 SP2 安装路径下的 Library \ ST Microelectronics \ ST Operational Amplifier. IntLib 集成库文件中。

接插件部分的制作参考以下步骤：

① 使用快捷键〈P-P〉，放置 14 脚的接插件 Header 14，该器件位于 Miscellaneous Connectors. IntLib 库中。

② 在元器件的第一个引脚上向上画出一小段导线，并选中这段导线，如图 2-58b 所示。

③ 使用〈Ctrl + X〉组合键，将这段导线剪贴到粘贴板上。

④ 执行菜单“Edit”（编辑）→“Paste Array”…（粘贴队列），打开图 2-58c 所示对话框。按图中所示将 Item Count（项目数）设为 14，Horizontal Spacing（水平）设为 10（一个网格的坐标增长值为 10），关闭对话框，光标变为十字形状。

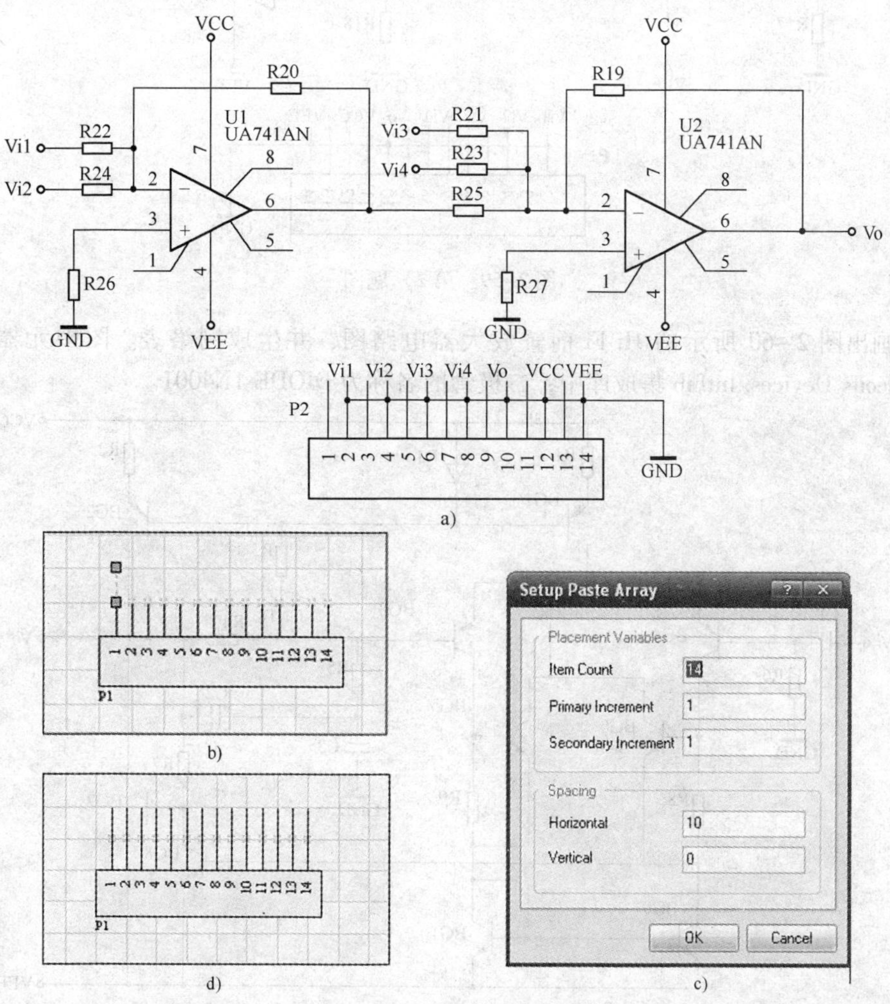

图 2-58　第 1）题图

⑤ 在前面被剪贴掉的那一小段导线的上端位置单击鼠标左键，确定粘贴起始位置，则14 段线段被粘贴到了图上，如图 2-58d 所示。

⑥ 使用快捷键〈P-N〉放置网络标签，按照图 2-58a 所示，将网络标签放置好，注意在连续放置的过程中使用〈Tab〉键修改标号属性，以提高速度。

⑦ 把 2、4、6、8、10、12、14 端连接起来（注意连接线要避开这些引脚的顶端），并与地端口连接。

2）画出图 2-59 所示的电路，并生成网络表。图中的运算放大器选用 Motorola Amplifier Operational Amplifier. IntLib 的双运算放大器 MC1437P。观察网络表，分析与图 2-58a 的区别。

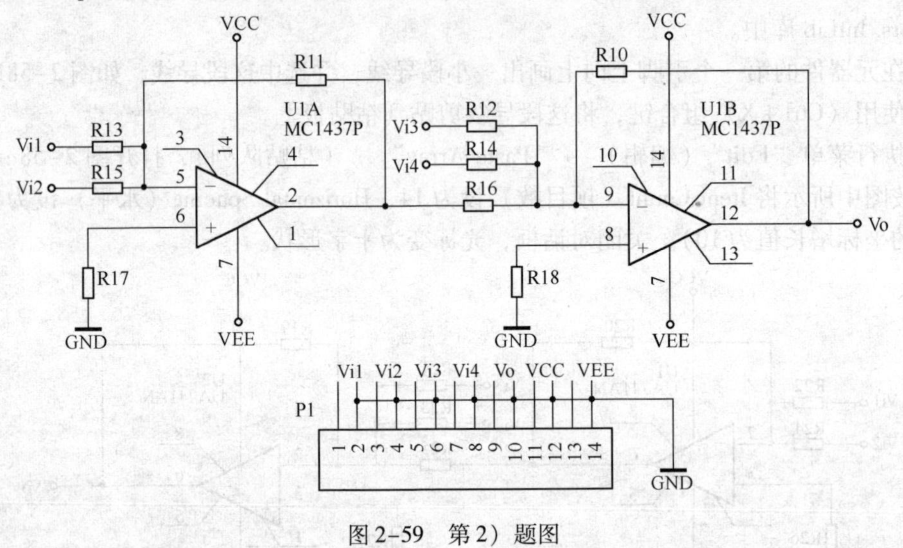

图 2-59　第 2）题图

3）画出图 2-60 所示的 Hi-Fi 前置放大器电路图，并生成网络表。图中元器件位于 Miscellaneous Devices. IntLib 集成库中，二极管的名称为 DIODE 1N4001。

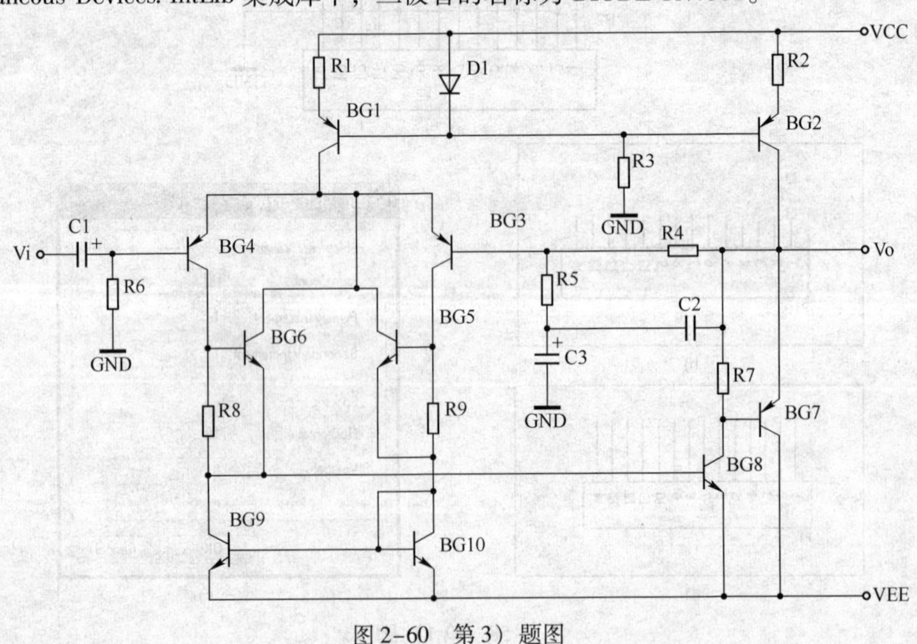

图 2-60　第 3）题图

2.5 原理图的常用操作

执行菜单“View”（查看）→“Desktop Layouts”（桌面布局）→“Default”（将窗口界面按照默认方式显示），然后按住各个工具条左边的标志，拖放工具条，将工具条依次排列，就会得到图 2-61 所示的原理图编辑器的界面。

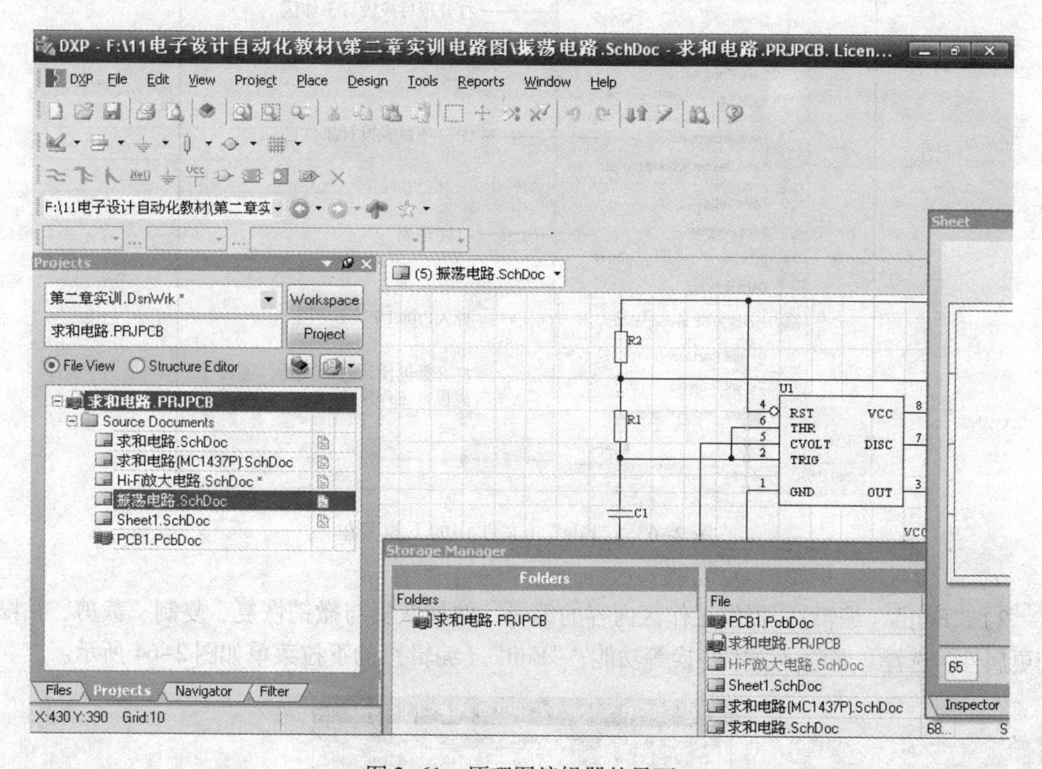

图 2-61　原理图编辑器的界面

2.5.1 菜单

Protel DXP 2004 SP2 的 Schematic（原理图编辑器）提供了 10 个菜单（如图 2-62 所示），包括“File”（文件）、“Edit”（编辑）、“View”（查看）、“Project”（项目管理）、“Place”（放置）、“Design”（设计）、“Tools”（工具）、“Reports”（报告）、“Window”（视窗）和“Help”（帮助）。

File　Edit　View　Project　Place　Design　Tools　Reports　Window　Help

图 2-62　原理图编辑器的菜单

1）“File”（文件）：提供关于设计工作区、项目以及文件的创建、保存、关闭、Protel 99 SE 文档的导入、打印等功能，“File”（文件）下拉菜单如图 2-63 所示。其中创建包括创建源文件（例如原理图文件）、项目（例如印制电路板项目）和设计工作区等。

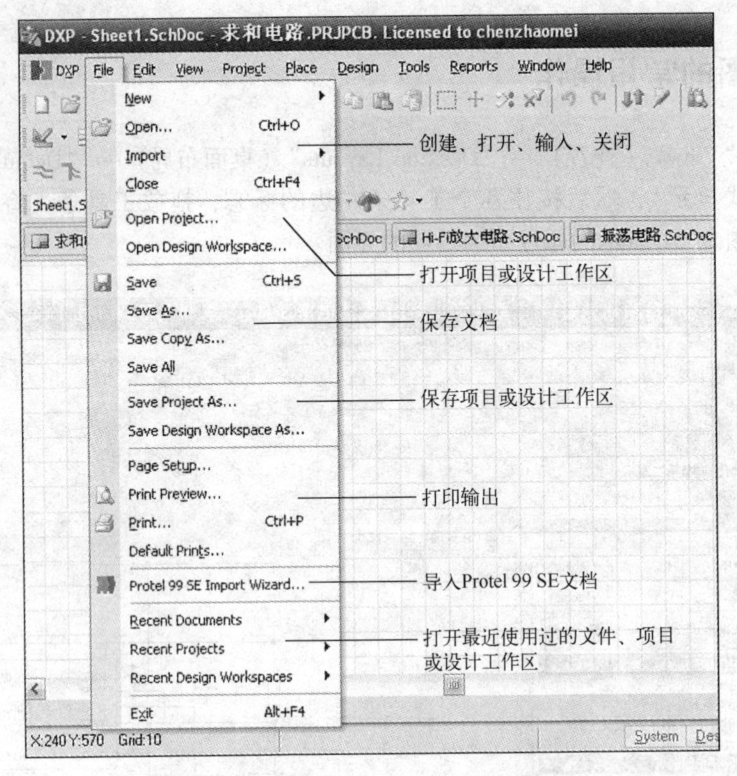

图 2-63 “File”（文件）的下拉菜单

2）“Edit”（编辑）：提供工作区内容的编辑，例如恢复与撤销恢复、复制、裁剪、粘贴、变更属性、选择、删除、文本替换等功能，“Edit”（编辑）的下拉菜单如图 2-64 所示。

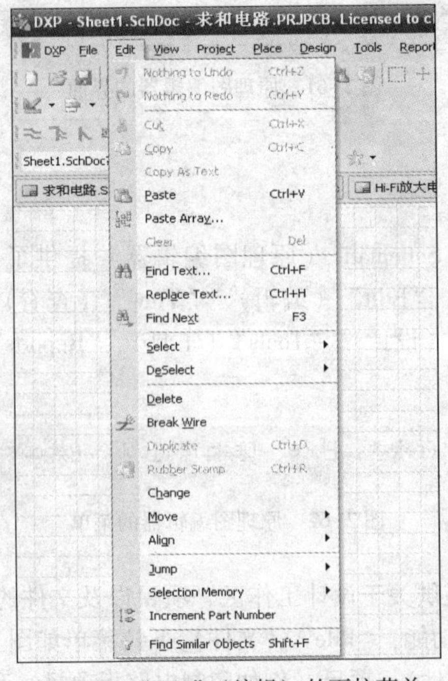

图 2-64 “Edit”（编辑）的下拉菜单

3）“View”（查看）：提供查看功能，包括窗口缩放、开关工具条、切换单位等功能，“View”（查看）的下拉菜单如图2-65所示。

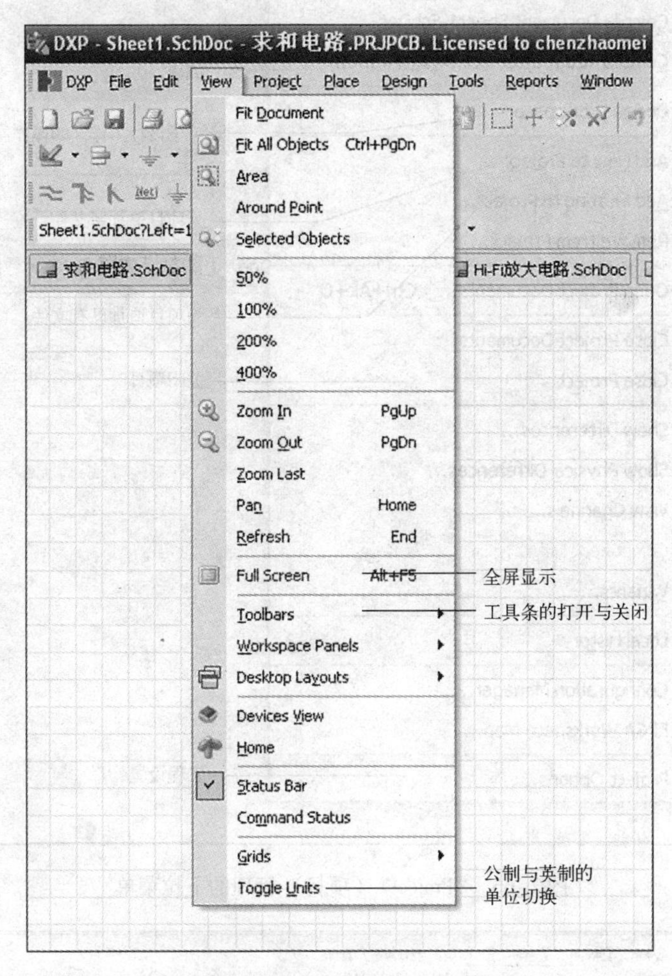

图2-65 “View”（查看）的下拉菜单

4）“Project”（项目管理）：提供项目管理功能，包括编译项目、改变项目内的文件、关闭项目、项目设置等功能，“Project”（项目管理）的下拉菜单如图2-66所示。

5）“Place”（放置）：提供放置功能，包括放置元器件、导线、总线、总线入口、网络标签、节点、电源端口等电气图形对象，也包括放置文本字符串、文本框、直线等非电气图形，“Place”（放置）的下拉菜单如图2-67所示。

6）“Design”（设计）：提供电路设计与整合功能，包括与电路板之间的同步操作、浏览和追加/删除元器件库、建立设计项目库、生成集成库、生成网络表、仿真以及文档选项设置等，“Design”（设计）的下拉菜单如图2-68所示。

7）“Tools”（工具）：提供各种工具，包括查找元器件、切换电路图层次、重置标识符、交叉探测、操作环境设置等功能，“Tools”（工具）的下拉菜单如图2-69所示。

8）“Reports”（报告）：提供报表功能，包括产生元器件报表、元器件交互参考表等功能，“Reports”（报告）的下拉菜单如图2-70所示。

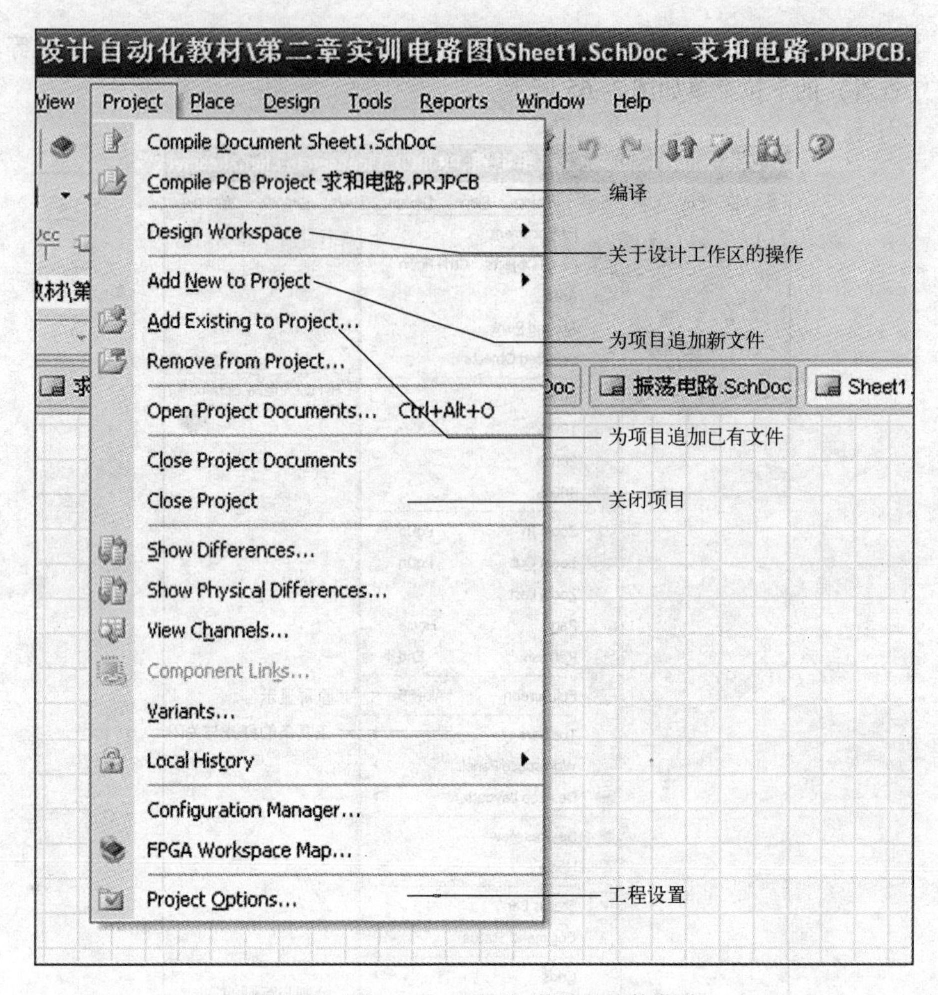

图 2-66 “Project”（项目）管理的下拉菜单

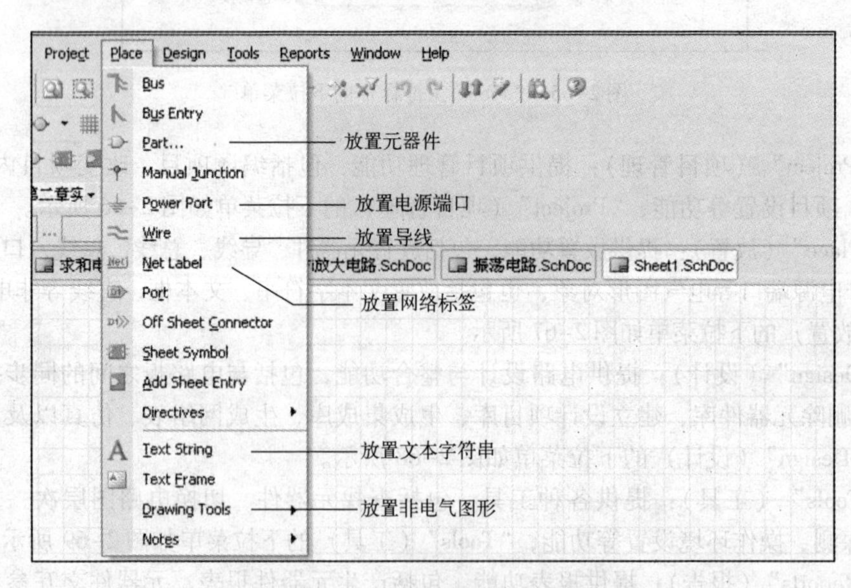

图 2-67 “Place”（放置）的下拉菜单

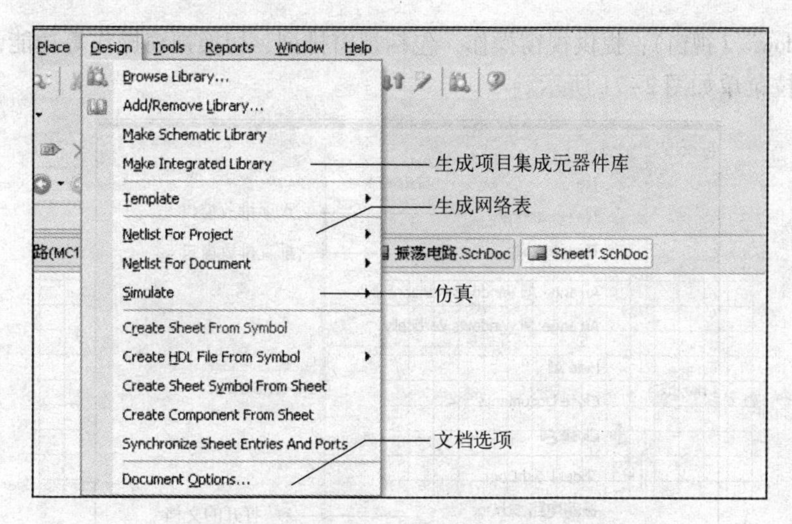

图 2-68 “Design”（设计）的下拉菜单

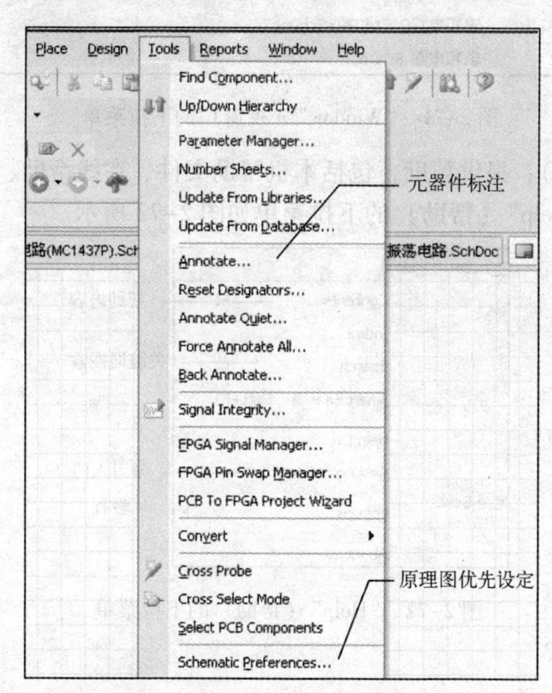

图 2-69 “Tools”（工具）的下拉菜单

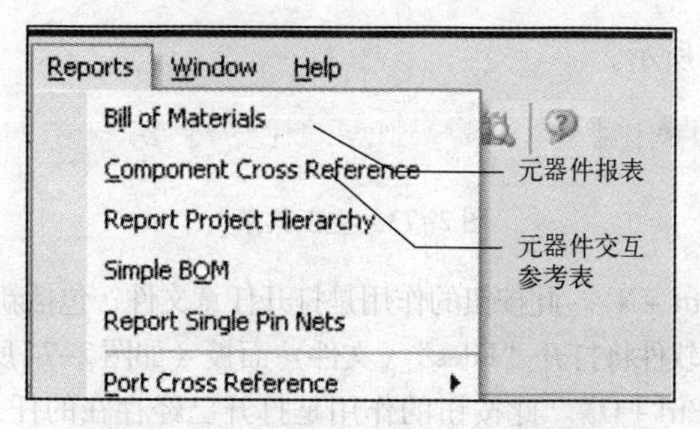

图 2-70 “Reports”（报告）的下拉菜单

9）“Window”（视窗）：提供视窗操作，包括视窗排列、切换视窗操作等功能，“Window”（视窗）的下拉菜单如图 2-71 所示。

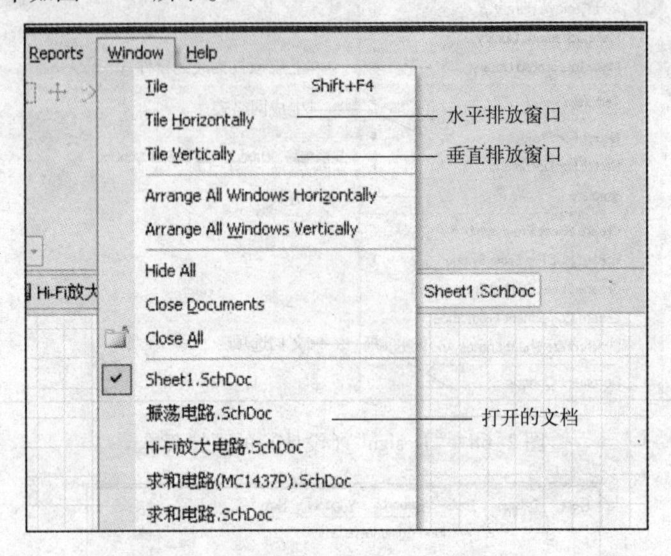

图 2-71　“Window”（视窗）的下拉菜单

10）“Help”（帮助）：提供帮助，包括本机帮助文件、在线帮助、教学范例、弹出菜单和版本说明等内容，“Help”（帮助）的下拉菜单如图 2-72 所示。

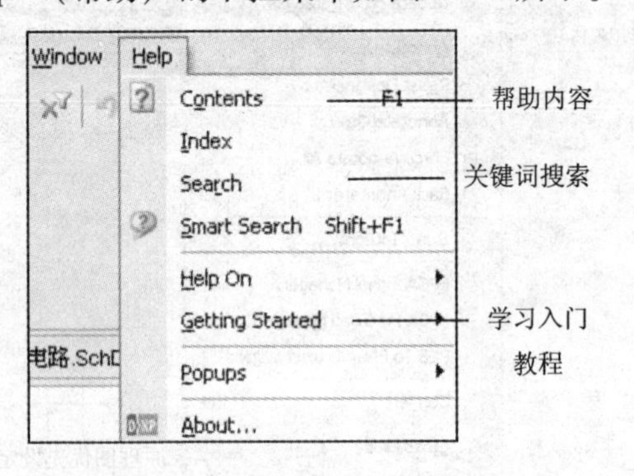

图 2-72　“Help”（帮助）的下拉菜单

2.5.2　工具条

1. 主工具条

主工具条如图 2-73 所示。

图 2-73　主工具条

：对应快捷键〈Ctrl + N〉。此按钮的作用是打开任意文件，包括新建文件和打开已经存在的文件。单击此按钮后，软件将打开“Files”（文件）面板（如图 2-74 所示），供用户选择。

：对应快捷键〈Ctrl + O〉。此按钮的作用是打开已经存在的任意文件，包括设计工作区、项目文件、原理图文件等。单击此按钮后，打开通常所见的 Windows 操作系统的“打开文件”对话框，选择合适的文件类型后，在显示的列表中选择文件打开。

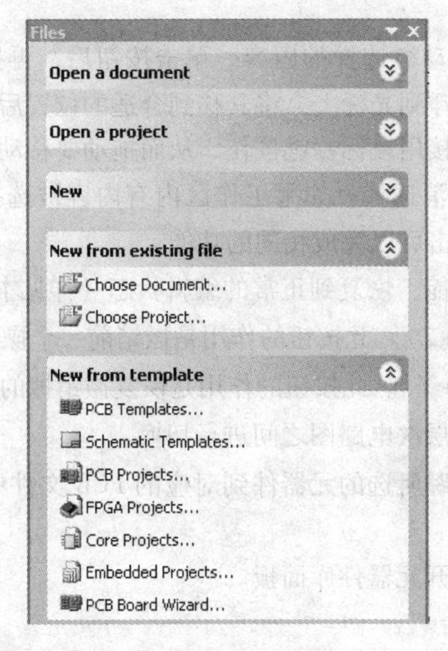

图 2-74 “Files”（文件）面板

：对应快捷键〈Ctrl + S〉。保存目前编辑的文件。

：直接打印目前编辑的文件。

：预览本文档内容。

：此按钮属于 FPGA（现场可编程序逻辑器件）项目，本书不涉及。

：对应快捷键〈Ctrl + Page Down〉。本按钮的作用是最大程度的显示工作区的内容。

：此按钮的作用是最大程度的显示用户在图样上定义的区域。单击按钮后光标将变成十字形状，在工作区内框画出要显示的矩形区域后，软件将最大程度的显示该区域。

：此按钮的作用是最大程度的显示被选择的部分。需要先选择要显示的部分，然后单击该按钮。

：对应快捷键〈Ctrl + X〉。此按钮的作用是裁剪。

：对应快捷键〈Ctrl + C〉。此按钮的作用是复制。

：对应快捷键〈Ctrl + V〉。此按钮的作用是，将剪贴板里的内容粘贴到工作区上。单击此按钮后，剪贴板里的内容将悬浮挂在光标上，随光标移动，将其移到合适位置后，再单击鼠标左键就可以将内容固定到该处。

：对应快捷键〈Ctrl + R〉。此按钮相当于橡皮图章。如果工作区内有被选择的内容，则单击按钮后，将有一个相同的内容悬浮在光标上，移动光标到合适的地方后单击鼠标左键，就可以将内容粘贴到该处，但光标上悬浮的内容仍然存在，如果需要，可以继续粘贴，按〈Esc〉键或者鼠标右键就可取消该操作。

：此按钮的作用是区域选取。单击按钮后光标变成一个十字形状，在要定义区域的一角单击鼠标左键，然后往另一角拉出矩形，大小合适后，再单击鼠标左键即可选定区域内的所有内容。这个操作与直接在工作区内拖曳出合适大小的矩形、从而选取矩形内的内容的作用是一样的。

：此按钮的作用是移动被选择的内容。单击按钮后，再指向所选的内容，单击鼠标左键后就可以将选择内容悬浮到光标上，将其移到合适的位置后，单击鼠标左键即可完成移动操作。该按钮的作用与直接用鼠标左键按住、从而拖动要移动的内容的作用是一样的。

：此按钮的作用是取消选择。如果工作区内有内容被选择，则单击按钮后，将取消选择。在工作区的空白处单击可以完成相同的功能。

：取消目前的筛选功能，恢复到正常的编辑状态（详见本书第 3 章 3. 5. 2 节）。

：对应快捷键〈Ctrl + Z〉。此按钮的作用是撤销前一个操作。

：对应快捷键〈Ctrl + Y〉。此按钮的作用是恢复撤销掉的这个操作。

：此按钮的作用是在层次电路图之间进行切换。

：此按钮的作用是追踪所选的元器件到对应的 PCB 文件中的封装方式上（需要打开 PCB 文件）。

：此按钮的作用是打开元器件库面板。

2. 实用工具条

实用工具条如图 2-75 所示。

：实用绘图工具。单击此图标右边的下拉箭头，就会出现图 2-76 所示的实用绘图工具，包括直线（Line）、多边形（Polygon）、椭圆弧（Elliptical Arc）、贝塞尔曲线（Bezier）、文本文字（Text String）、文本框架（Text Frame）、矩形（Rectangle）、圆角矩形（Round Rectangle）、椭圆（Ellipse）、饼图（Pie Charts）、放置图形（Graphic Image）以及设定粘贴队列（Paste Array）。该工具条的内容大多与“Place”菜单下的“Drawing Tools”（描画工具）子菜单相对应。

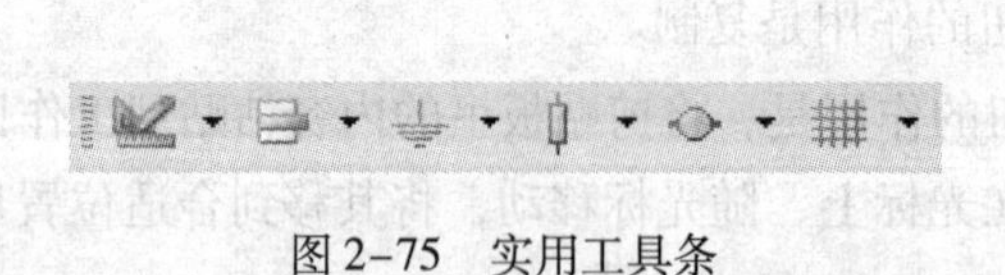

图 2-75　实用工具条

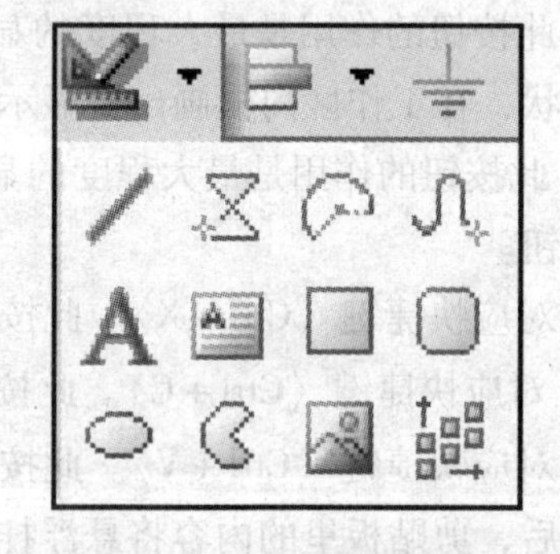

图 2-76　实用绘图工具

：对齐工具。单击此图标右边的下拉箭头，就会出现图 2-77 所示的对齐工具。该工具用于将被选择的图形对象按规定的方式对齐，包括左对齐、右对齐、水平方向中间对齐、被选图形对象水平方向间隔距离相同、上对齐、下对齐、垂直方向中间对齐、垂直方向图形对象间隔距离相同。

：电源符号。单击此图标右边的下拉箭头，就会出现图 2-78 所示的电源符号。

：放置数字元器件。单击此图标右边的下拉箭头，就会出现图 2-79 所示的数字元器件，包括电阻、普通电容、电解电容、2 输入端与非门、非门等，单击所需要的器件，之后的操作与前述放置元器件的过程一样。

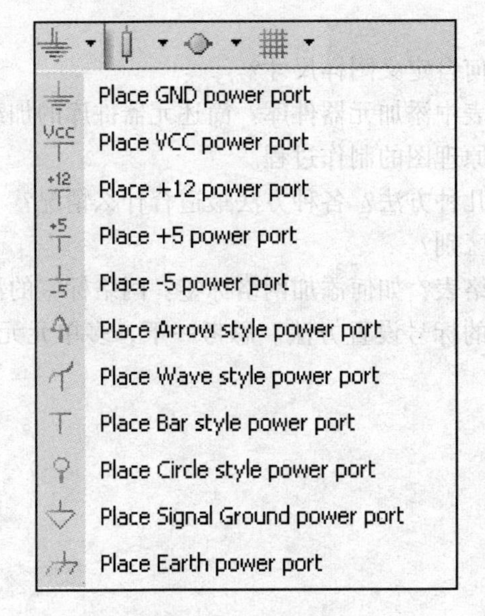

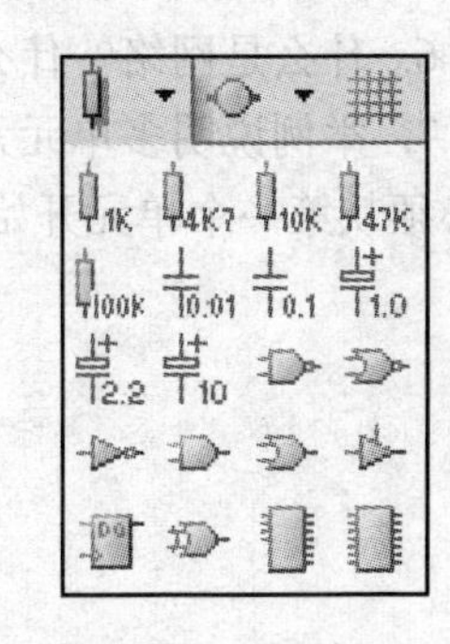

图 2-77　对齐工具　　图 2-78　电源符号　　图 2-79　数字元器件

：仿真信号源。

：网格修改。关于网格的具体描述将在第 4 章中进行介绍。在进行电气连接时不建议进行网格修改，在进行非电气绘图时，可以进行网格修改，但是完成绘图后应将网格恢复到软件的默认值（可视网格和捕获网格都是 10）。

3. 电连接工具条

电连接工具条如图 2-80 所示。工具条从左到右分别是：放置导线工具、放置总线工具、放置总线分支工具、放置网络标签工具、放置地线端口标志工具、放置电源端口标志、放置元器件工具、放置图样符号工具、放置图样入口工具、放置端口工具以及放置不允许电气检查工具。

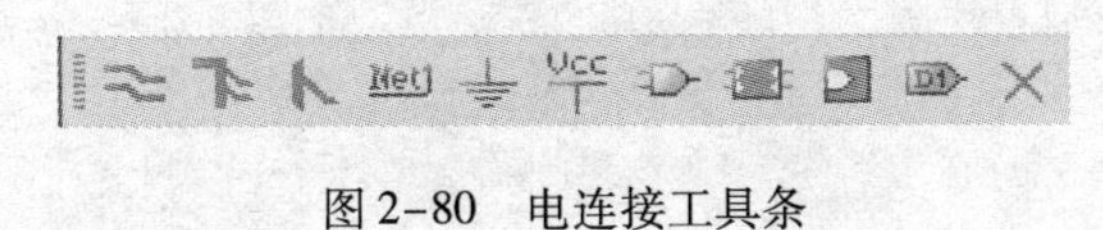

图 2-80　电连接工具条

4. 文本格式工具

文本格式工具如图 2-81 所示。文本格式工具用以改变工作区内的被选择的文本的格式，例如元器件标号、网络标签等。这个工具可以同时用在多个被选择的对象上，但是要注意选择时应选择同类的对象。例如不能同时选择网络标签和元器件，若错选，则该工具无效。文本格式的内容包括文本颜色、字体及字号等。

图 2-81　文本格式工具

2.6 习题

1. 如何修改图样背景？如何自定义图样尺寸？

2. 为什么要在元器件库列表中添加元器件库？简述元器件库的加载过程。

3. 简述单管共射放大电路原理图的制作过程。

4. 元器件的属性修改有哪几种方法？各种方法最适合什么情况？

5. 文本和文本框架有什么区别？

6. 什么是网络？什么是网络表？如何添加网络标签？网络标签的添加有何实际意义？

7. 举例说明多单元元器件的标号设置方法。思考一下，多单元元器件内的单元使用是否必须从第一个单元开始？

第3章　印制电路板制作基础

本章要点

- 印制电路板的基本知识
- 层的概念
- 手工制作印制电路板
- 自动制作印制电路板

3.1　准备知识

3.1.1　印制电路板简介

1. 印制电路板

印制电路板（Printed Circuit Board）的英文简称为PCB。通常把绝缘基材上提供元器件之间电气连接的导电图形称为印制线路，把在绝缘基材上，按预定设计制成的印制线路、印制元器件或两者组合而成的导电图形称为印制电路，而把印制电路或印制线路的成品板称为印制电路板。

几乎我们能见到的电子设备都离不开PCB，小到电子手表、计算器，大到计算机、通信电子设备及军用武器系统。只要有集成电路等电子元器件，它们之间电气互连就都要用到PCB。PCB提供集成电路等各种电子元器件固定装配的机械支撑，实现集成电路等各种电子元器件之间的布线和电气连接或电绝缘，并提供所要求的电气特性，如高频传输线的特性阻抗等。

2. 印制电路板的种类

印制电路板的种类很多，按其结构可分为单面印制电路板、双面印制电路板、多层印制电路板和软性印制电路板。

1）单面印制电路板是最早使用的印制电路板，仅一个表面具有导电图形，而且导电图形比较简单，主要用于一般电子产品。

2）双面印制电路板是两个表面都有印制电路的图形、通过孔的金属化进行双面互连形成的印制电路板，主要用于较高档的电子产品和通信设备。

3）多层印制电路板是由3层以上相互连接的导电图形层、层间用绝缘材料相隔、经粘合而成的印制电路板。多层印制电路板导电图形比较复杂，适合集成电路的需要，可使整机小型化，主要用于计算机和通信设备。

4）软性印制电路板是以聚四氟乙烯、聚酯等软性材料为绝缘基板制成的印制电路板，主要用于笔记本式计算机、手机和通信设备。

3. 印制电路板的结构

一块完整的印制电路板主要包括绝缘基板、铜箔、孔、阻焊层和文字印刷部分。

印制电路板的绝缘基板是由高分子的合成树脂与增强材料组成的。合成树脂的种类很多，常用的有酚醛、环氧、聚四氟乙烯树脂等。增强材料一般有玻璃布、玻璃毡或纸等。它们决定了绝缘基板的机械性能和电气性能。

铜箔是印制电路板表面的导电材料，它通过粘结剂被粘贴到绝缘基板的表面，然后再制成印制导线和焊盘，在板上实现电气连接。

印制电路板的孔有工艺孔、元器件安装孔、机械安装孔及金属化孔等。它们主要用于基板加工、元器件安装、产品装配及不同层面之间的连接。

阻焊层是指涂覆在印制电路板表面上的绿色阻焊剂（有的板子的阻焊层是黄色、红色或者黑色的），在 PCB 行业常把这层绿色阻焊剂叫作“绿油”。阻焊层可以起到防止波峰焊时产生桥接现象、提高焊接质量和节约焊料的作用。同时，它也是印制电路板的永久性保护层，能防潮湿、防盐雾、防霉菌和防止机械擦伤。

文字印刷部分一般用白色油漆制成，主要用于标注元器件的符号和编号，称为标记层，便于印制电路板装配时的电路识别。由于该层是用丝网印刷技术实现的，所以该层又称为丝网层。

3.1.2　印制电路板的布局原则

所谓布局就是把电路图上所有的元器件都合理地安排到有限面积的 PCB 上。布局的关键是开关、按钮及旋钮等操作件，以及结构件（以下简称为特殊元器件）等，它们必须被安排在指定的位置上。对于其他元器件的位置安排，必须同时兼顾到布线的布通率、电气性能的最优化以及今后的生产工艺和造价等多方面因素。印制电路板布局的基本原则如下。

1. 考虑印制电路板的尺寸

在设计印制电路板的尺寸时，要首先确定产品是否是为大型设备配套服务的，如果是，则需要按照规定尺寸设计 PCB，如果不是，就可参考下列原则设定尺寸，即 PCB 尺寸不能过大，也不能过小。如过大，印制导线长，阻抗增加，抗噪声能力下降，且成本增加；如过小，则散热不好，且邻近导线易受干扰。在确定 PCB 尺寸后，再确定特殊元器件的位置，最后对一般元器件进行布局。

2. 划分电路单元

在一个大型设备中，可能包含多个电路功能单元。按照信号的性质（频率、功率等），可将电路分为传感器单元、低频模拟单元、高频模拟单元、数字单元及电源单元等，应分单元进行布局。

3. 特殊元器件的布局

1）尽可能缩短高频元器件之间的连线，设法减少它们相互间的电磁干扰。易受干扰的元器件不能相互挨得太近，输入和输出元器件应尽量远离。

2）在某些元器件或导线之间可能有较高的电位差，应加大它们之间的距离，以免放电引起意外短路。带高电压的元器件应尽量布置在调试时手不易触及的地方。

3）对重量超过 15 g 的元器件，应当用支架加以固定，然后进行焊接。对那些又大又重、发热量多的元器件（例如电源变压器），不宜装在印制电路板上，而应安装在整机的机箱底板上，且应考虑散热问题。热敏元器件应远离发热元器件。

4）对于电位器、可调电感线圈、可变电容器、微动开关等可调元器件的布局，应考虑整机的结构要求。若是机内调节，则应放在印制电路板上方便调节的地方；若是机外调节，则其位置要与调节旋钮在机箱面板上的位置相适应。

5）应留出印制电路板定位孔及固定支架所占用的位置。

4. 一般元器件的布局

1）按照电路的信号流向（如从输入到输出）安排各个功能电路单元的位置，使布局便于信号流通，并使信号尽可能保持一致的方向。

2）对每一个单元电路，应以其核心元器件为中心，围绕它来进行布局。应将元器件均匀、整齐、紧凑地排列在 PCB 上。尽量减少和缩短各元器件之间的引线和连接。

3）在高频下工作的电路，要考虑元器件之间的分布参数。一般电路应尽可能使元器件平行排列。这样，不但美观，而且装焊容易，易于批量生产。

4）位于印制电路板边缘的元器件，离印制电路板边缘一般不应小于2 mm。印制电路板的最佳形状为矩形。长宽比为3∶2 或4∶3。当印制电路板面尺寸大于200 mm × 150 mm 时，应考虑其承受的机械强度。

3.1.3 印制电路板的布线原则

布线是在布局之后，设计铜箔的走线图，按照原理图连通所有的走线。显然，布局的合理程度直接影响布线的成功率，往往在布线过程中还需要对布局进行适当的调整。布线设计可以采用双层走线和单层走线，对于极其复杂的设计也可以考虑采用多层布线方案，但为了降低产品的造价，应尽量采用单层布线方案。对于个别无法布通的走线，可以采用标准间距短跳线或长跳线（软线）。布线的基本原则是，分功能单元布线，各单元自成回路，最后一点接地。具体说明如下。

1）输入、输出导线应尽量避免相邻平行，如果需要平行，则最好在线间加地线，以免发生寄生反馈，引起自激振荡。

2）PCB 导线的最小宽度主要由导线与绝缘基板间的粘附强度和流过它们的电流值决定。当铜箔厚度为 0.05 mm、宽度为 1 mm 时，允许通过 1 A 的电流；当铜箔宽度为 2 mm 时，允许通过 1.9 A 的电流。一般来说，线宽应取0.5 mm、1 mm、1.5 mm、2 mm 和2.5 mm 这些标准值。对大功率设备板上的地线和电源线，可根据功率大小适当增加线宽。在同一电路板中，电源线、地线比信号线要宽。

对于集成电路，尤其是数字电路，导线宽度通常选为0.02 ~0.3 mm。当然，只要允许，还是尽可能用宽线，尤其是电源线和地线。

3）导线的最小间距主要由最坏情况下的线间绝缘电阻和击穿电压决定。当导线间距为1.5 mm 时，线间绝缘电阻大于20 MΩ，线间最大耐压可达300 V；当导线间距为1 mm 时，线间最大耐压为200 V。因此，在中低压（线间电压不大于200 V）的电路板上，线间距取1.0 ~1.5 mm就足够了。在低压电路（如数字电路系统）中，不必考虑击穿电压，只要生产工艺允许，线间距就可以很小。

4）印制导线拐弯处应平缓地过渡，在高频电路中，直角或尖角会影响电气性能。此外，应尽量避免使用大面积铜箔，否则，长时间受热时，易发生铜箔膨胀和脱落现象。必须用大面积铜箔时，最好用栅格状，这样有利于排除铜箔与基板间粘结剂受热产生的挥发性气体。

5）如果是高速电路，就要考虑传输线效应和信号完整性问题。

3.1.4 PCB 的抗干扰措施

印制电路板的抗干扰设计与具体电路有着密切的关系。这里仅就 PCB 抗干扰设计的几项常用措施做一些说明。

1. 电源线的设计

根据印制电路板电流的大小，应尽量加大电源线宽度，减小导线电阻。同时，使电源线、地线的走向和数据传递的方向一致，这样有助于增强抗噪声的能力。

2. 地线的设计

一般来说，电子设备应该有 3 条分开的地线：信号地线、噪声地线和安全地线。信号地线又分为低频地线和高频地线。低频地线有两种接法，即串联式一点接地和并联式一点接地，分别如图 3-1 和图 3-2 所示。当采用串联式一点接地方案时，应注意最后的接地点要放在弱信号一端。可以看出，采用并联式一点接地方案的布线难度明显增加。对于高频电路，应采用就近多点接地。

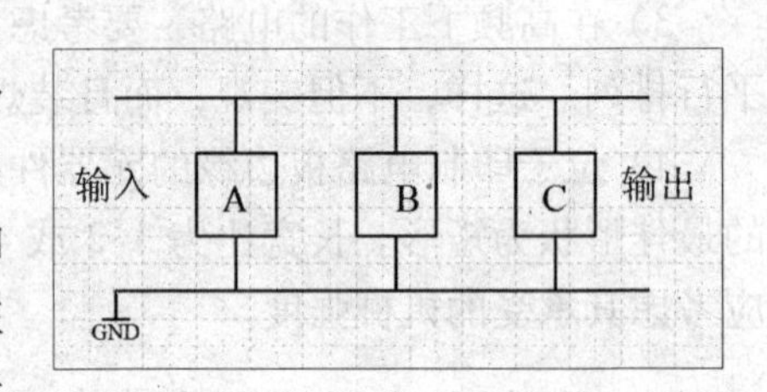

图 3-1　串联式一点接地

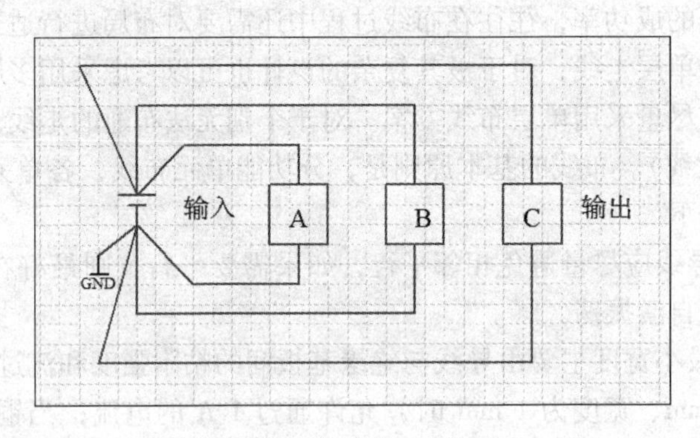

图 3-2　并联式一点接地

接地线应尽量加宽，尽量减小接地电阻，使它能通过 3 倍于印制电路板上的允许电流。如有可能，则接地线应在 2 ~ 3 mm 以上。

3. 去耦电容的配置

PCB 设计的常规做法之一是在印制电路板的各个关键部位配置适当的去耦电容。

去耦电容的配置原则如下。

1）直流电源输入端跨接合适大小（根据噪声频率确定电容值）的电解电容或钽电容。

2）原则上，每个集成电路芯片都应布置一个 0.01 pF 的瓷片电容，如遇印制电路板空隙不够，就可每 4 ~ 8 个芯片布置一个 1 ~ 10 pF 的钽电容。

3）对于抗噪能力弱、关断时电源变化大的器件，如 RAM、ROM 存储器件，应在芯片的电源线和地线之间直接接入去耦电容。

4）电容引线不能太长，尤其是高频旁路电容。

3.1.5　元器件实物、符号及其封装方式的识别

1. 元器件实物

元器件实物是指在组装电路时所用的器件，如图 3-3 所示的电阻、图 3-4 所示的电容和图 3-5 所示的电感。

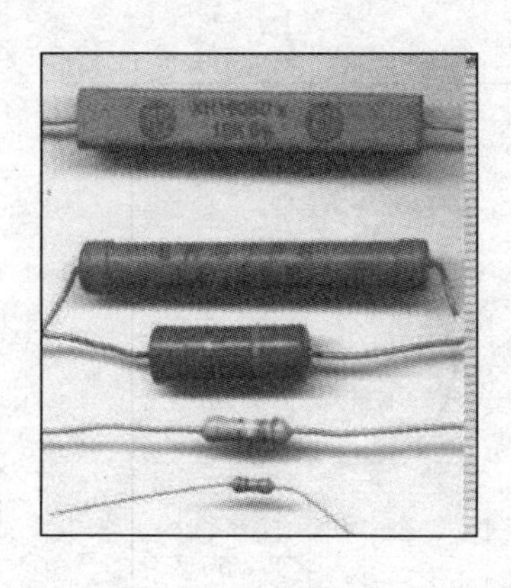

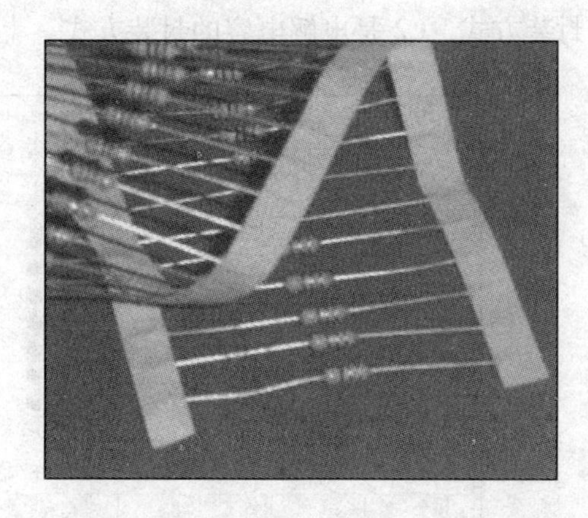

图 3-3　电阻

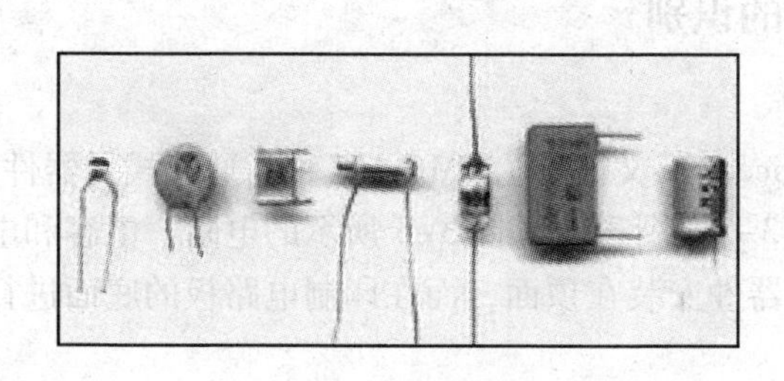

图 3-4　电容

图 3-5　电感

2. 元器件符号

元器件符号是在电路图中代表元器件的一种符号。图 3-6 所示是元器件符号，即电阻、电容和电感的符号。在符号中可以体现元器件的一些特征。例如，在图 3-6 中，R1 代表普通电阻，R2 代表可变电阻；C1 代表没有极性的电容，例如瓷片电容、纸质电容、涤纶电容等，C2 代表有极性的电容，如电解电容等；L1 代表空心电感，L2 代表有铁心的电感。

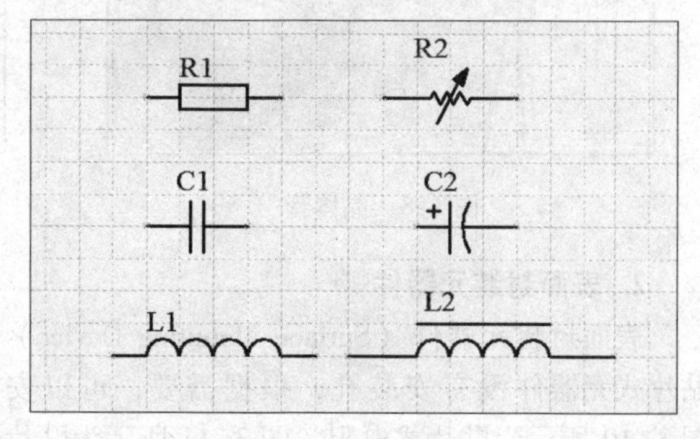

图 3-6　元器件符号

3. 元器件封装方式

元器件封装方式是根据在印制电路板上要装配的元器件实物的外形轮廓大小和引脚之间的距离映射出来的图形。它要准

确反映元器件的尺寸，尤其是引脚之间的距离，以便插装。元器件封装方式如图 3-7 所示。同一种器件会有不同的封装方式。例如图 3-3 中的电阻，根据引脚距离和引脚粗细，有 Axial-0. 3、Axial-0. 4、Axial-0. 6 等封装方式。不同的元器件也可以有相同的封装方式。例如图 3-7 中的器件 U1，如果不与具体电路关联，它可能是 74LS00，也可能是 LM324，也就是说，不同种类的元器件封装方式可能一样，但是引脚的实际含义是不同的。C1 是没有极性的电容的封装方式，C2 是电解电容的封装方式。

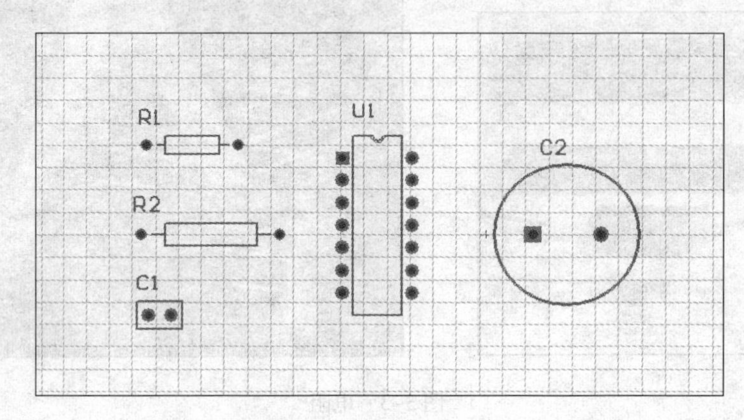

图 3-7　元器件封装方式

3. 1. 6　插孔式元器件和表面封装元器件的识别

1. 插孔式元器件

插孔式元器件（Through-hole Mounting Device）英文简称为 TMD，又称为通孔式元器件。图 3-8、图 3-9 所示的晶体管和二极管以及图 3-3、图 3-4 和图 3-5 所示的电阻、电容和电感都是插孔式元器件。在安装时，应将这些元器件安装在顶面，而在印制电路板的底面进行焊接。

图 3-8　晶体管

图 3-9　二极管

2. 表面封装元器件

表面封装元器件（Surface Mounting Device）英文简称为 SMD，又称为贴片式元器件。贴片式元器件没有安装孔，根据需要，可以安装在元器件面，也可以安装在焊接面。图 3-10 所示为贴片式电阻。图 3-11 所示为贴片式电容。

图 3-10　贴片式电阻

图 3-11　贴片式电容

3.2　手工布线制作单面板

尽管 Protel DXP 2004 SP2 集成环境整合了制作印制电路板的全套工具，用户仍然可以采用纯手工的方法制作简单的印制电路板，也就是不用先画出原理图、再同步到印制电路板，而是直接在印制电路板编辑器中从封装方式库内调入元器件，手工进行布局和布线。对这部分内容，本书不作详述，本书所示的例子都是从原理图开始做起的。

手工布线制作印制电路板的基本思路如下。

1）在原理图编辑器中制作正确的原理图。

2）项目设置，编译项目（本节不作这一步）。

3）生成网络表（可选）。

4）新建 PCB 文件，规划电路板大小，进行有关设置，并保存。

5）将原理图内容同步到印制电路板上。

6）元器件布局。

7）画禁止布线区（本节不作这一步）。

8）布线设置（本节不作这一步）。

9）手工布线。

10）保存。

本节以前面制作过的晶体管放大电路为例进行介绍。

3.2.1　案例准备

1）在硬盘上新建文件夹，并命名为手工制作单面板实例，注意后续操作中将各种文件都保存到这个文件夹中。

2）新建设计工作区。执行菜单“File”（文件）→“New”（创建）→“Design Workspace”（设计工作区），然后执行菜单“File”（文件）→“Save Design Workspace”（保存设计工作区），把设计工作区命名为“手工制作单面板—晶体管放大电路”，并保存。

3）新建项目。执行菜单“File”（文件）→“New”（创建）→“Project”（项目）→“PCB Project”（PCB 项目），然后执行菜单“File”→“Save Project”，将项目命名为手工制作单面板—晶体管放大电路，并保存。

4）新建原理图文件。执行菜单“File”（文件）→“New”（创建）→“Schematic”

(原理图)，然后执行菜单“File”→“Save”，将文件命名为手工制作单面板—晶体管放大电路，并保存。

5）画原理图。参考第2章2.3节的内容，画出原理图，注意封装方式的添加，并生成网络表。观察网络表，重点看元器件标号、封装以及主要的网络标签是否齐全，效果如图3-12所示的晶体管放大电路。

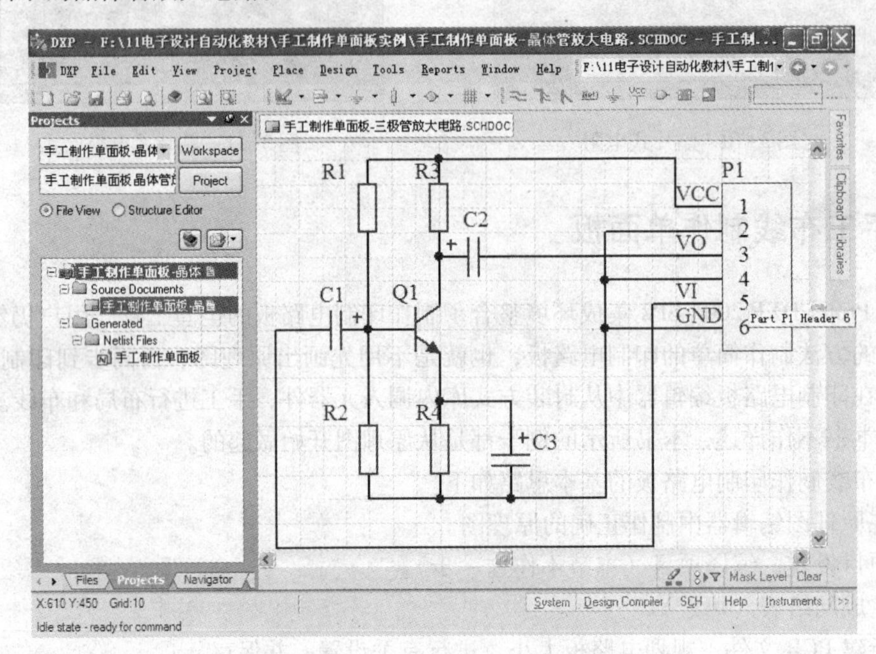

图3-12　晶体管放大电路

6）新建PCB文件。执行菜单“File”（文件）→“New”（创建）→“PCB”（PCB文件），然后执行菜单“File”（文件）→“Save”（保存），将文件命名为“手工制作单面板-晶体管放大电路”，并保存。在键盘上按快捷键〈Z-A〉最大限度地显示印制电路板内容，并将光标移动到印制电路板中间，然后连续按键盘上的〈Page Up〉键，以光标为中心放大该部分，显示出可视网格，效果如图3-13所示的PCB主界面。

3.2.2　PCB界面介绍、基本设置以及层的知识

1. PCB界面介绍

比较图3-12和图3-13可以看到，原理图编辑器界面和PCB编辑器界面结构基本相似，但是细节却不一样。不同的编辑器，其菜单和工具条等都有所不同。注意窗口左下角的面板标签，多了PCB标签，如果看不到PCB标签，就单击按钮◂或者▸。

2. 基本设置

(1) 电路板设置

在图3-13所示的PCB主界面中，连续按键盘上的快捷键〈Page Down〉，默认电路板的大小如图3-14所示。在深灰色的工作区背景下的黑色矩形即为新建PCB文件时软件生成的电路板，默认尺寸是，宽6000 mil，高4000 mil（1 in = 1000 mil），这是电路板的物理尺寸（实际尺寸）。

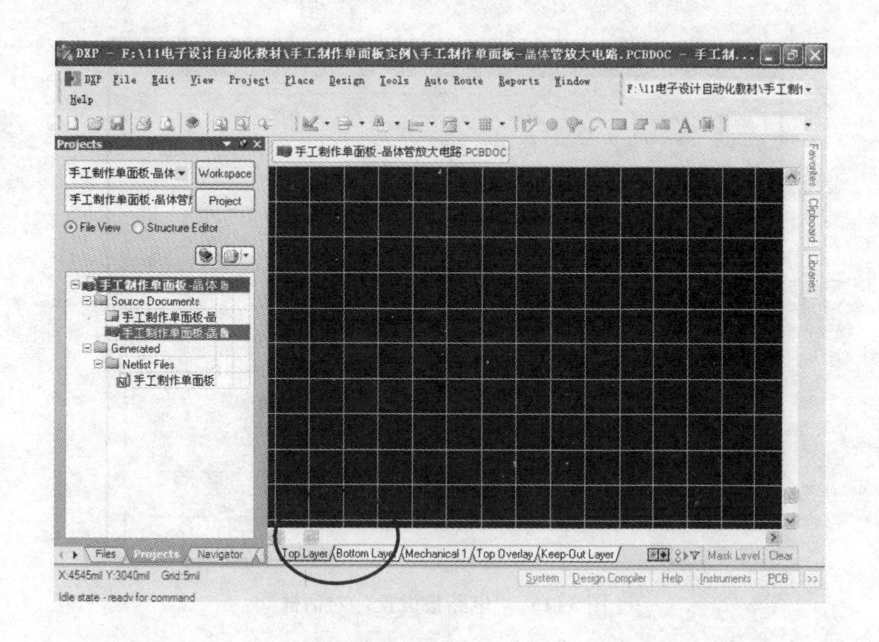

图 3-13　PCB 主界面

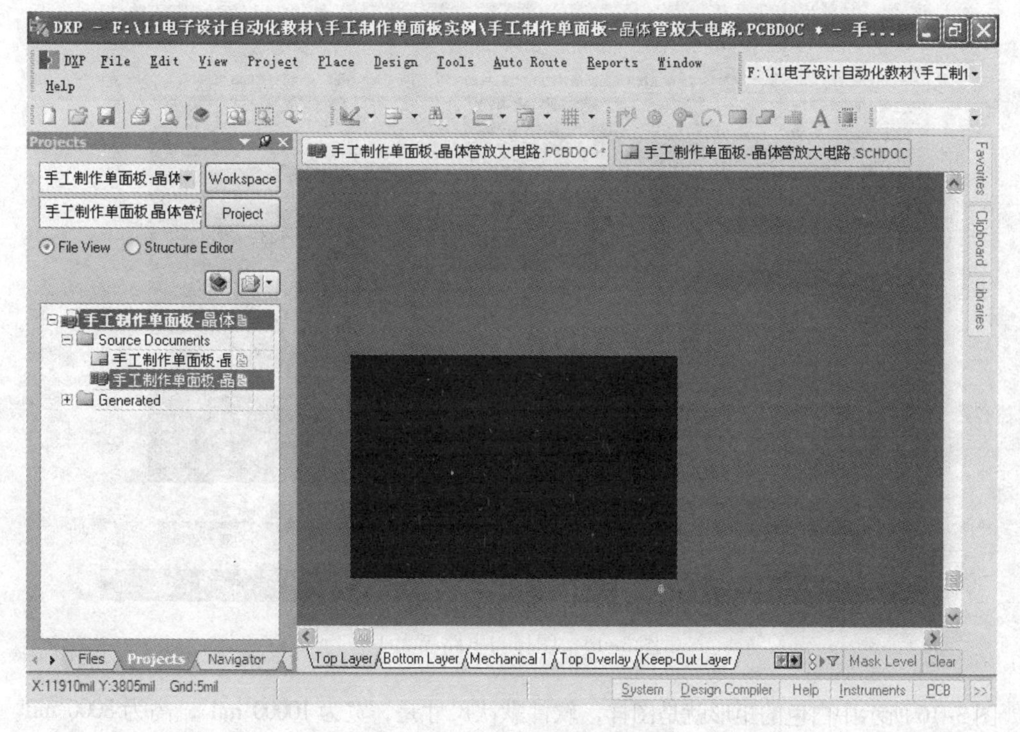

图 3-14　默认电路板的大小

执行菜单“Design”（设计）→“Board Options”（PCB 选择项）…，或者执行右键菜单“Options”（选择项）→“Board Options”（PCB 选择项）…，显示图3-15 所示的“电路板设置”对话框，选中右下角的 Display Sheet（显示图样）复选框，单击“OK”按钮，关闭对话框。图样与电路板大小如图 3-16 所示。

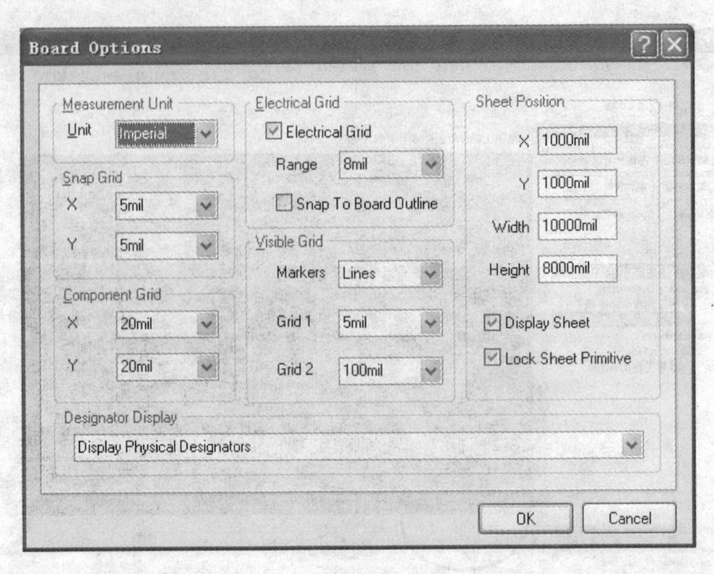

图 3-15 “电路板设置”对话框

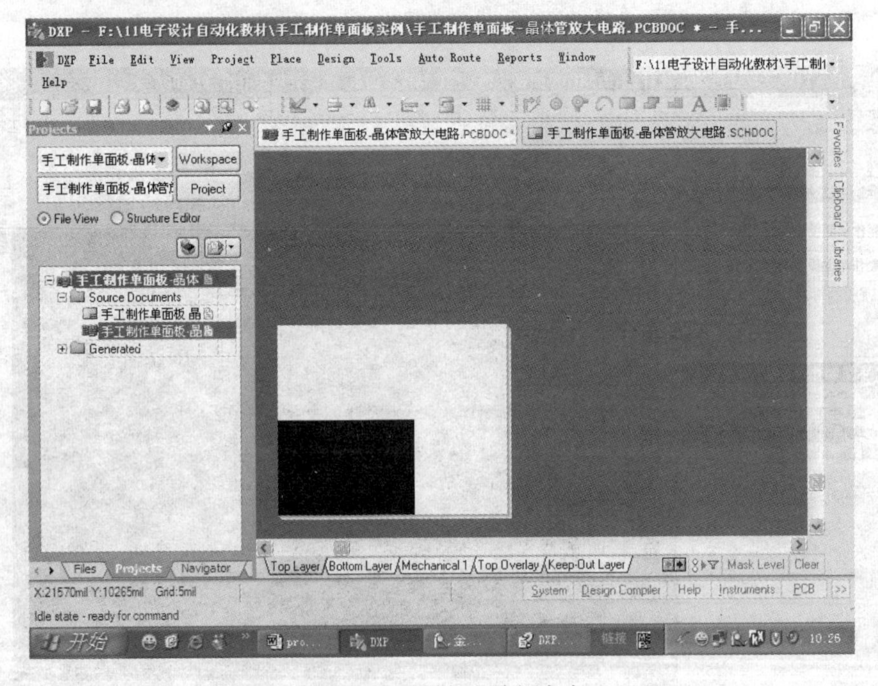

图 3-16 图样与电路板大小

图 3-16 所示中白色的矩形就是图样，软件默认尺寸是，宽为 10000 mil ，高为 8000 mil。在图 3-15 所示的“电路板设置”对话框中可以进行修改。

（2）PCB 首选项设置

执行菜单“Tools”（工具）→“Preferences”（优先设定）…，打开“首选项”对话框，展开 Protel PCB 项，优先设定对话框如图 3-17 所示。将该项目下的 General 中的 Autopan Options（屏幕自动移动选项）中的 Style（风格）选为 Disable（禁止），取消屏幕自动移动，如图 3-18 所示。

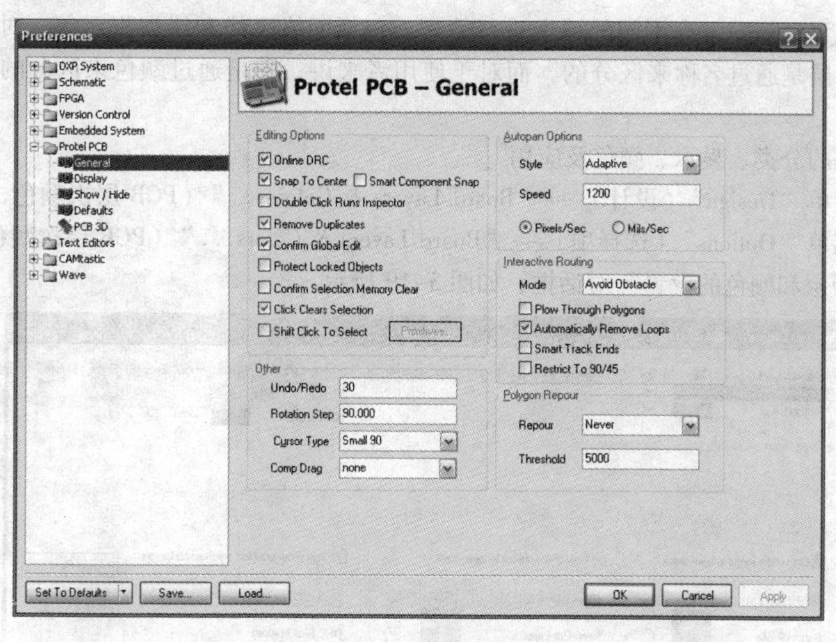

图 3-17　优先设定对话框

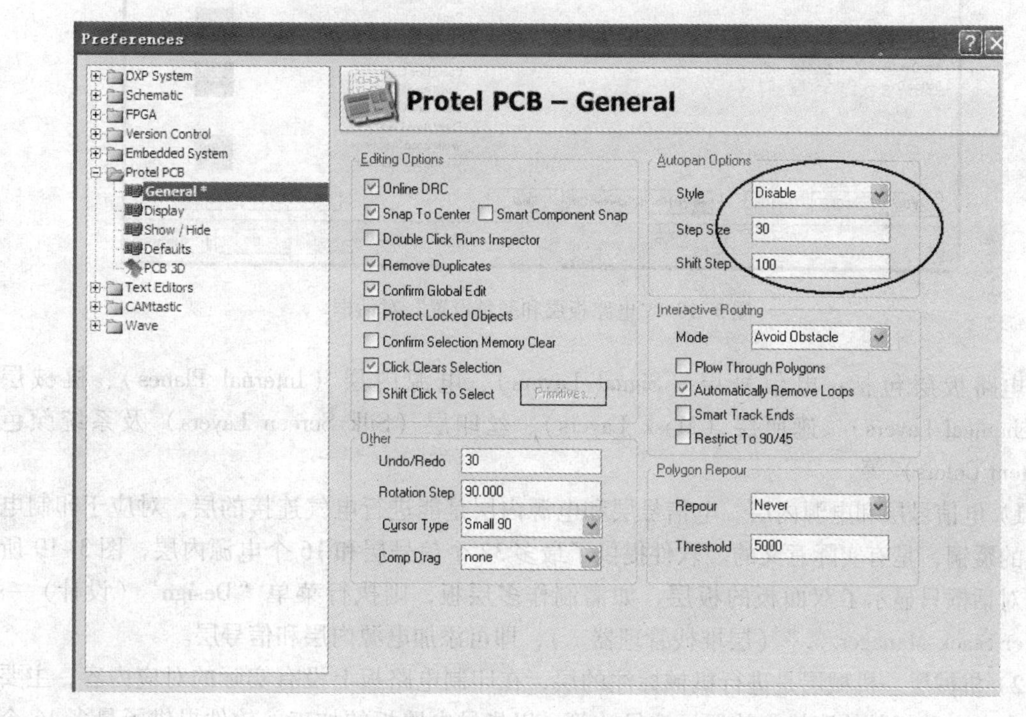

图 3-18　取消屏幕自动移动

3. 层的知识

(1) 层的意义

印制电路板上的层是为了在计算机上区分印制电路板含有的多种元素而设计的。例如双面板，有顶面、底面、顶层印字面和阻焊层等，在这里把顶面叫作顶层（Top Layer），底面叫作底层（Bottom Layer），顶层印字面叫作顶层标记层（Top Overlay）等。软件把所有在工作区出现的元素都安置在不同的层上进行管理，包括网络飞线和错误提示等。对于软件来讲，不同的层是通过名称来区分的，而对于使用者来讲，则是通过颜色来区分的（颜色是可以改变的）。

（2）层的分类、显示、颜色及应用

执行菜单“Design”（设计）→“Board Layers & Colors...”（PCB 层次颜色...），或者执行右键菜单“Options”（选择项）→“Board Layers & Colors...”（PCB 层次颜色...），打开“电路板层和颜色的设置”对话框，如图 3-19 所示。

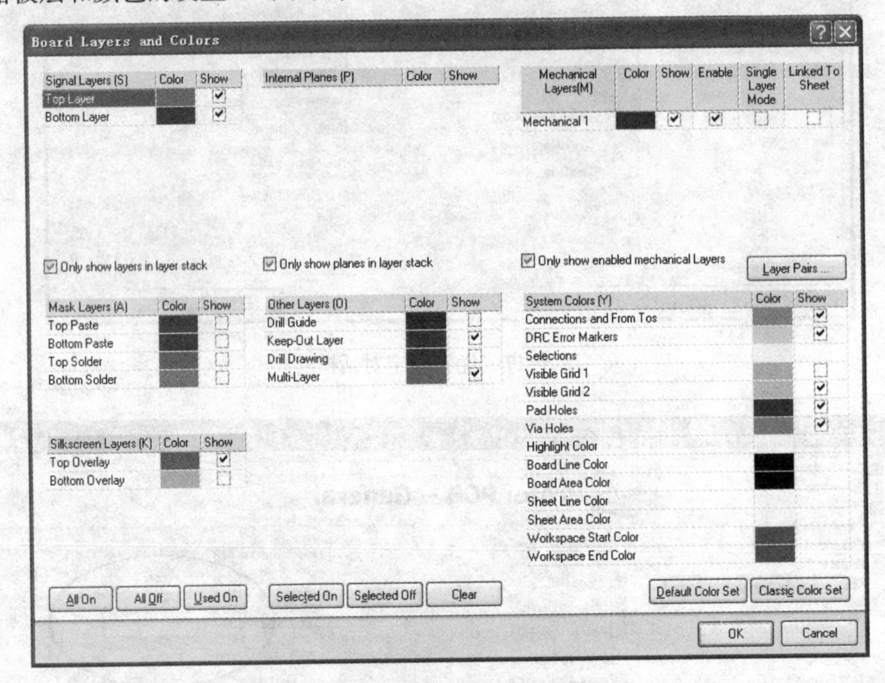

图 3-19 “电路板层和颜色设置”对话框

电路板层包括：电信号层（Signal Layers）、电源内层（Internal Planes）、机械层（Mechanical Layers）、遮照层（Mask Layers）、丝印层（Silk Screen Layers）及系统颜色（System Colors）等。

1）电信号层和电源内层。电信号层和电源内层是能进行电气连接的层，对应于印制电路板的覆铜，是有实际意义的。软件提供了最多 32 个信号层和 16 个电源内层，图 3-19 所示的对话框只显示了双面板的板层，如需制作多层板，则执行菜单“Design”（设计）→“Layer Stack Manager...”（层堆栈管理器...），即可添加电源内层和信号层。

2）机械层。机械层是进行机械标注的层，在印制电路板上没有实际的对应内容，主要用来定义电路板的轮廓线、放置标注尺寸等，以指导电路板的加工。软件提供了最多 16 个机械层。图 3-19 所示的对话框中只显示了一层，如果需要，去掉其下方的 Only show enabled mechanical layers（只显示允许的机械层）复选框中的对勾，就可以显示其他的机械层。

3）顶层（Top Overlay）和底层标记层（Bottom Overlay）这两层用来放置文字标注，例如元器件标号、标称值及绘制元器件轮廓线等。因其使用丝网印刷技术印制，所以称为丝网层。

4）禁止布线层（Keep-Out Layer）。禁止布线层用来在自动布线时规定可以布线的区域。注意一定要在禁止布线层上画禁止布线区，否则软件将不予认可。

5）顶层阻焊层（Top Solder）和底层阻焊层（Bottom Solder）。这两层与厂家制作 PCB 的工艺有关。

6）顶层防焊锡膏层（Top Paste）和底层防焊锡膏层（Bottom Paste）。这是专为贴片式元器件设置的，这两层与厂家的制作工艺有关。

7）多层（Multi-Layer）。这是放置插孔式元器件的焊盘和放置过孔的层，因焊盘穿过所有的层，故称之为多层，也称为焊盘层。

8）网络飞线层（Connection and From Tos）。网络飞线是具有电气连接的两个实体之间的预拉线，表示两个实体是相互连接的。网络飞线不是真正的连接导线，在实际导线连接完成后飞线将消失。

9）可视网格层（Grid Layer）。软件提供了两套可视网格，供在不同的放大层次上使用，默认只显示第二套（Grid 2）。如果需要显示第一套，在 Grid 1 后面的复选框中打勾即可。两套网格的格距在电路板设置对话框中进行设置。

观察图 3-19，可以看到层的名字后面是其颜色块，然后是复选框。在复选框中打勾，则该层可以在 PCB 编辑器中显示，例如顶层和底层信号层在 PCB 工作区的底部可以看到，如图 3-13 所示。若单击颜色块，则会出现图 3-20 所示的选择颜色对话框，选中需要的颜色，单击“OK”按钮，关闭对话框。注意图 3-19 右下角“Default Color Set”和“Classic Color Set”按钮，分别是默认颜色设置和经典颜色设置。

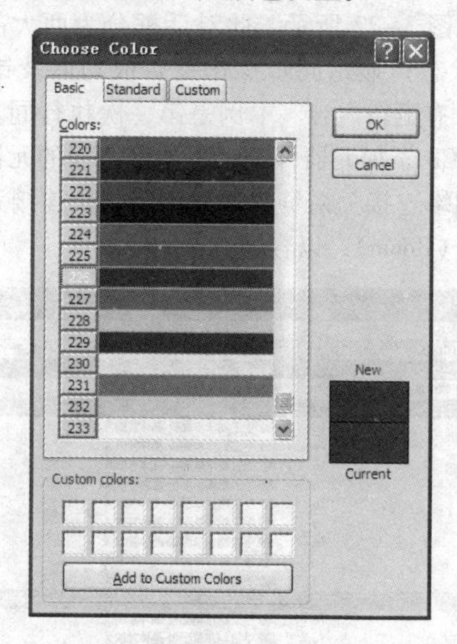

图 3-20 “选择颜色”对话框

层的使用原则是，在什么层上进行什么操作。举例说明，如果要在顶层上画导线，就应切换到顶层；如果要在顶层标记层上画元器件轮廓，就应该切换到顶层标记层；如果要画禁止布线区，就一定要切换到禁止布线层上去，否则是无效的。而画线的工具是一样的，比如纯手工布线（不带网络）、画元器件轮廓线和画禁止布线区都可以使用

Place（放置）→Line（直线）。

3.2.3 将原理图内容同步到 PCB

在图 3-13 所示的 PCB 主界面中，单击工作区上方的“手工制作单面板－晶体管放大电路.SCHDOC”文件标签，切换到原理图编辑器，并执行菜单“Design”（设计）→“Update PCB Document”手工制作单面板—晶体管放大电路. PCBDOC（注意，该菜单要在已建 PCB 文件的前提下才会出现；若创建了 PCB 文件，但是该 PCB 文件没有保存，则虽然有该菜单，但是同步操作仍然无法执行。也就是说，必须保存 PCB 文件）。同步更新菜单如图 3-21 所示。

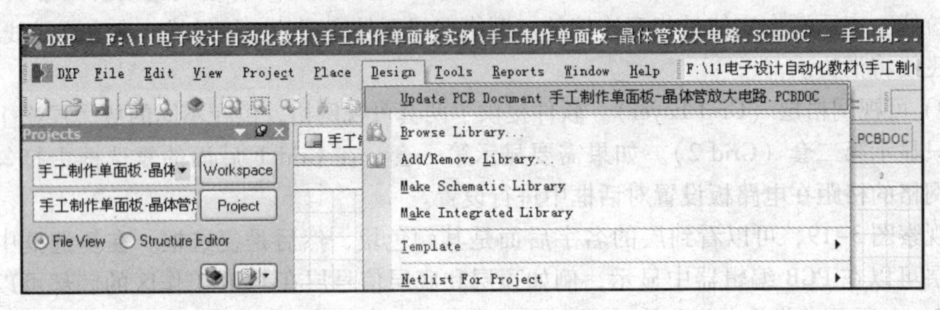

图 3-21　同步更新菜单

执行结果，出现 Engineering Change Order 对话框，即 Engineering Change Order（项目变化订单，ECO）对话框，如图 3-22 所示。此对话框分为两大部分，Modification 显示同步（修改）的内容，Status（状态）显示同步操作是否成功以及错误提示。只有当原理图和 PCB 中的内容有差别时，才有更新内容。本例是第一次执行同步，所以有更新内容。同步的内容包括 4 大项，即为 PCB 添加元器件类；根据网络表的元器件资料从封装方式库内调入元器件；根据网络表的网络连接关系资料加载网络，预连接元器件（也就是用网络飞线连接）；添加一个元器件盒（Room），以容纳所有的元器件。

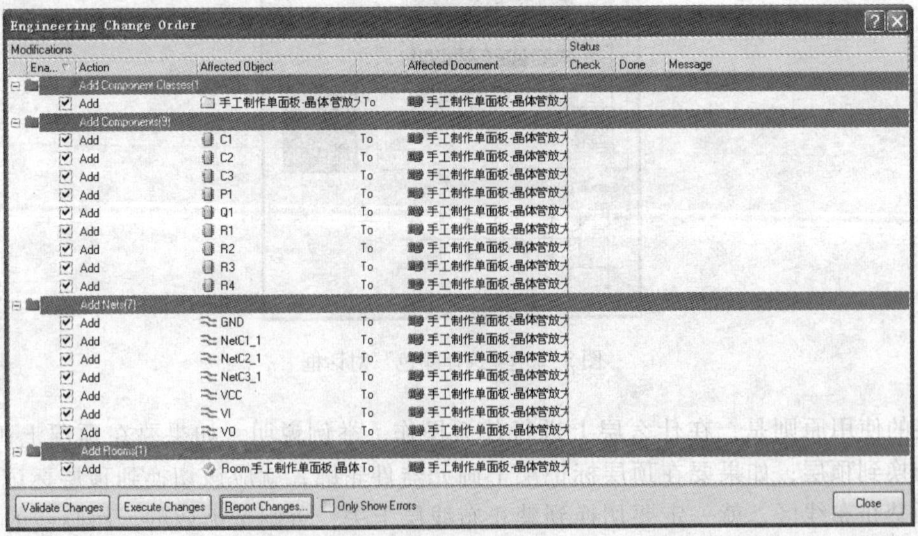

图 3-22　“Engineering Change Order”对话框

单击对话框中左下角的“Validate Changes”（使变化生效）按钮，验证更新内容是否存在错误，如果没有错误，则软件在 Check（检查）栏显示对勾；如果有错误，则显示错误标志，并在 Messages（消息）栏内给出错误提示，如图 3-23 所示。如果有错误，就需要回到原理图界面，修改后再执行同步。

Engineering Change Order

Modifications

Ena...	Action	Affected Object		Affected Document	Check	Done	Message
	Add Component Cla						
☑	Add	C1 to 手工制作单面板-晶体	In	手工制作单面板-晶体管放大电路	⊗		Failed to add class member : Component C1 Cap
☑	Add	C2 to 手工制作单面板-晶体	In	手工制作单面板-晶体管放大电路	⊗		Failed to add class member : Component C2 Cap
☑	Add	C3 to 手工制作单面板-晶体	In	手工制作单面板-晶体管放大电路	⊗		Failed to add class member : Component C3 Cap
☑	Add	P1 to 手工制作单面板-晶体	In	手工制作单面板-晶体管放大电路	⊗		Failed to add class member : Component P1 Hea
☑	Add	Q1 to 手工制作单面板-晶体	In	手工制作单面板-晶体管放大电路	⊗		Failed to add class member : Component Q1
☑	Add	R1 to 手工制作单面板-晶体	In	手工制作单面板-晶体管放大电路	⊗		Failed to add class member : Component R1
☑	Add	R2 to 手工制作单面板-晶体	In	手工制作单面板-晶体管放大电路	⊗		Failed to add class member : Component R2
☑	Add	R3 to 手工制作单面板-晶体	In	手工制作单面板-晶体管放大电路	⊗		Failed to add class member : Component R3
☑	Add	R4 to 手工制作单面板-晶体	In	手工制作单面板-晶体管放大电路	⊗		Failed to add class member : Component R4
	Add Components(9)						
☑	Add	C1	To	手工制作单面板-晶体管放大电路	✓		
☑	Add	C2	To	手工制作单面板-晶体管放大电路	✓		
☑	Add	C3	To	手工制作单面板-晶体管放大电路	✓		
☑	Add	P1	To	手工制作单面板-晶体管放大电路	✓		
☑	Add	Q1	To	手工制作单面板-晶体管放大电路	✓		

图 3-23　错误提示

在软件没有提示错误信息后，单击“Execute Changes”（执行变化）按钮，执行同步操作，然后单击“Close”（关闭）按钮关闭对话框，此时，出现图 3-24 所示的更新已完成后的工作区界面。

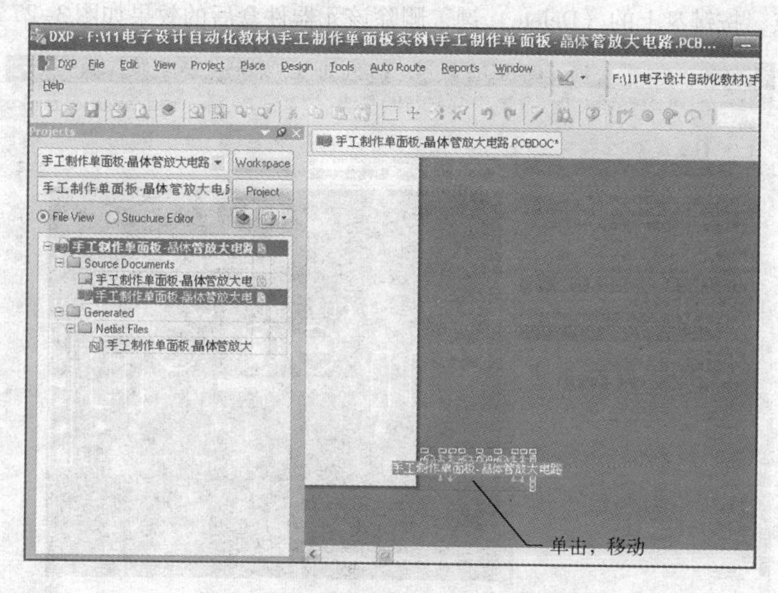

图 3-24　更新已完成后的工作区界面

图 3-24 所示的工作区内新出现的内容就是软件从原理图中同步过来的内容。执行菜单“Edit”（编辑）→“Move”（移动）→“Move”（移动），将光标移动到图中标志位置，单击鼠标左键，然后松开，移动光标到电路板中间位置，再次单击鼠标左键确定，移动元器件到电路板边界内如图 3-25 所示。

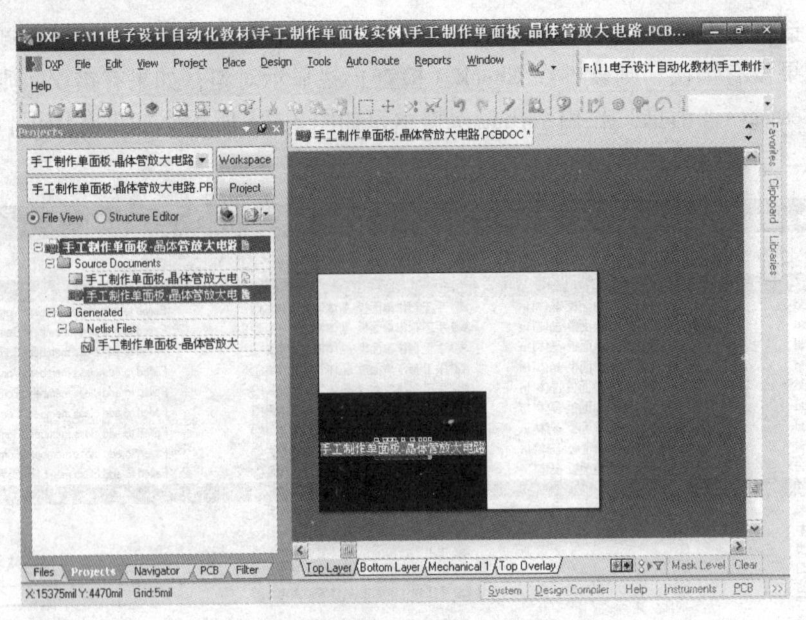

图 3-25　移动元器件到电路板边界内

使用快捷键〈Z-A〉，最大程度地显示印制电路板的内容，元器件盒如图 3-26 所示。工作区内覆盖在元器件上面的就是软件自动生成的 Room（元器件盒），它包含了所有的元器件，便于移动等整体操作。若在元器件盒的非元器件处单击鼠标左键，则元器件盒就成为目前操作的焦点，按键盘上的〈Delete〉键，删除该元器件盒后的效果如图 3-27 所示。

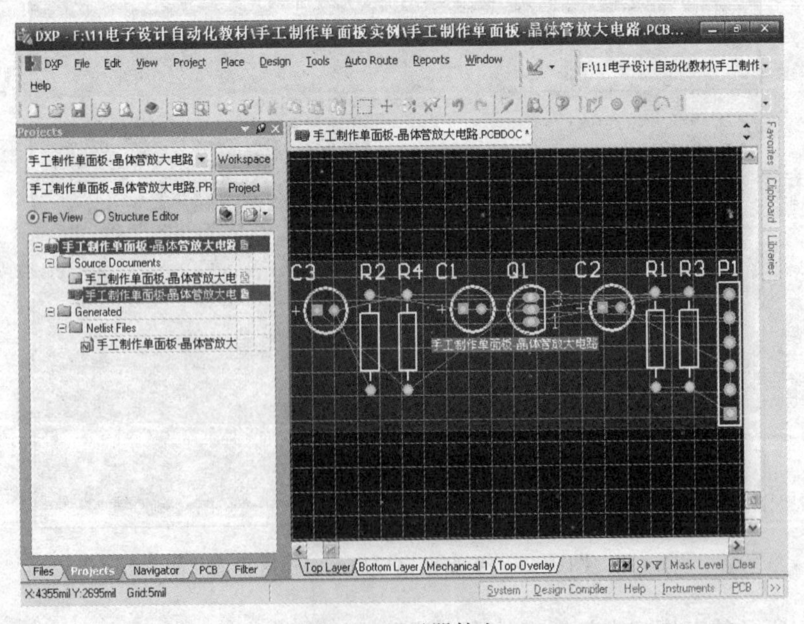

图 3-26　元器件盒

工作区内包含 4 个电阻，即 R1、R2、R3、R4，3 个电容，即 C1、C2、C3，一个晶体管 Q1 和一个插座 P1，元器件引脚之间的细线即为软件为它们预拉的网络飞线，注意这不是真正的连线。

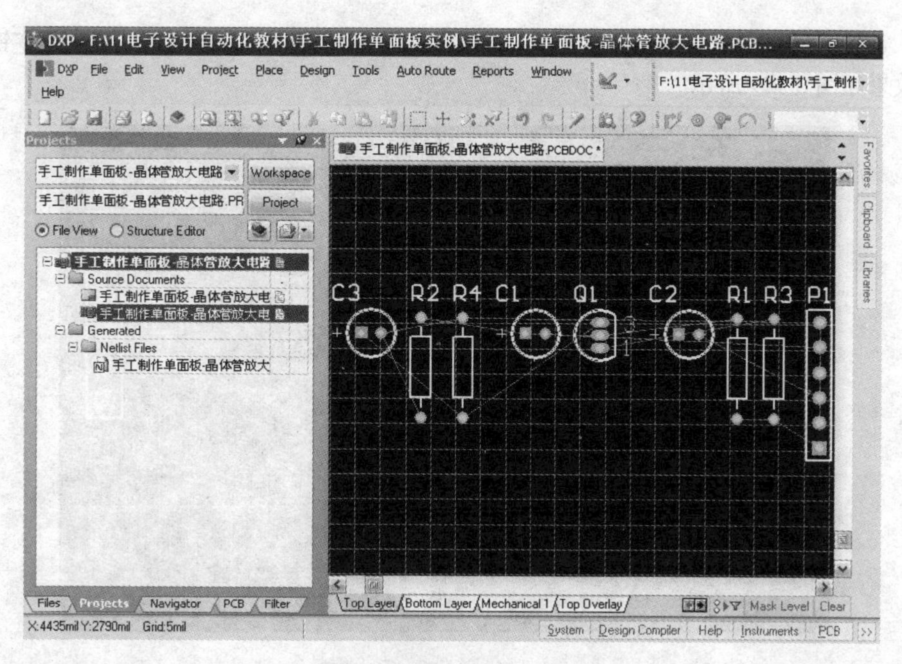

图 3-27　删除元器件盒后的效果

3.2.4　元器件布局

对元器件布局可简单理解为把元器件按照原理图的顺序摆开。布局的基本原则在 3.1 节中已经介绍过。在本例中主要遵循一个原则，即按照原理图的顺序布局，以缩短连线和防止干扰。具体步骤如下。

1）安置晶体管。在晶体管放大电路中，中心元器件是晶体管，其他元器件都是为它服务的。用鼠标左键按住晶体管不放，然后拖动到合适的位置松开鼠标左键，可以看到在拖动晶体管的过程中，3 个引脚的网络飞线是跟随着移动的。安置晶体管如图 3-28 所示。

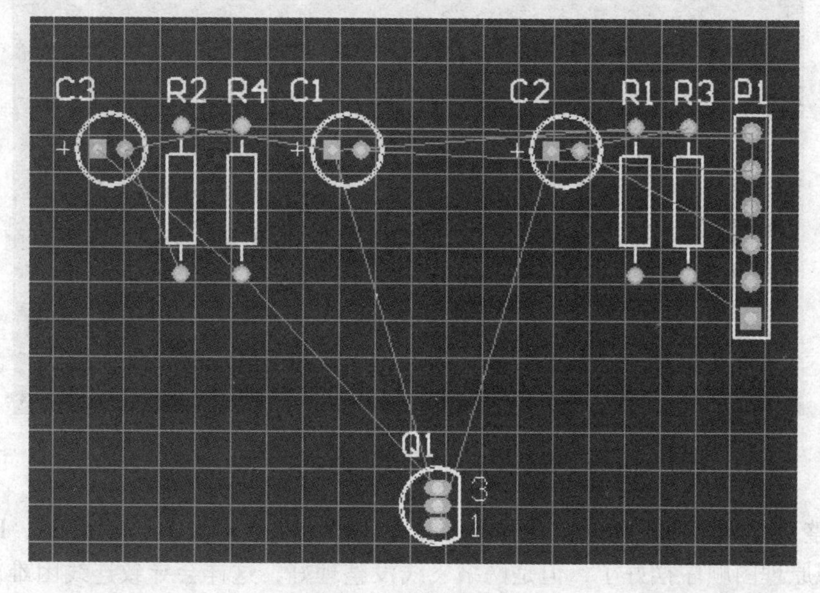

图 3-28　安置晶体管

2）安置 R1。用鼠标左键按住 R1，拖动到晶体管的左上方的位置，再松开左键，安置 R1 的效果如图 3-29 所示。

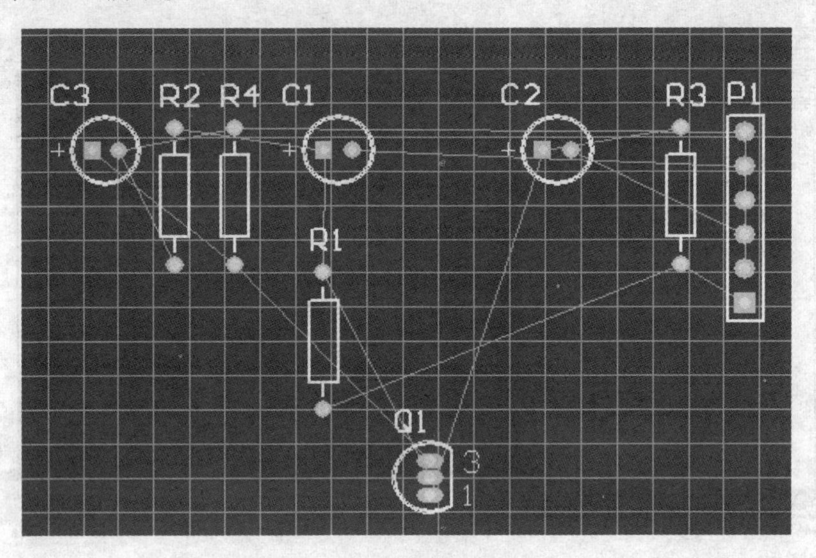

图 3-29　安置 R1 的效果

3）安置 R2、R3 和 R4。用同样的方法摆放 R2、R3 和 R4。安置其他电阻的效果如图 3-30 所示。

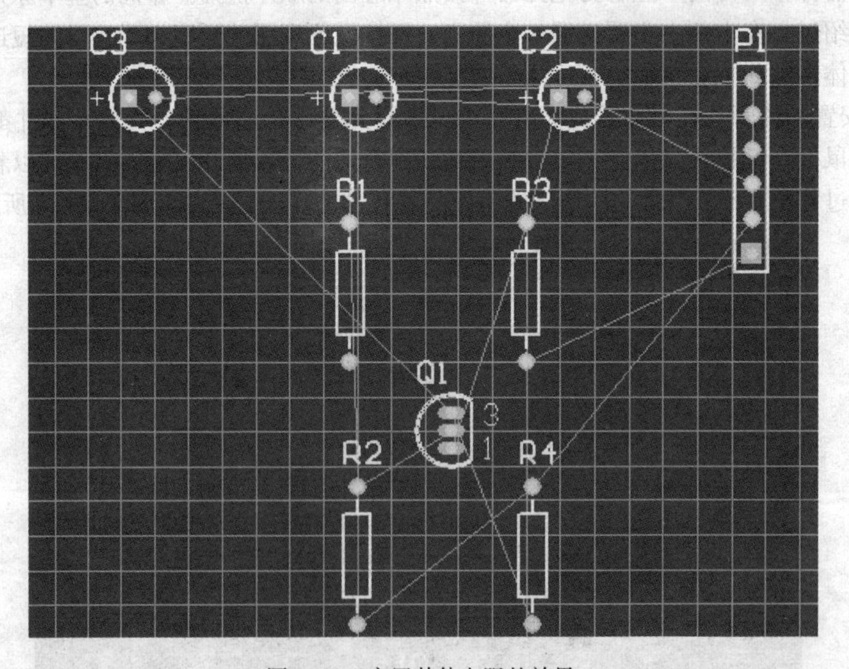

图 3-30　安置其他电阻的效果

4）调整 Q1、R1、R2、R3 和 R4 的方向。从图 3-30 上看，Q1、R1、R2、R3 和 R4 的位置是按照原理图顺序摆好了，但是网络飞线没整理好，这样会导致连线困难，使干扰增大。调整 5 个元器件方向后的效果如图 3-31 所示。

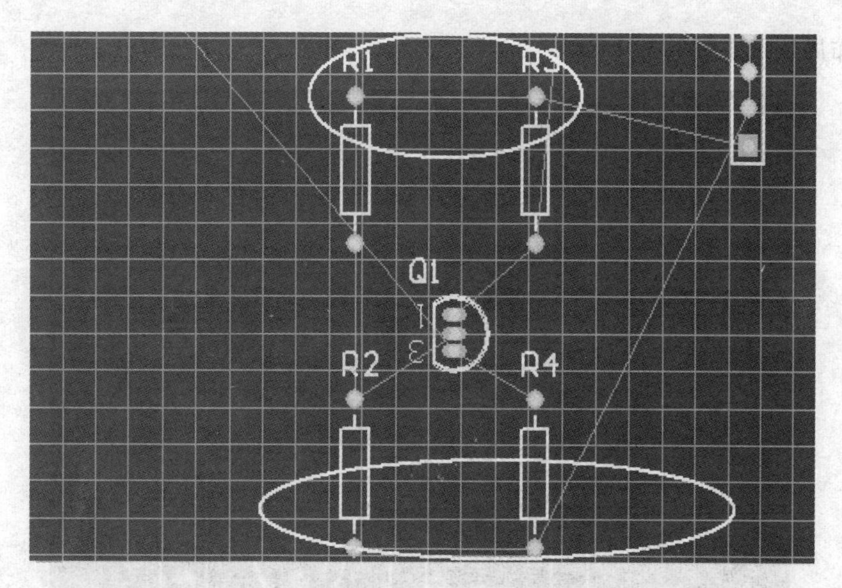

图 3-31　调整 5 个元器件方向后的效果

注意：如果需要，可以按键盘上的〈空格〉键旋转元器件。在印制电路板上要慎用〈x〉键（左右翻转）和〈y〉键（上下翻转），因为这样会将元器件放到底面上。

图上标志的位置的连线要尽量对齐，后续的连线才能规整。

5）安置 C1、C2、C3 和 P1。用同样的方法摆放 C1、C2、C3 和 P1，注意 C1、C2 和 C3 的极性，仔细调整各个元器件之间的距离。如果不出现绿色（若距离太近，违反了焊盘之间的最小距离规则，软件则会用绿色来提示），元器件就可以被安置得尽量紧凑些。

6）调整元器件标号的位置与方向。若用鼠标左键按住元器件的标号（例如 R1），则它所标记的元器件亮显，而其他对象实体则被遮照（变暗），调整元器件标号的位置与方向如图 3-32 所示。将标号拖到合适的位置上，并使用〈空格〉键、〈X〉键和〈Y〉键调整其方向，以利于阅读。

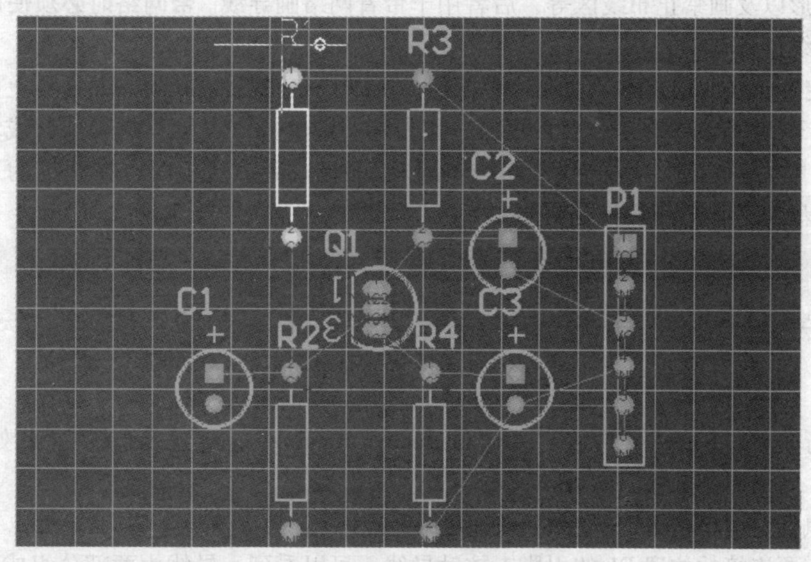

图 3-32　调整元器件标号的位置与方向

总体布局效果如图 3-33 所示。

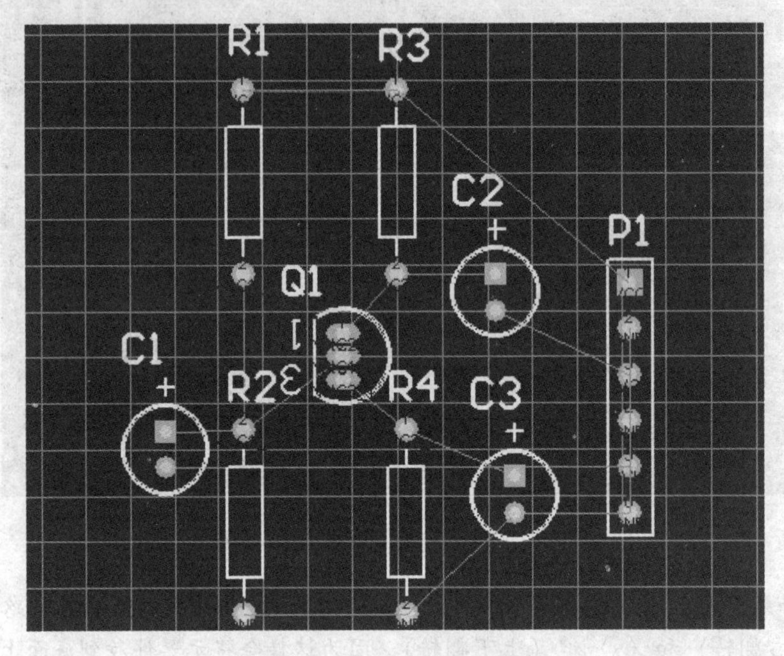

图 3-33 总体布局效果

3.2.5 手工布线

在布线之前，应该先进行布线宽度的设置。本节简化学习难度，用软件默认的导线宽度（10mil）连线，后面章节再学习如何设置。

1. 导线的制作、修改和删除

在 PCB 编辑器中有两种画线工具，即“Place”（放置）→“Line”（直线）和“Place”（放置）→“Interactive Routing”（交互式布线）。前者可以用于在不带网络的图上画导线、画元器件外形以及画禁止布线区等，后者用于带着网络画导线。**带网络时必须使用后者。**

（1）画线过程

1）选定要画线的层。本节要制作单面板，所以只在底层（Bottom Layer）上画导线，层选项卡如图 3-34 所示。在工作区的下方，用鼠标左键单击“底层”选项卡，或者按数字键盘上〈+〉或〈-〉键，切换到该层。当制作双面板或者多层板时，在画线的过程中可以使用数字键盘上〈*〉键切换信号层。

图 3-34 层选项卡

2）执行菜单“Place”（放置）→“Interactive Routing”（交互式布线），此处以图 3-35 所示的 VCC 网络为例画线。

3）用鼠标左键单击 R1 的引脚 1，确定第一点。

4）向需要连接的位置 P1 的引脚 1 拉动导线。可以看到，导线由两部分组成，前一段是实线，后一段是轮廓线（称为前导线）。实线与前导线的如图 3-36a 所示。如果用鼠标左键单击 P1 的第一个焊盘或者在焊盘上按〈Enter〉键，第一段线就确定了。在焊盘上第二次按鼠标左键或者〈Enter〉键，第二段线就确定了，两段导线都画完后的效果如图 3-36b 所示。

画导线过程如图 3-36 所示。

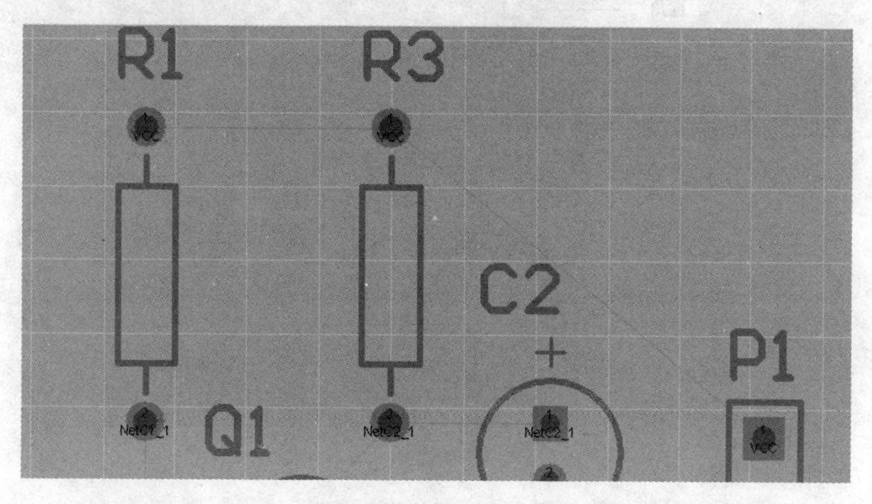

图 3-35　VCC 网络

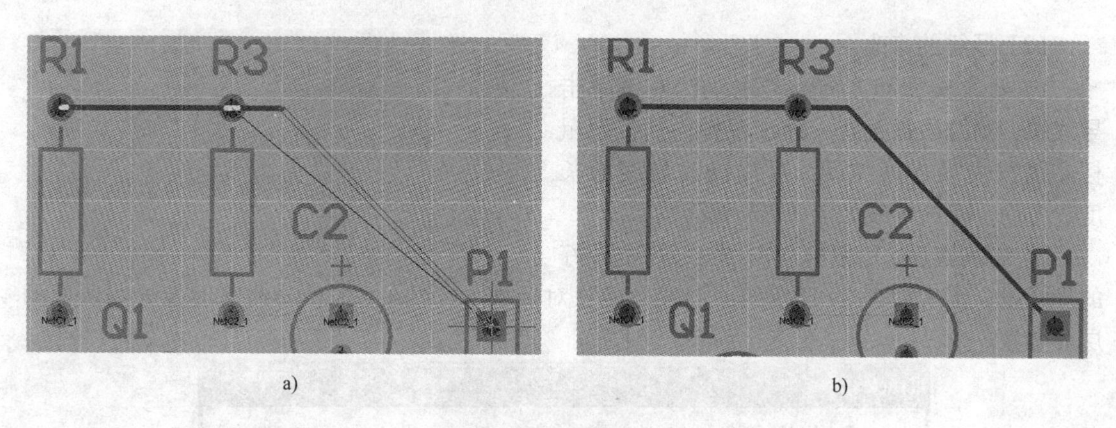

a)　b)

图 3-36　画导线过程

a）画实线与前导线的过程　b）两段导线画完后的效果

画线需要注意以下几个问题。

1）一般的画线过程。鼠标左键单击确定第一点，向需要连接的位置拉动导线，如果用鼠标左键单击或者按〈Enter〉键，则第一段线就确定了。继续拉动光标，可以接着画线，否则单击鼠标右键或按〈Esc〉键结束本条线的绘制。这时光标仍为十字形状，可以接着画线。如果再次按鼠标右键或〈Esc〉键，就将取消画线操作。

2）导线拐角模式。软件提供了 5 种拐角模式：任意角、直角、带圆弧的直角、45°、带圆弧的 45°，导线拐角模式如图 3-37 所示。按键盘上的〈Shift + 空格〉组合键可以顺序切换。考虑加工工艺和电磁兼容性问题，布线应使用 45°。

3）拐角开始和结束模式。在选择好导线拐角模式后，按键盘上的〈空格〉键可以切换导线开始和结束模式。

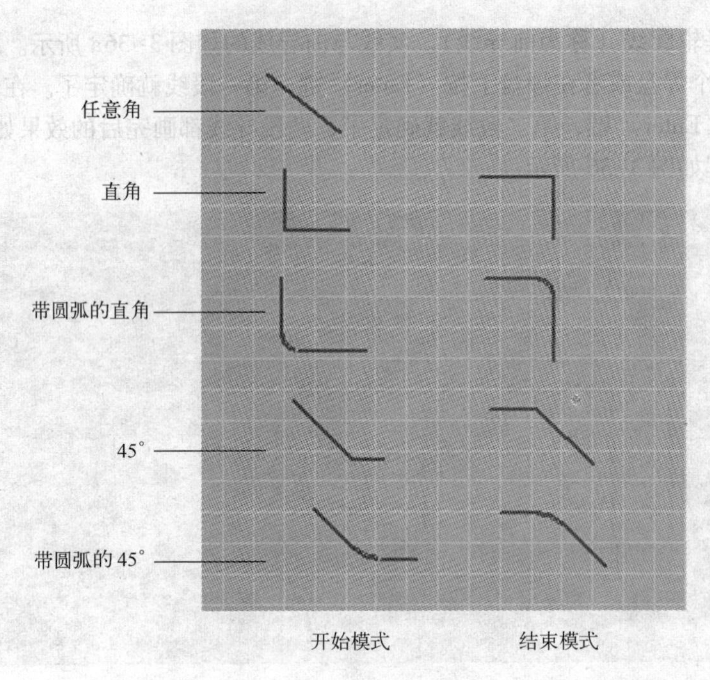

图3-37　导线拐角模式

（2）导线的修改

1）修改长度和方向。若用鼠标左键单击导线段，则线段被选择，并出现操作柄，用鼠标左键按住操作柄拉动，可以修改导线的长度、方向。修改导线如图3-38所示。

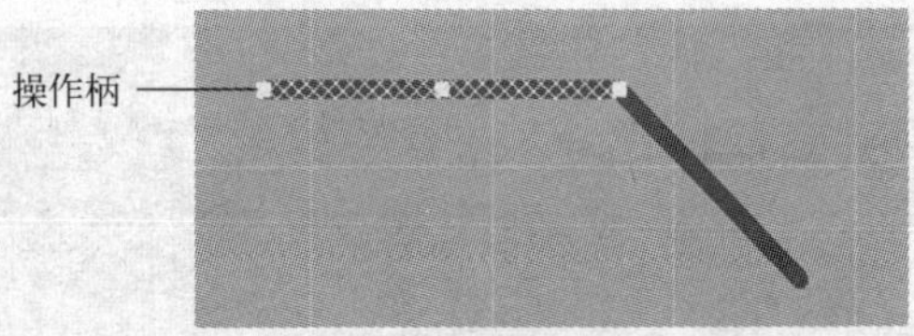

图3-38　修改导线

2）修改属性。用鼠标双击图3-36中画好的导线段，出现图3-39所示的“导线属性”对话框，可以在此修改导线宽度及导线所属的层等参数。

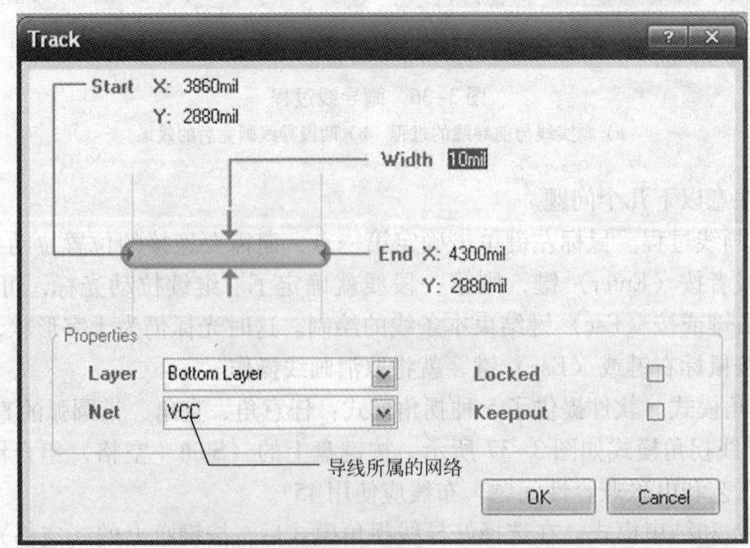

图3-39　“导线属性”对话框

（3）导线的删除

1）删除一段导线。用鼠标左键单击导线段，按键盘上的〈Delete〉键即可删除。

2）删除网络连线。执行菜单“Tools”（工具）→“Un-Route”（取消布线）。该菜单有以下功能：All（删除所有的网络连线）、Net（删除连在选中网络上的所有连线和过孔）、Connetion（删除选中源焊盘和目的焊盘之间的连接）、Component（删除连在选中元器件上的所有连线）、Room（只删除在元器件盒内的焊盘到焊盘的连线或者包含延伸到元器件盒外的连线）。

2. 连接晶体管放大电路

参考图3-40所示完成晶体管放大电路的布线。当画输入网络（VI）时，注意从下面走线，使输入与输出网络隔开，避免输出影响输入，造成寄生反馈。

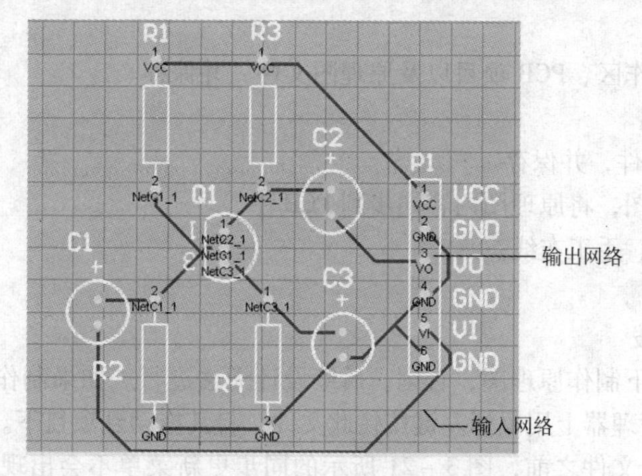

图3-40　完成晶体管放大电路的布线

3. 添加文字标注

切换到顶层标记层（Top Overlay），执行菜单“Place”（放置）→“String”（字符串），参考图3-40所示，给接插件的引脚添加文字标注。在添加过程中按〈Tab〉键，可以打开字符串的属性窗口，修改标注内容，如图3-41所示。

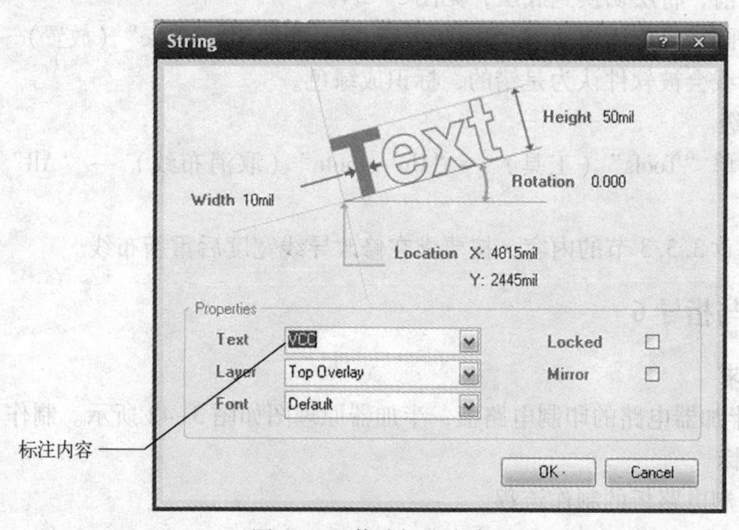

图3-41　修改标注内容

3.2.6 上机与指导5

1. 任务要求

手工制作单管共射放大电路的印制电路板，制作单面板。

2. 能力目标

1）了解PCB编辑器的界面。

2）认识封装方式。

3）学习印制电路板制作的基本流程。

4）学会手工布局，手工布线。

3. 基本过程

1）运行软件。

2）新建设计工作区、PCB项目以及原理图文件，并保存。

3）制作原理图。

4）新建PCB文件，并保存。

5）切换到原理图，将原理图内容同步到PCB中。

6）元器件布局，手工布线。

7）保存文档。

4. 关键问题点拨

1）必须在项目下制作原理图，否则，后续设计无法进行。如果制作的原理图不在项目下，就可以在项目管理器上用鼠标左键按住此文件，将其拖动到项目下。

2）未创建PCB文件之前，图3-21所示的同步更新菜单不会出现。必须保存PCB文件，否则同步操作不能进行。

3）将元器件移动到电路板边界内后，要删除元器件盒。如果因为需要，修改原理图，那么在修改完成后，需要重新同步更新印制电路板的内容，此时，元器件盒将再次出现，所有的元器件上面覆盖着一层绿色，删掉元器件盒，则恢复正常。

4）画线之前，将层切换到底层，见图3-34。

5）带网络画线可使用快捷键〈P-T〉，一定不能使用"Place"（放置）→"Line"（直线），否则画的线会被软件认为是错的，标识成绿色。

5. 能力升级

1）执行菜单"Tools"（工具）→"Un-route"（取消布线）→"All"（全部对象），删除全部导线。

2）阅读本章3.3.3节的内容，按要求在修改导线宽度后重新布线。

3.2.7 上机与指导6

1. 任务要求

手工制作半加器电路的印制电路板，半加器原理图如图3-42所示。制作单面板。

2. 能力目标

1）熟练印制电路板的制作流程。

2）体会布局布线技巧。

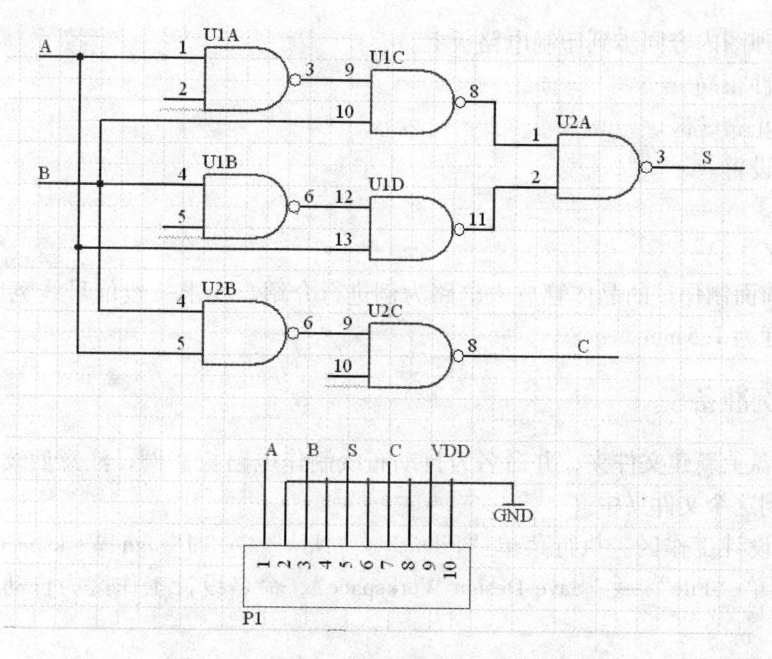

图 3-42　半加器原理图

3. 基本过程

1）运行软件。

2）新建设计工作区、PCB 项目以及原理图文件，并保存。

3）制作原理图。

4）新建 PCB 文件，并保存。

5）切换到原理图，将原理图内容同步到 PCB 中。

6）元器件布局，手工布线。

7）保存文档。

4. 关键问题点拨

1）与非门所在库是 Motorola Logic Gate. IntLib，元器件名称为 MC74HC00AN。

2）10 引脚的接插件所在库是 Miscellaneous Connectors. IntLib，元器件名称为 Header 10。

3）注意单元电路的标号，根据需要（例如为了布线需要），调整所用元器件内单元电路的顺序。

4）注意区别元器件和单元电路。

5）注意通过生成的网络表和印制电路板上的网络飞线观察隐藏引脚与相应网络的连接。

3.3　自动布线制作单面板

自动布线制作印制电路板的基本思路如下所述。

1）在原理图编辑器中制作正确的原理图。

2）项目设置，编译项目（本节不作这一步）。

3）生成网络表（可选）。

4）新建 PCB 文件，规划电路板大小，进行有关设置，并保存。

5）将原理图内容同步到印制电路板上。

6）元器件布局。

7）画禁止布线区。

8）布线设置。

9）布线。

10）保存。

本节以前面制作过的晶体管放大电路为例进行介绍。要求一般信号线宽度为 1 mm，电源和地线宽度为 1.5 mm。

3.3.1 案例准备

1）在硬盘上新建文件夹，并命名为自动布线制作电路板实例，注意后续操作中将各种文件都保存到这个文件夹中。

2）新建设计工作区。执行菜单“File”→“New”→“Design Workspace”（设计工作区），执行菜单“File”→“Save Design Workspace”，命名设计工作区为自动布线制作电路板，并保存。

3）新建项目。执行菜单“File”→“New”→“Project”→“PCB Project”（PCB 项目），执行菜单“File”→“Save Project”，命名项目为自动布线制作单面板—晶体管放大电路，并保存。

4）新建原理图文件。执行菜单“File”→“New”→“Schematic”（原理图），执行菜单“File”→“Save”，命名文件为自动布线制作单面板—晶体管放大电路，并保存。

5）画原理图。参考本书 2.3 节的内容，画出原理图，注意封装方式的添加，并生成网络表。观察网络表，重点看元器件标号、封装以及主要的网络标签是否齐全。晶体管放大电路原理图如图 3-43 所示。

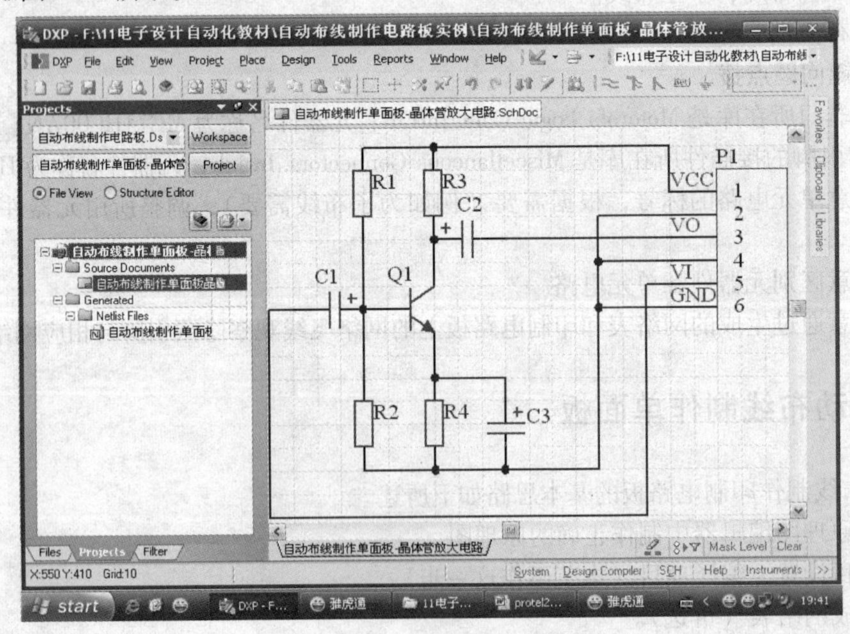

图 3-43 晶体管放大电路原理图

6）新建 PCB 文件。执行菜单“File”→“New”→“PCB”（PCB 文件），执行菜单“File”→“Save”，命名文件为自动布线制作单面板—晶体管放大电路”，并保存。在键盘上按快捷键〈Z-A〉，最大限度地显示电路板的内容，并将光标移动到电路板中间，然后连续按〈Page Up〉键，以光标为中心放大该部分，显示出可视网格。工作区准备如图 3-44 所示。

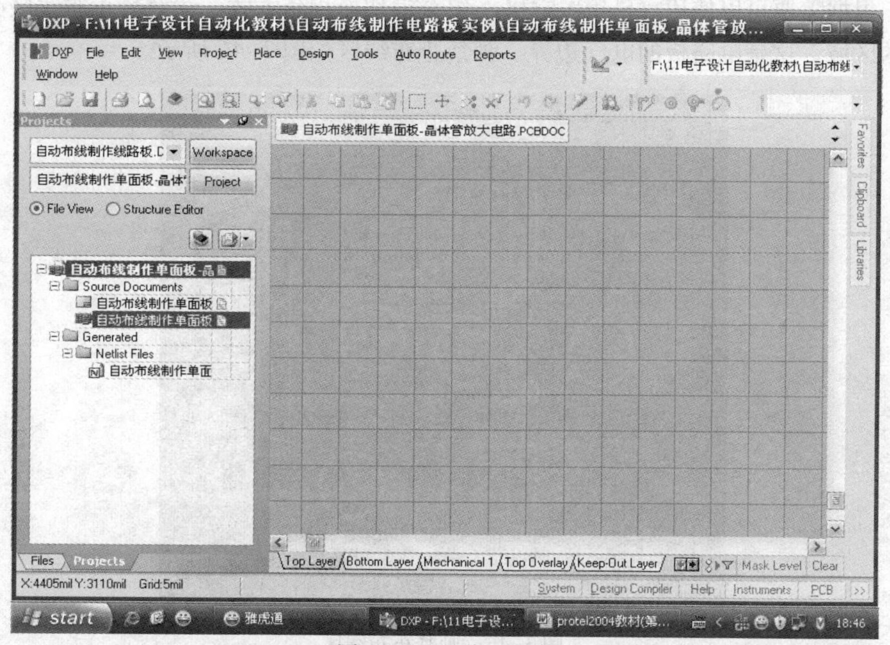

图 3-44　工作区准备

7）将原理图内容同步到印制电路板上，并布局。在原理图编辑器中执行菜单“Design”（设计）→“Update PCB Document”→自动布线制作单面板——晶体管放大电路. PCBDoc，将原理图内容同步到 PCB 文档中，并参考图 3-32 所示布局，布局效果如图 3-45 所示。

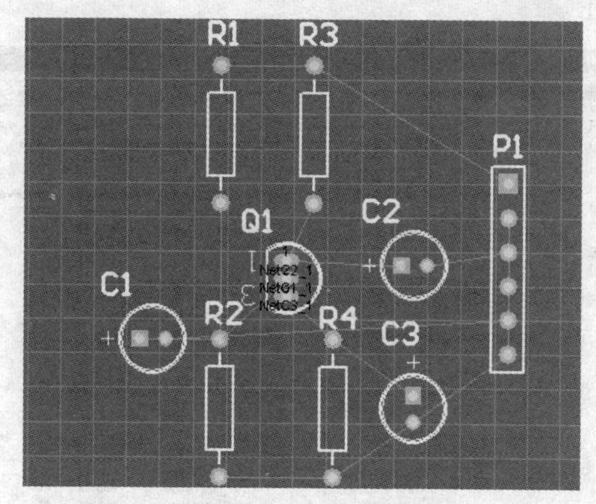

图 3-45　布局效果

8）单位切换。执行菜单“View”（查看）→“Toggle Units”（切换单位），将单位切换到公制（mm）。

3.3.2 画禁止布线区

将工作层切换到禁止布线层（Keep-Out Layer），执行菜单“Place”（放置）→“Keepout”（禁止布线区）→“Track”（导线），在元器件周围画出禁止布线区。在画线的过程中，根据需要可以使用〈Shift + 空格〉组合键切换拐角方式。注意禁止布线区必须是一个闭合的区域。这是电路板的电气边界。画禁止布线区如图 3-46 所示。

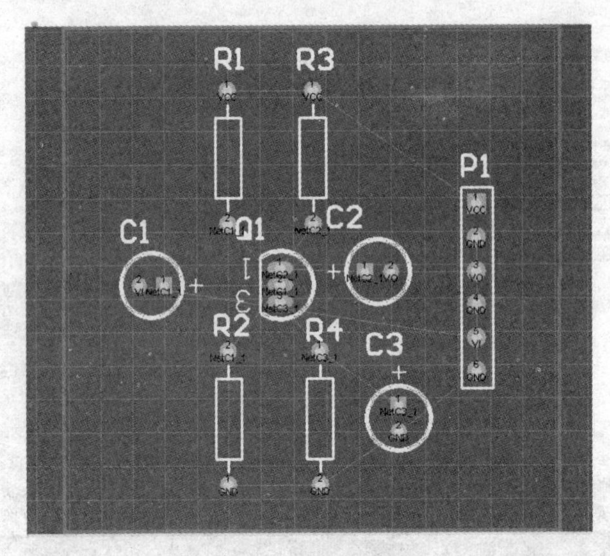

图 3-46　画禁止布线区

3.3.3 布线设置

执行菜单“Design”（设计）→“Rules”（规则）…，打开“PCB 规则和约束编辑器”对话框，如图 3-47 所示。

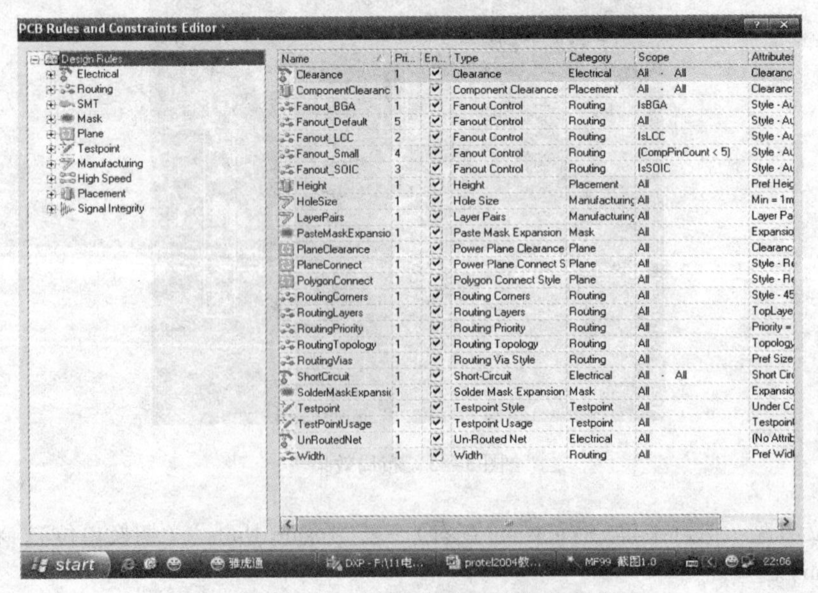

图 3-47　“PCB 规则和约束编辑器”对话框

PCB 规则和约束对话框采用的是 Windows 操作系统的树状管理模式，左边是规则种类，右边是默认的规则设置。单击 Routing 左边的“+”按钮，展开布线“规则”树状图，如图 3-48 所示。

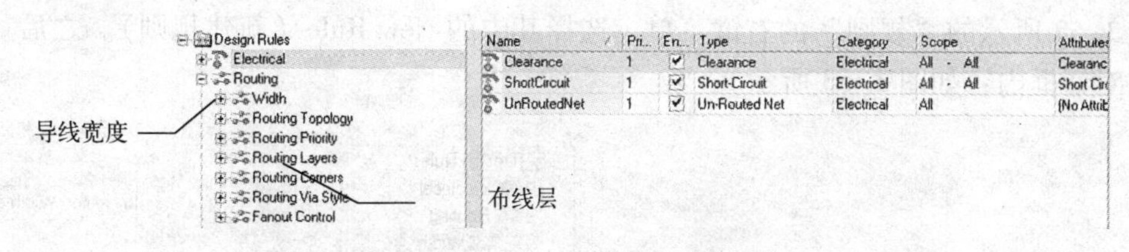

图 3-48 布线“规则”树状图

(1) 设置导线宽度

本节要求一般信号线宽度为 1mm，电源和地线宽度为 1.5mm。展开 Width（导线宽度）项，出现图 3-49 所示的软件默认的导线宽度设置。单击默认的宽度设置 Width *，出现默认导线宽度设置内容，如图 3-50 所示。

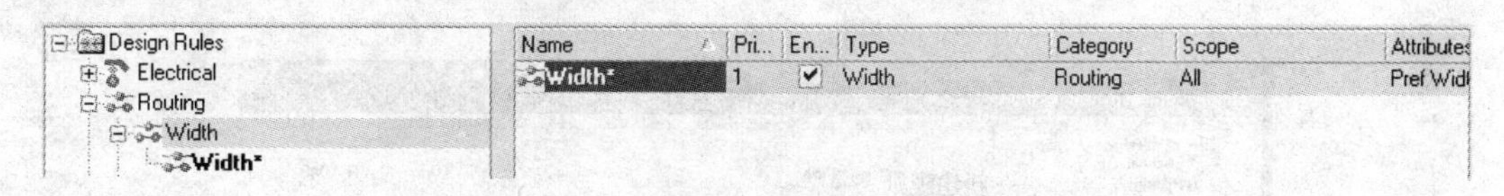

图 3-49 软件默认的导线宽度设置

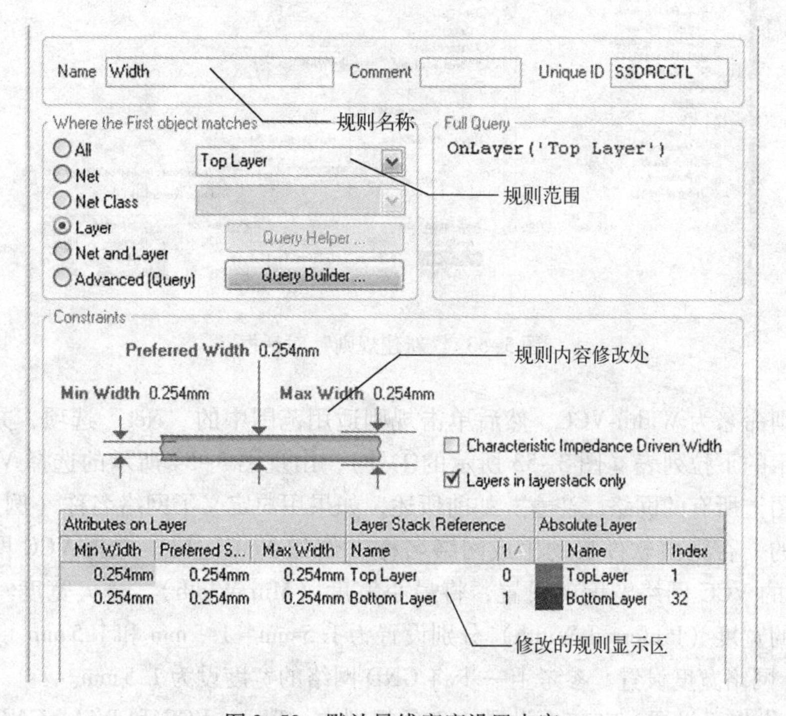

图 3-50 默认导线宽度设置内容

1）一般宽度设置。在 Name（名称）文本框中将规则名称改为 Width-all；规则范围选择：All（全部对象），也就是对整个电路板均有效；在规则内容修改处，将最小宽度（Min

Width）、最大宽度（Max Width）和优先选择的宽度（Preferred Width）分别设为 0. 5 mm、2. 5 mm 和 1 mm。

2）VCC 网络宽度设置。在图 3-51 所示的“规则”树状图的 Width-all 处右键单击，会出现图 3-52 所示的“规则”的右键菜单，选择其中的 New Rule（新建规则）。之后“新建规则”对话框内容如图 3-53 所示。

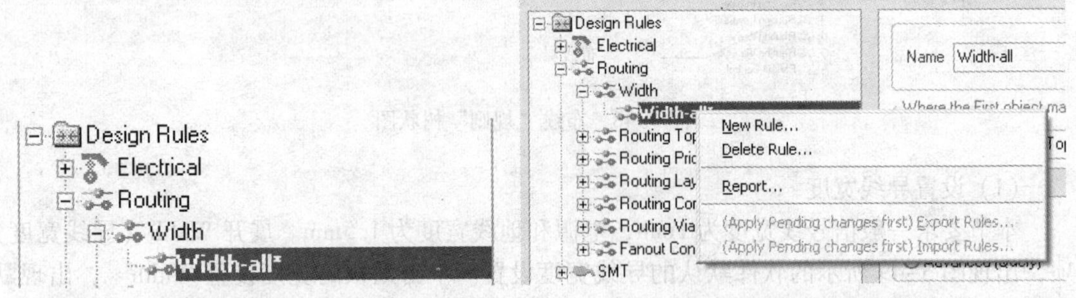

图 3-51 “规则”树状图　　　　图 3-52 “规则”的右键菜单

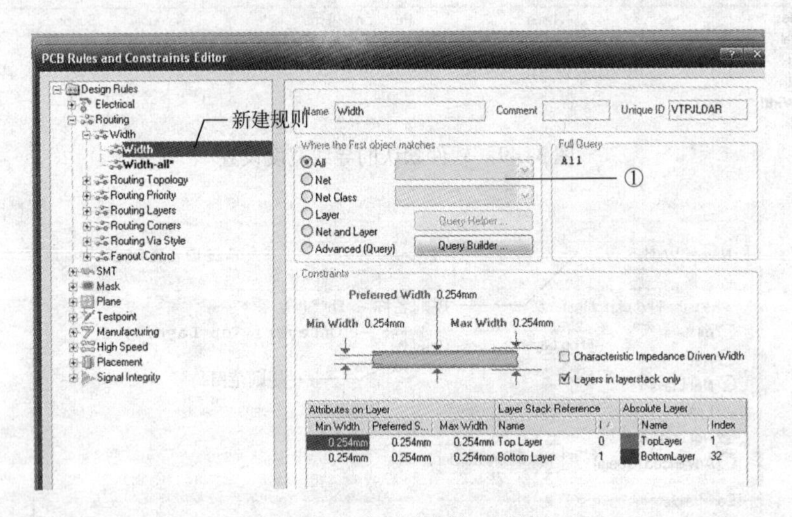

图 3-53 “新建规则”对话框

将该规则命名为 Width-VCC，然后单击规则适用范围中的“Net”选项，并单击其后面不再灰度显示的下拉列表（图 3-53 所示的①处），出现图 3-54 所示的选择 VCC 网络，列表包含原理图上所有的网络。注意，如前所述，如果用户定义了网络名称（例如 VCC），则显示所定义的，否则由软件自动生成网络名称（例如 NetC1_1）。选择 VCC 网络，并参考图 3-55所示的 VCC 网络宽度的设置，将最小宽度（Min Width）、最大宽度（Max Width）和优先选择的宽度（Preferred Width）分别设置为 1. 5 mm、1. 5 mm 和 1. 5 mm。

3）GND 网络宽度设置。参考上一步将 GND 网络的宽度设为 1. 5 mm。

4）规则优先级设置。在前面设置的 3 条规则中，Width-VCC 和 Width-GND 优先级是一样的，它们两个都比 Width-all 要高。也就是说，当制作同一条导线时，如果有多条规则涉及这条导线时，就要以级别高的为准，将约束条件苛刻的作为高级别的规则。单击“PCB 规则和约束编辑器”对话框左下角的“Priorities...”（优先级）按钮进入“编辑规则优先

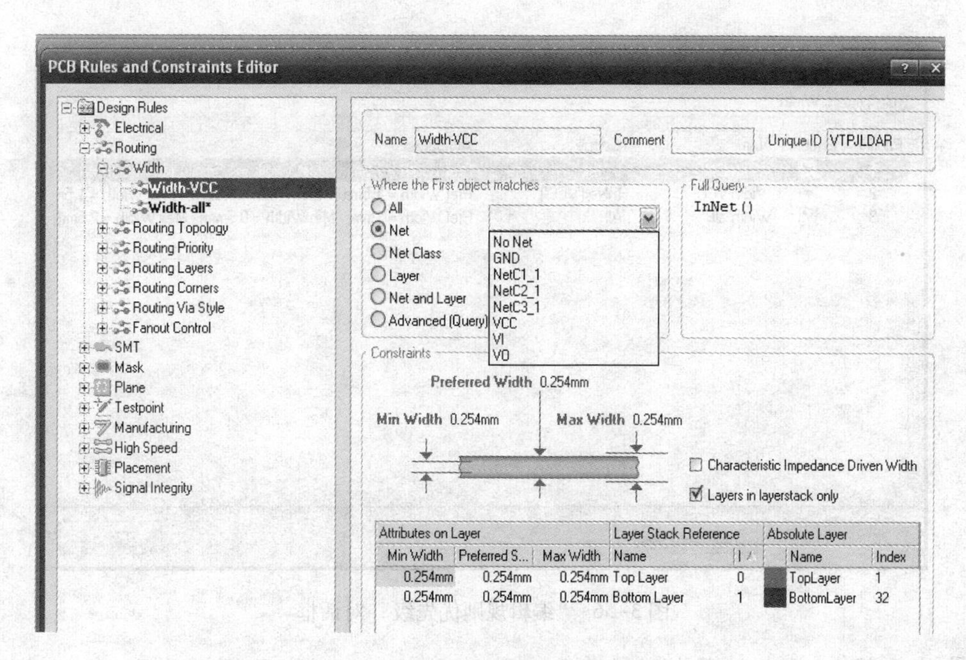

图 3-54 选择 VCC 网络

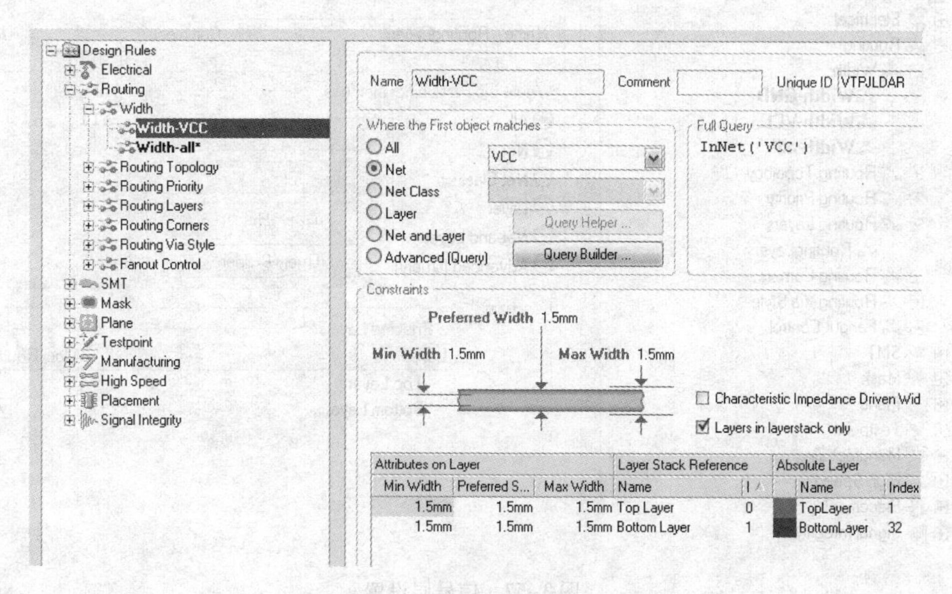

图 3-55 VCC 网络宽度的设置

级”对话框，如图 3-56 所示。若选中某条规则，并单击对话框下方的“Increase Priority”（增加优先级）按钮或“Decrease Prioriy”（减小优先级）按钮，则可以调整该规则的优先级别。

（2）设置信号层

本例要求制作单面板。展开“RoutingLayers（布线层）”项，并单击默认的 RoutingLayers 规则，信号层设置如图 3-57 所示。当设置单面板时，要注意单面板只有底层（Bottom Layer）能够布线。如果要制作双面板，则需要将顶层和底层都选中。

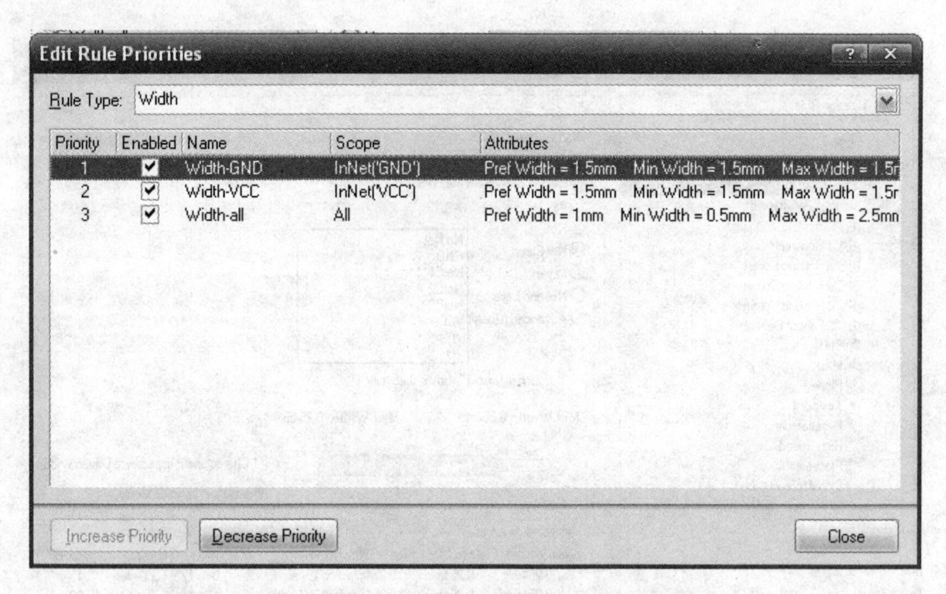

图 3-56 “编辑规则优先级”对话框

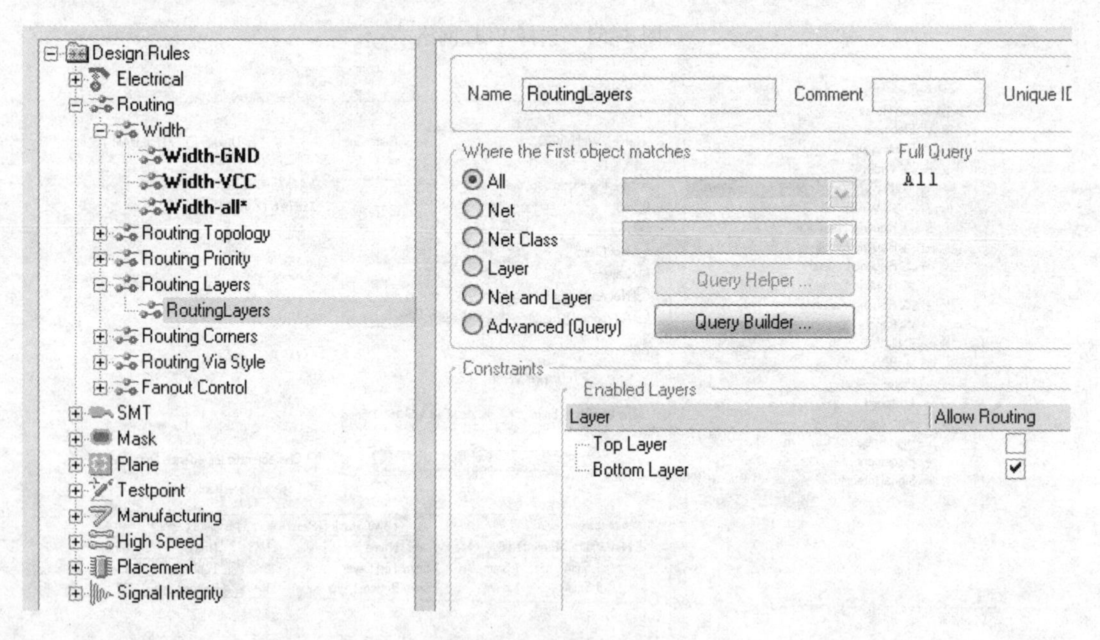

图 3-57 信号层设置

在设置完成后，单击“OK”按钮完成设置。

3.3.4 自动布线

执行“Auto Route”（自动布线）→“All”（全部对象）…，会出现图 3-58 所示的“布线策略”对话框。对话框上半部分显示有关布线的报告（Routing Setup Report），下半部分是布线策略选择（Routing Strategy）。本例采用其默认设置。单击“Route All”按钮进行自动布线。软件自动布线过程的提示信息如图 3-59 所示。在布线完成后，关闭对话框，得到的布线结果如图 3-60 所示。

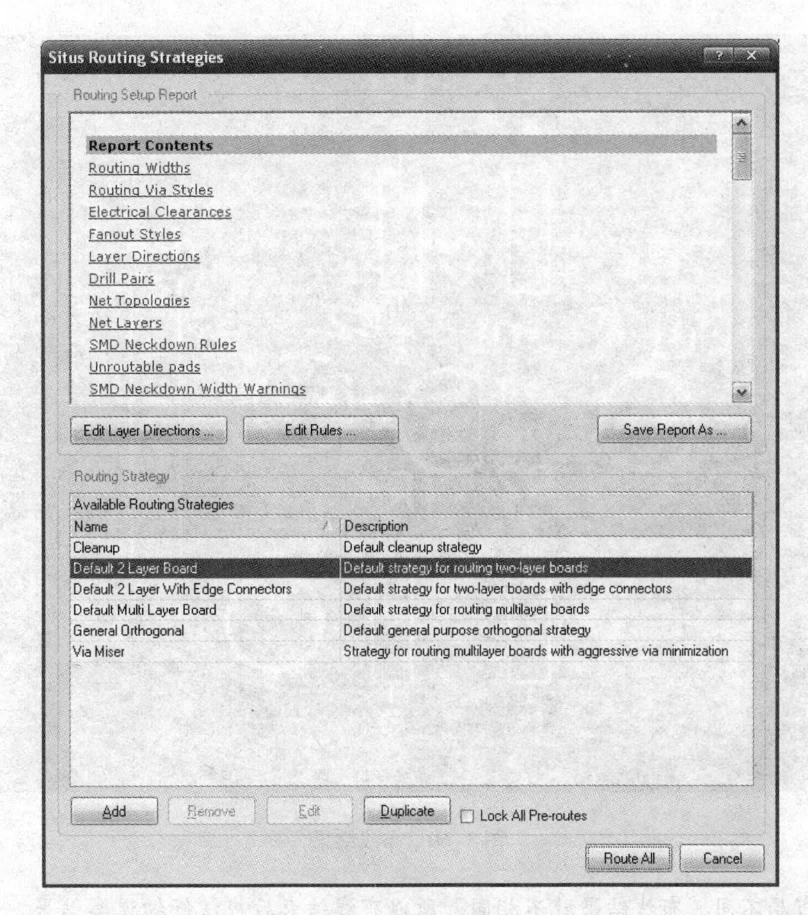

图 3-58 “布线策略”对话框

Messages

Class	Document	So...	Message	Time	Date	N..
Situs Event	自动布线制作单面板-晶...	Situs	Routing Started	21:4...	2007...	1
Routing Status	自动布线制作单面板-晶...	Situs	Creating topology map	21:4...	2007...	2
Situs Event	自动布线制作单面板-晶...	Situs	Starting Fan out to Plane	21:4...	2007...	3
Situs Event	自动布线制作单面板-晶...	Situs	Completed Fan out to Plane in 0 Seconds	21:4...	2007...	4
Situs Event	自动布线制作单面板-晶...	Situs	Starting Memory	21:4...	2007...	5
Situs Event	自动布线制作单面板-晶...	Situs	Completed Memory in 0 Seconds	21:4...	2007...	6
Situs Event	自动布线制作单面板-晶...	Situs	Starting Layer Patterns	21:4...	2007...	7
Routing Status	自动布线制作单面板-晶...	Situs	Calculating Board Density	21:4...	2007...	8
Situs Event	自动布线制作单面板-晶...	Situs	Completed Layer Patterns in 0 Seconds	21:4...	2007...	9
Situs Event	自动布线制作单面板-晶...	Situs	Starting Main	21:4...	2007...	10
Routing Status	自动布线制作单面板-晶...	Situs	Calculating Board Density	21:4...	2007...	11
Situs Event	自动布线制作单面板-晶...	Situs	Completed Main in 0 Seconds	21:4...	2007...	12
Situs Event	自动布线制作单面板-晶...	Situs	Starting Completion	21:4...	2007...	13
Situs Event	自动布线制作单面板-晶...	Situs	Completed Completion in 0 Seconds	21:4...	2007...	14
Situs Event	自动布线制作单面板-晶...	Situs	Starting Straighten	21:4...	2007...	15
Situs Event	自动布线制作单面板-晶...	Situs	Completed Straighten in 0 Seconds	21:4...	2007...	16
Routing Status	自动布线制作单面板-晶...	Situs	16 of 16 connections routed (100.00%) in 0 Se...	21:4...	2007...	17
Situs Event	自动布线制作单面板-晶...	Situs	Routing finished with 0 contentions(s). Failed t...	21:4...	2007...	18

图 3-59 软件自动布线过程的提示信息

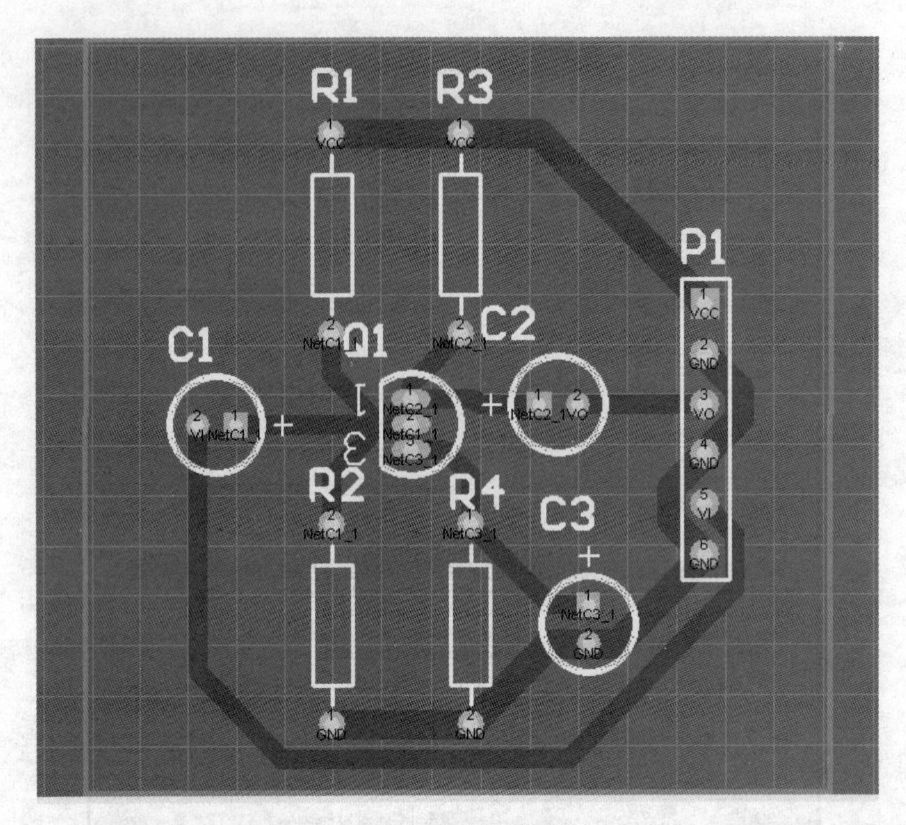

图 3-60　布线结果

注意：布局不同，布线结果就不相同，所以布线结束后应该仔细观察结果，充分考虑走线长度以及电磁兼容性等问题，如果不满足设计要求，就要调整布局后再重新布线。

3.3.5　PCB 的 3D 展示

Protel DXP 2004 SP2 通过调用内建模型库，给出了印制电路板的三维模型。执行菜单“View”（查看）→“Board in 3D”（显示三维 PCB），并在随后出现的简短介绍对话框中单击“OK”按钮确定，就得到图 3-61 所示的印制电路板的三维模型。

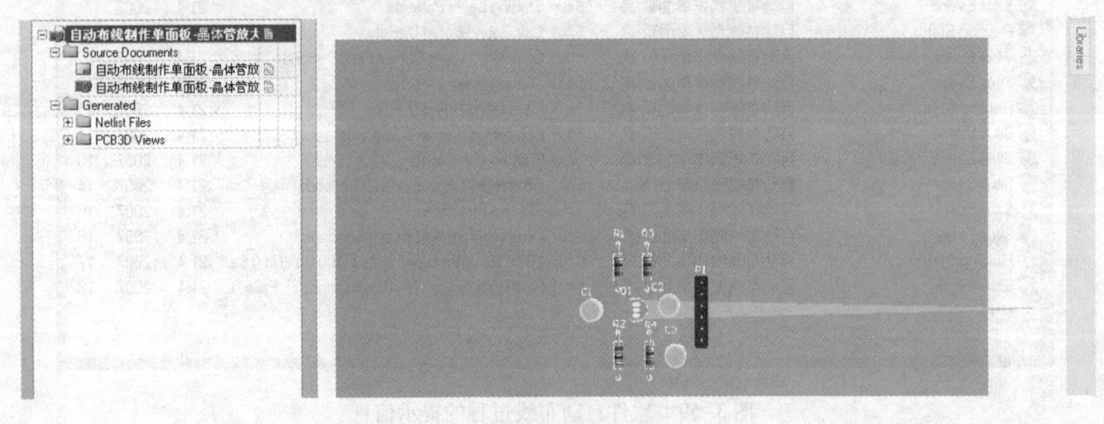

图 3-61　印制电路板的三维模型

单击项目管理器下方出现的PCB 3D面板标签，打开PCB 3D面板，如图3-62所示（此处显示了面板的一部分）。用鼠标左键按住图形拖动（或者在工作区内直接拖动电路板图），就可以从不同角度观看模型。例如，图3-63显示了电路板的底面。

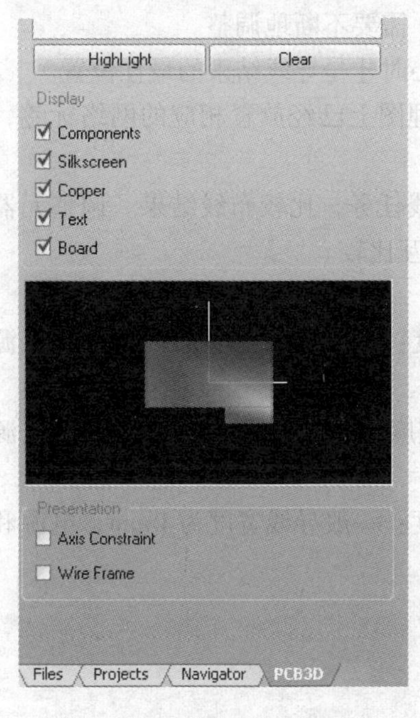

图3-62 打开PCB 3D面板

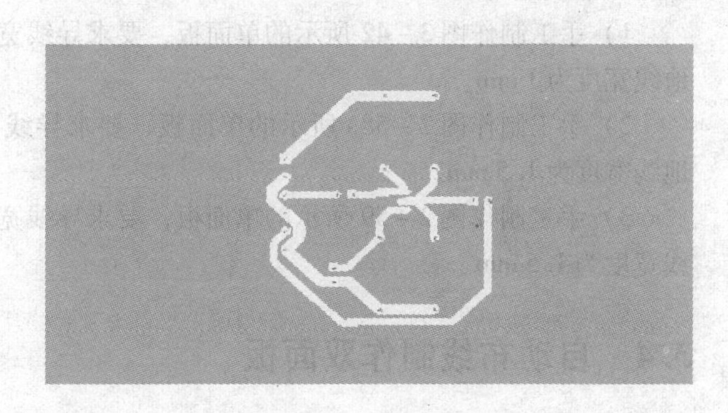

图3-63 电路板的底面

3.3.6 上机与指导7

1. 任务要求

制作单管共射放大电路的印制电路板。导线宽度要求：一般导线为1mm，电源和地线为1.5mm。制作单面板。

2. 能力目标

1）熟练印制电路板的制作流程。

2）学会设置导线宽度。

3）学习自动布线。

4）提高布局、布线和观察能力。

3. 基本过程

1）运行软件。

2）新建设计工作区、PCB项目以及原理图文件，并保存。

3）制作原理图。

4）新建PCB文件，并保存。

5）切换到原理图，将原理图内容同步到PCB中。

6）元器件布局。

7）设置导线宽度，并布线。

8）保存文档。

4. 关键问题点拨

1）对元器件布局，要首先确定中心元器件的大致位置，其他元器件按照原理图的顺序在其周边布局，保证连线最短，其次才兼顾美观。

2）对元器件布局、布线，不可能一次就做到最好，需要不断地调整。

3）在导线画至焊盘上时，要注意捕捉点在焊盘中心时才是导线结束的最佳位置。

4）当按照网络设置导线宽度时，一定要确保在原理图上已经放置相应的网络标签，否则在导线设置对话框中是很难找到该网络的。

5）使用手工布线和自动布线分别完成该电路的布线任务，比较布线结果。调整元器件的布局，使之更合理，再次自动布线，与前面的效果相互比较。

5. 能力升级

1）手工制作图3－42 所示的单面板，要求导线宽度：一般导线宽度为0.5 mm，电源和地线宽度为1 mm。

2）手工制作图2－58a 所示的单面板，要求导线宽度：一般导线宽度为1 mm，电源和地线宽度为1.5 mm。

3）手工制作图2－59 所示的单面板，要求导线宽度：一般导线宽度为1 mm，电源和地线宽度为1.5 mm。

3.4 自动布线制作双面板

自动布线制作印制电路板的基本思路如下。

1）在原理图编辑器中制作正确的原理图。

2）项目设置，编译项目（本节不做这一步）。

3）生成网络表（可选）。

4）新建 PCB 文件，规划电路板大小，进行有关设置，并保存。

5）将原理图内容同步到印制电路板上。

6）元器件布局。

7）画禁止布线区。

8）布线设置。

9）布线。

10）保存。

本节以前面制作过的晶体管放大电路为例进行介绍。要求一般信号线宽度为1 mm，电源和地线宽度为1.5 mm，制作双面板。

3.4.1 案例准备

1）打开设计工作区。执行菜单“File”（文件）→“Open Design Workspace”（打开设计工作区），打开本章3.3 节创建的“自动布线制作电路板. DsnWrk”。

2）新建项目。执行菜单“File”→“New”→“Project”→“PCB Project”，然后执行菜单“File”→“Save Project”，将项目命名为“自动布线制作双面板—晶体管放大电路”，并保存。（保存于本章3.3 节创建的“自动布线制作电路板实例”文件夹中）

3）新建原理图文件。执行菜单“File”→“New”→“Schematic”，然后执行菜单“File”→“Save”，将文件命名为“自动布线制作双面板—晶体管放大电路”，并保存。

4）打开“自动布线制作单面板—晶体管放大电路.SchDoc”，先使用〈Ctrl + A〉快捷键（全选原理图内容），然后使用〈Ctrl + C〉快捷键，将选择内容复制到粘贴板上，然后打开“自动布线制作双面板—晶体管放大电路.SchDoc”，再按〈Ctrl + V〉快捷键，将原理图内容粘贴到工作区中，并保存。项目文档树状图如图3-64所示。

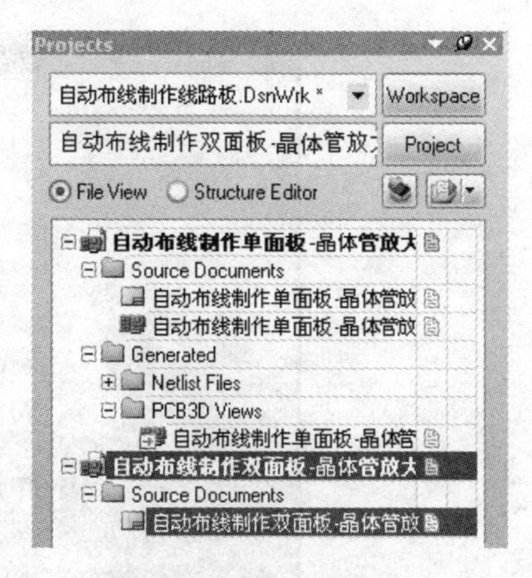

图3-64　项目文档树状图

3.4.2　利用向导创建PCB文件

本节采用软件提供的PCB向导创建一个PCB文件。PCB向导在Files（文件）面板（如图3-65所示）上，将面板切换到Files，如图3-65a所示。单击图中的3个标志，折叠Open a document（打开文档）、Open a project（打开项目）和New（新建）部分，操作后结果如图3-65b所示。

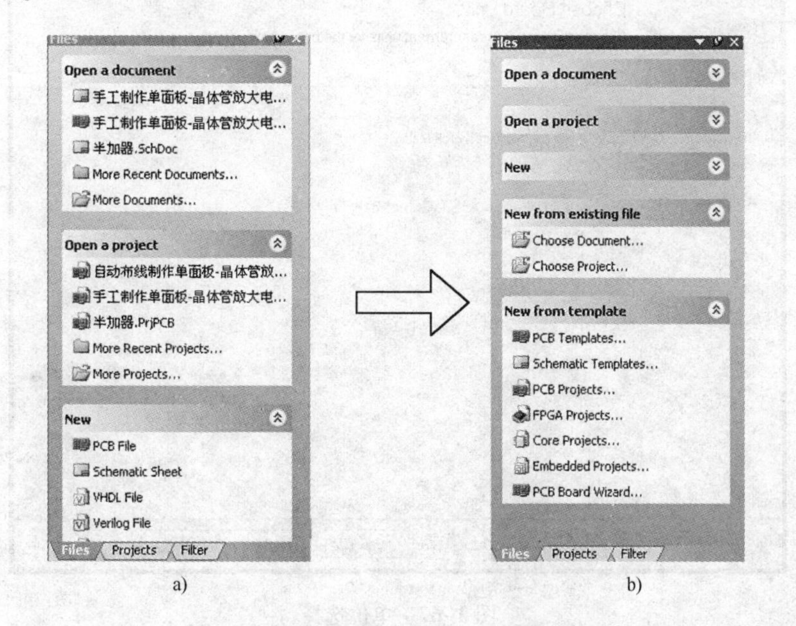

图3-65　Files（文件）面板

a）将面板切换到Files　b）操作后的结果

单击New from template（根据模板新建）中的PCB Board Wizard（PCB向导），启动该向导。

1）PCB向导的开始界面如图3-66所示，单击“Next”（下一步）按钮，转入下一步。

2）单位选择如图3-67所示。软件提供两种单位，即Imperial（英制，单位为mil）和Metric（公制，单位为mm），本例选择公制。单击“Next”按钮，转入下一步。

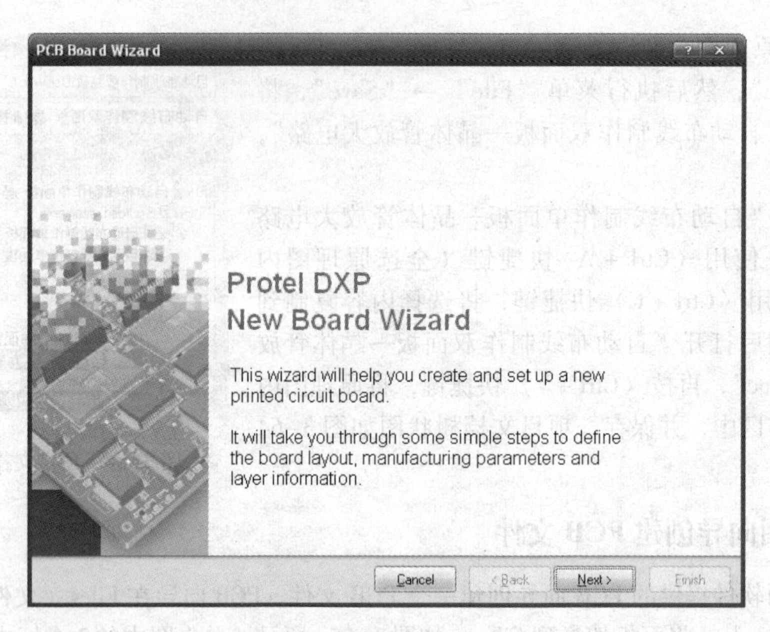

图 3-66　PCB 向导的开始界面

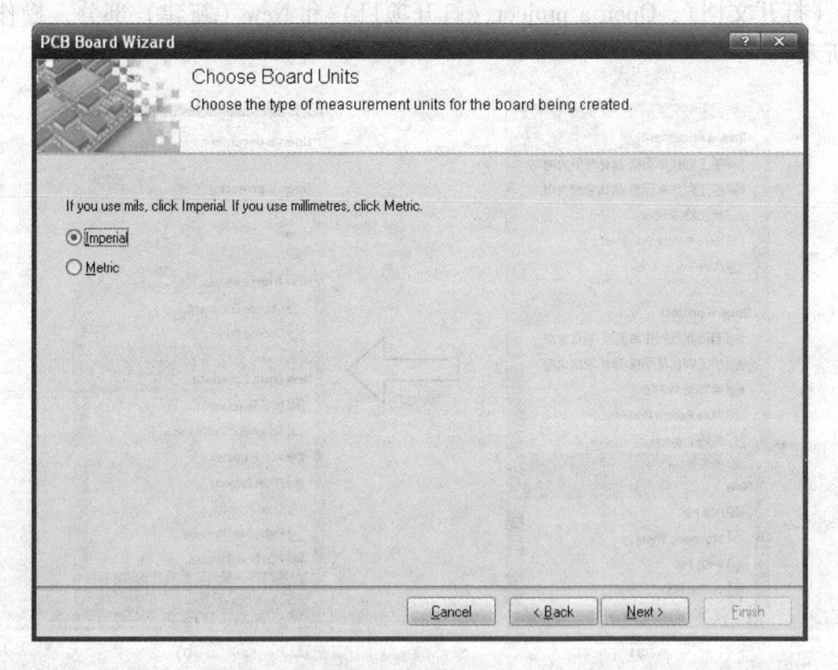

图 3-67　单位选择

3）模板选择如图 3-68 所示。软件提供了多种模板，本例选择 Custom（自定义），单击“Next”按钮，转入下一步。

4）电路板详情定义如图 3-69 所示。Outline Shape（轮廓形状）分为 3 种：Rectangular（矩形）、Circular（圆形）和 Custom（自定义）。选择板形为矩形，下方的 Board Size（电路板尺寸）给出相应的尺寸，本例定义 Width（宽度）为 50mm，Height（高度）为 40mm。其他选项参考图 3-69 设置。单击“Next”按钮，转入下一步。

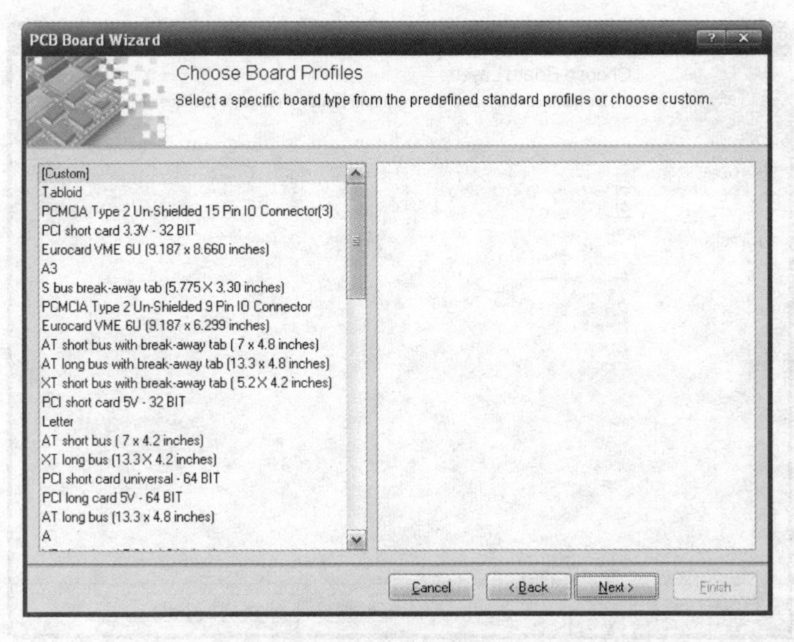

图 3-68　模板选择

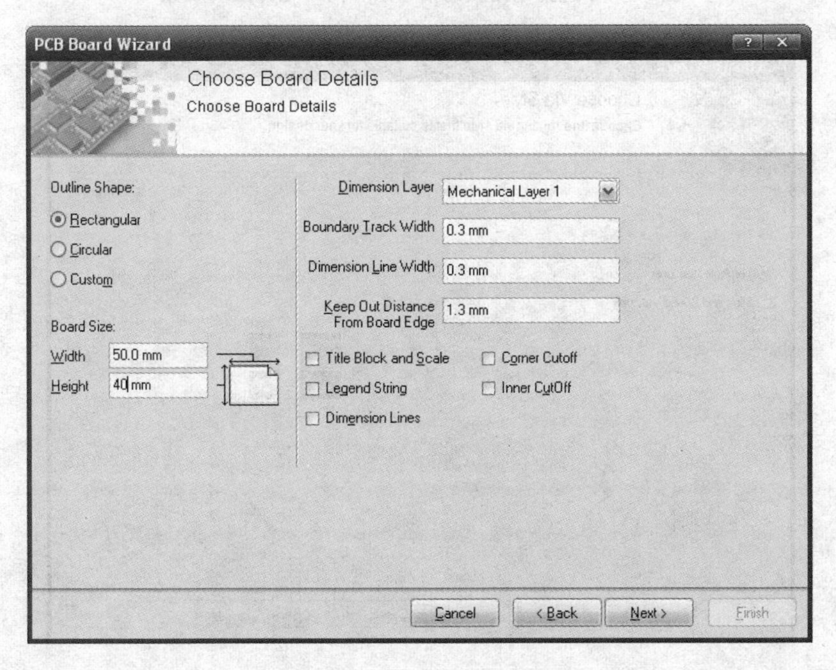

图 3-69　电路板详情定义

5）选择电路板的 Signal layers（信号层）和 Power Planes（内部电源层）的层数，如图 3-70 所示。本例制作双面板，所以不需要用电源内层。单击“Next”按钮，转入下一步。

6）选择过孔风格，如图 3-71 所示。有两种盲孔：Thruhole Vias only（只显示通孔）和 Blind and Buried Vias only（只显示盲孔或埋过孔），本例选择前者，单击“Next”按钮，转入下一步。

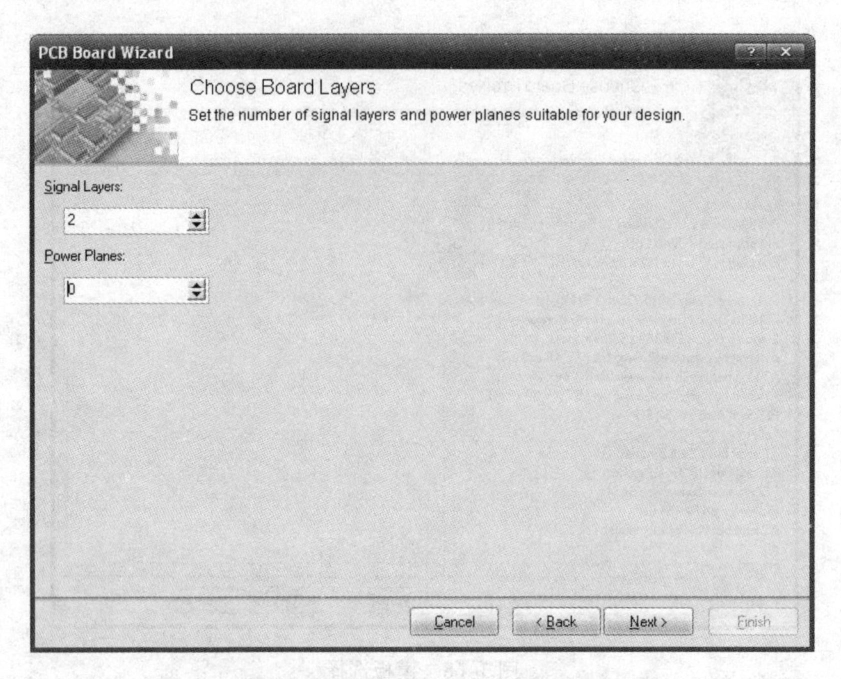

图 3-70　选择电路板的信号层和内部电源层的层数

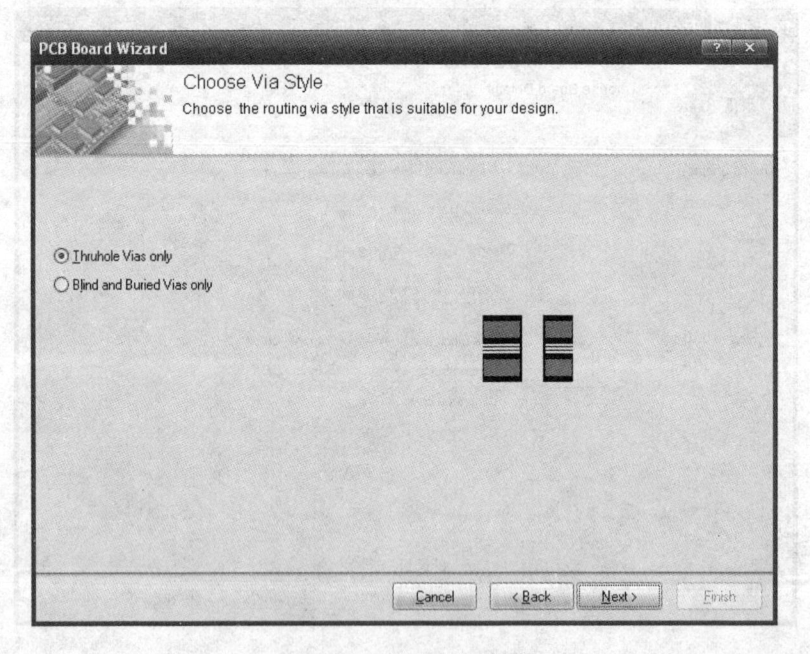

图 3-71　选择过孔风格

7）选择元件种类和布线逻辑，如图 3-72 所示。本步骤需要确定：印制电路板包含的主要 The board has mostly（主要元件）是 Surface-mounted components（表面贴装元件）还是 Through-hole components（通孔元件），本例选择通孔元件；若选择表面贴装元件，则需要确定 Do you put components on both sides of the board（是否在印制电路板两面都放置元件）？之后出现图 3-73 所示的“选择焊盘之间的导线数量”对话框，要求给出可以通过 Number of tracks between adjacent pads（相邻两个焊盘之间的导线数量），本例选择一条，单击“Next”按钮，转入下一步。

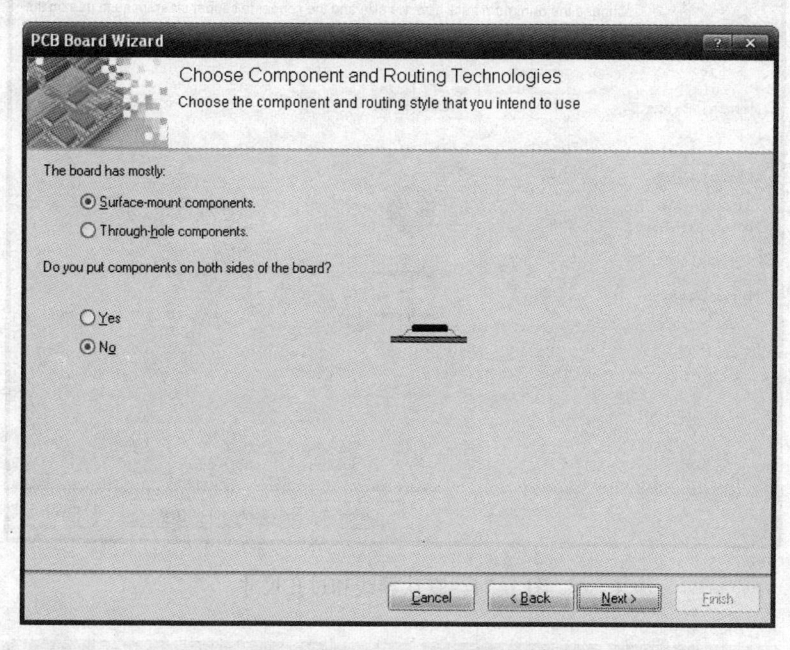

图 3-72　选择元件种类和布线逻辑

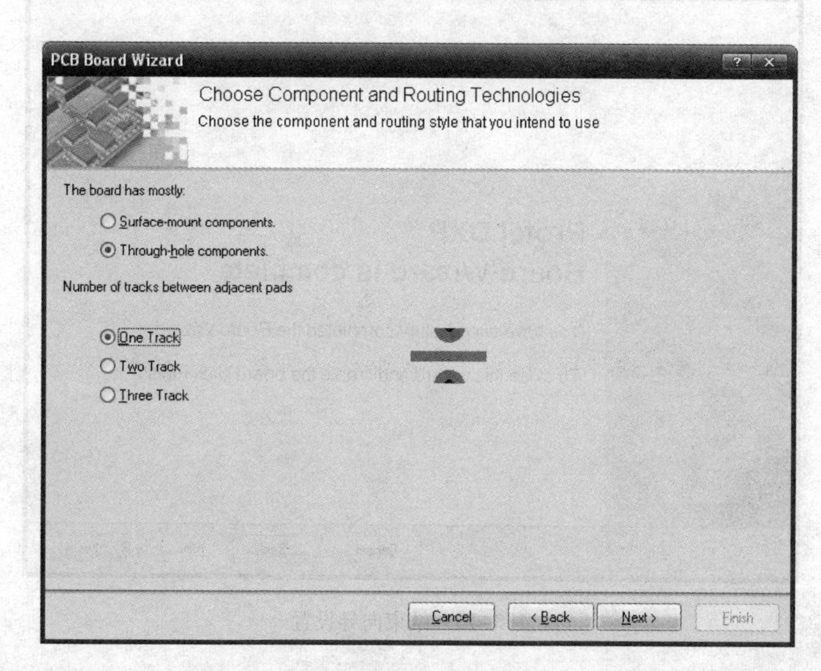

图 3-73　“选择焊盘之间的导线数量”对话框

8）选择默认的导线和过孔尺寸。将 Minimum Track Size（最小导线尺寸）改为 0.5 mm。默认导线和过孔尺寸如图 3-74 所示，单击“Next”按钮，转入下一步。

9）结束向导设置，如图 3-75 所示。单击“Finish”（完成）按钮，结束向导的设置。

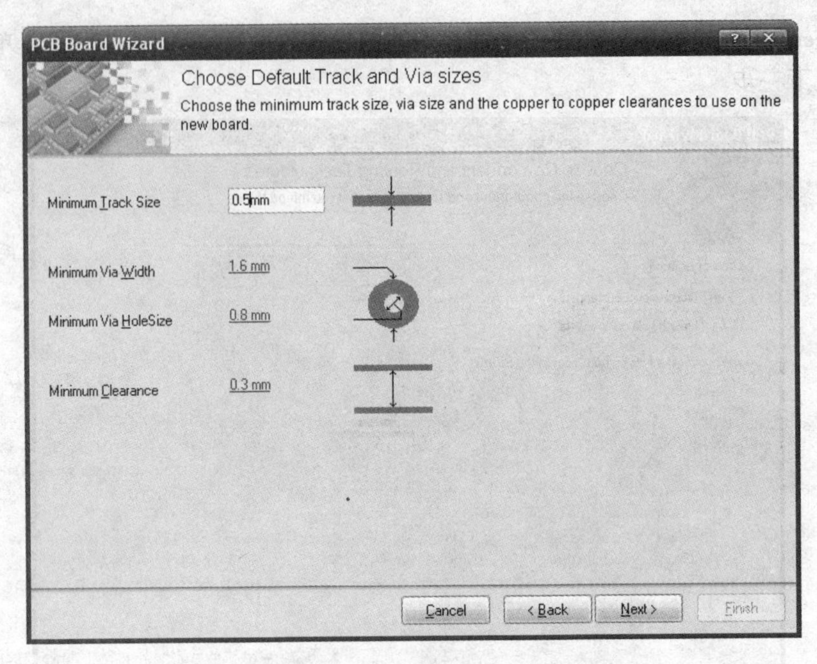

图 3-74　默认导线和过孔尺寸

图 3-75　结束向导设置

结束向导设置后，在 Projects 面板上可以看到新创建的 PCB 文档，如图 3-76a 所示。但文档是以自由文档的形式出现的，用鼠标左键按住文档名，拖动到“自动布线制作双面板—晶体管放大电路. PrjPCB”处松开，操作后的结果如图 3-76b 所示。

执行菜单“File”（文件）→“Save”（保存），将文档命名为“自动布线制作双面板—晶体管放大电路”，并保存。准备好的界面如图 3-77 所示。图中的白色区域为图样，带网格的区域为向导所创建的电路板，其内框所围区域为禁止布线区。注意，从字面上看，框内是禁止布线区，实际上框内是允许布线的，而框外不允许布线。

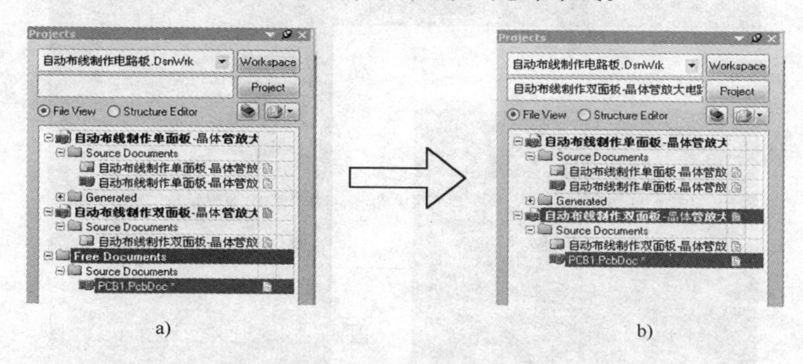

图 3-76　文档树状图

a）新创建的 PCB 文档　b）操作后的结果

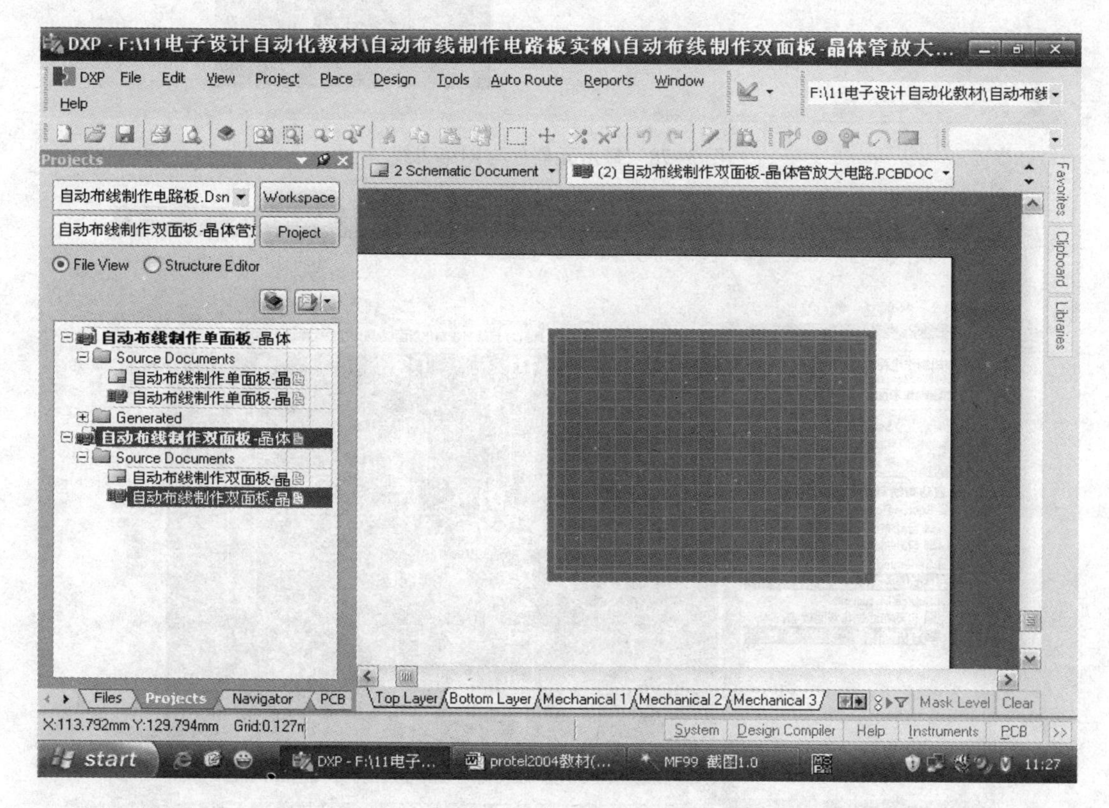

图 3-77　准备好的界面

3.4.3　将原理图内容同步到 PCB

切换到“自动布线制作双面板—晶体管放大电路. SchDoc”，执行菜单“Design”（设计）→“Update PCB Document”，自动布线制作双面板—晶体管放大电路. PCBDoc，验证有效性并执行同步操作，软件将界面切换到 PCB 文件，并显示元器件与网络飞线，如图 3-78 所示。

用鼠标左键按住元器件盒的非元器件部分，将元器件盒拖放到电路板上，删除元器件盒，进行布局。元器件布局效果如图 3-79 所示。

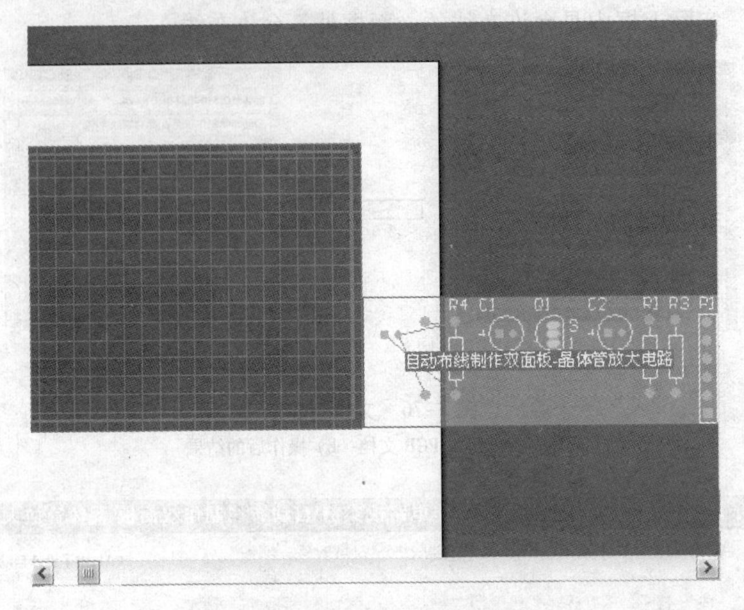

图 3-78　显示元器件与网络飞线

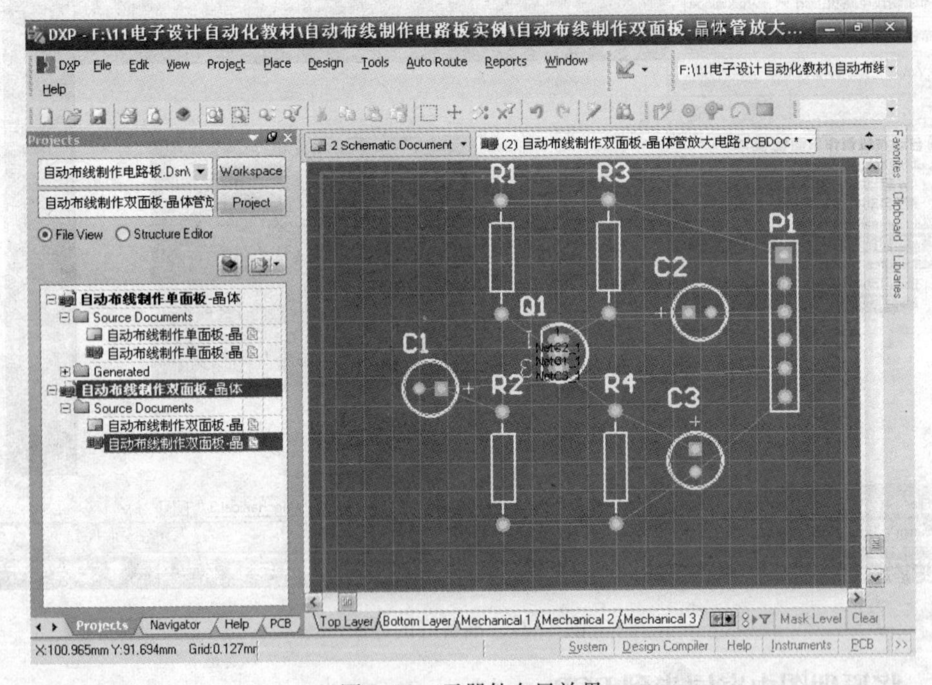

图 3-79　元器件布局效果

3.4.4　布线设置

执行菜单“Design”（设计）→“Rules”（规则），打开“PCB 规则和约束”对话框，进行以下设置。

1）展开布线宽度项（“Routing”→“Width”），可以看到通过前面的向导，软件已经自动设置了整个电路板的布线宽度为0.5 mm，参考本章3.3节的内容进行导线宽度设置：一般信号导线宽度为1 mm，电源和地线宽度为1.5 mm。

2）布线层设置。展开布线层设置项（Routing Layers），打开“PCB规则和约束”对话框，如图3-80所示，可以看到，通过向导，软件已经将电路板设置为双面板（这也是软件的默认设置），即顶层（Top Layer）和底层（Bottom Layer）全部被选中。

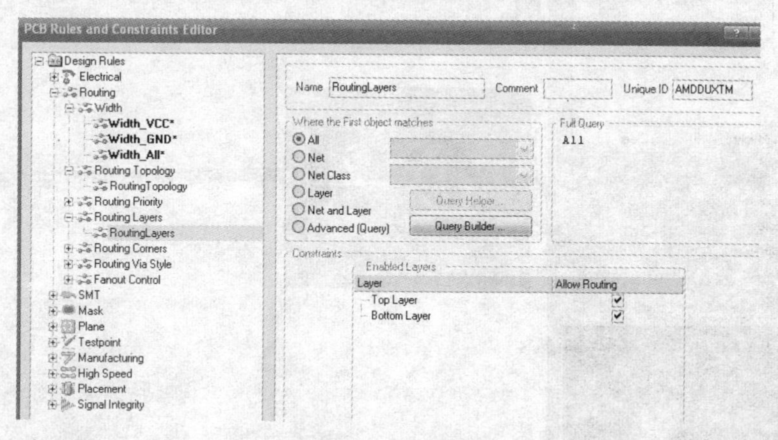

图3-80　打开“PCB规则和约束”对话框

3.4.5　自动布线

执行“Auto Route”（自动布线）→“All”（全部对象），进行自动布线。自动布线结果如图3-81所示。

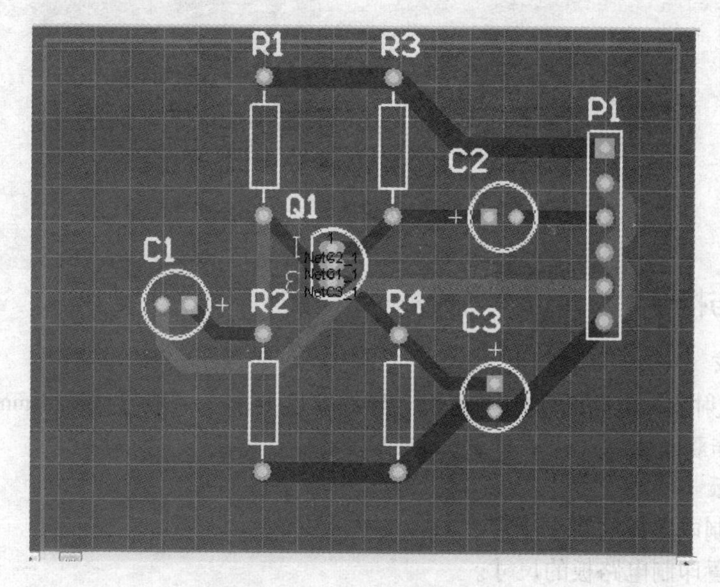

图3-81　自动布线结果

3.4.6　PCB的3D展示

执行菜单“View”（查看）→“Board in 3D”（显示三维PCB），3D效果图——顶层如图3-82所示。比较图3-82与图3-61，可以观察到电路板的物理边界尺寸的改变。用鼠标左键按住图形翻转可查看底层，可以看到电路板的顶层和底层都有导线。3D 效果图——底层如图 3-83 所示。

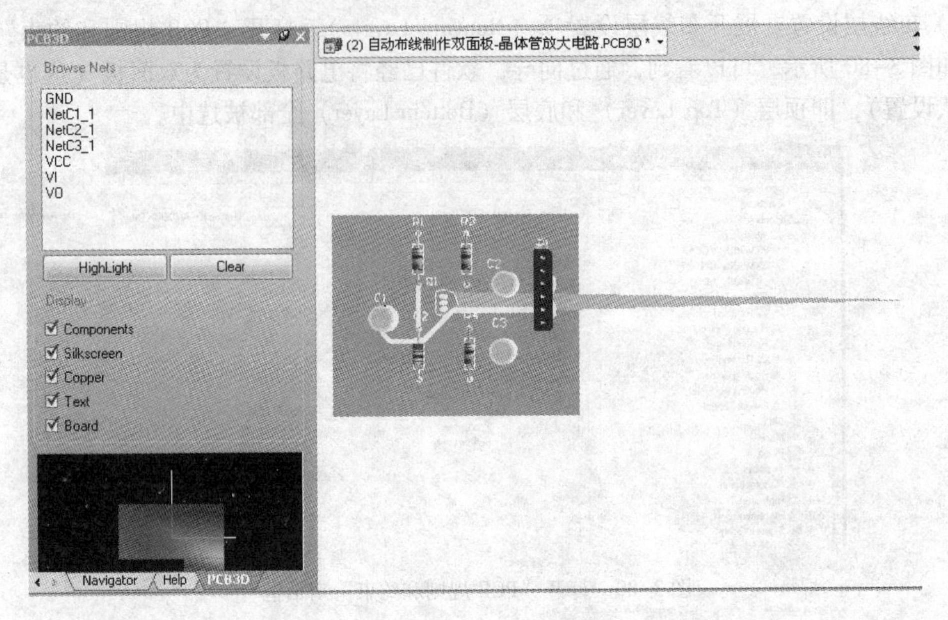

图 3-82　3D 效果图——顶层

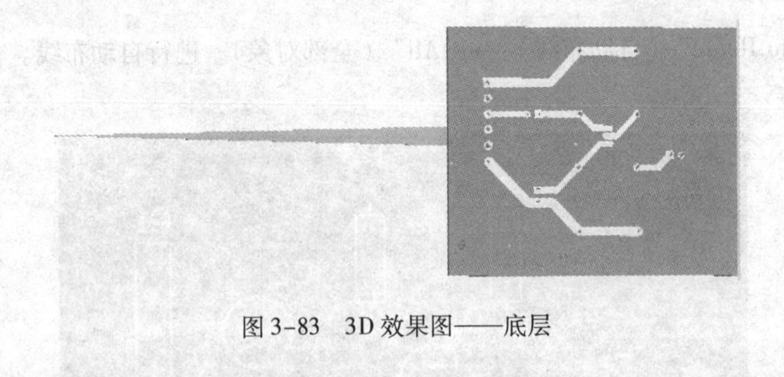

图 3-83　3D 效果图——底层

3.4.7　上机与指导 8

1. 任务要求

制作单管共射放大电路的印制电路板。导线宽度要求：一般导线为 1 mm，电源和地线为 1.5 mm，制作双面板。

2. 能力目标

1）熟练印制电路板的制作流程。

2）学会设置印制电路板的尺寸。

3）学习双面板自动布线。

4）提高布局、布线及观察能力。

3. 基本过程

1）运行软件。

2）新建设计工作区、PCB 项目以及原理图文件，并保存。

3）制作原理图。

4）使用向导创建 PCB 文件，并保存。

5）切换到原理图，将原理图内容同步到 PCB 中。

6）元器件布局。

7）设置导线宽度，自动布线。

8）保存文档。

4. 关键问题点拨

1）关于印制电路板的尺寸设置，有如下两种方法供选择。

① 使用现有模板，参考本章 3.4.2 节的内容。

② 自定义：先用画线等工具（在任意层上都可以）画出需要的形状（例如矩形），选择该矩形，执行菜单“Design”（设计）→“Board Shape”（PCB 形状）→“Define from selected objects”（重定义 PCB 形状），根据选择的形状裁取印制电路板的尺寸，删除选定的矩形。利用设定参考原点、合理修改捕获网格等技巧可以准确、快速地画出需要的形状。

2）分别采用双面板和单面板布线，观察布线在速度及难度上的区别。

3）对于关键部位的导线，可以进行预布线，并锁定，然后再进行总体布线。

5. 能力升级

分别用手工和自动布线的方法制作图 3-84 所示的电路板。要求一般导线宽度为 1 mm，电源和地线宽度为 1.5 mm，制作单面板。图中所用定时器 SE555N 在 Library \ ST Microelectronics \ ST Analog Timer Circuit. IntLib 集成库中，多谐振荡器图如图 3-84 所示。

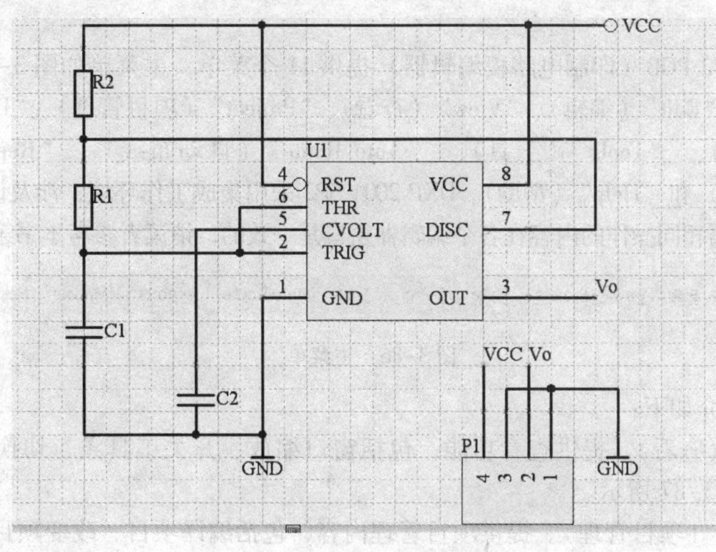

图 3-84　多谐振荡器图

3.5　印制电路板的常用操作

执行“View”（查看）→“Desktop Layouts”（桌面布局）→“Default”，将界面按照默认方式显示，并拖放工具条，就会得到图 3-85 所示的印制电路板编辑器的界面。

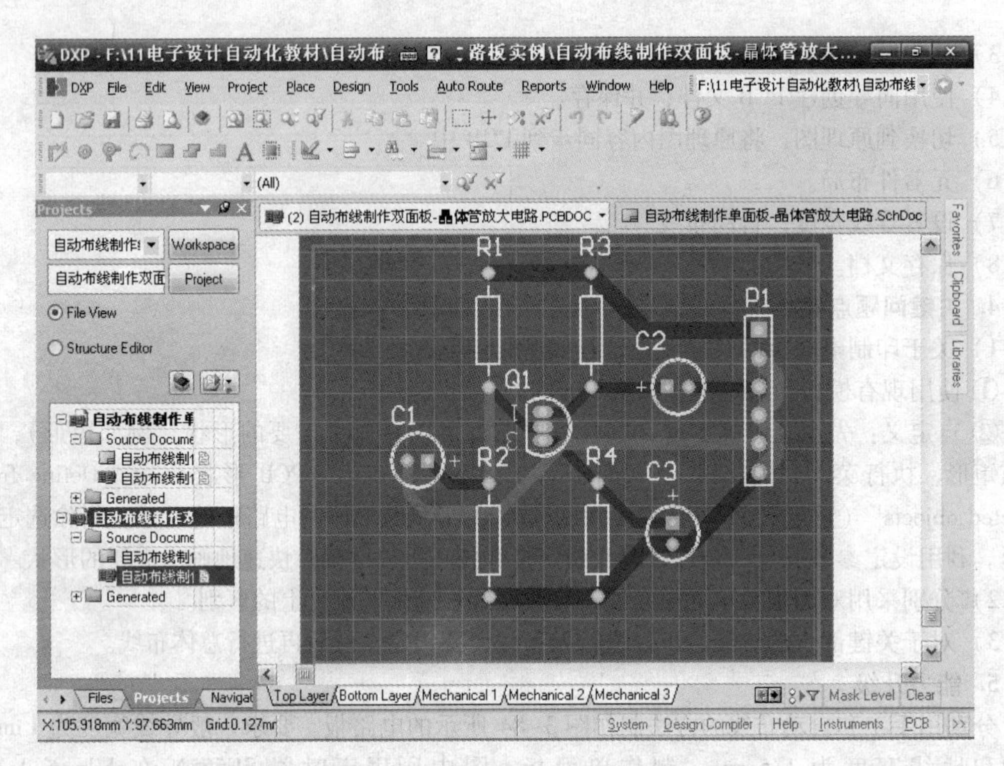

图 3-85　印制电路板编辑器的界面

3.5.1　菜单

DXP 2004 SP2 PCB（印制电路板编辑器）提供 11 个菜单，主菜单如图 3-86 所示，包括“File”（文件）、“Edit”（编辑）、“View”（查看）、“Project”（项目管理）、“Place”（放置）、“Design”（设计）、“Tools”（工具）、“Auto Route”（自动布线）、“Reports”（报告）、“Window”（视窗）和“Help”（帮助）。DXP 2004 SP2 采用集成工作环境，涉及设计工作区、项目以及各个编辑器相同操作的内容在各个编辑器窗口是一致的，请读者参考本书第 2.5 节的内容。

File　Edit　View　Project　Place　Design　Tools　Auto Route　Reports　Window　Help

图 3-86　主菜单

菜单操作简介如下：

1）“View”（查看）。提供查看功能，包括窗口缩放、开关工具条、切换单位等，View 的下拉菜单如图 3-87 所示。

2）“Project”（项目管理）。提供项目管理内容，包括编译项目、改变项目内的文件、关闭项目、项目设置等功能。

3）“Place”（放置）。提供放置功能，包括由圆心定义圆弧——Arc（Center）、由圆周定义圆弧 Arc（Edge）、由圆周定义圆弧但角度可变 Arc（Any Angle）、整圆（Full Circle）、矩形填充（Fill）、任意铜区域（Copper Region）、直线（Line）、字符串（String）、焊盘（Pad）、过孔（Via）、交互式手工布线（Interactive Routing）、元件（Component）、坐标（Coordinate）、尺寸（Dimension）、覆铜（Polygon Pour）、禁止布线（Keepout）等。Place 的下拉菜单如图 3-88 所示。

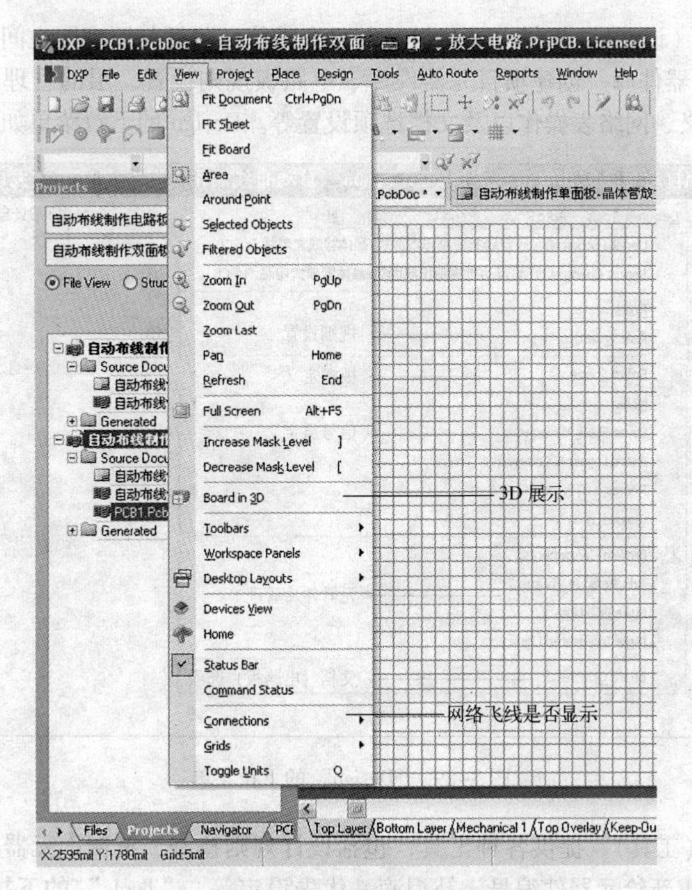

图 3-87 “View”的下拉菜单

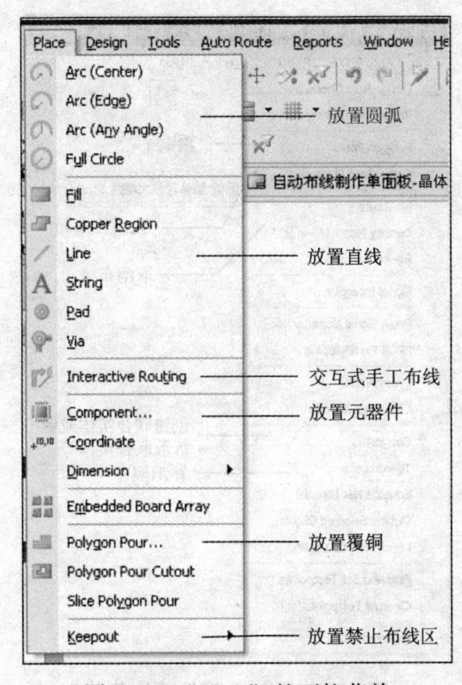

图 3-88 “Place”的下拉菜单

4）“Design”（设计）。提供电路板设计与整合功能，包括与原理图之间的同步操作、浏览和加载/删除元器件库、创建项目元器件库、电路板规则设置、层的管理、电路板物理边界定义、类的定义、网络表操作以及文档选项设置等。Design 的下拉菜单如图 3-89 所示。

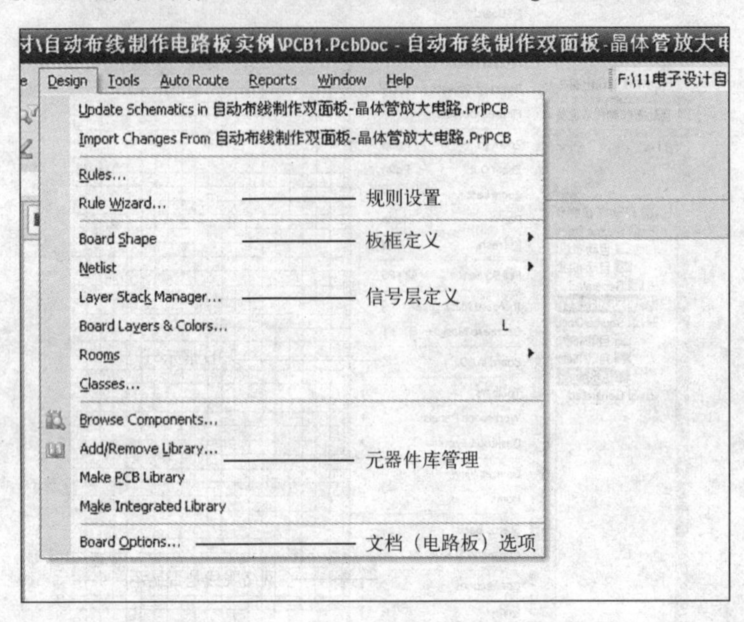

图 3-89 “Design”的下拉菜单

5）“Tools”（工具）。提供各种工具，包括设计规则检查、覆铜、元器件布局、取消布线、密度分析、重新给元器件编号、补泪滴、优先设定等。“Tools”的下拉菜单如图 3-90 所示。

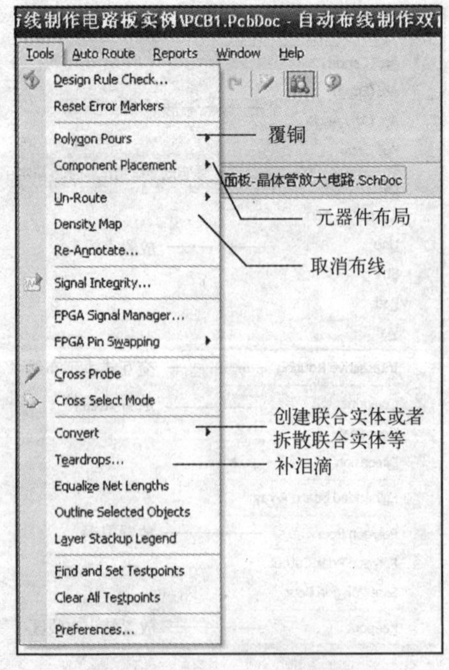

图 3-90 “Tools”的下拉菜单

6）“Reports”（报告）。提供报表功能，包括电路板尺寸、元器件报表以及一个测量小工具。

7）“Window”（视窗）。提供视窗操作，包括视窗排列、切换视窗操作等。

8）“Help”（帮助）。包括本机帮助文件、在线帮助、教学范例、弹出菜单和版本说明等。

3.5.2　工具条

1. 主工具条（PCB Standard）

PCB 的主工具条（PCB Standard）如图 3-91 所示。主工具条的使用方法请参考本书第 2.5.2 节的内容，此处不再重复。

图 3-91　PCB 的主工具条

2. 实用（Utilities）**工具条**

实用（Utilities）工具条如图 3-92 所示。

图 3-92　实用工具条

：实用工具。单击此图标右侧的下拉箭头，会出现图 3-93 所示的实用工具。这些实用工具分别是直线工具、放置坐标工具、放置标准尺寸工具、设置相对坐标原点工具、圆弧工具和阵列粘贴工具。阵列粘贴工具需要在工作区内先选择对象，并复制到粘贴板上后才有效。

：调准工具。单击此图标右侧的下拉箭头，会出现图 3-94 所示的调准工具。

：查找选择对象工具。单击此图标右侧的下拉箭头，会出现图 3-95 所示的查找选择对象工具。它们分别是跳到第一个选择的原始对象、跳到前一个选择的原始对象、跳到下一个选择的原始对象、跳到最后一个选择的原始对象、跳到第一个选择的联合实体、跳到前一个选择的联合实体、跳到下一个选择的联合实体、跳到最后一个选择的联合实体。

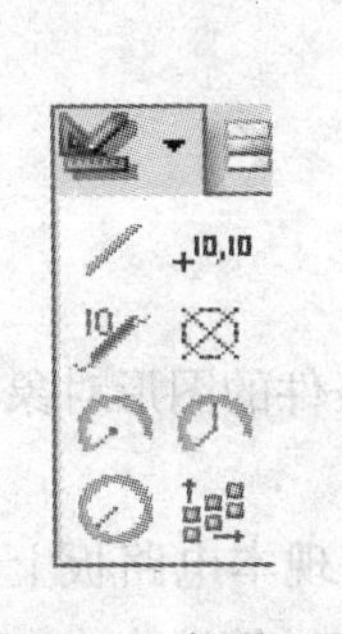

图 3-93　实用工具

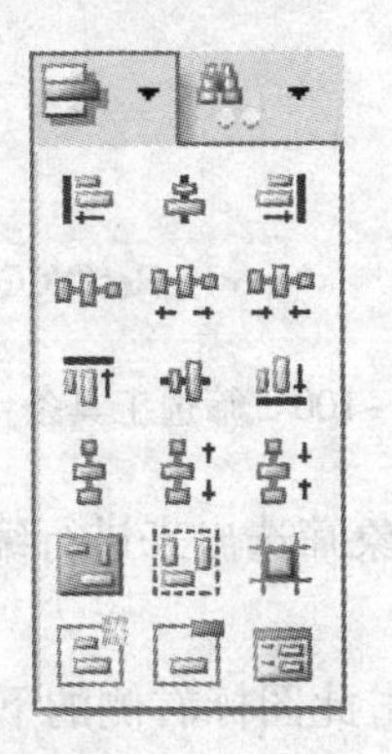

图 3-94　调准工具

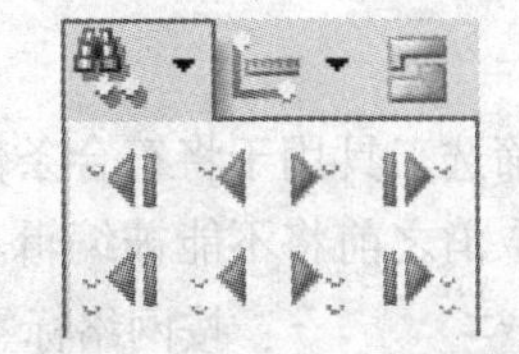

图 3-95　查找选择对象工具

：放置尺寸工具。单击此图标右侧的下拉箭头，会出现图 3-96 所示的放置尺寸工具。

：放置元器件盒工具。单击此图标右侧的下拉箭头，会出现图 3-97 所示的放置元器件盒工具。

：网格工具。单击此图标右侧的下拉箭头，会出现图 3-98 所示的网格工具。

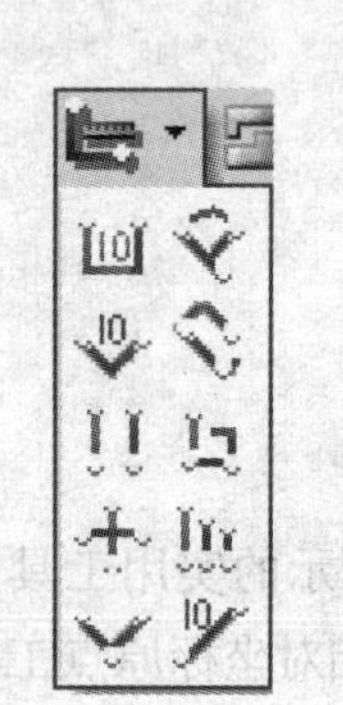

图 3-96　放置尺寸工具

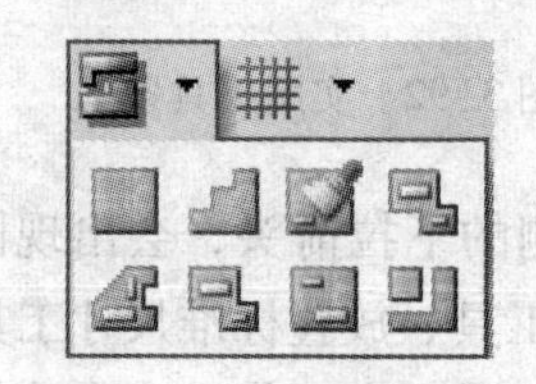

图 3-97　放置元器件盒工具

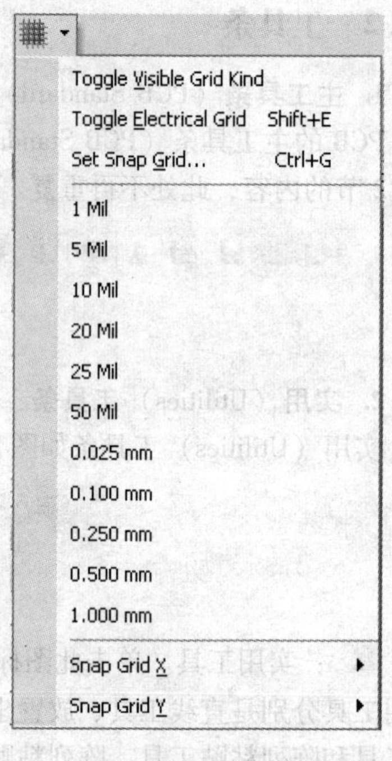

图 3-98　网格工具

3. 电连接（Wiring）工具条

图 3-99　电连接工具条

电连接（Wiring）工具条如图 3-99 所示。从左到右分别是：交互式布线、放置焊盘、放置过孔、以边缘方式放置圆弧、放置矩形填充、放置铜区域、放置覆铜、放置字符串以及放置元器件。

4. 筛选（Filter）工具条

筛选工具条如图 3-100 所示。

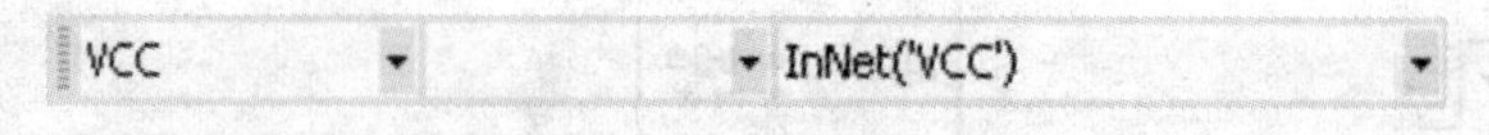

图 3-100　筛选工具条

筛选工具用于将符合条件的图形对象筛选出来进行编辑，不符合条件的图形对象在筛选作用取消之前将不能被编辑。

VCC ：按网络标签筛选。单击此图标右侧的下拉列表，将出现本电路板上所有的网络标签，选择其中一个（例如 VCC），则属于该网络的所有图形对象将被筛选出来，并被显示在图样中间，而图样的其他部分，将被遮罩（低亮度显示），同时在 InNet('VCC') 框内，软件将显示相应的查询语句：InNet（'VCC'）。按网络标签筛选结果如图 3-101 所示，这时暗显的部分将不能被编辑。

R1
R3
P1
Q1
VCC

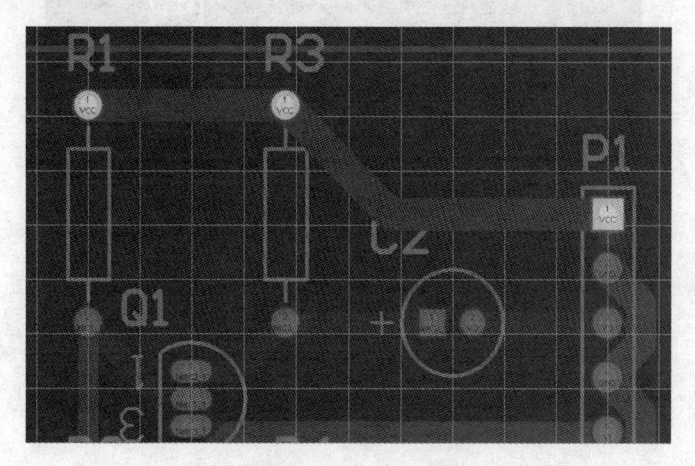

图 3-101　按网络标签筛选结果

单击工具条右侧部分的，则被筛选的部分将被最大程度地高亮显示，如图 3-102 所示。

R1
R3
VCC
GND

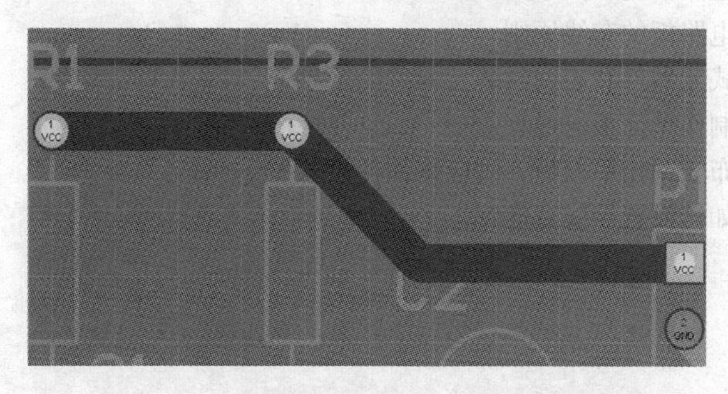

图 3-102　被筛选的部分将被最大程度地高亮显示

单击工具条最右侧的工具，或者单击图样右下方的 Mask Level Clear 中的 Clear，将取消筛选功能，恢复到正常的编辑状态。

P1：按元器件名字筛选，单击此图标右侧的下拉列表，将出现图样上所有的元器件。例如选择 P1，筛选工具效果如图 3-103 所示，按 P1 筛选效果如图 3-104 所示。其他操作与按网络标签筛选一样。

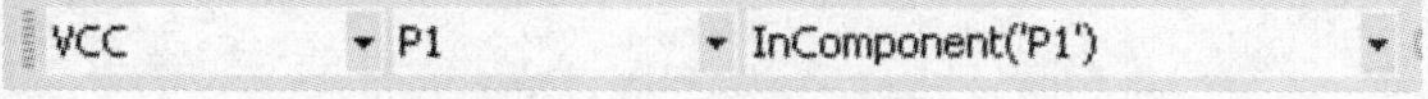

VCC
P1
InComponent('P1')

图 3-103　筛选工具效果

复杂的筛选需要使用软件提供的筛选面板（Filter）。

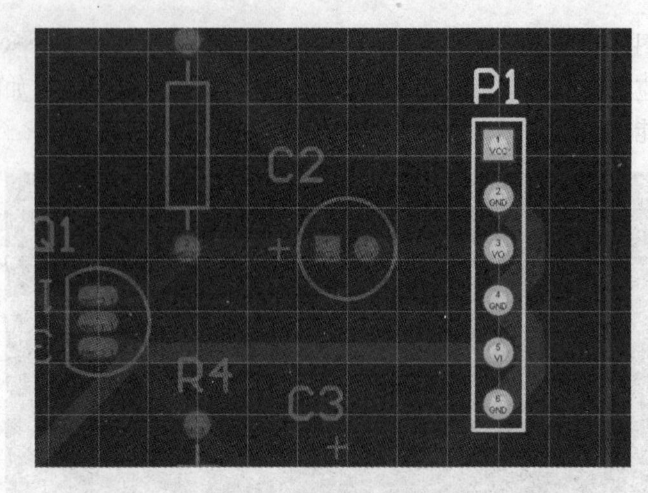

图 3-104　按 P1 筛选效果

3.6　习题

1. 简述印制电路板的结构，并说明单面板和双面板的区别。
2. 简述印制电路板的布局原则。
3. 简述印制电路板的布线原则。
4. 简述插孔式元器件和表面封装元器件的区别。
5. 简述手工制作单面板的过程。
6. 若要自动布线制作单面板，则应该如何设置？
7. 自动布线如何设置导线宽度？

第 4 章　原理图元器件的制作

本章要点

- 原理图元器件库的制作与维护
- 元器件制作的过程
- 可视网格和捕获网格的设置
- 元器件引脚的属性设置
- 多单元元器件的制作

4.1　原理图元器件编辑器

打开原理图元器件编辑器有两种基本方法，即打开成品库文件和新建原理图元器件库文件。

4.1.1　打开成品库文件

打开成品库文件的步骤如下。

1）运行 Protel DXP 2004 SP2，整理工作环境。执行菜单“Window”（视窗）→“Close All”（全部关闭），软件界面下部的面板如图 4-1 所示。注意观察图 4-1 中的①位置，此时有 Files、Projects、Navigator 3 个面板。

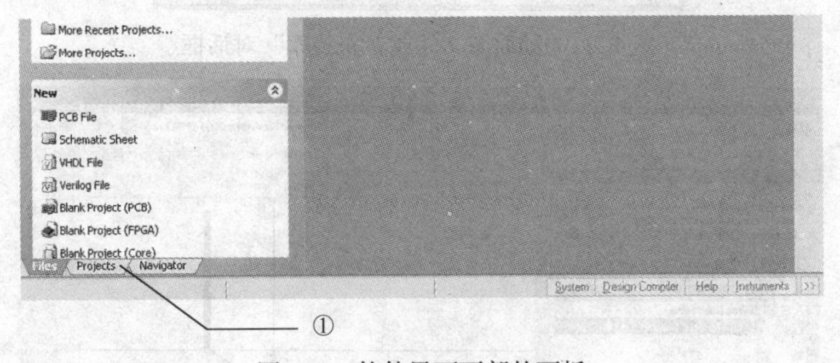

图 4-1　软件界面下部的面板

2）打开原理图库。执行菜单“File”（文件）→“Open”（打开）…，Library 的位置在 D:\Program Files\Autium2004 SP2\Library，出现图 4-2 所示的“成品库路径”对话框。读者需要注意，在自己的计算机中 DXP 2004 SP2 软件的安装路径可能与此不同。

3）打开 Miscellaneous Devices 集成库。在图 4-2 所示的对话框中找到 Miscellaneous Devices. IntLib 库（Miscellaneous Devices. IntLib 是混装元器件集成库，其中包含电阻、电容、电感、二极管以及晶体管等常用分立元器件。注意：Protel DXP 2004 SP2 的元器件是按照生产厂家分类的，集成库库文件的扩展名为 *. IntLib），双击 Miscellaneous Devices. IntLib 图标，出现图 4-3 所示的抽取源文件或者“安装库”对话框，单击“Extract Sources”（抽取源）按钮抽取源文件，并用鼠标双击随后出现在项目管理器面板中的 Miscellaneous Devices. SchLib 文件项，出现图 4-4 所示的已打开的元器件库窗口。

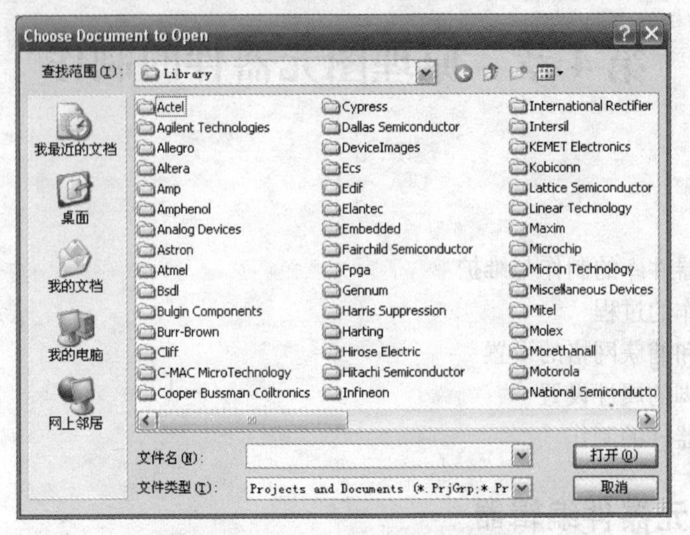

图 4-2 “成品库路径”对话框

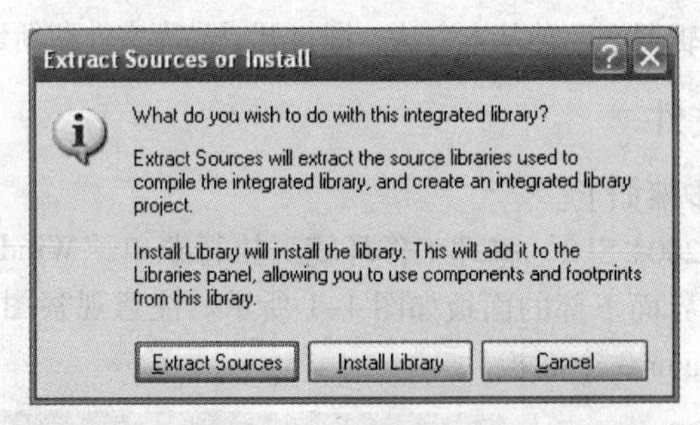

图 4-3 “抽取源文件或者安装库”对话框

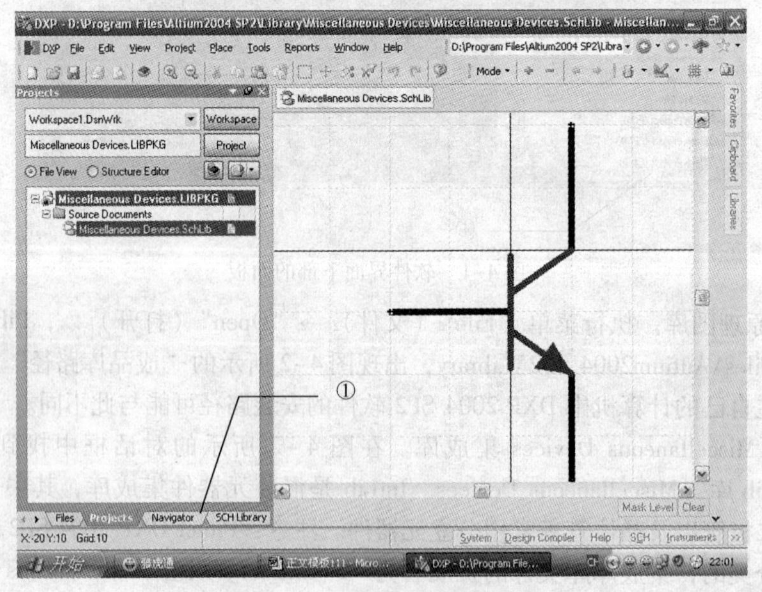

图 4-4 已打开的元器件库窗口

4）显示元器件库管理面板。观察图4-4中的位置①，与图4-1相比，多了SCH Library面板项，单击此选项卡，显示图4-5所示的SCH Library编辑器界面。图中①所示为库内的元器件列表，只要滑动滚动条，右边工作区内的元器件图形就随之改变。图中②所示为元器件筛选文本框，只要在其中输入Res2，工作区内就显示为电阻的符号，如图4-6所示。

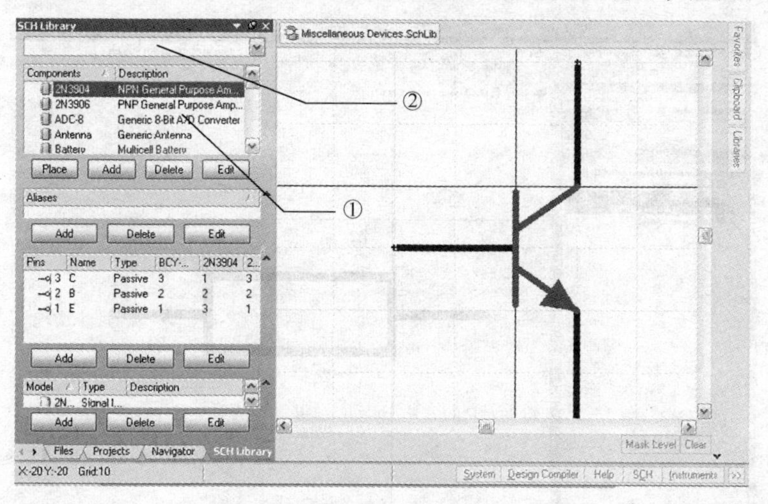

图4-5　SCH Library编辑器界面

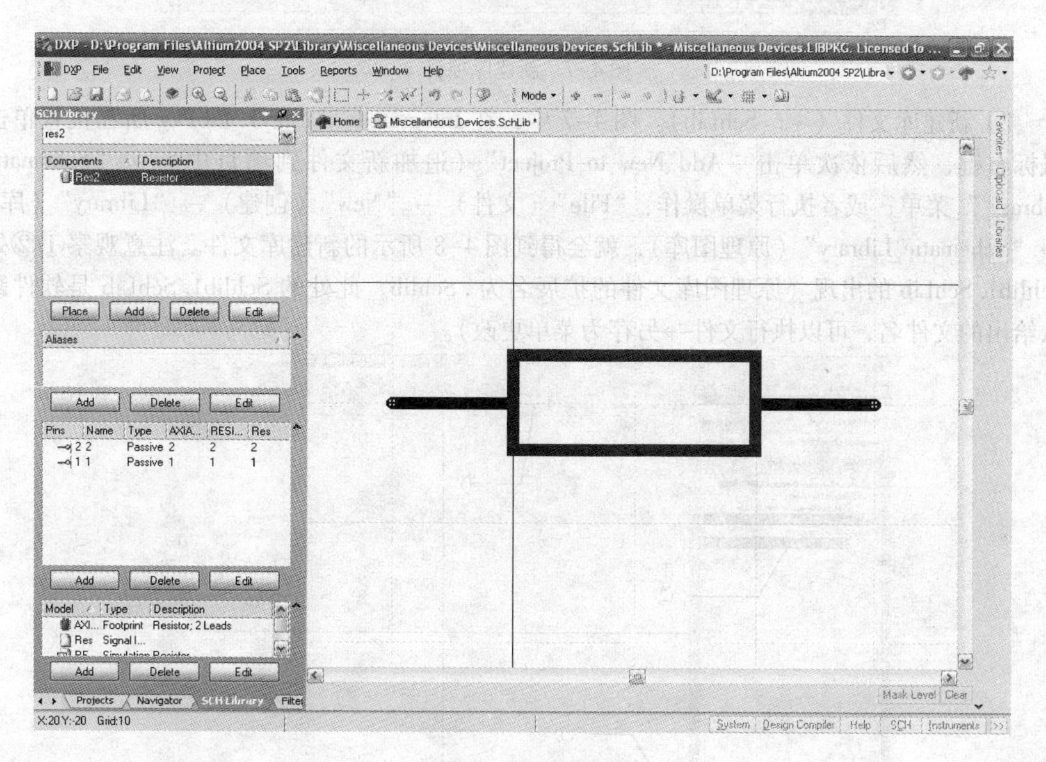

图4-6　电阻的符号

4.1.2　新建原理图元器件库文件

作为练习，新建一个原理图库，并在其中制作电阻。待熟练掌握后，才能对成品库进行维护。具体步骤如下。

1）新建库项目（*. LibPkg）。执行菜单“File”（文件）→“New”（创建）→“Project”（项目）→“Integrated Library”（集成元件库），新建库项目如图4-7所示，工作区内的电阻符号是本章4.1.1节中打开的在混合元器件库内的电阻。

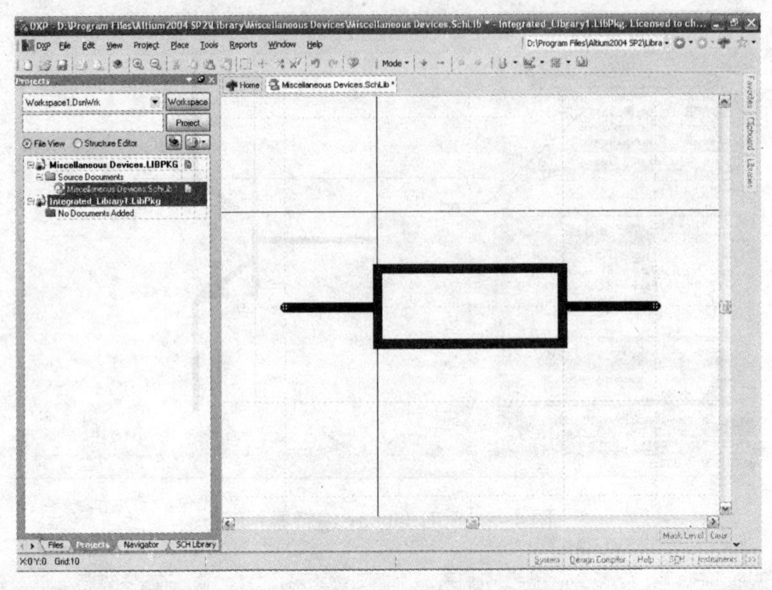

图4-7　新建库项目

2）新建库文件（*. SchLib）。图4-7中，在Integrated _ Libray1. LibPkg所在位置单击鼠标右键，然后依次单击“Add New to Project”（追加新文件到项目中）→“Schematic Library ”菜单；或者执行菜单操作：“File”（文件）→“New”（创建）→“Library”（库）→“Schematic Library”（原理图库），就会得到图4-8所示的新建库文件。注意观察①②处Schlib1. SchLib的出现（原理图库文件的扩展名为 . Schlib，此处的Schlib1. SchLib是软件默认给出的文件名，可以执行文件→另存为菜单更改）。

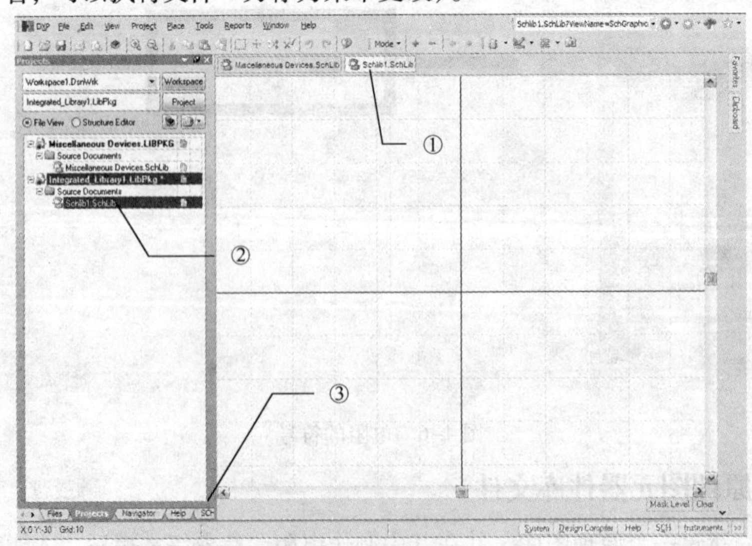

图4-8　新建库文件

3）显示工作区。单击图 4-8 中位置③的 SCHLIB 选项，显示元器件管理面板，并在工作区内单击鼠标左键，然后在键盘上按快捷键〈Z-A〉，最大限度地显示工作区内容，得到图 4-9 所示的工作区中心。注意位置①，这是工作区的坐标原点，制作元器件时要从坐标原点做起，而且一般应在第四象限内制作；位置②所示的元器件是软件默认建立的第一个元器件。

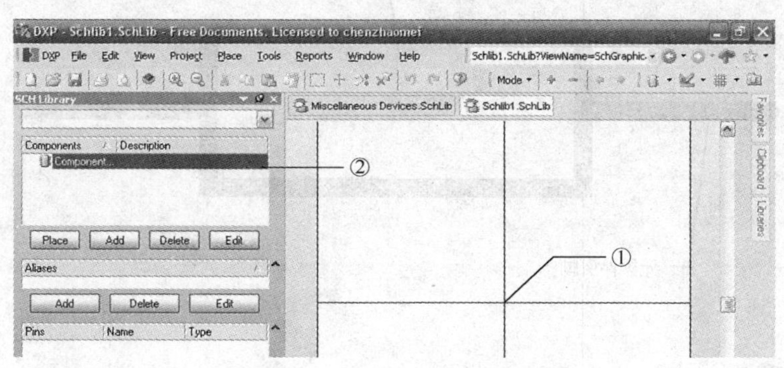

图 4-9　工作区中心

4.2　分立元器件的制作

此处以读者熟悉的元器件——电阻作为实例进行介绍。

4.2.1　制作准备

制作准备的步骤如下。

1）取消自动滚屏。执行菜单“Tools”（工具）→“Schematic Preferences”（原理图优先设定）...，单击“Graphical Editing”选项卡，修改 Auto Pan Options（自动摇景选项）为 Auto Pan Off。

2）图样准备，定位到坐标原点。执行菜单“Edit”（编辑）→“Jump”（跳转到）→“Origin”（原点）（或者按快捷键〈Ctrl + Home〉）将光标定位到坐标原点，连续按键盘上的〈Page Up〉键，把网格放大到适当的大小。

3）更改元器件在库内的名字。图 4-9 的位置②所示的 Component 是软件赋给第一个元器件的名字，执行菜单“Tools”（工具）→“Rename Component”（重新命名元件）...，在随后出现的对话框里面填入 Res2，然后单击“OK”按钮确定。

4.2.2　分析成品库内的电阻

在图 4-9 中，单击工作区上方的“Miscellaneous Devices. SchLib”文件项，会显示电阻符号，如图 4-10 所示。从以下两方面观察电阻符号。

1）轮廓线。用鼠标双击蓝色轮廓线，出现图 4-11 所示的“矩形属性”对话框。图 4-11 的标题栏为 Rectangle（矩形），说明图形主体是使用矩形工具制作的。注意观察涉及矩形工具的 4 个属性：①边缘宽度；②边缘颜色（用鼠标双击颜色块可以选择颜色）；③填充颜色；④画实心，决定是否只显示轮廓线。关闭此对话框，然后观察矩形的大小（所占网格的数目）。

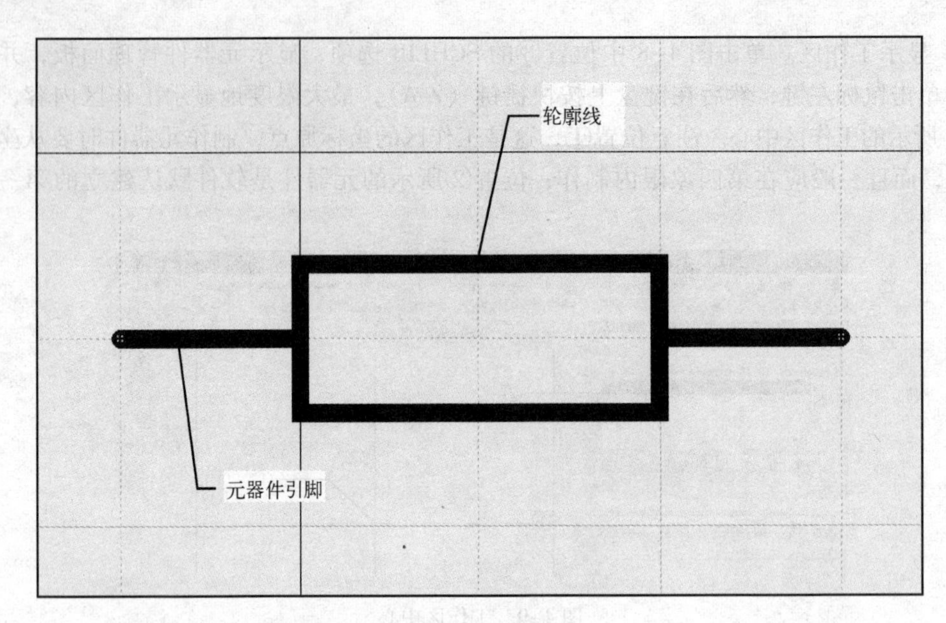

图 4-10　电阻符号

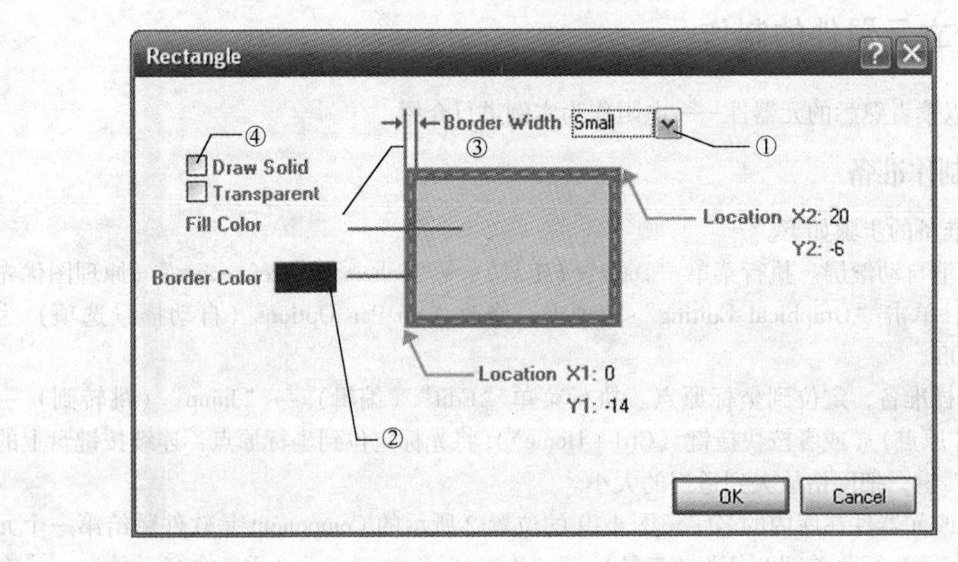

图 4-11　“矩形属性”对话框

2）引脚属性。双击电阻左边的引脚，会出现图 4-12 所示的“引脚属性”对话框，其标题栏为 Pin Properties（引脚属性），说明放置引脚的菜单为“Place”（放置）→“Pins”(引脚)，此处一定要注意：元器件的引脚是用“Place”→“Pins”放置的，而不是用画线工具画上去的。引脚的主要属性如下。

①“Display Name”文本框：显示名称。对电阻来讲，此处可以不填，如果填上相应的内容，则可以用后面的 Visible（可视）复选框来控制是否显示出来。

②“Designator”文本框：标识符，即引脚序号。此处必须填写，注意每一个引脚都必须有序号，用后面的复选框来控制是否显示。

③“Electrical Type”文本框：引脚的电气类型。注意此处必须选择。例如 MC74HC00AN，电

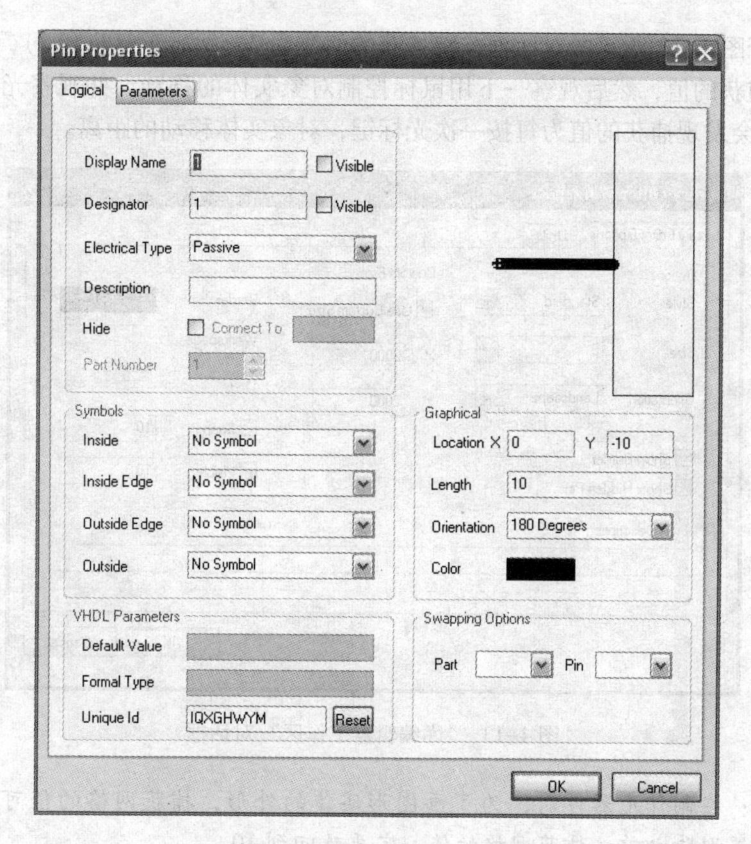

图 4-12 “引脚属性”对话框

源和地引脚，选择 power；第 1、2 引脚，选择“input”；第 3 脚，选择“output”等。对于电阻、电容、晶体管等元器件的无源引脚，应该选择“Passive”。

④“Length”文本框：引脚长度。注意此值一定要是 10 的整数倍。

4.2.3 网格设置

通过菜单“Tools”（工具）→“Document Options”（文档选项）…，打开“库编辑器工作区”对话框，如图 4-13 所示。对话框右下方的 Grids（网格）栏可以设置网格。

“Visible”（可视）复选框：可视网格。这个值一般不做改动，这个复选框是设置在图样上的网格线是否可见。

“Snap”（捕获）复选框：捕获网格。为了观察此网格的意义，关闭现在的对话框，回到工作区。执行下列步骤：

1）按键盘上的〈Page Up〉和〈Page Down〉键，将可视网格调整到合适的大小，以便于观察。

2）执行菜单“Place”→“Pins”，于是有一个引脚浮在光标上，连续按〈↑〉键向上、按〈↓〉键向下、按〈←〉键向左、按〈→〉键向右，可以看到，浮动的引脚每次移动的距离恰好是可视网格的间距。单击鼠标右键取消放置引脚的操作。

3）重新打开图 4-13 所示的对话框，把捕获的值改为 5，再关闭此对话框。重复步骤 2），则现在每按一次光标键，引脚移动的距离为可视网格的一半，即 5。

4）再打开图4-13所示的对话框，将捕获的值改为2，然后重复步骤2），观察结果。

5）改变捕获的值，然后观察一下用鼠标控制对象实体的移动，并观察光标可以停留的位置。此时，会发现捕获的值为每按一次光标键，对象实体移动的距离。

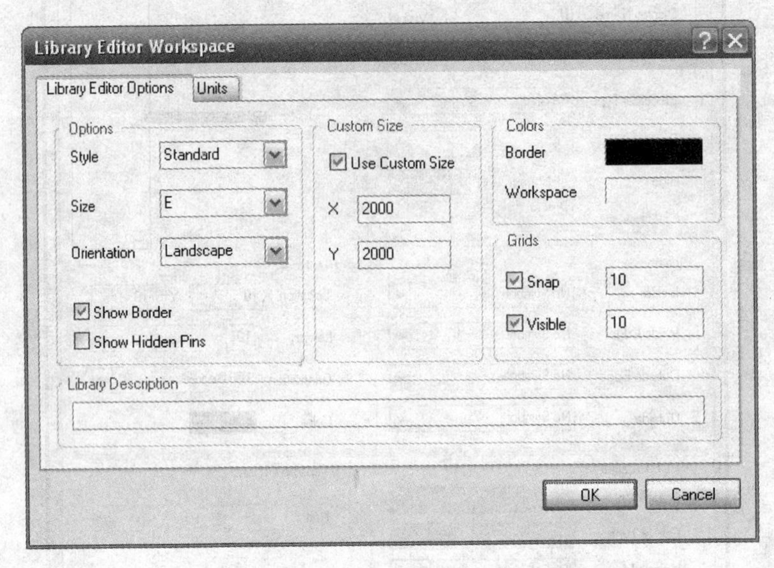

图4-13 “库编辑器工作区”对话框

重要提醒：在制作元器件时，为了画图形实体的外形，捕获网格的值可以按照需要改动，但是在放置引脚之前，捕获网格的值一定要改回到10。

4.2.4 电阻符号的制作过程

在图4-10中，单击“Schlib1. SchLib”文件标签，开始制作电阻。

1）画矩形。执行菜单“Place”（放置）→“Rectangle”（矩形），在出现浮动的矩形后，第一次左键单击确定第一点，往右下角拉动到合适的大小后，第二次左键单击确定第二点，当矩形为悬浮状态时，可以按〈Tab〉键修改其属性。

2）放置引脚。执行菜单“Place”（放置）→“Pins”（引脚），并按〈Tab〉键修改属性，如图4-12所示。

注意：元器件引脚只有一端有电连接性，即一端带有小“+”标志，该端必须朝向元器件的外面。

4.2.5 上机与指导9

1. 任务要求

制作电阻符号。

2. 能力目标

1）了解元器件符号的编辑器界面。

2）了解元器件符号的结构。

3）学习电阻符号的制作。

4）学习元器件符号制作的基本流程。

3. 基本过程

1）运行软件。

2）新建设计工作区、库项目以及原理图库文件，并保存。

3）制作电阻符号。

4）保存文档。

4. 关键问题点拨

1）制作元器件需要创建的是库项目，而不是 PCB 项目。

2）元器件的引脚是用“Place”（放置）→“Pins”（引脚）放置的，而不是用画线工具画上去的。

3）当制作元器件时，为了画图形实体的外形，捕获网格的值可以按照需要改动，但是在放置引脚之前，捕获网格的值一定要改回到 10。明确这一点，就可以有效提高制作速度，并且避免发生制作的元器件在原理图上无法使用的错误。

4）在元器件被制作完成后，单击图 4-9 所示左侧元器件管理面板上的“Place”（放置）按钮，就可以将元器件放置到原理图上。

5. 能力升级

1）制作晶体管（NPN 型）。

制作要点如下。

① 打开 Miscellaneous Devices. SchLib，找到晶体管（NPN 型），观察它的外形和引脚的属性。

② 在读者自己建立的 Schlib1. SchLib 中制作。

③ 新建元器件：“Tools”（工具）→“New Component”（新元件）。

④ 元器件更名：“Tools”（工具）→“Rename Component”（重新命名元件）。

⑤ 设置捕获网格，画外形轮廓线。

⑥ 将捕获网格的值改回到 10，放置 3 个引脚。

⑦ 注意将文件存盘。

2）观察图 2-37，制作其中的电容、接插件，并使用本实验中制作的元器件画出该图。

4.3 多单元元器件的制作

本节以 MC74HC00AN 为例学习多单元元器件的制作。MC74HC00AN 是四 2 输入与非门，内含四个逻辑上没有任何关系的 2 输入与非门，四个与非门共用电源和地。元器件共有 14 个引脚，其中 14：VDD；7：GND；1/2/3 为第一个与非门的引脚；4/5/6 为第二个与非门的引脚；9/10/8 为第三个与非门的引脚；12/13/11 为第四个与非门的引脚。元器件的 4 个单元分别制作在 4 张不同的图样上，称为 4 个单元（part），这 4 个单元之间的内在关系由软件来建立。

4.3.1 制作准备

制作准备工作如下。

1）打开在 4. 1. 2 节中建立的库项目及其中的 Schlib1. SchLib 文件，或重新建立一个库项目，并在其中新建元器件库。

2）执行“Tools”（工具）→“New Component”（新元件），添加新的元器件，并命名为 MC74HC00AN。

4.3.2 分析成品库内的 MC74HC00AN

打开 Protel DXP 2004 SP2 安装路径下（D:\Program Files\Altium2004 SP2\Library\Motorola）的 Motorola Logic Gate. IntLib 集成库，如图 4-14 所示。用鼠标双击打开 Motorola Logic Gate. SchLib 文件。

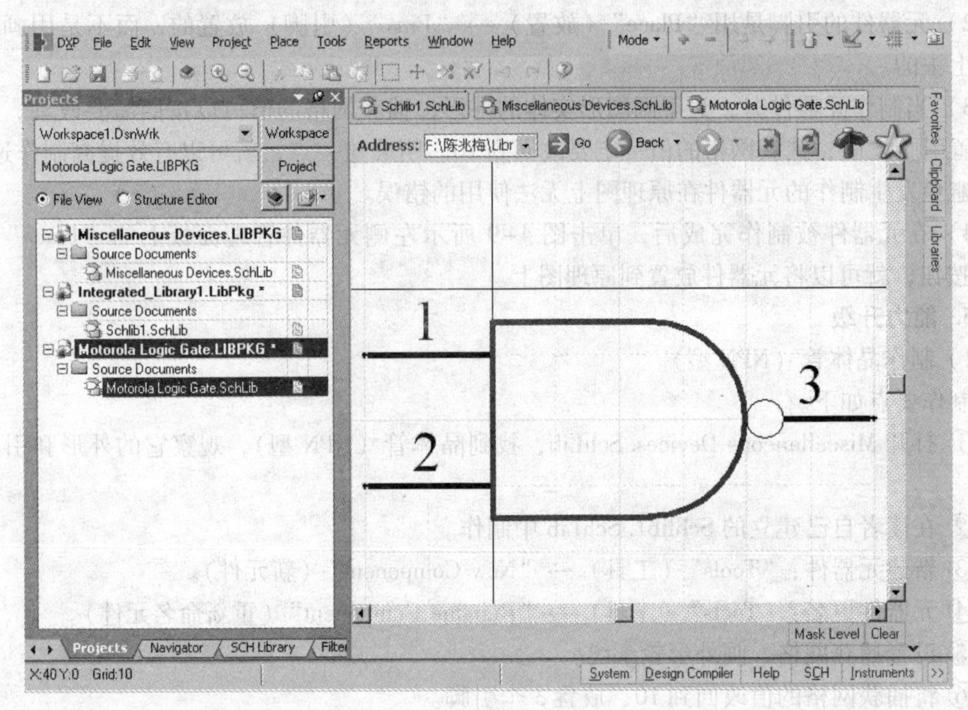

图 4-14 打开 Motorola Logic Gate. IntLib 集成库

单击“SCHLibrary”面板标签，切换到元器件库管理器界面，如图 4-15 所示。在元器件筛选文本框内填入 MC74HC00AN，执行菜单“View”（查看）→“Show Hidden Pins”（显示或隐藏引脚），然后在工作区内用鼠标左键单击，再使用快捷键〈Z-A〉，得到图 4-16。在图 4-16 工作区内显示的是该元器件的第一个单元电路（Part A），从元器件列表上看出，该元器件还包含另外 3 个单元电路，即 Part B、Part C 和 Part D。

1. 观察元器件

从以下方面观察元器件。

（1）第一个单元电路（Part A）

1）元器件外形轮廓线由线（Line）和半圆弧（Arc）两部分组成。注意外形轮廓的位置，要实现它，需要把捕获网格值设为 5。

2）引脚 1 和 2 为输入引脚，引脚名称为 A 、B，不显示；引脚的电气类型为 Input；引脚长度为 20；零件编号（Part Number）为 1。

3）引脚 3 为输出引脚，名称为 Y，不显示；引脚的电气类型为 Output；引脚长度为 20；

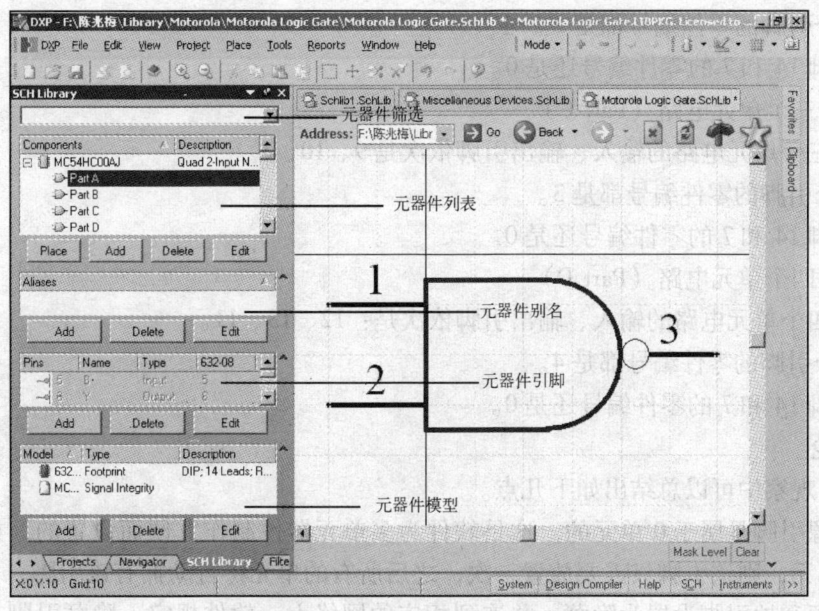

图 4-15　元器件库管理器界面

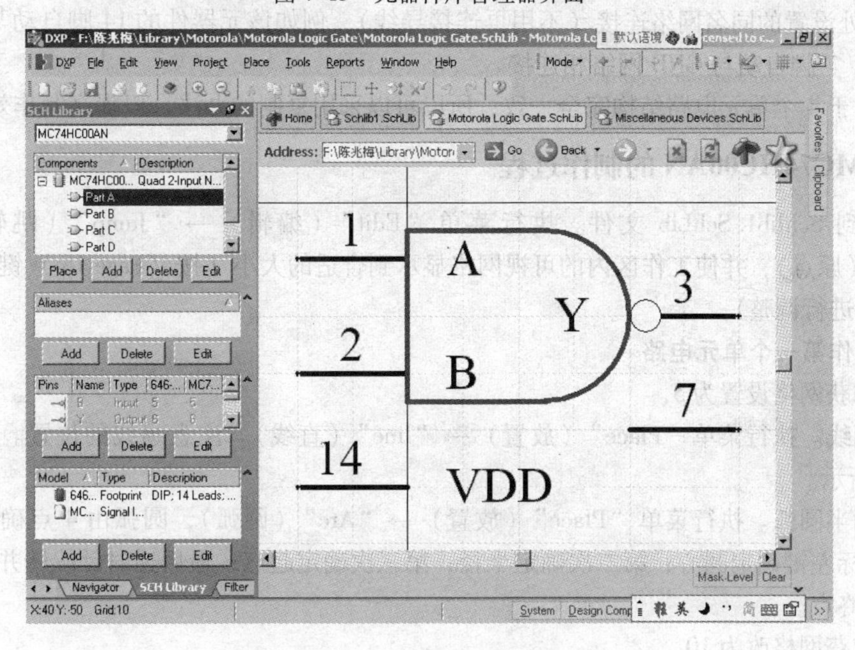

图 4-16　第一个单元电路（Part A）

零件编号（Part Number）为 1；轮廓线外围边缘标志为 Dot。

4）引脚 14 为电源引脚，名称为 VDD，引脚的电气类型为 Power；引脚长度为 20；属性设为隐藏，并连接到 VDD 网络上；零件编号（Part Number）为 0。

5）引脚 7 为接地引脚，名称为 GND，引脚的电气类型为 Power；引脚长度为 20；属性设为隐藏，并连接到 GND 网络上；零件编号（Part Number）为 0。

（2）第二个单元电路（Part B）

1）第二个单元电路的输入、输出引脚依次是 4、5、6。

2）3 个引脚的零件编号都是 2。

3）引脚 14 和 7 的零件编号还是 0。

(3) 第三个单元电路（Part C）

1）第三个单元电路的输入、输出引脚依次是 9、10、8。

2）3 个引脚的零件编号都是 3。

3）引脚 14 和 7 的零件编号还是 0。

(4) 第四个单元电路（Part D）

1）第四个单元电路的输入、输出引脚依次是：12、13、11。

2）3 个引脚的零件编号都是 4。

3）引脚 14 和 7 的零件编号还是 0。

2. 结论

从以上观察中可以总结出如下几点。

1）电源引脚是属于 0 单元的。这是软件为多单元器件制作方便而设置的，如果某个引脚属于 0 单元，则该引脚只需要放置一次，之后所有的单元将自动拥有该引脚。

2）电源和地引脚设置为隐藏，并连到相应的网络上。软件规定：隐藏引脚在原理图上自动与此处设置的同名网络连接（不用再连接导线），例如该元器件的 14 脚自动与 VDD 网络相连接，7 脚自动与 GND 网络相连接。

3）由于 4 个单元电路结构完全一致，所以可以采用复制的办法，以提高制作效率。

4.3.3 MC74HC00AN 的制作过程

切换到 Schlib1. SchLib 文件。执行菜单“Edit”（编辑）→“Jump”（跳转到）→“Origin”（原点），并使工作区内的可视网格显示到合适的大小（按〈Page Up〉键及〈Page Down〉键进行调整）。

1. 制作第一个单元电路

1）捕获网格设置为 5。

2）画线。执行菜单“Place”（放置）→“line”（直线）。注意画线的位置。画线，如图 4-17 所示。

3）画半圆弧。执行菜单“Place”（放置）→“Arc”（圆弧），圆弧由 4 点确定：第一次单击鼠标左键确定圆心；第二次确定半径；第三次确定起点；最后逆时针旋转并单击鼠标左键确定终点。

4）捕获网格改为 10。

5）放置引脚 1、2 、3。注意在放置的过程中按〈Tab〉键，修改引脚属性。

6）复制第一个单元的内容。执行菜单“Edit”（编辑）→“Select”（选择）→“All”（全部对象），选择第一个单元的全部内容，再执行菜单“Edit”（编辑）→“Copy”（复制）（或者按〈Ctrl + C〉键），将内容复制到粘贴板上。

2. 制作第二个单元电路

1）新建单元电路：执行菜单“Tools”（工具）→“New Part”（创建元件）。

2）找到坐标原点，并放大工作区到合适的大小。

3）执行菜单“Edit”（编辑）→“Paste”（粘贴）（或者按〈Ctrl + V〉键），粘贴单元

电路，如图4-18所示。注意粘贴位置。

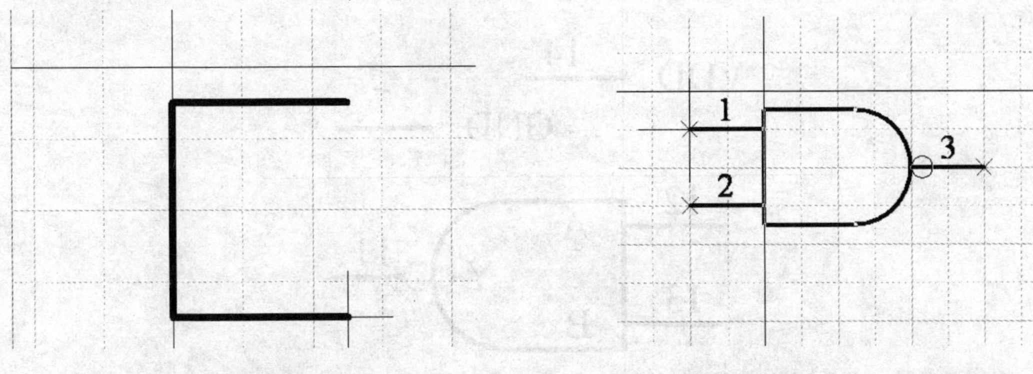

图4-17　画线　　　　图4-18　粘贴单元电路

4）将引脚1、2、3依次修改为4、5、6。

3. 制作第三个单元电路

重复制作第二个单元电路的1）、2）、3）步操作，并将1、2、3改为9、10、8。

4. 制作第四个单元电路

重复制作第二个单元电路的1）、2）、3）步操作，并将1、2、3改为12、13、11。

5. 放置电源和地引脚

使用快捷键〈P-P〉放置电源VDD引脚，在引脚浮动的情况下按〈Tab〉键，按照图4-19所示进行电源引脚的属性设置。引脚放置好后，用鼠标双击引脚，将它的Part Number（零件编号）属性改为0。用同样的方法放置地引脚7。第四个单元电路如图4-20所示。在“元器件管理器”列表中单击Part A、Part B、Part C 3个单元，则可以看到14脚和7脚都已经包含在其中了。

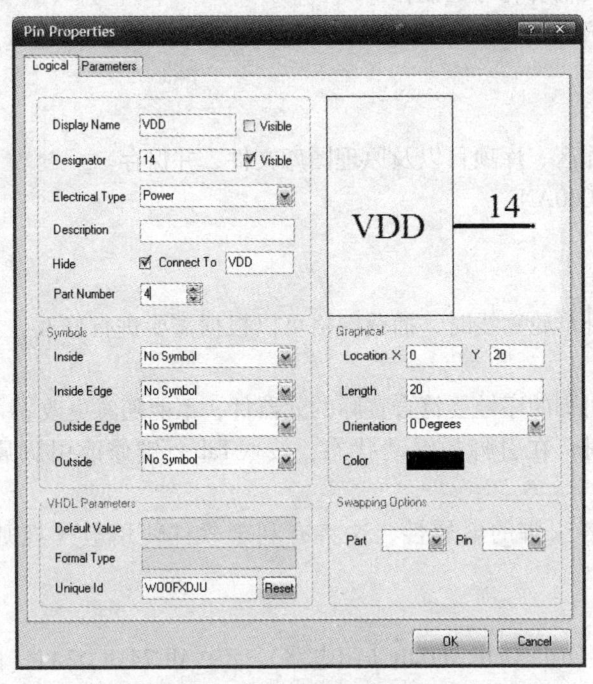

图4-19　电源引脚的属性设置

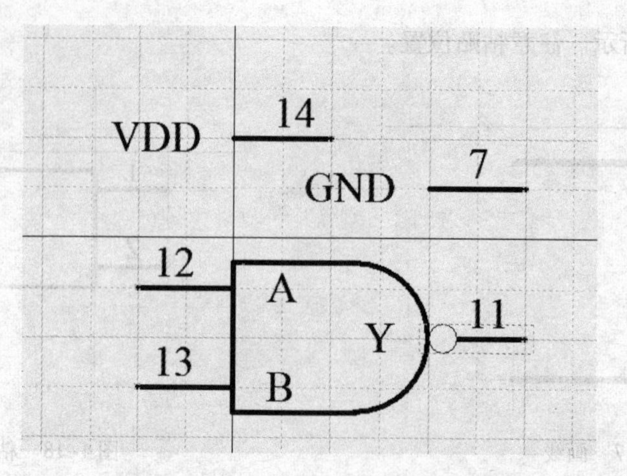

图 4-20　第四个单元电路

6. 取消隐藏引脚的显示

若执行菜单“View”（查看）→“Show Hidden Pins”（显示或隐藏引脚），则引脚 14 和引脚 7 的隐藏属性起作用。

4.3.4　上机与指导 10

1. 任务要求

制作 MC74HC00AN。

2. 能力目标

1）熟练元器件符号的制作流程。

2）学习多单元元器件符号的制作。

3）学习数字集成电路隐藏电源引脚的处理方法。

3. 基本过程

1）运行软件。

2）新建设计工作区、库项目以及原理图库文件，并保存。

3）制作 MC74HC00AN。

4）保存文档。

4. 关键问题点拨

1）在画符号的外形轮廓线时，捕获网格可以根据需要进行修改，在放置引脚以前，捕获网格要改回到 10。

2）注意各单元引脚的序号要符合实际的元器件，不能随意更改。

3）当放置引脚时，在引脚的浮动状态，按〈Tab〉键修改引脚属性会有效提高制作速度。

4）要正确设置各引脚的电属性，这将有利于软件使用电气规则的检查手段来检查错误。

5. 能力升级

1）观察 Motorola Logic Gate. IntLib（门电路）库中 MC74HC02AJ（四 2 输入或非门）和 MC74HC04N（六非门），并制作。

2）打开 Motorola Logic Flip-Flop. Lib（触发器）库，观察其中的 MC54HC74AJ（双 D 触发器）和 MC54HC107J（双 JK 触发器），并制作。注意时钟符号的实现。

3）打开 Motorola Amplifier Operational Amplifier. IntLib（运算放大器）库，观察 LM324AN（四运算放大器），并制作。

4.4 原理图元器件常用操作

执行菜单“View”（查看）→“Desktop Layouts”（桌面布局）→“Default”（默认），然后按住各个工具条左边的标志，拖放工具条，将工具条依次排列，可得到图 4-21 所示的原理图编辑器界面。

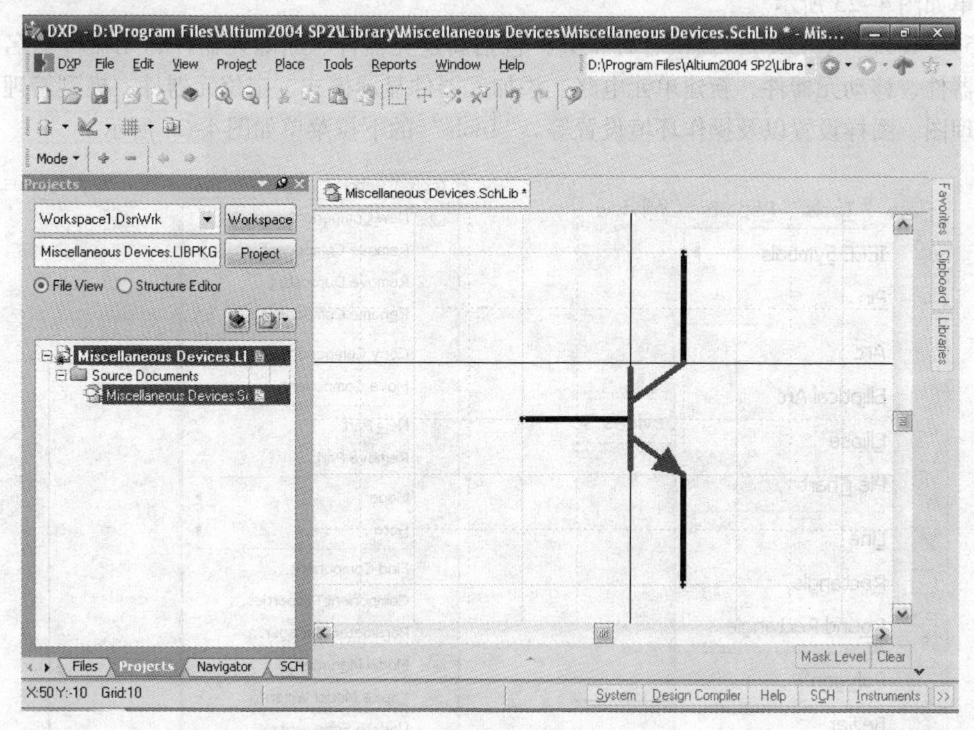

图 4-21 原理图编辑器界面

4.4.1 菜单

Protel DXP 2004 SP2 Schematic Library（原理图库编辑器）提供 9 个菜单。主菜单如图 4-22所示，包括“File”（文件）、“Edit”（编辑）、“View”（查看）、“Project”（项目管理）、“Place”（放置）、“Tools”（工具）、“Reports”（报告）、“Window”（视窗）和“Help”（帮助），简介如下。

File Edit View Project Place Tools Reports Window Help

图 4-22 主菜单

1）“File”（文件）：提供关于设计工作区、项目以及文件的新建、保存、关闭、Protel

99 SE 文档的导入、打印等功能。

2)“Edit”（编辑）：提供工作区内容的编辑功能，例如恢复与撤销恢复、复制、剪贴、粘贴、修改属性、选择、删除以及文本替换等。

3)“View”（查看）：提供查看功能，包括窗口缩放、开关工具条、切换单位以及隐藏引脚的显示等。

4)“Project”（项目管理）：提供项目管理内容，包括编译项目、改变项目内的文件、关闭项目及项目设置等。

5)“Place”（放置）：提供放置功能，包括放置 IEEE 电气符号、引脚、圆弧、椭圆弧、椭圆、饼图、直线、矩形、圆角矩形、多边形、贝塞尔曲线、字符串以及位图。Place 的下拉菜单如图 4-23 所示。

6)“Tools”（工具）：提供各种工具，包括新建元器件、删除元器件、元器件命名、复制元器件、移动元器件、新建单元电路、添加元器件显示模式、定位元器件、模型管理、更新原理图、图样设置以及操作环境设置等。“Tools” 的下拉菜单如图 4-24 所示。

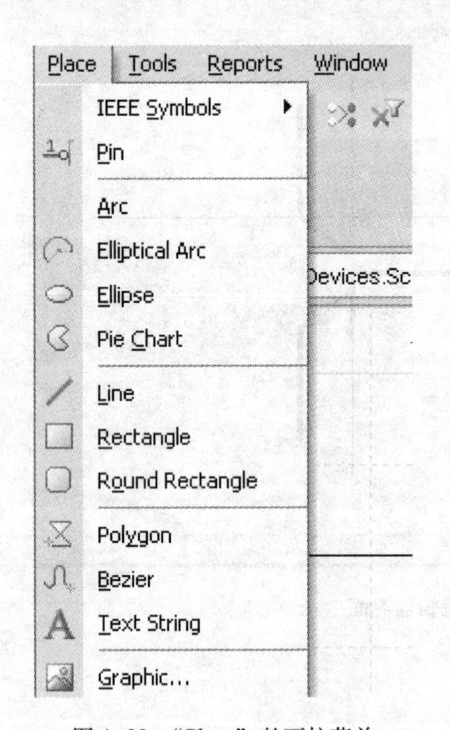

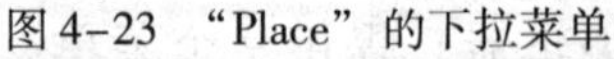
图 4-23 “Place”的下拉菜单

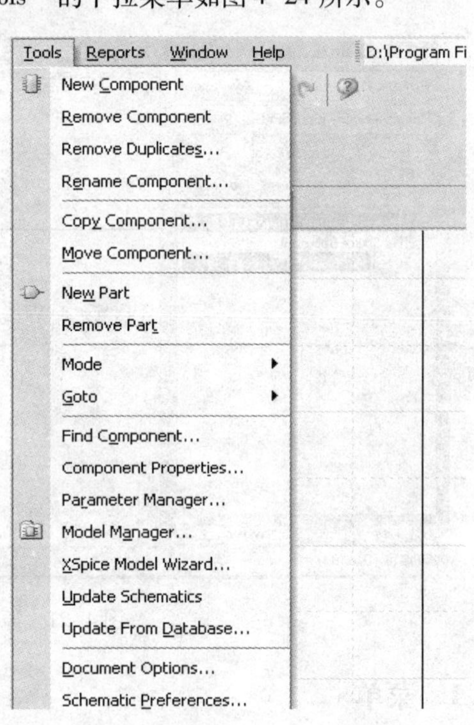

图 4-24 “Tools”的下拉菜单

7)“Reports” （报告）：提供报表功能，包括元器件信息、库内元器件列表、库信息报告设置、元器件检查规则设置。Reports 的下拉菜单如图 4-25 所示。

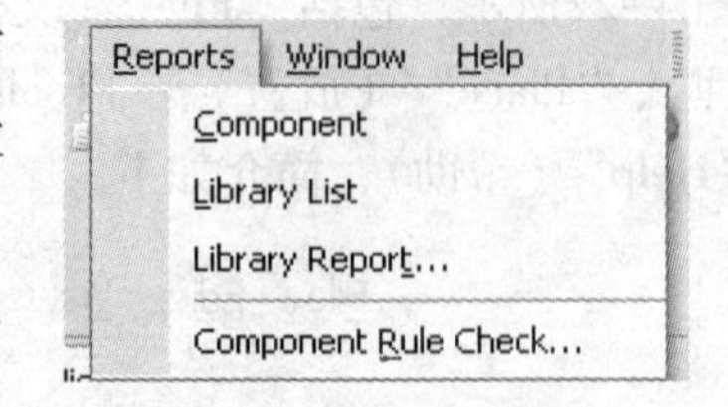

图 4-25 “Reports” 的下拉菜单

8)“Window”（视窗）：提供视窗操作，包括视窗排列、切换视窗操作等。

9)“Help”（帮助）：提供帮助，包括本机帮助文件、在线帮助、教学范例、弹出菜单和版本说明等。

4.4.2 工具条

1. 主工具条（Sch Lib Standard）

主工具条如图 4-26 所示。

图 4-26 主工具条

主工具条的内容与原理图主工具条的内容基本相同，此处不再详述。

2. 实用工具条（Utilities）

实用工具条（Utilities）如图 4-27 所示。

：电气符号工具。利用它可放置 IEEE 电气符号。单击此图标右侧的下拉列表，将显示电气符号工具，如图 4-28 所示。

：绘图工具。单击此图标右侧的下拉列表，可打开软件提供的绘图工具，如图 4-29 所示。

图 4-27 实用工具条

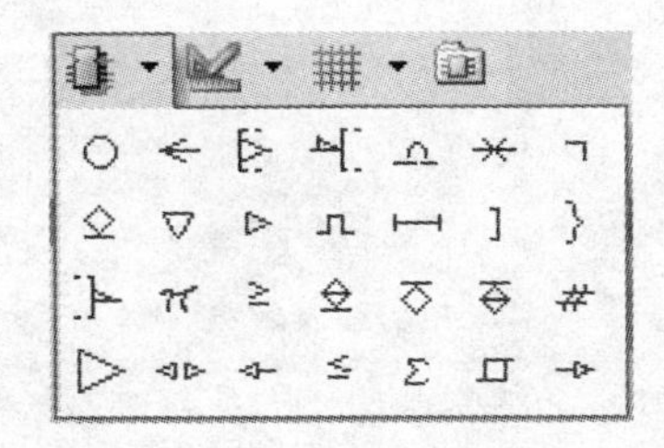

图 4-28 电气符号工具

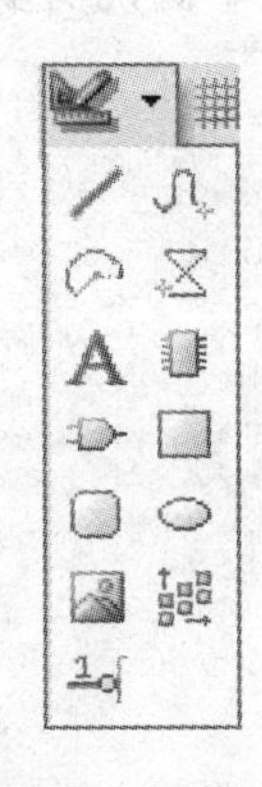

图 4-29 绘图工具

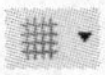

：网格工具。单击此图标右侧的下拉列表，可打开软件提供的网格工具，如图 4-30 所示。其中：

1）Cycle Snap Grid。软件预设了 3 种捕获网格（1、5、10），按快捷键〈G〉，可以依次从小到大进行切换。

2）Cycle Snap Grid（Reverse）。软件预设了 3 种捕获网格（1、5、10），按热键〈Shift + G〉，可以依次从大到小进行切换。

注意：*在放置引脚时，不要使用以上两种切换。*

3）Toggle Visible Grid。是否显示图样上的可视网格。

4）Set Snap Grid。设置捕获网格。

：元器件模型工具。单击此图标后，出现“元器件模型设置”对话框。

3. 元器件显示模式工具条

元器件显示模式工具条如图 4-31 所示。利用该工具条，可以浏览、添加及删除元器件的显示模式。

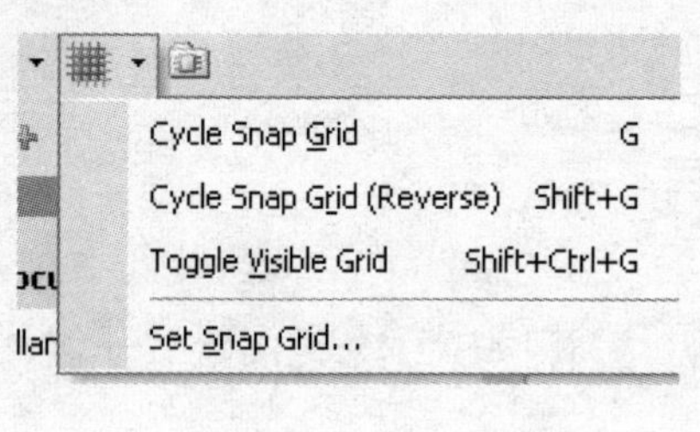

图 4-30 网格工具

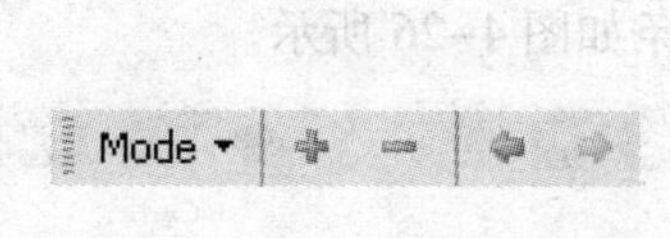

图 4-31 元器件显示模式工具条

4.5 习题

1. 如何打开 Protel DXP 2004 SP2 内的成品库文件？
2. 元器件编辑器和原理图编辑器的界面有何区别？
3. 画出电阻符号结构，描述制作电阻符号的过程。
4. 描述网格设置在元器件符号制作过程中的重要意义。
5. 举例说明多单元元器件符号的制作过程。

第 5 章　封装方式库的制作

本章要点

- 手工制作封装方式的过程
- 利用向导制作封装方式的过程
- 焊盘的属性设置

5.1　手工制作元器件的封装方式

5.1.1　封装方式编辑器

Protel DXP 2004 SP2 的成品封装方式库在软件安装路径下的 Autium2004 SP2\Library\Pcb 目录中。执行菜单“File”（文件）→“Open”（打开）...，打开其中的 Miscellaneous Devices PCB. PcbLib 库（这是常用电子元器件的封装方式库），软件界面如图 5-1 所示。

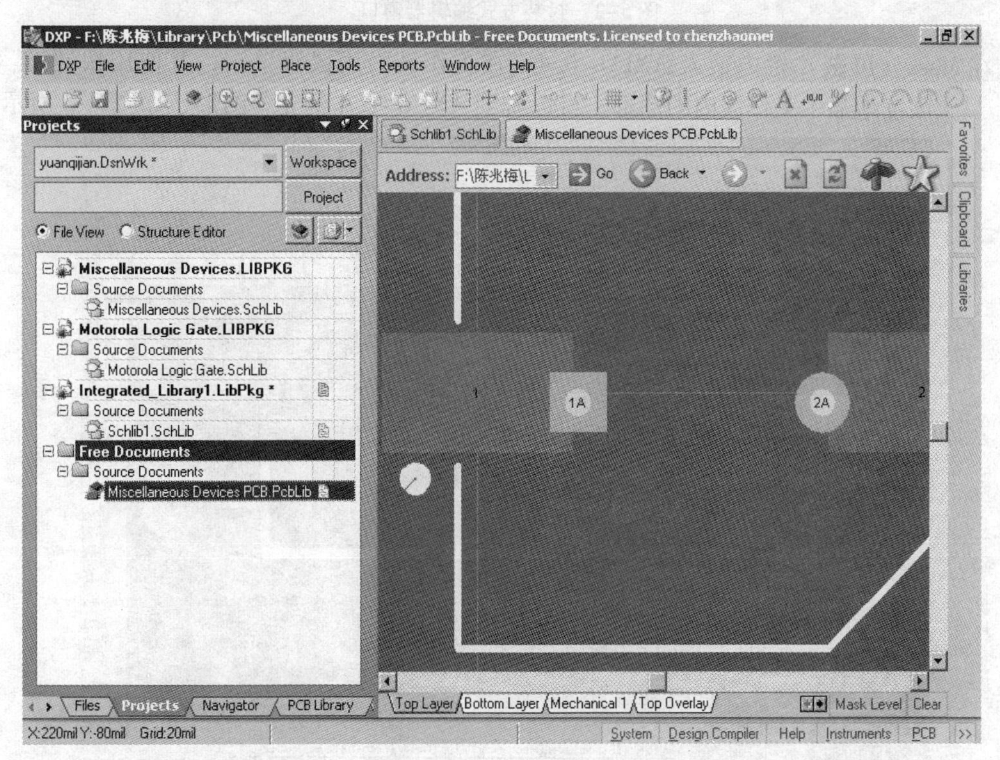

图 5-1　软件界面

单击“PCB Library”面板选项卡，切换到封装方式编辑器窗口，如图 5-2 所示。

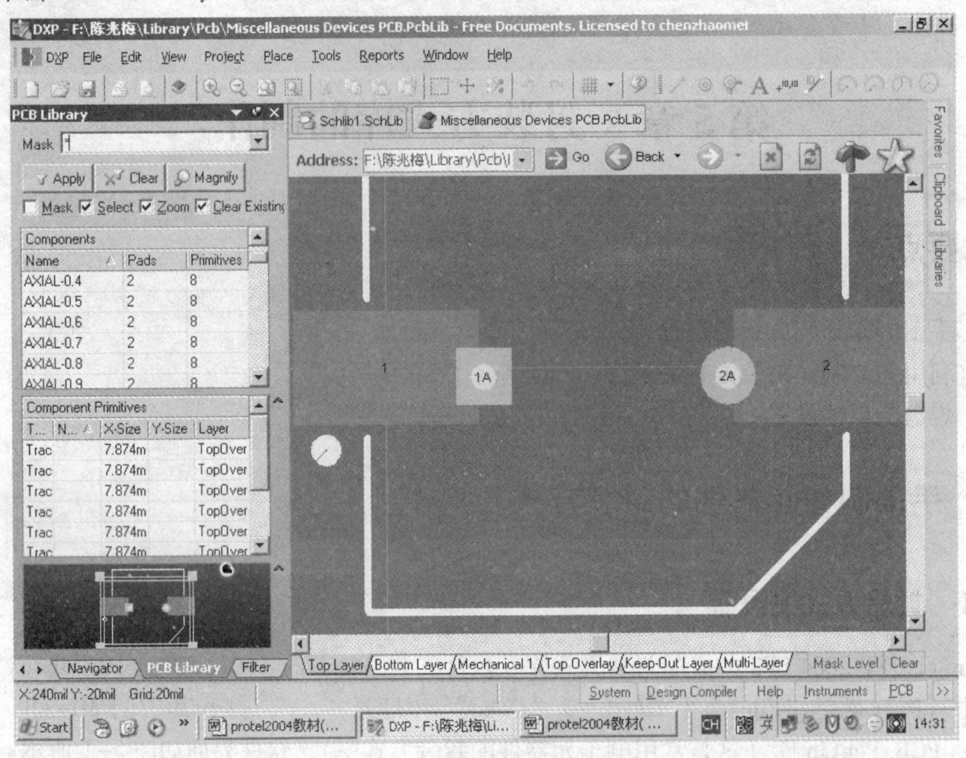

图 5-2　封装方式编辑器窗口

在 Mask（屏蔽）栏内输入 AXIAL-0.4，在工作区内用鼠标单击，并使用快捷键〈Z-A〉，最大限度地显示工作区内的图形，可以看到 AXIAL-0.4 的完整图形，如图 5-3 所示。

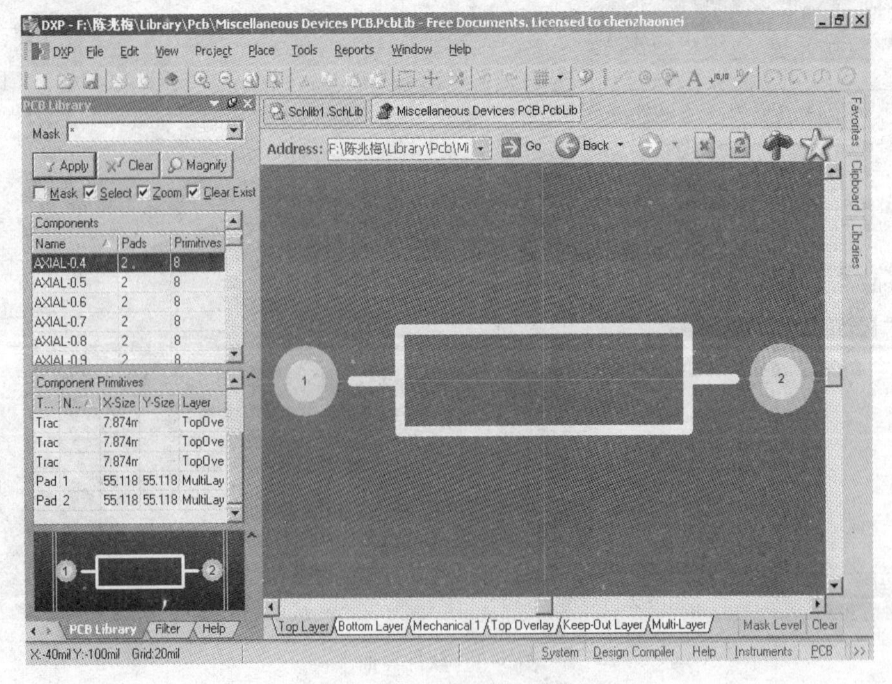

图 5-3　AXIAL-0.4 图形

从以下方面观察图 5-3。

1）元器件管理器面板上方的 Mask（屏蔽）文本框为“封装方式筛选”文本框，用以屏蔽无用的元器件。例如，在其中输入〈v *〉后按〈Enter〉键，则在 Components（元件）栏内显示所有以 v 开头的封装方式。

2）Components（元件）栏是封装方式列表。

3）Component Primitives（元件图元）栏显示 Components（元件）栏内高亮元器件的组成部分，并将该部分在工作区内高亮显示。

4）元器件管理器面板下部的观察框区域有两个作用：一个作用是，如果在其中拖动观察框，则工作区内的图形随之移动，并以框内部分为中心显示；另一个作用如果单击管理器上部的“Magnify”（放大）按钮，则放大镜在工作区图形上移动时，在观察框中同步放大显示相应的部分，单击鼠标右键可取消该操作。

元器件的封装方式由焊盘和外形轮廓线两部分组成。单击工作区内某个基元，则左边元器件管理器面板上 Component Primitives 区域相应地高亮该基元的部分属性。例如：单击焊盘 1，在 Component Primitives 区域可以看到，焊盘的编号为 1，X 方向的尺寸为 55.118 mil，Y 方向上的尺寸为 55.118 mil，焊盘所在的层为 MultiLayer（多层）；再例如，单击任意一段黄色的线段，可以看到该线段的宽度及其所在的层为顶层标记层（Topoverlay）。

执行菜单“Reports”（报告）→“Measure Distance”（测量距离），测量焊盘 1 和 2 之间的距离，其值为 400 mil。

5.1.2 手工制作封装方式的过程

本节以电阻的封装方式之一 AXIAL-0.4 作为例子。在前面章节所创建的集成库项目 Integrated _ Library1.LibPkg 中新建一个封装方式库文件，即执行“File”（文件）→“New”（创建）→“Library”（库）→“PCB Library”（PCB 库），可以看到软件自动生成了第一个封装方式并命名为 PCBComponent _ 1，但是工作区内是空白的。手工制作封装方式可参考下列步骤：

1）更改封装方式名称。在元器件管理器面板的 Components 区域用鼠标右键单击 PCBComponent _ 1，单击其中的“Component Properties...”（元件属性…）子菜单，在随后出现的对话框的 Name（名称）文本框中填入 AXIAL-0.4，然后单击“OK”按钮确定。更改封装方式名称如图 5-4 所示。

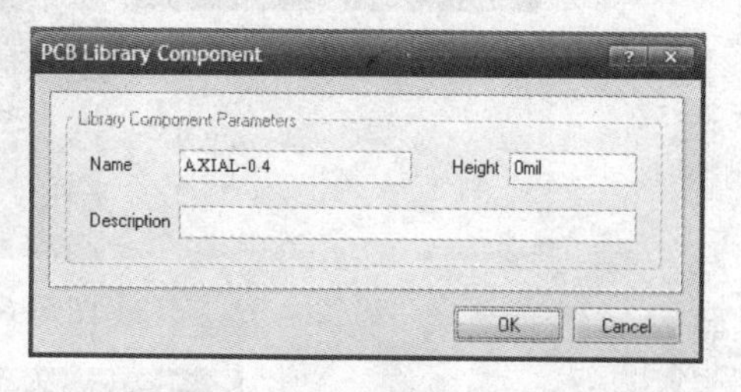

图 5-4 更改封装方式名称

2）放置第一个焊盘。执行菜单“Place”（放置）→“Pad”（焊盘），在焊盘浮动的情况下，按〈Tab〉键，出现“焊盘属性”的对话框，如图 5-5 所示。参考成品库内的属性，设置 Hole Size（安装孔尺寸）为 33.465 mil，X-Size（水平方向尺寸）为 55.118 mil，Y-Size（垂直方向尺寸）为 55.118 mil，Shape（形状）为 Round，Layer（所在层）为 MultiLayer，Designator（标号，又称为标识符）为 1。

3）设置第一个焊盘为参考点。执行菜单“Edit”（编辑）→“Set Reference”（设定参考点）→“Pin 1”（引脚 1），将焊盘 1 设置为相对坐标原点。该点是在 PCB 中移动该元器件时的捕捉点。将光标移动到焊盘 1 的中心位置，可以观察到在状态栏中该点的坐标值为

（X：0mil Y：0mil）。

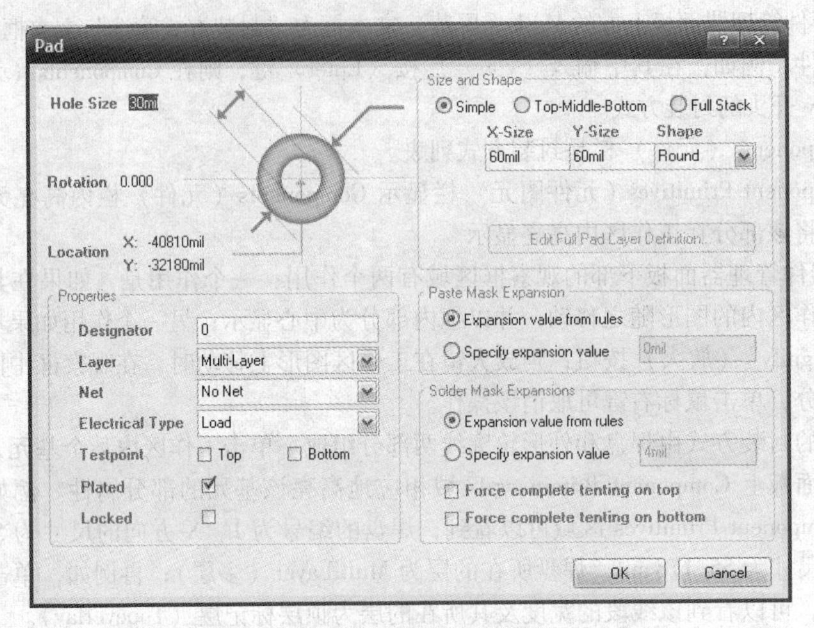

图5-5 “焊盘属性”对话框

4）将捕获网格的大小设置为400mil。选择图5-6所示的捕获网格选择中的Set Snap Grid（设定捕获网格）项，出现图5-7所示的“修改捕获网格的大小”对话框，将5mil改为400mil。

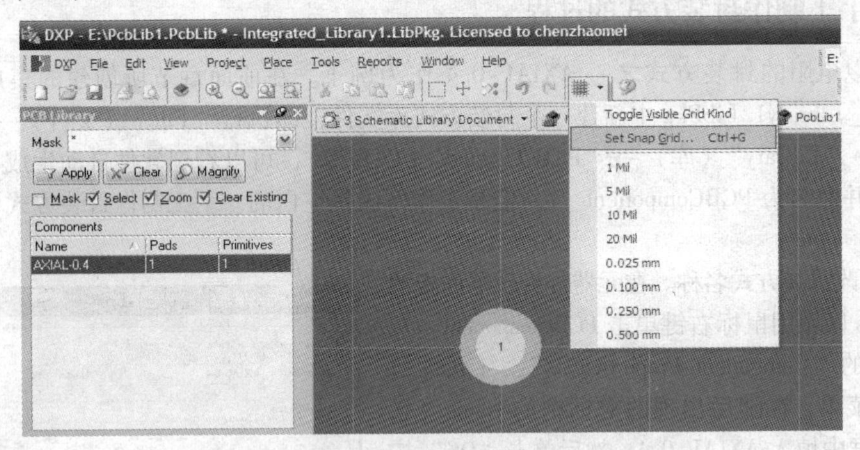

图5-6 捕获网格选择

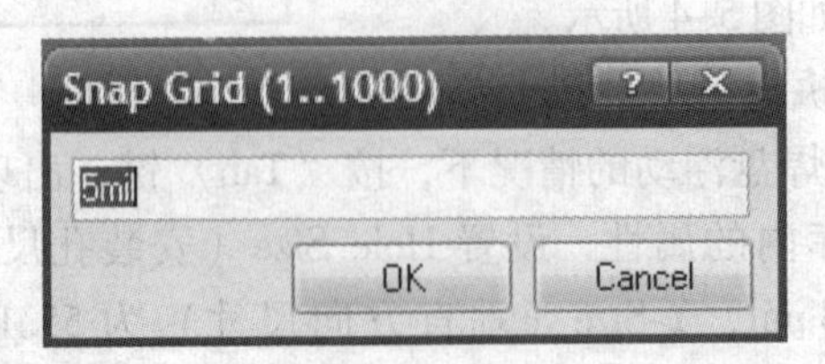

图5-7 “修改捕获网格的大小”对话框

5）放置第二个焊盘。按图5-8所示的位置显示工作区，并放置第二个焊盘，注意焊盘的属性，放置第二个焊盘如图5-8所示。

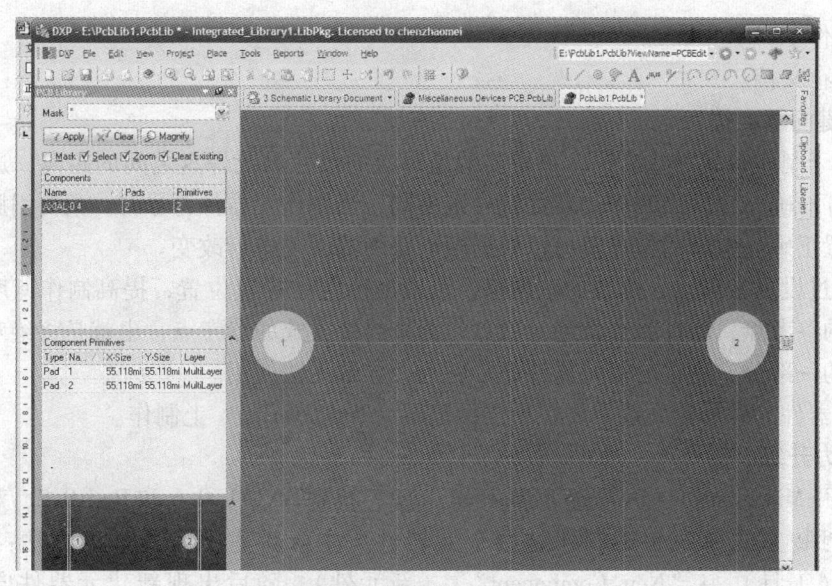

图 5-8　放置第二个焊盘

6）再将捕获网格的值改为 5mil。

7）将工作层切换到 Top Overlay。

8）画出外形轮廓线。执行菜单“Place”（放置）→“Line”（直线），画出轮廓线，如图 5-9 所示。

图 5-9　画出轮廓线

9）存盘。

5.1.3　上机与指导 11

1. 任务要求

手工制作 AXIAL－0.4。

2. 能力目标

1）了解封装方式编辑器的界面。

2）学习封装方式制作流程。

3）理解元器件符号和封装方式之间的区别以及与实际元器件之间的对应关系。

3. 基本过程

1）运行软件。

2）新建设计工作区、库项目以及封装方式库文件，并保存。

3）制作 AXIAL -0.4。

4）保存文档。

4. 关键问题点拨

1）对于制作封装方式来说，最重要的是焊盘的尺寸以及焊盘之间的距离，这需要与实际的元器件准确对应，而制作元器件符号则不同，当制作元器件符号时，只要引脚齐全，引脚属性设置正确，引脚的位置就可以根据画电路图的需要进行改变。

2）通过设置参考点，修改捕获网格，可以准确定位焊盘位置，提高制作速度。如果不设定合适的参考点，软件就会将绝对原点作为该封装方式的参考点，也就是将绝对原点也算作该器件的一部分，这将会使元器件非常巨大，导致无法使用。

3）元器件的外形轮廓线需要在顶层标记层（Top Overlay）上制作。

5. 能力升级

1）打开 Miscellaneous Devices PCB. PcbLib 库，找到 AXIAL-0.6 和 Rad-0.2，观察并在自己创建的封装方式库中手工制作这两个元器件。注意新建库元器件的方法：执行菜单“Tools”（工具）→“New Component”（新元件），随后出现新建元器件向导，单击“Cancel”（取消）按钮取消向导，转为手工制作元器件。

2）打开 Pcb\Dual-In-Line Package. PcbLib 库，找到 Dip-14、Dip-16 和 Dip-18，观察并在自己创建的库中制作。注意规划制作步骤，以使制作速度达到最快。

3）打开 Pcb\Cylinder with Flat Index. Pcblib，找到 BCY-W3/E4、BCY-W3 和 CAN-8/D9.4，观察上述 3 个元器件，并进行制作。

5.2 利用向导制作封装方式

5.2.1 制作过程

利用向导制作大家熟悉的 Dip-14（Dual in-Line Package，双列直插封装方式）。切换到自己建立的新封装方式库 PcbLib1. PcbLib，参考下列步骤制作 Dip-14：

1）执行菜单“Tools”（工具）→“New Component”（新元件），出现“封装方式向导”对话框，如图 5-10 所示。

图 5-10 “封装方式向导”对话框

2）单击“Next”（下一步）按钮进入下一步，出现图 5-11 所示的对话框，选择模板和单位。在图 5-11 中选择模板，此处选择“Dual in-line Package（DIP）”；选择单位，此处选择 Imperial（mil），即英制。

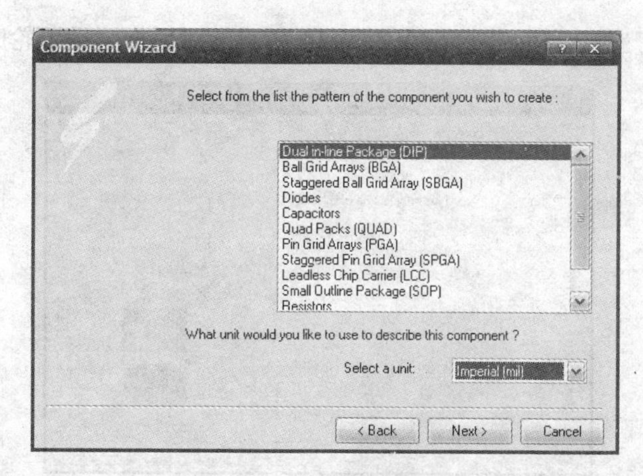

图 5-11　选择模板和单位

3）单击“Next”按钮进入下一步，出现图 5-12 所示的指定焊盘尺寸对话框，设置焊盘尺寸。在图 5-12 中设置焊盘安装孔大小为 35.433 mil，焊盘 X 方向上尺寸为 59.055 mil，Y 方向上尺寸为 59.055 mil。图中所示为默认尺寸。

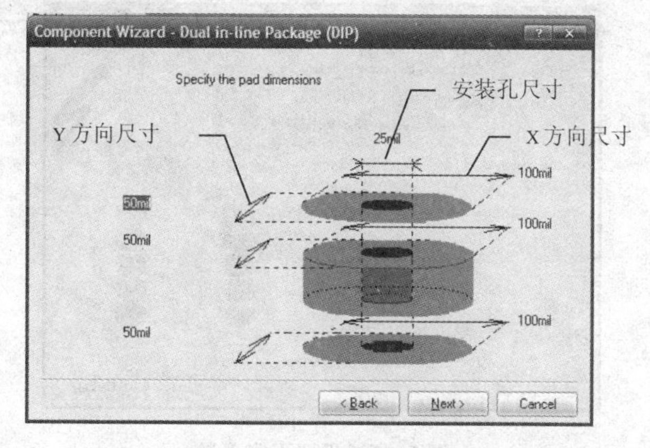

图 5-12　设置焊盘尺寸

4）单击“Next”进入下一步，出现图 5-13 所示的焊盘间距输入对话框，设置焊盘间距。在图 5-13 中设置两列焊盘之间的距离为 300 mil，在同列中焊盘与焊盘之间距离为 100 mil。

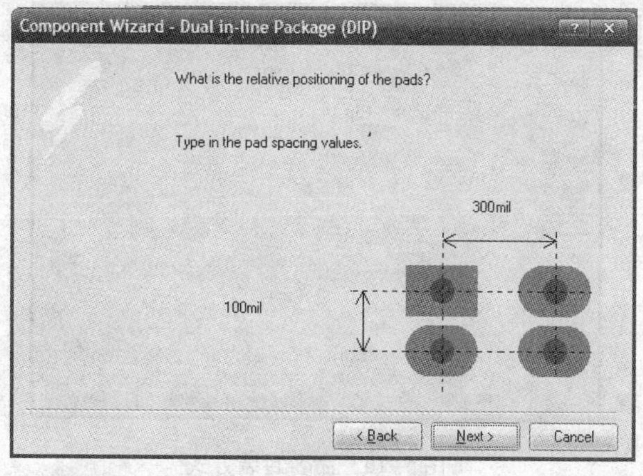

图 5-13　设置焊盘间距

5）单击“Next”进入下一步，出现图 5-14 所示的对话框，设置轮廓线宽度。

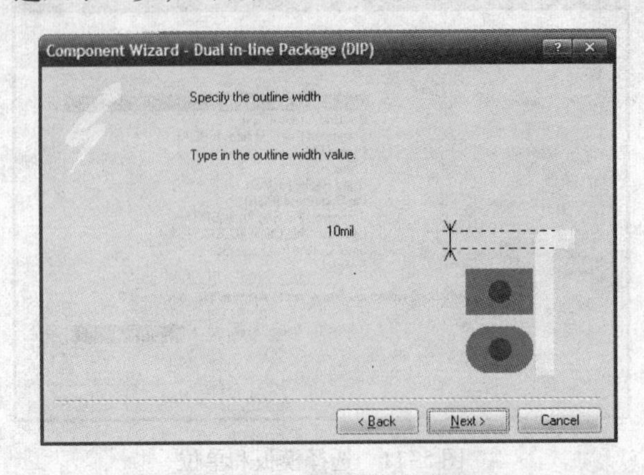

图 5-14　设置轮廓线宽度

6）单击“Next”按钮进入下一步，出现图 5-15 所示的对话框，设置引脚总数，此处设为 14。

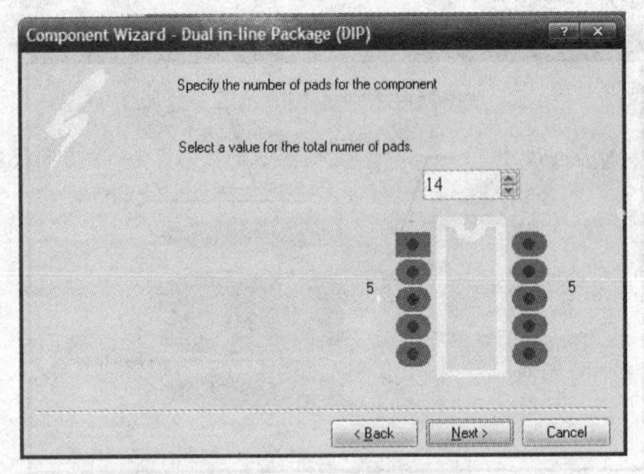

图 5-15　设置引脚总数

7）单击“Next”进入下一步，出现图 5-16 所示的对话框，命名封装方式。在图 5-16 中设置元器件的名称，此处设为 Dip-14。

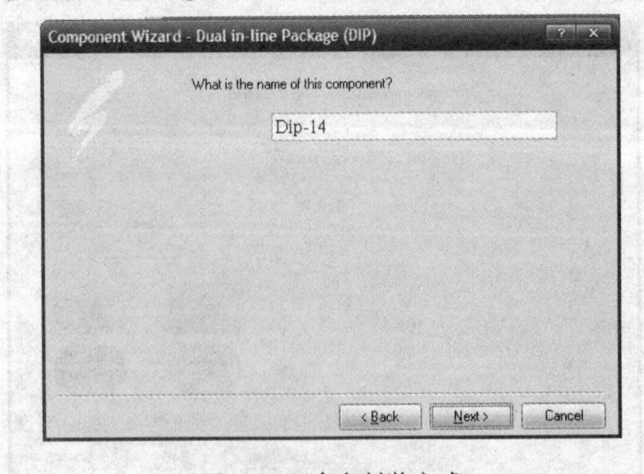

图 5-16　命名封装方式

8）单击“Next”按钮进入下一步，出现图5-17所示的对话框，单击“Finish”按钮完成元器件的制作，向导结束。利用向导制作的Dip-14如图5-18所示。注意，作为标志，第一个焊盘的形状是方形。左边元器件浏览器Components栏内出现了Dip-14。

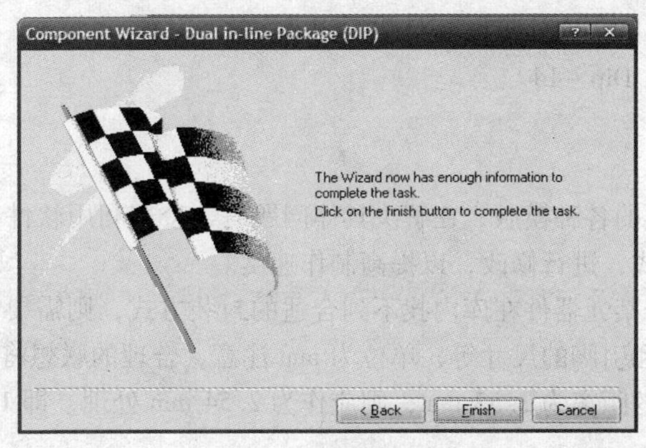

图5-17　向导结束

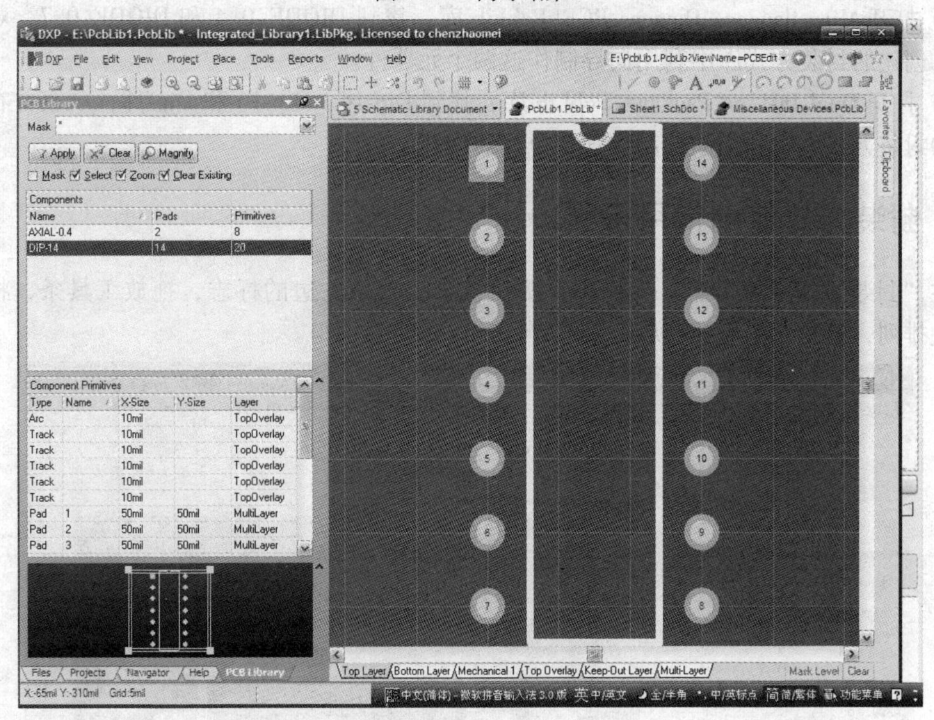

图5-18　利用向导制作的Dip-14

5.2.2　上机与指导12

1. 任务要求

使用向导制作Dip－14。

2. 能力目标

1）学习利用向导制作封装方式的方法。

2）熟练掌握封装方式制作流程。

3）学会合理利用手工和向导方式完成制作任务。

3. 基本过程

1）运行软件。

2）新建设计工作区、库项目以及封装方式库文件，并保存。

3）采用向导制作 Dip－14。

4）保存文档。

4. 关键问题点拨

1）了解软件提供的各种模版，在解决具体问题时，合理利用软件提供的模版或者是软件提供的成型封装方式，进行修改，以提高制作速度。

2）在实用中，若某元器件在库内找不到合适的封装方式，则需要手工制作，此时需要测量引脚之间的距离和引脚的尺寸等，单位为 mm 注意，合理的联想将有效提高速度，例如测量某两个引脚之间的距离为 2. 53 mm，则应作为 2. 54 mm 处理，即 100 mil。

5. 能力升级

1）打开 Miscellaneous Devices PCB. PcbLib 库，找到 DIODE-0. 4 和 DIODE-0. 7，观察并在自己创建的封装方式库中利用向导制作这两个元器件。

2）打开 Dual-In-Line Package. PcbLib 库，找到 Dip-14、Dip-16 和 Dip-18，观察并在自己创建的封装方式库中利用向导制作这 3 个元器件。

5.3　封装方式库的常用操作

在“封装方式库编辑器”界面中，按住各个工具条左边的标志，拖放工具条，将工具条依次排列，就得到图 5-19 所示的 PCB Library 编辑器窗口。

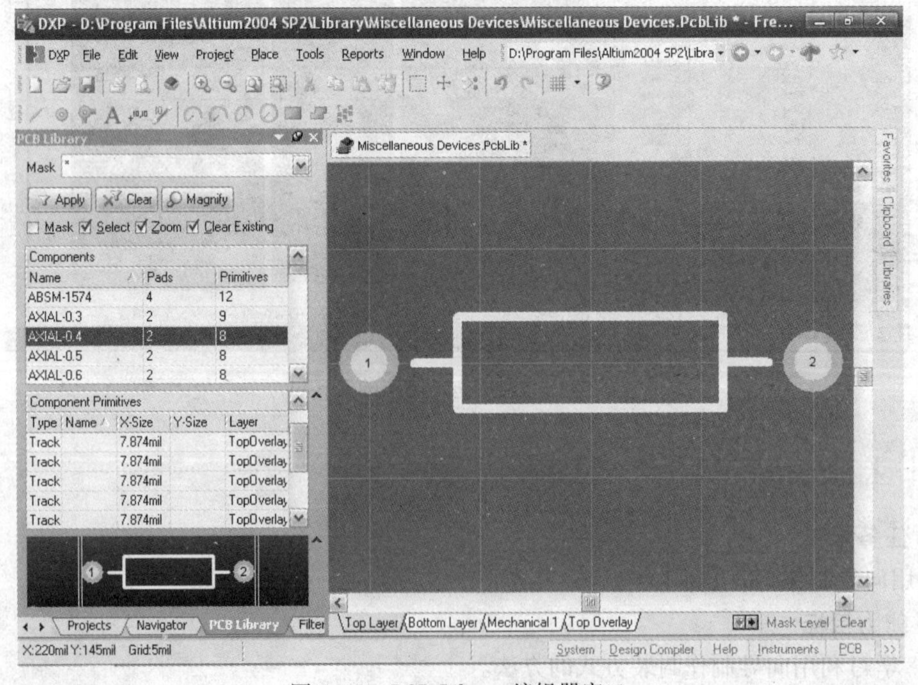

图 5-19　PCB Library 编辑器窗口

5.3.1　菜单

Protel DXP 2004 SP2 封装方式库编辑器提供 9 个菜单。主菜单如图 5-20 所示，包括“File”（文件）、“Edit”（编辑）、“View”（查看）、“Project”（项目管理）、“Place”（放置）、“Tools”（工具）、“Reports”（报告）、“Window”（视窗）和“Help”（帮助）。其中的“Place”（放置）提供放置功能，包括放置圆弧（由圆心定义圆弧、由圆周定义圆弧、由圆周定义圆弧但角度可变和整圆）、矩形填充、任意铜区域、直线、字符串、焊盘以及过孔等。“Place”的下拉菜单如图 5-21 所示。

对文件、编辑、查看、项目管理、视窗和帮助菜单的介绍可参考本书 3.5 节中的内容。对工具和报告菜单的介绍可参考 4.4 节中的内容。

File　Edit　View　Project　Place　Tools　Reports　Window　Help

图 5-20　主菜单

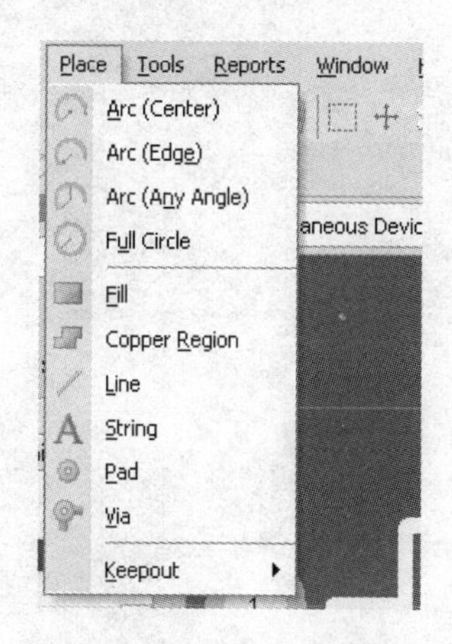

图 5-21　“Place”的下拉菜单

5.3.2　工具条

主工具条（PCB Lib Standard）如图 5-22 所示。主工具条的使用方法可参考 3.5 节中介绍的内容。

图 5-22　主工具条

放置工具条（PCB Lib Placement）如图 5-23 所示。从左到右分别为放置直线、焊盘、过孔、字符串、坐标、尺寸、由圆心定义圆弧、由圆周定义圆弧、由圆周定义圆弧但角度可变、整圆、矩形填充、任意铜区域及阵列粘贴工具。

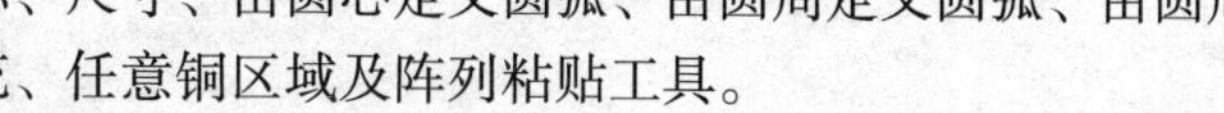

图 5-23　放置工具条

5.4 习题

1. 简述手工制作封装方式 AXIAL-0.4 的过程。

2. 简述利用向导制作封装方式 Dip-16 的过程。

3. 思考一下，如果设计任务提供了某个实际元器件，而没有提供相应的封装方式名称，该如何制作这个元器件的封装方式？描述所有的可能性与解决方案。

第 6 章　集成库的生成和维护

本章要点

- 集成库的生成
- 集成库的加载
- 集成库的维护

6.1　集成库的生成

6.1.1　集成库简介

Protel DXP 2004 SP2 的集成库将原理图元器件和与其关联的 PCB 封装方式、SPICE 模型以及信号完整性模型有机地结合起来，并以一个不可编辑的形式存在。所有的模型信息被复制到集成库内，存储在一起，而模型的源文件的存放位置可以是任意的。如果要修改集成库，就需要先修改相应的源文件库，然后重新编译集成库，以更新集成库内相关的内容。

DXP 集成库文件的扩展名为 . INTLIB，按照生产厂家的名字分类，存放于软件安装路径下的\Altium2004\Library 文件夹中。原理图库文件的扩展名为 . SchLib，库文件包含在集成库文件中，可以在打开集成库文件时被提取（extract）出来以供编辑用。PCB 封装方式库的扩展名是 . PcbLib，文件存放于\Library\PCB 目录下。SPICE 模型库的扩展名为 . ckt（或 . mdl），存放于 Altium\Library 文件夹中。信号完整性模型库存放于 Altium\libray\SignalIntegrity 文件夹中，这部分内容本书不涉及。

使用集成库的优越之处在于，元器件的封装方式等信息已经通过集成库文件与元器件相关联，所以只要信息足够，在后续的印制电路板制作、仿真以及信号完整性分析时，就不需要另外再加载相应的库。在原理图上放置元器件后，其模型信息可以通过属性对话框修改或者添加。在 Protel DXP 2004 SP2 中仍然可以使用 Protel 99 SE 的原理图库和封装方式库，使用方法与在 Protel 99 SE 中一样（添加到库列表中即可）。

6.1.2　集成库的加载与卸载

在安装程序时，集成库也一同被复制到程序在硬盘中的安装目录下，但是是不可用的。为了在原理图或者印制电路板上使用这些元器件，元器件库需要加载到内存中，使之成为“活”的库。加载步骤如下。

1）显示库面板。单击 Libraries 面板标签，或执行菜单“View”（查看）→“Workspace Panels”（工作区面板）→“System”→“Libraries”（元件库）。

2）打开库加载对话框。单击 Libraries（元件库）面板左上角的“Libraries”（元件库）…按钮，打开加载可用元件库对话框，如图 6-1 所示。

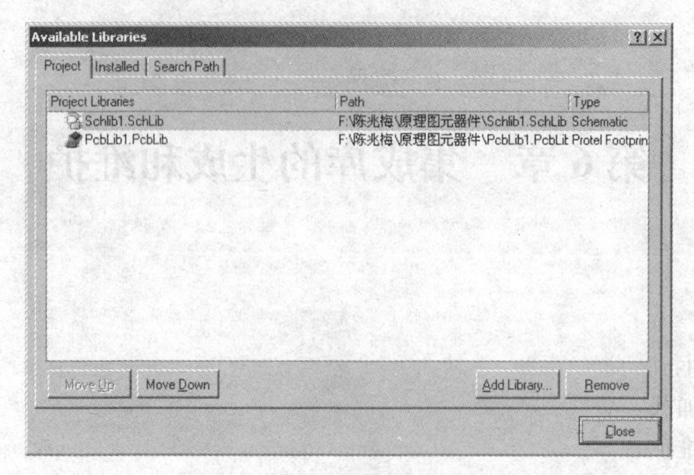

图 6-1 “可用元件库”对话框

该对话框有以下 3 个选项卡。

①“Project”（项目）选项卡。在这里加载的库只能用于本项目，若切换到别的项目，则该列表中的库就不可用了。加载的库将作为库项目同时显示在项目管理器面板上，方便用户编辑、使用。

②“Installed”（安装）选项卡。在这里安装的库对于整个 Protel DXP 2004 SP2 环境是可用的，安装的库不出现在项目管理器上。

③“Search Path”（查找路径）选项卡。单击其右下方的“Paths”（路径）... 按钮，可添加、删除或修改模型库路径，这时将切换到（查找路径）选项对话框（执行菜单“Project”（项目管理）→“Project Options”（项目管理选项）... 也可以打开该对话框）。如果某原理图元器件需要的模型没有被关联到元器件上，那么就可能需要在其属性对话框中自行添加该模型，这时该路径下包含的模型可用。

3）加载库。单击“Project”（项目）选项卡，再单击右下角的“Add Library”（加元件库）按钮，出现“库文件选择”对话框，如图 6-2 所示。找到 Miscellaneous Devices. IntLib 库，用鼠标双击即可选中该库，关闭对话框。在“Installed”（安装）选项卡下安装库的操作过程与之类似。

图 6-2 “库文件选择”对话框

4）卸载库。如需卸载 Project（项目）中的库，在图 6-1 所示的对话框中，就选中要卸载的库，单击右下角的“Remove”（删除）按钮，然后关闭对话框；如需卸载 Installed（安装）中的库，单击“Installed”（安装）选项卡，选中要卸载的库，再单击右下角的“Remove”（删除）按钮，然后关闭对话框。

6.1.3 元器件（查找）

如果需要（查找）元器件，就执行如下步骤。

1）显示库面板。

2）单击“Search...”（查找…）按钮，出现图 6-3 所示的“元件库查找”对话框。相关的设置如下。

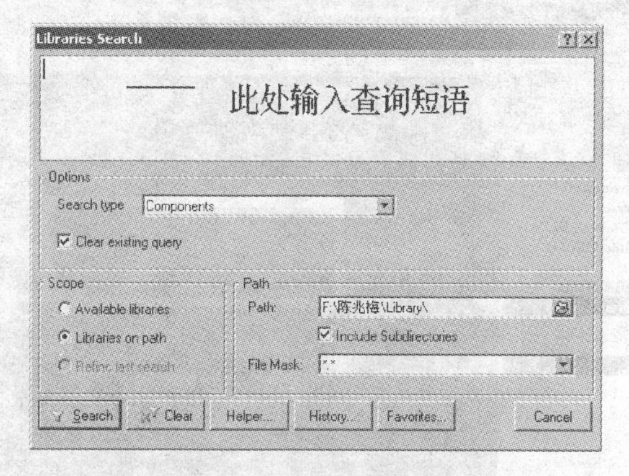

图 6-3 “元件查找”对话框

① 在查询短语文本框内输入可带有通配符的元器件名称、封装方式名称或者 3D 模型名称，例如输入“ * Res * ”，则软件就会自动生成如“（Name like ' * Res * '）or（Description like ' * Res * '）”的查询短语，以供查询。

② Search Type（查找类型）：选择要查询的是原理图元器件（Components）、封装方式（Protel Footprints）还是 3D 模型（3D Models）。

③ Scope（范围）有 3 种选择，其中 Avaliable libraries：在可以使用的库（见图 6-1 中选项卡 Project、Installed 以及 Search Path 下的库文件）中查找；Libraries on Path：在图 6-3 中 Path 区域内规定的查询路径内查找，可使用通配符规定库文件包含的字符，例如 miscellaneous * . * 。

④“Clear”按钮：清除前面输入的查询短语。

⑤“Search”按钮：执行查找。

3）查找结果如图 6-4 所示。选择需要的元器件，若库尚未安装，则程序会询问是否安装该库，确认后，该库将被安装并显示在 Installed 目录中。

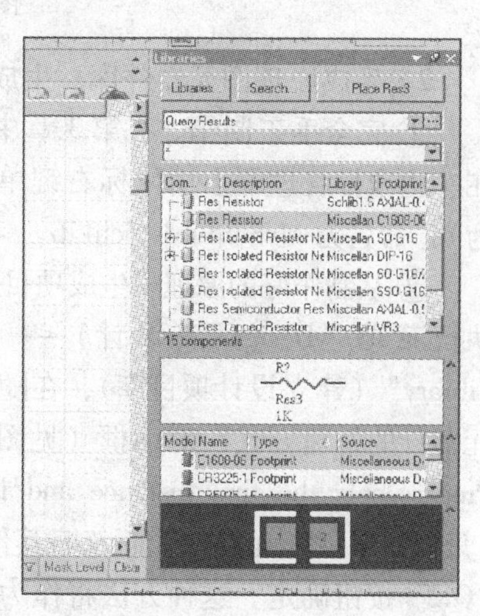

图 6-4 查找结果

6.1.4 生成集成库

生成集成库包括以下步骤：创建新的集成库项目并保存；生成原理图元器件库；生成PCB封装方式库；给原理图元器件添加模型；编译集成库。

1）创建新的集成库项目并保存。此处使用前面章节所建的库项目 Integrated _ Library1. LibPkg，执行菜单“File”（文件）→“Save Project As...”（另存项目为），指定保存路径，将项目命名为 MyIntegrated _ Library. LibPkg，单击“Save”（保存）按钮保存。创建新的集成库项目如图 6-5 所示。

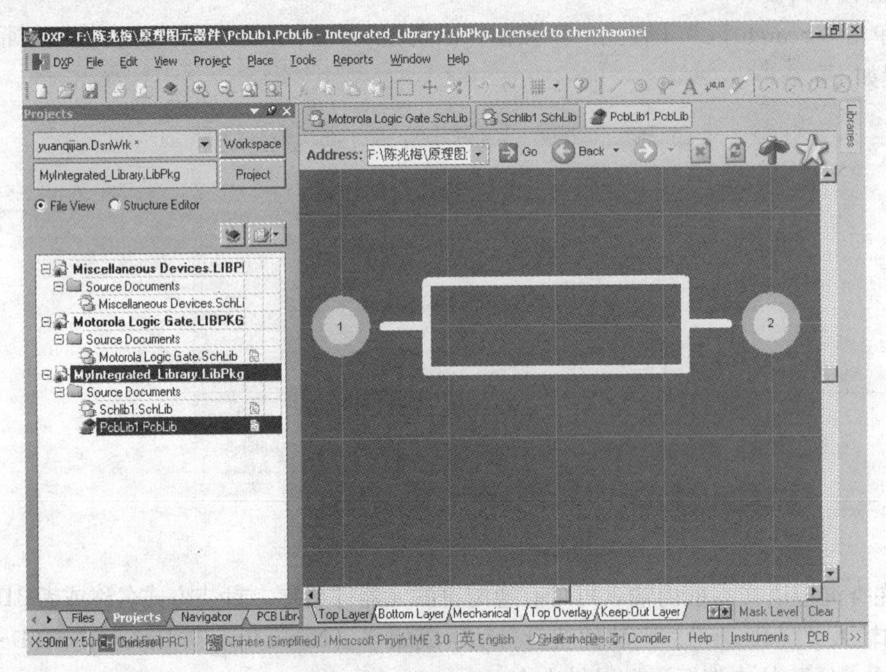

图 6-5　创建新的集成库项目

2）生成原理图元器件库。生成原理图元器件库有以下 3 种方法。

① 完全手工制作。在第 3 章中已经用这种方法生成了 Schlib1. SchLib，如图 6-5 所示，在左边项目管理器上用鼠标右键单击“Schlib1. SchLib”文件名，并执行 Save As...（另存为），命名为 MySchLib1. SchLib。

② 从制作好的原理图生成项目原理图库。在原理图制作完成后，在原理图编辑器的界面上执行菜单“Design”（设计）→“Make Schematic Library”（建立设计项目库），在随后出现的“重复元器件的处理方式”对话框（见图 6-6）中，选择 Process only the first instance and ignore all the rest（只保留第一个元器件，而忽略其他重复的），单击“OK”按钮确定。这种方法将作为实训内容由读者自己完成。

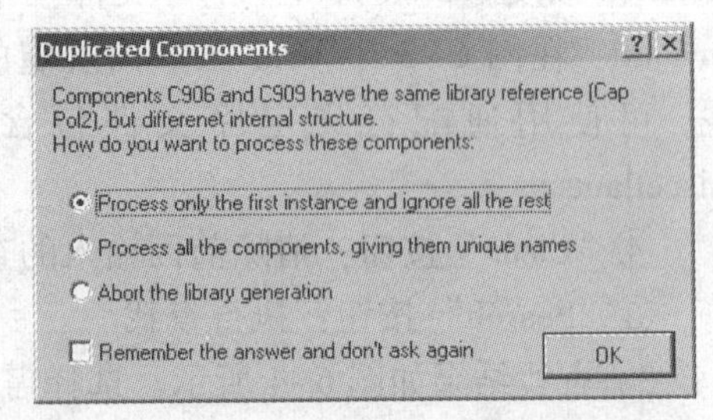

图 6-6　重复元器件的处理方式对话框

③ 从已有的库内复制元器件，生成新的库文件。

新建原理图库文件，并更名保存为 MySchLib2. SchLib，切换到 Miscellaneous Devices. SchLib 项目，并单击“SCH Library”选项卡。作为练习，在“元器件筛选”文本框内输入 C *，则 Components（元件）区域显示以 C 开头的所有元器件。按住〈Shift〉键全选，在右键菜单中执行复制命令，然后切换到 MySchLib2. SchLib 中，在右键菜单中执行“粘贴”命令。复制原理图元器件符号如图 6-7 所示。

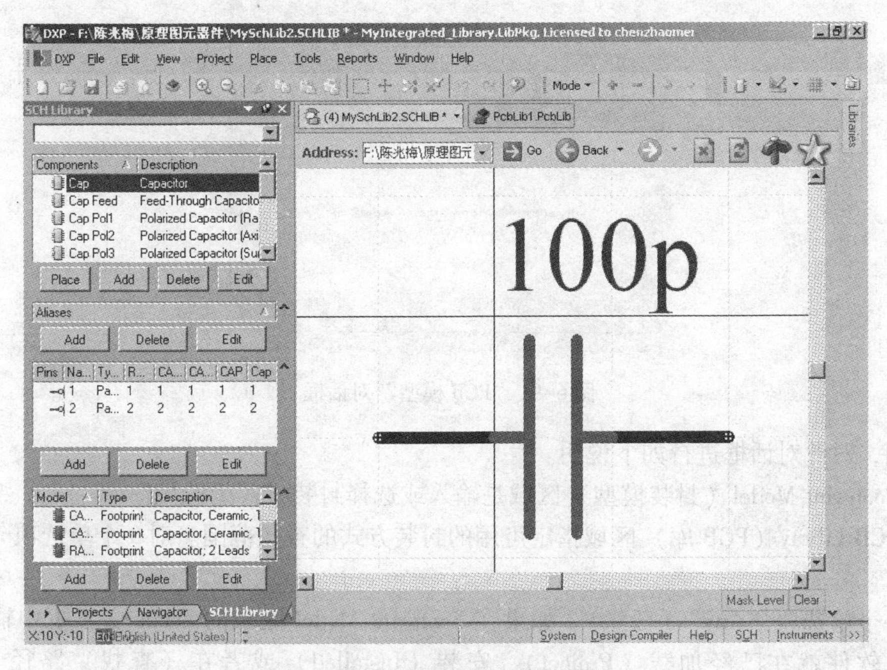

图 6-7　复制原理图元器件符号

3）生成 PCB 封装方式库。生成 PCB 封装方式库也有同样 3 种方法：完全手工制作、从制作好的 PCB 中生成项目封装方式库和从现有的库内复制元器件组成新的库，过程与生成原理图元器件库的方法一样，此处不再赘述。

4）给原理图元器件添加模型。切换到 MySchLib1. Schlib 文件，并显示元器件编辑界面。在 Components（元件）区域用鼠标右键单击 Res2 元器件名，并执行“Model Manager”（模型管理器）菜单，或者执行菜单“Tools”→“Model Manager”…，打开“模型管理器”对话框，如图 6-8 所示。对话框分为 3 大区域：左边为元器件列表，可在其上部的文本框中输入通配符筛选器件；对话框右边下部为模型的预览；右边上部为模型的列表。例如：选中要添加模型的器件 MC74HC00AN，单击右面“Add Footprint”（添加封装方式）按钮，弹出模型选择列表，选择 FootPrint（封装方式），于是弹出“PCB 模型”对话框，如

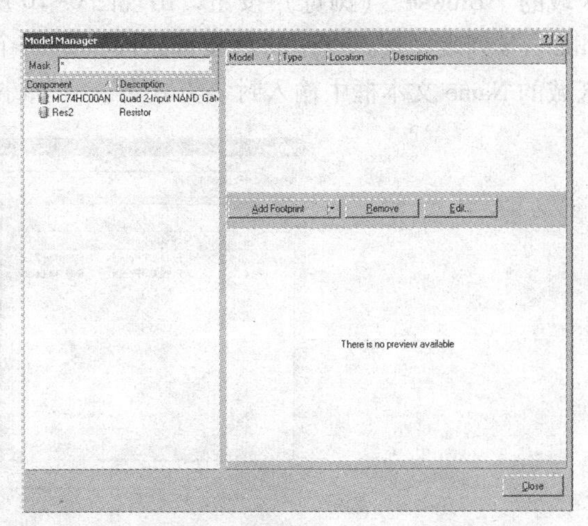

图 6-8　“模型管理器”对话框

图 6-9 所示。

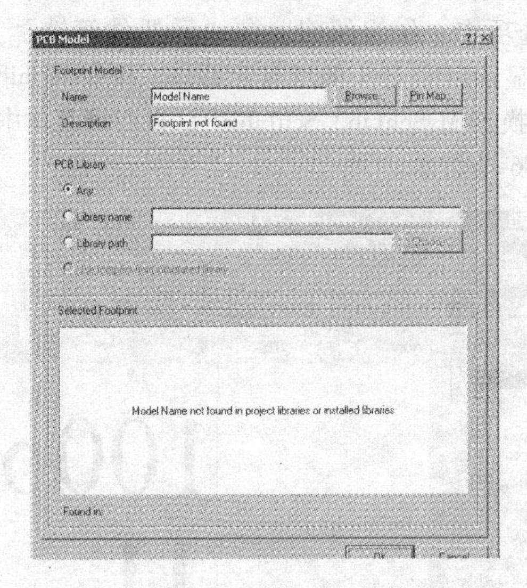

图 6-9 “PCB 模型”对话框

下面，对此对话框进行如下说明。

① Footprint Model（封装模型）区域是输入或选择封装方式的区域。

② PCB Libray（PCB 库）区域指定可用的封装方式的查找范围。对 3 个单选项分别介绍如下。

第一个单选项“Any”（任意）。如果在 Footprint Model 区域的 Name 文本框中输入封装方式名，软件就在已经加载（Project）、安装（Installed）或者在（查找）路径（Search Path）中指定的封装方式库中（见图 6-1）（查找）该封装方式，找到第一个，就将包含该封装方式的库的名字显示在 PCB Library 区域的 Library Name 文本框内，并停止。

第二个单选项“Library Name”库名。选择此项，需要单击 Footprint Model（封装模型）区域的“Browse”（浏览）按钮，出现图 6-10 所示的“浏览库”对话框。在图 6-10 中，从 Liberaies 列表中选择可用的封装方式库中的一个，然后确定，这时，如果在 Footprint Model 区域的 Name 文本框中输入封装方式名，则软件只在这个库中寻找该封装方式。

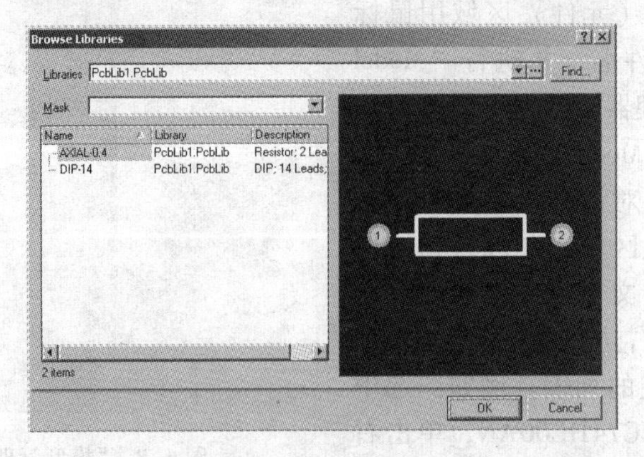

图 6-10 “浏览库”对话框

第三个单选项“library Path”（库的路径）。选择此项，需要先在 Footprint Model 区域的 Name 文本框中输入封装方式名，然后指定包含该封装方式的任意保存路径的封装方式库作为该封装方式的查找来源。

③ Selected Footprint 用于预览选择的封装方式以及该封装方式的来源。简化的做法是，选择 Any 选项，在图 6-10 中手工选择合适的库和合适的封装方式，并确定。本例中，在库面板上安装前面自己制作的 PcbLib1. PcbLib，并选择 Dip-14 作为 MC74HC00AN 的封装方式。

5）编译集成库。执行菜单“Project”（项目管理）→“Compile Integrated Library”，或者用鼠标右键单击被选择的集成库（. LibPkg）文件，然后执行 Compile Integrated Library，则 DXP 编译源库文件和模型文件，错误和警告报告将显示在 Messages 面板上。编译结束后，会生成一个新的同名集成库（. IntLib），并被保存在项目管理选项对话框中的“Options”选项卡所指定的路径下，生成的集成库将被自动安装并添加到库面板上。

6.2 集成库的维护

对集成库是不能直接进行编辑的，如果要维护集成库，就需要先编辑源文件库，然后再重新编译。维护集成库的步骤如下。

1）打开集成库文件（. IntLib）。执行菜单“File”（文件）→“Open”（打开）... 并找到需要修改的集成库，然后单击“打开”按钮。

2）提取库项目文件。在随后出现的“提取源文件或安装”对话框（如图 6-11 所示）中单击“Extract Sources”（抽取源）按钮，软件创建与集成库同名的库项目，并将其显示在项目管理器上，软件在集成库所在的路径下自动生成与集成库同名的文件夹，并将组成该集成库的 . SchLib 文件和 . PcbLib 文件置于此处以供用户修改。此处要注意的是，. PcbLib 文件并不自动在项目管理器面板上打开，若要编辑，则需要用户打开它。

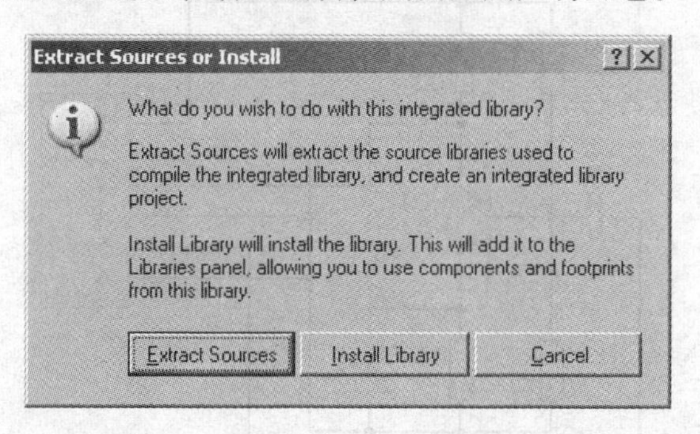

图 6-11 “提取源文件或安装”对话框

3）编辑源文件。在项目管理器面板上打开原理图库文件（. SchLib），编辑完成后，执行“File”（文件）→“Save As”（另存为）...，保存编辑后的文件以及库项目。需要注意的是，提取的源文件编辑后的自动保存路径与原始集成库文件路径并不一致，通过看文件的标题栏就可以知道。

4）执行菜单“Project”（项目管理）→“Compile Integrated Library”编译库项目。注意：编译后生成的集成库并不如用户期望的那样自动覆盖原集成库。若要覆盖原集成库，则需执行菜单“Project”（项目管理）→“Project Options...”（项目管理选项），打开图 6-12 所示的对话框，显示生成的集成库的保存路径，修改即可。

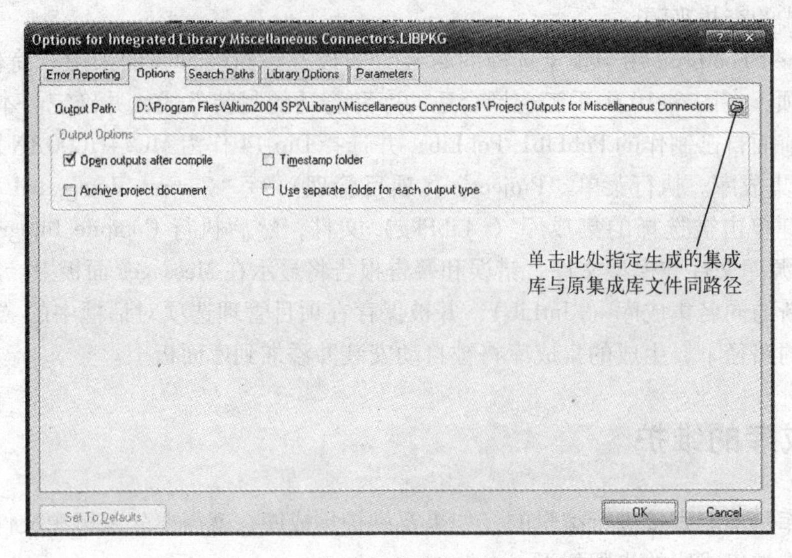

图 6-12　生成的集成库的保存路径

6.3　上机与指导 13

1. 任务要求

用自己制作的元器件制作晶体管放大电路原理图及印制电路板。晶体管放大电路原理图如图 6-13 所示。

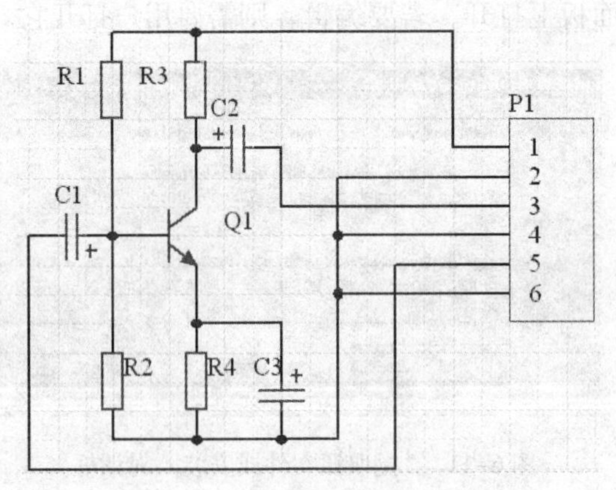

图 6-13　晶体管放大电路原理图

2. 能力目标

1）理解成品集成库的结构和生成方式。

2）学会创建并维护集成库。

3）学会生成项目集成库（项目库）。

3. 基本过程

1）运行软件。

2）新建设计工作区，并保存。

3）集成库创建。

① 新建库项目，并保存。

② 新建原理图库文件，制作需要的原理图符号，并保存。

③ 新建封装方式库文件，制作需要的封装方式，并保存。

④ 回到原理图库文件，为每一个原理图符号添加封装方式。

⑤ 编译库项目，生成集成库。

4）PCB 制作。

① 新建 PCB 项目，并保存。

② 新建原理图文件，制作并保存。

③ 新建 PCB 文件，并保存。

④ 参考本书 3.3 节的要求制作印制电路板。

5）保存文档。

4. 关键问题点拨

1）要注意的是，在库项目下制作集成库，在 PCB 项目下制作印制电路板，两者不能混淆。

2）原理图符号与封装方式之间不是一一对应的关系：不同的元器件可以有相同的封装方式；一种元器件也可以有多种封装方式。例如晶体管根据功耗不同，有不同散热能力的封装方式。

5. 能力升级

学习生成项目集成库。生成项目集成库，将有利于整合项目资源，便于移动和维护。

参考步骤如下：

1）在硬盘上新建文件夹，命名（例如“集成库的制作实训”），以便于保存本设计工作区的相关文档。

2）新建设计工作区，换名另存，例如：集成库 1. DsnWrk。

3）在设计工作区中新建 PCB 项目，换名另存，例如：晶体管放大电路 1. PrjPCB。

4）在该项目中新建原理图文件，换名另存，例如：晶体管放大电路 1. SchDoc。

5）参考本书 3.3 节中的要求，制作图 6-13 所示的晶体管放大电路原理图以及它的印制电路板。

6）执行菜单“Design”（设计）→“Make Integrated Library”（生成集成库），生成项目集成库。注意，此菜单只有在原理图内容同步到印制电路板之后才有效。

6.4 习题

1. 说明元器件符号库、封装方式库和集成库的区别。
2. 描述自行创建集成库的过程。
3. 说明查找元器件符号和封装方式的方法。
4. 如何维护集成库？

第 7 章　原理图与印制电路板进阶

本章要点

- 原理图的电连接性
- 层次电路图的制作
- 原理图编辑技巧
- PCB 布局与布线技巧
- 报表输出

7.1　原理图进阶

7.1.1　原理图的电连接性

在一个项目中，如果原理图尺寸比较小，就可以将内容制作在一张图样上。如果原理图比较大，一张图样容纳不下，或者原理图虽然不是很大，但是要分成几个模块，由不同的工程师负责设计，又或者是用户采用的是小幅尺寸的打印机，就需要将整个项目分成多个模块进行设计，也就是说，一个项目的原理图要由多张图样构成。出现这些情况，都要考虑电连接性。

1. 单张图样的电连接方法

(1) 物理连接

物理连接就是采用导线（Wire）进行连接。制作图 7-1 所示的两级放大电路图，步骤如下。

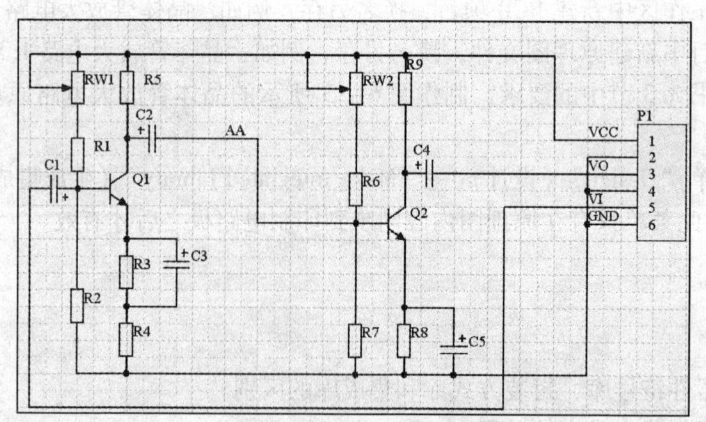

图 7-1　两级放大电路图

1）准备工作。在硬盘上创建“原理图进阶与印制电路板进阶”文件夹；运行 Protel DXP 2004 SP2，新建设计工作区，命名为“原理图与印制电路板进阶 DsnWrk”，并保存；

新建项目，命名为“两级放大电路.PrjPCB”，并保存；新建原理图文件，命名为“两级放大电路.SchDoc”，并保存。

2）放置元器件。图7-1中所有的元器件，包括晶体管（NPN）、电阻（Res2）、电解电容（Cap Pol2）、电位器（Rpot）和接插件（Header 6），都在Miscellaneous Devices.IntLib（混合元器件库）和Miscellaneous Connectors.IntLib（混合连接器库）这两个集成库内。

3）连接电路。使用快捷键〈P-W〉连接电路。

4）放置网络标签。执行菜单“Place”（放置）→“Net Label”（网络标签），按图7-1所示位置放置网络标签。

5）保存文件。

（2）逻辑连接

逻辑连接就是采用网络标识符的方法代替真正的导线进行电气连接。常用网络标识符包括网络标签（Net Label）、电源端口（Power Port）、端口（Port）和隐藏引脚。

1）网络标签与电源端口。新建原理图文档，制作图7-2所示的网络标签和电源端口连接电路，保存名为“两级放大电路net.SchDoc”。

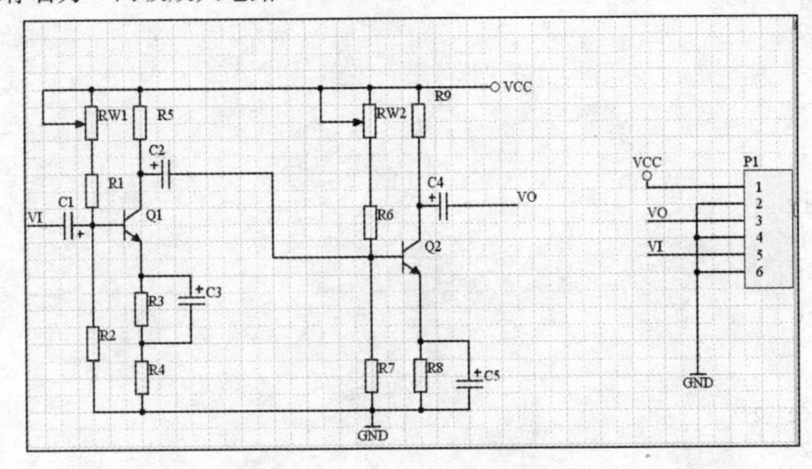

图7-2　网络标签和电源端口连接电路

① 电路制作要点。

- VI和VO两个网络采用网络标签连接。在执行菜单“Place”（放置）→“Net Label”（网络标签）后，当出现一个十字标志时，按〈Tab〉键，修改网络标签属性后放置。
- VCC和GND两个网络采用电源端口连接。在执行菜单“Place”（放置）→“Power Port”（电源端口）后，当出现一个十字标志后，按〈Tab〉键，修改电源端口属性后放置。

注意：在同一张图样上，网络标签和同名的电源端口是相互连通的。在整个项目中同名电源端口都是连通的。

② 网络分析。制作完成后，执行菜单“Design”（设计）→“Netlist For Docment”（文档的网络表）→“Protel”，生成网络表，分析GND网络、VCC网络、VI网络和VO网络的连接关系。

```
[
C1
```

CAPPA14. 05-10. 5x6. 3
]
⋮　　　　以上为元器件资料［略］
(
GND
C5-2
P1-2
P1-4
P1-6
R2-1
R4-1
R7-1
R8-1
)　　　　-- GND 网络
(
NetC1 _ 1
C1-1
Q1-2
R1-2
R2-2
)
(
NetC2 _ 1
C2-1
Q1-1
R5-1
)
(
NetC2 _ 2
C2-2
Q2-2
R6-1
R7-2
)
(
NetC3 _ 1
C3-1
Q1-3
R3-2
)
(
NetC3 _ 2
C3-2
R3-1
R4-2
)
(

NetC4 _1
C4-1
Q2-1
R9-1
)
(
NetC5 _1
C5-1
Q2-3
R8-2
)
(
NetR1 _1
R1-1
RW1-1
)
(
NetR6 _2
R6-2
RW2-1
)
(
VCC
P1-1
R5-2
R9-2
RW1-2
RW1-3
RW2-2
RW2-3
) -- VCC 网络
(
VI
C1-2
P1-5
)
(
VO
C4-2
P1-3
)

2）端口。新建原理图文档，制作图 7-3 所示的端口连接电路，保存为“两级放大电路 Port. SchDoc”。

① 电路制作要点。

- VI 和 VO 两个网络采用网络标签连接。

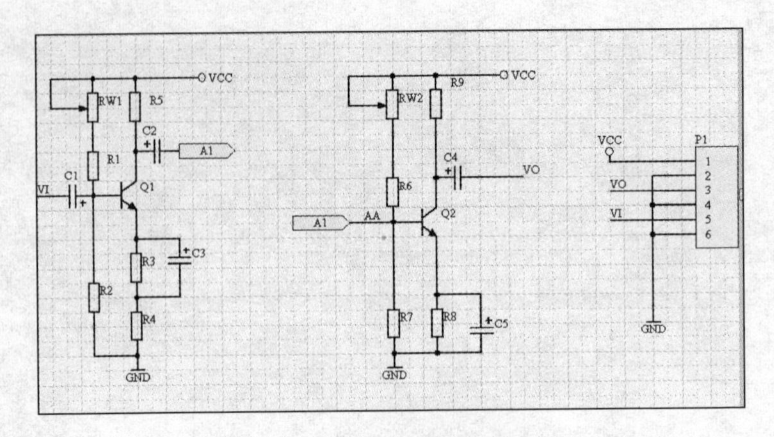

图 7-3　端口连接电路

- VCC 和 GND 两个网络采用电源端口连接。
- 在 AA 网络中，C2 的负极和 Q2 的基极采用端口连接。在执行菜单“Place”（放置）→“Port”（端口）后，出现一个端口浮动在光标上，按〈Tab〉键，打开“端口属性”对话框，如图 7-4 所示。

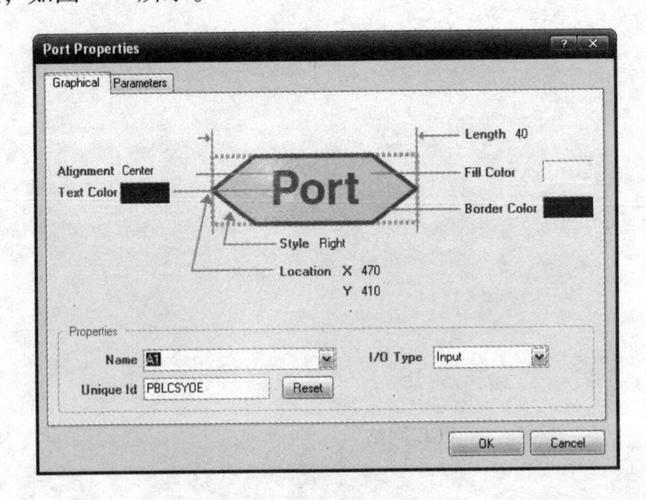

图 7-4　“端口属性”对话框

端口属性如下。

- Alignment（排列）属性。设置端口上的文字与端口图形的位置关系，有 Center（中间对齐）、Left（左对齐）、Right（右对齐）3 种方式。
- Name（名称）属性。设置端口的名称。在同一张图样上，名称相同的端口在电气上是连通的。如果是不同的图样，是否连接，就需要由项目设置而定。端口主要是为了不同图样的相互连接而设计的。
- I/O Type（I/O 类型）。设置端口的输入/输出属性，有 Unspecified（未指定）、Input（输入）、Output（输出）、Bidirectional（双向）几种方式。应该设置此属性，尤其是对于数字电路，设置后可以借助软件提供的电气检查工具对电路进行检查（参见本书后面的 7.1.9 节原理图编译与电气规则检查）。在本例中，将连接在 C2 上的端口设置为 Output，而将连接在 Q2 基极上的端口设置为 Input，因为对于放大电路来说，前级的输出是后级的输入。

- Style（风格）。设置端口在图样上的形状。有水平不指定（None Horizontal）、向右（Right）、向左（Left）、水平双向（Right&Left）、垂直不指定（None Vertical）、向上（Top）、向下（Bottom）、垂直双向（Top&Bottom）几种方式。

将端口属性设置好后，单击“OK”按钮，关闭对话框。单击鼠标左键确定端口第一点，拉动到合适的长度后，再次单击鼠标左键放置好端口。

注意：除非对端口名字进行设置（执行菜单“Project”（项目管理）→“Project Options”（项目管理选项），在 Options 选项卡中设置），否则端口名字并不标识网络，不能作为网络标签使用，与同名网络并不相连。

② 网络分析。制作完成后，执行菜单“Project”（项目管理）→“Compile Document”，两级放大电路 PORT. SchDoc，编译原理图，如果原理图有错误，软件就会弹出信息（Messages）面板予以提示，本例中没有错误。

单击项目管理面板的“Navigator”（导航）标签，打开“Navigator”面板，如图 7-5 所示。注意，在编译前，该面板上的各项内容是空的。

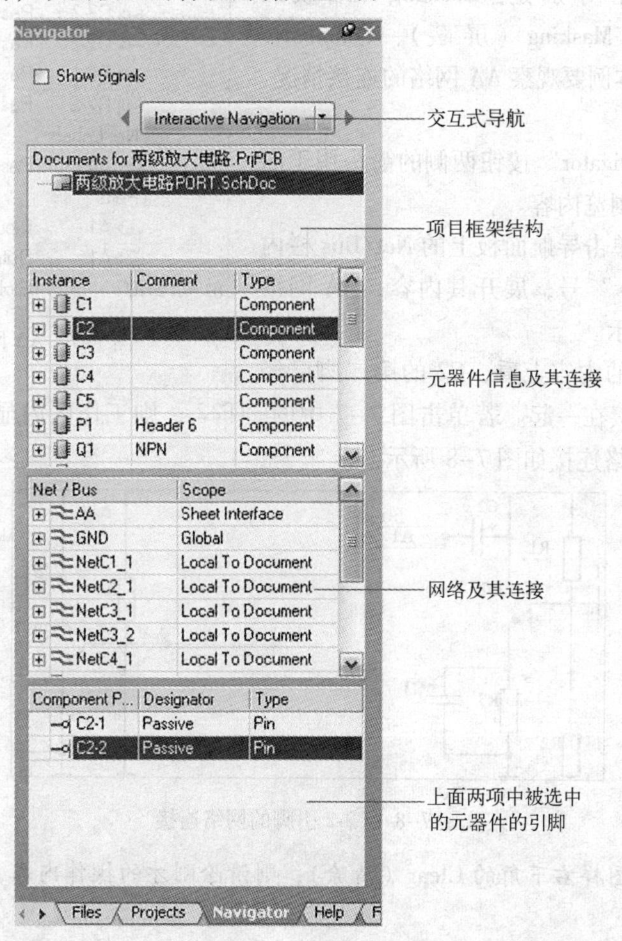

图 7-5　Navigator 面板

导航面板是为了方便用户对原理图内容进行浏览、定位和编辑而设置的。单击面板上方的“Interactive Navigator”（交互式导航）按钮右侧的下拉箭头，打开下拉菜单，弹出“交互式导航的设置”对话框，如图 7-6 所示。

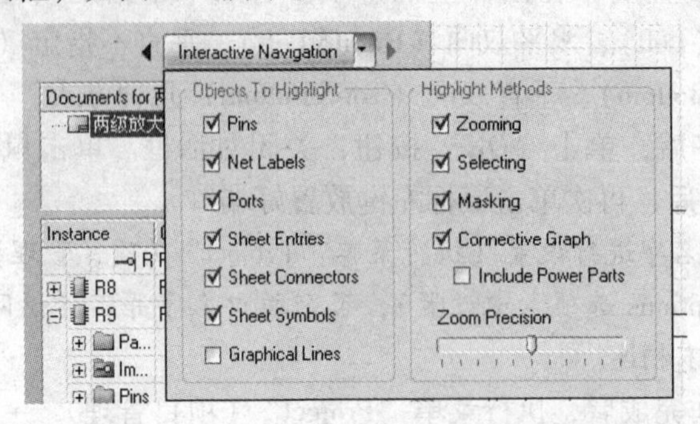

图 7-6 “交互式导航的设置”对话框

对话框左侧是需要高亮显示的图形对象复选框，包括引脚、网络标签、端口等，右侧是高亮显示的规则复选框，分别是：Zooming（缩放）、Selecting（选择）、Masking（屏蔽）、Connective Graph（连接图）。本例要观察 AA 网络的连接情况，所以选中最后一项。

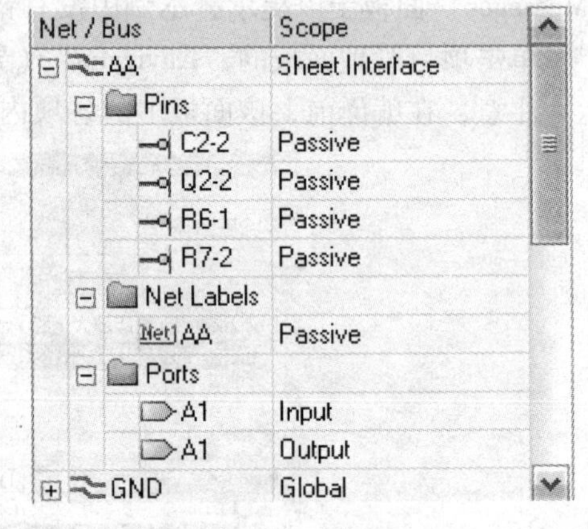

图 7-7 AA 网络的内容

“Interactive Navigator” 按钮两侧的箭头用于向前或向后查看历史浏览内容。

设置完成后，单击导航面板上的 Net/Bus 栏内 AA 网络左侧的“+”号，展开其内容，AA 网络的内容如图 7-7 所示。

从图 7-7 所示的内容上看，C2 的第二脚已经和晶体管的基极连接在一起。若单击图 7-7 中的 C2-2，则工作区内显示该引脚的网络连接，C2-2 引脚的网络连接如图 7-8 所示。

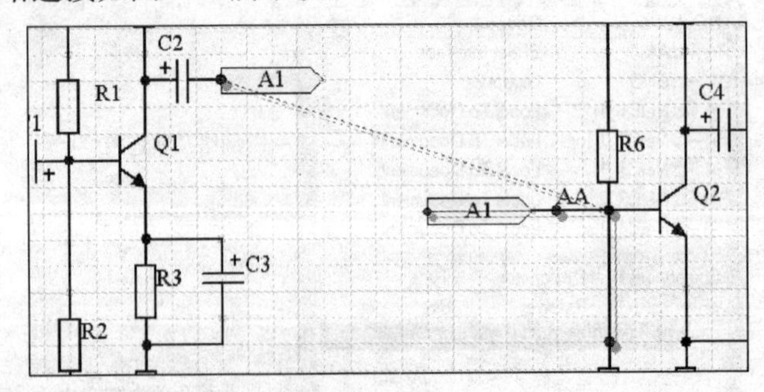

图 7-8 C2-2 引脚的网络连接

注意：若单击图样右下角的 Clear（清除），则清除刚才的操作内容，图样恢复到正常的编辑状态。

3）隐藏引脚。软件规定，设置隐藏引脚连接的网络后，在整个项目中都与同名网络相互连接。设置方法详见本书第 4 章。

2. 图样之间的电连接方法

（1）平级连接（Flatting）

1）平级连接结构的电连接性。如果不在项目选项中对网络标识符作用范围进行设定，那么在默认的情况下，平级图样的电连接性应遵循以下规则。

① 电源端口全局有效，即在所有的图样中，同名电源端口相互连通。

② 隐藏引脚所连接的网络名全局有效。

③ 若存在端口，则端口全局有效，即在所有的图样中，同名端口相互连通。而网络标签只在本张图样上有效，即不同图样上相同的网络标签是不连通的。

④ 若所有图样上不存在端口，则网络标签全局有效。

⑤ 通过设置，可以让网络标签与端口全局有效。执行菜单“Project”（项目管理）→“Project Options”（项目管理选项），单击“Options”选项卡，并单击“Net Identifier Scope”（网络 ID 范围）选框的下拉列表，出现“网络标识符的作用范围”下拉列表，如图 7-9 所示，选择“Global（Netlabels and ports global）”，即网络标签和端口全局有效，关闭对话框。

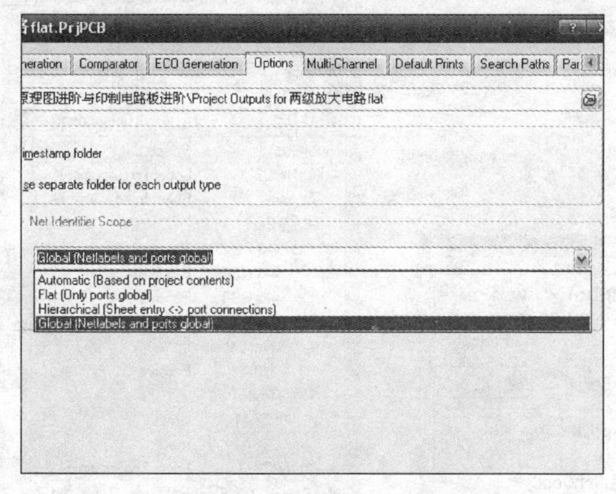

图 7-9 “网络标识符的作用范围”对话框

2）电路制作。任务：制作平级连接的两级放大电路，如图 7-10 所示。制作过程如下。

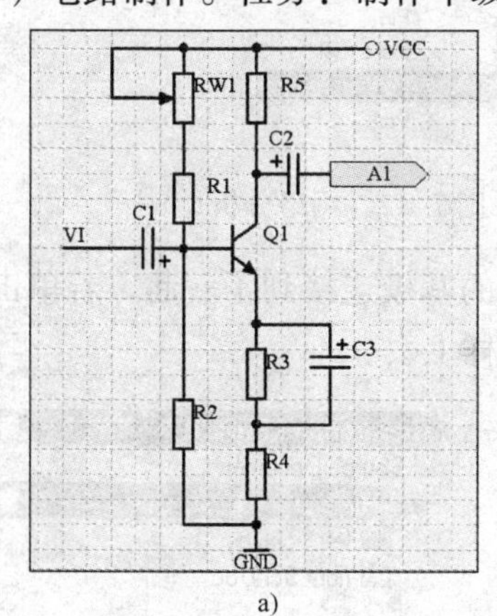

a)

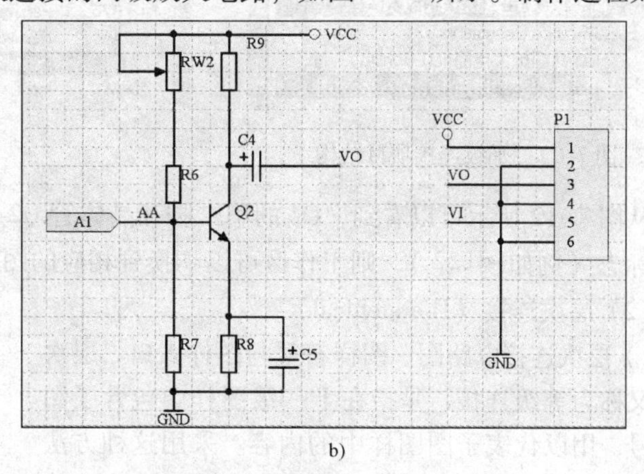

b)

图 7-10 平级连接的两级放大电路

a）两级放大电路 flat 1 b）两级放大电路 flat 2

① 准备工作。新建项目，命名为“两级放大电路 flat. PrjPCB”，并保存；新建原理图文件，命名为“两级放大电路 flat1. SchDoc”，并保存；新建原理图文件，命名为“两级放大电路 flat2. SchDoc”，并保存。两个文件没有等级关系，是平级连接。平级连接项目结构如图 7-11 所示。

② 制作电路图。在两级放大电路 flat1. SchDoc 中制作图 7-10a，端口设置为输出端口，并保存；在两级放大电路 flat2. SchDoc 中制作图 7-10b，端口设置为输入端口，并保存。

3）网络分析。执行菜单“Project”（项目管理）→“Compile PCB Project”两级放大电路 flat. PrjPCB。打开 Navigator（导航）面板，并展开 AA 网络，进行网络分析，如图 7-12 所示。

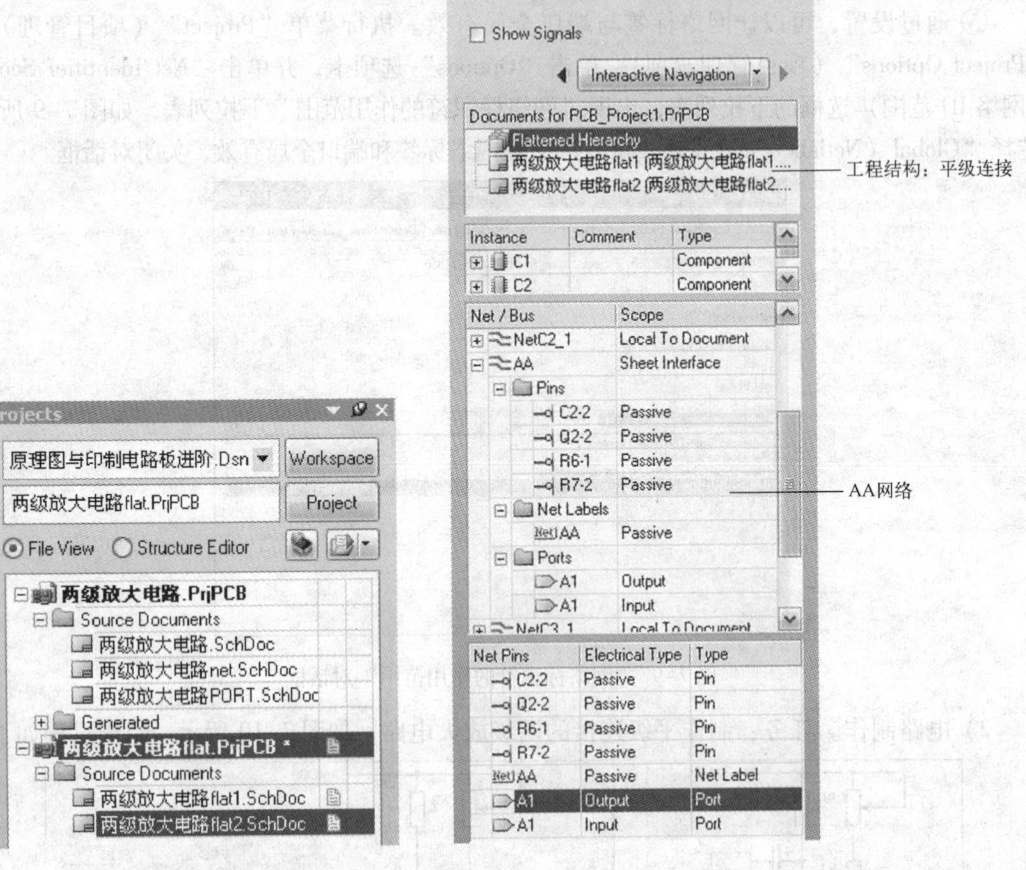

图 7-11　平级连接项目结构

图 7-12　网络分析

从图 7-12 所示可以看到，C2 的第二脚和晶体管 Q2 的基极连接到了一起，若单击各个引脚标志（例如 C2-2），则工作区可以切换到相应的图样上去。

（2）层次连接（Hierarchical）

1）层次连接电路图、图样符号与图样入口。层次连接又称为等级连接，是指在上一级图样中包含了图样符号，用以代表子图图样中的内容。采用这种方法可以将大图分化成小图，便于制作与阅读，层次连接项目结构和层次连接电路图的连接关系分别如图 7-13

图 7-13　层次连接项目结构

和图7-14 所示。从图7-13 所示可以看出，该项目包含了3 个原理图，即顶层原理图 Hierarchy(Top). SchDoc 和两个子图 left. SchDoc 和 right. SchDoc；两个子图对应到顶层电路图上，成为两个模块（图样符号）：left 和 right；模块内部的端口 left 和 right 在此处成为图样入口，分别与它们标志的子图图样上的两个端口 left 和 right 相对应。图7-14 中的粗实线是这3 个图样之间等效的连接。

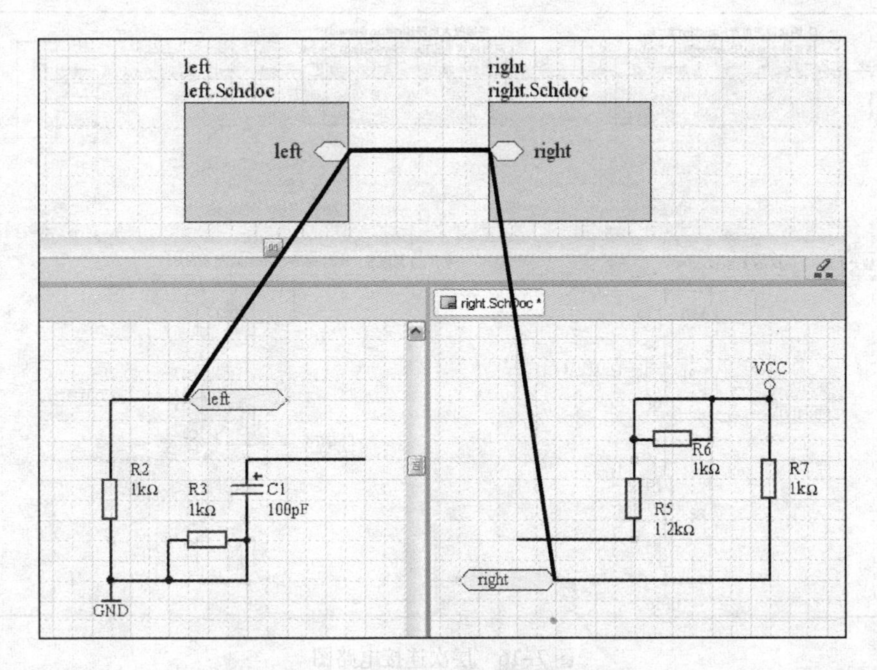

图7-14　层次连接电路图的连接关系

2）层次连接电路图的电连接性。如果不在项目选项中对网络标识符的作用范围进行设定，那么在默认的情况下，层次电路图的电连接性遵循以下规则。

① 电源端口全局有效，即在所有的图样中，同名电源端口相互连通。

② 隐藏引脚所连接的网络名全局有效。

③ 图样符号中的端口和它对应的图样中的同名端口相互连接。

④ 一般端口和网络标签只对它们所在的图样进行同名连接。

3）层次连接电路图的制作。层次连接电路图的制作有自顶向下和自下向上两种方法。自顶向下是先画电路总图，在顶层电路图上放置图样符号以及图样入口，然后再运用软件提供的工具产生相应的图样，再画图样；自下向上是先画好子图，放好将要与总图对应的端口，然后运用软件提供的工具将图样简化成图样符号，再画总图。以图7-15 和图7-16 所示项目为例进行讲解。图7-15 所示为项目结构图（原理图层次），从图上可以看出，项目包含两个层次，即顶层原理图“两级放大电路 Hierarchy（Top）. SchDoc”以及从属于它的两个原理图：两级放大电路 Hierarchy（firsh）. SchDoc 和两级放大电路 Hierarchy（second）. SchDoc，这3 个原理图文件分别对应于图7-16 所示层次连接电路图的上部分、下左部分和下右部分原理图。

图7-15　原理图层次

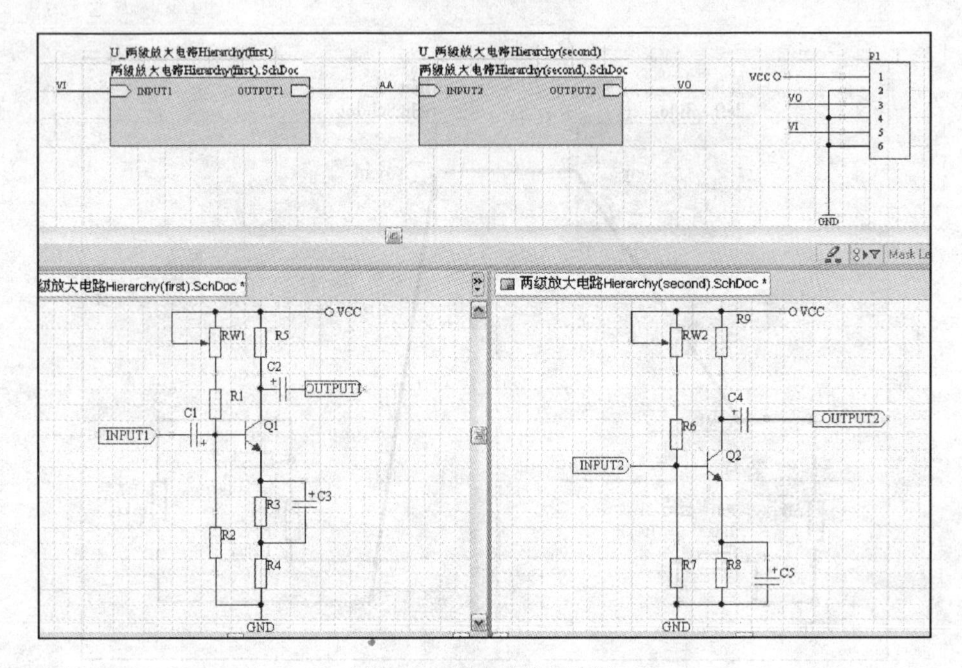

图7-16　层次连接电路图

① 自顶向下的制作方法。

a）新建 PCB 项目，命名为“层次电路图 . PrjPCB”，并保存。

b）新建原理图文件，命名为“两级放大电路 Hierarchy（Top）. SchDoc”，保存。

c）放置图样符号。执行菜单“Place”（放置）→“Sheet Symbol”（图样符号），光标上浮动着一个图样符号，单击鼠标左键，并向右下方拉动鼠标，到合适的大小时单击鼠标左键确定，图样符号如图 7-17 所示。

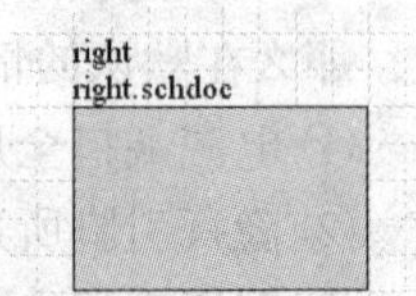

图7-17　图样符号

用鼠标双击图样符号，打开“图样符号属性”对话框，如图 7-18 所示。设置图样符号的标识符（Designator）为“两级放大电路 Hierarchy(first)”，图样符号所对应的原理图文件名为“两级放大电路 Hierarchy（first）. SchDoc”，关闭对话框。

用同样的方法放置第二个图样符号，即标识符（Designator）为“两级放大电路 Hierarchy（second）”，图样符号所对应的原理图文件名为“两级放大电路 Hierarchy（second）. SchDoc”。

d）放置图样入口。执行菜单“Place”（放置）→“Add Sheet Entry”（加图样入口），按照图 7-19 所示的位置放置图样入口，在图样入口浮动的情况下，按〈Tab〉键，弹出“图样入口”对话框，设置其属性：Name（名称）分别为 INPUT1、OUTPUT1、INPUT2、

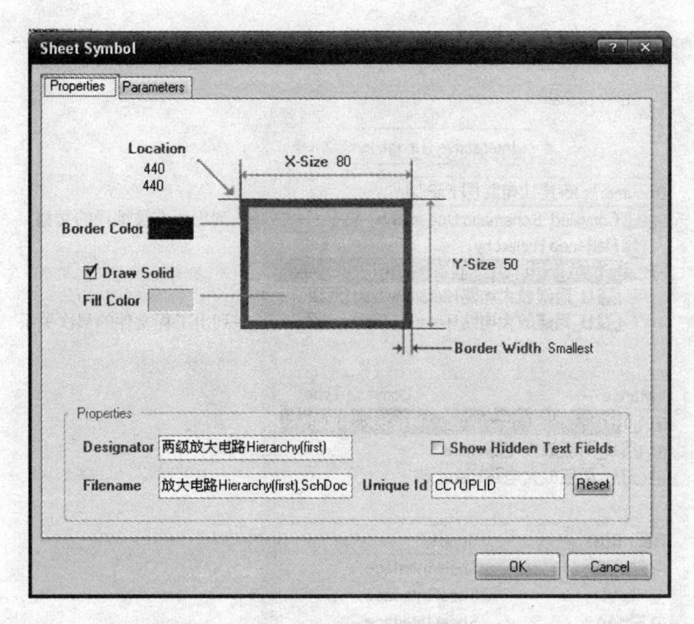

图 7-18 “图样符号属性”对话框

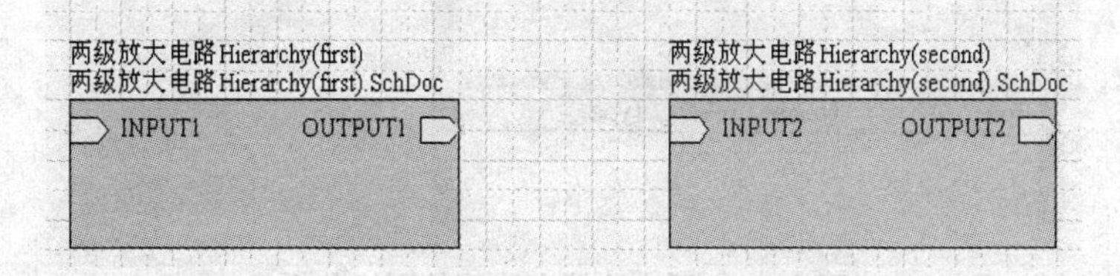

图 7-19 放置图样入口

OUTPUT2，对应的 I/O Type（I/O 类型）分别为 Input、Output、Input、Output。

e）制作顶层电路图，上部分如图 7-16 所示。

f）由图样符号生成子图。执行菜单“Design”（设计）→“Create Sheet From Symbol”（根据符号创建图样），光标变为十字，单击“两级放大电路 Hierarchy（first）”图样符号，出现对话框，询问是否将端口输入/输出方向翻转，回答“No”。软件将自动生成“两级放大电路 Hierarchy（first）. SchDoc”原理图文件，并已经放置两个端口在图样底部。移动端口到合适的位置，参照图 7-16 所示的下左部分制作，并保存。用同样的方法生成并制作“两级放大电路 Hierarchy（second）. SchDoc”（参照图 7-16 所示的下右部分的原理图）。

g）编译项目。执行菜单“Project”（项目管理）→“Compile PCB Project”，层次电路图 . PrjPCB。

h）网络分析。打开 Navigator 面板，进行层次连接电路网的网络分析，如图 7-20 所示。借助 Navigator 面板，可以快速定位并编辑所关注的内容。

② 自下向上的制作方法。

a）新建 PCB 项目，命名为“层次电路图 . PrjPCB”，并保存。

b）新建原理图文件，命名为“两级放大电路 Hierarchy（first）. SchDoc”，并参照如图 7-16 所示制作该图并保存，制作时要注意设置端口的属性。

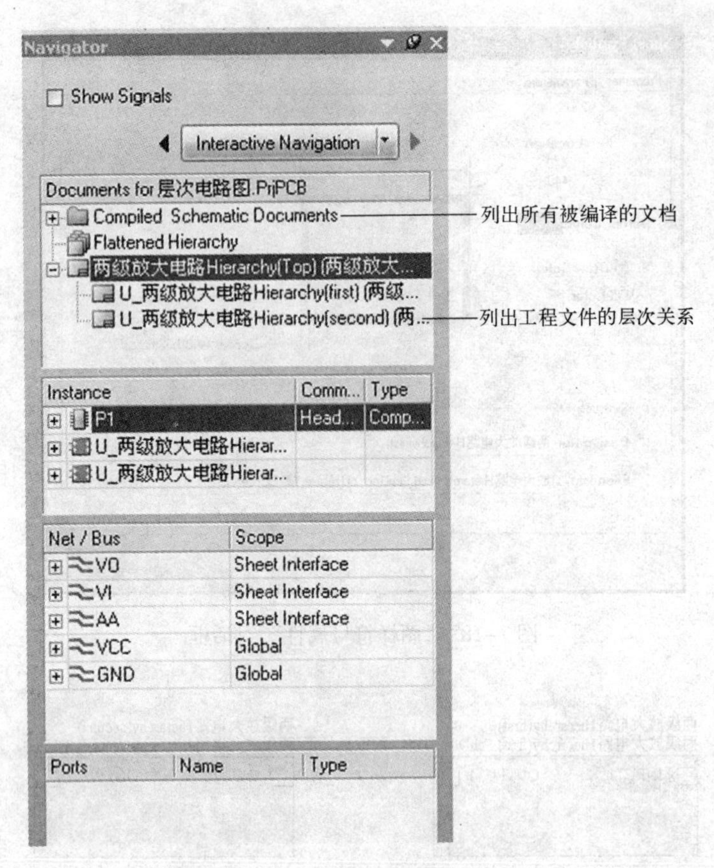

图 7-20　层次连接电路网的网络分析

c）用同样的方法生成并制作“两级放大电路 Hierarchy（second）. SchDoc”，并保存。

d）新建原理图，命名为“两级放大电路 Hierarchy（Top）. SchDoc”，并保存。

e）生成图样符号。执行菜单“Design”（设计）→“Create Sheet Symbol From Sheet”（根据图样建立图样符号），出现图 7-21 所示的“选择原理图文件”对话框，供用户选择用以产生图样符号的图样。选择“两级放大电路 Hierarchy（first）. SchDoc”，然后单击“OK”按钮，关闭对话框。在软件提示是否把端口的输入、输出方向取反时，回答“No”，则光标上浮动着一个图样符号，如图 7-22 所示，将图样符号放到合适的位置。用同样的方法为“两级放大电路 Hierarchy（second）. SchDoc”生成图样符号，并放置。参考图 7-16 完成“两级放大电路 Hierarchy（Top）. SchDoc”的制作。

f）编译项目。执行菜单“Project”（项目管理）→“Compile PCB Project”层次电路图. PrjPCB。

4）在层次电路图图样之间进行切换。

① 利用项目面板切换。直接单击需要编辑的原理图名称，即切换到相应的图样上，相应的项目面板如图 7-23 所示。

② 利用图样符号与子图端口之间的对应关系进行切换。图样符号与端口如图 7-24 所示。将光标放在图样符号上，按住〈Ctrl〉键，然后双击鼠标左键，自动转换到该图样符号的对应图样上，如图 7-25 所示。将光标放在端口上，按住〈Ctrl〉键，然后双击鼠标左键，

自动转换到该端口所对应的图样符号所在的图样上。

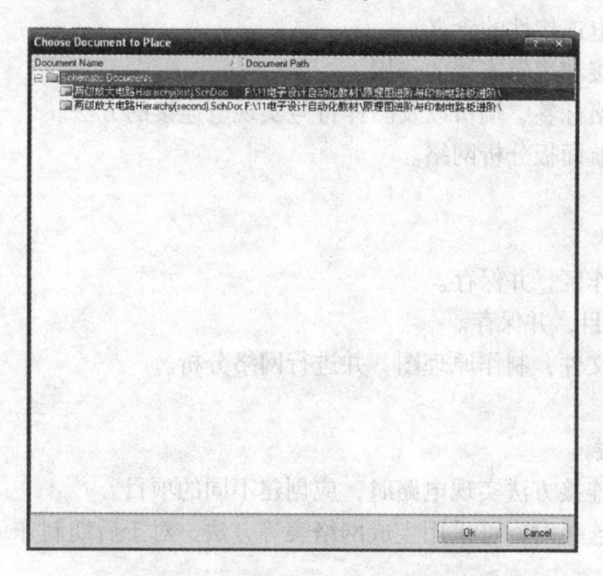

图 7-21 “选择原理图文件”对话框

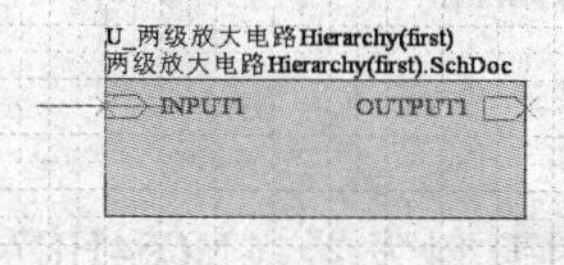

图 7-22 图样符号

图 7-23 项目面板

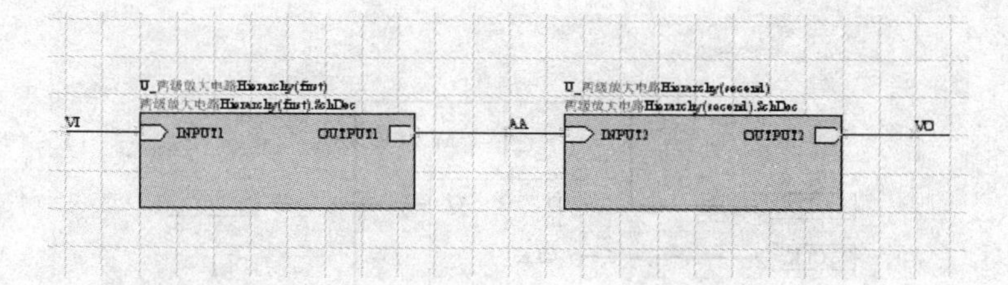

图 7-24 图样符号与端口

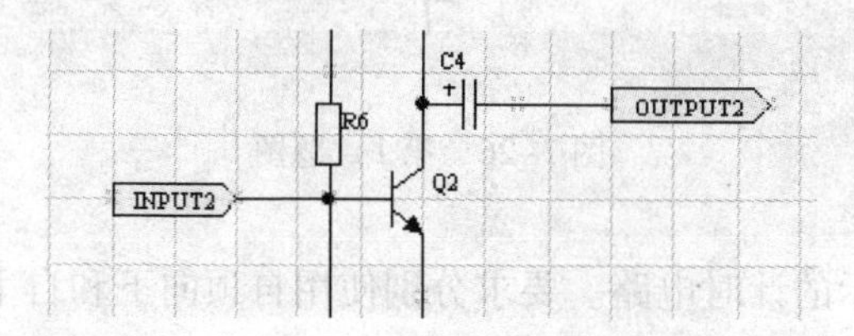

图 7-25 对应图样

7.1.2 上机与指导 14

1. 任务要求

用不同的连接方法制作两级放大电路，见图 7-1、图 7-2、图 7-3、图 7-10 和图 7-16。

2. 能力目标

1）理解原理图电连接性的含义。

2）理解物理连接和逻辑连接的作用。

3）掌握利用网络标签、端口以及图样符号实现电连接的方法。

4）学会使用导航面板分析网络。

3. 基本过程

1）运行软件。

2）新建设计工作区，并保存。

3）新建 PCB 项目，并保存。

4）新建原理图文件，制作原理图，并进行网络分析。

5）保存文档。

4. 关键问题点拨

1）当用不同的连接方法实现电路时，应创建不同的项目。

2）当分析电路连接时，可采用生成网络表等方法，对于后期制作 PCB 来说，生成网络表是不必要的。

3）物理连接、电源端口、网络标签、端口以及图样符号都能实现电连接，在使用不同的方法时要注意它的作用范围，必要时在"项目设置"对话框（执行"Project"（项目管理）→"Project Options"（项目管理选项））中进行设置。

5. 能力升级

1）制作图 7-26 所示的 T′触发器的电路。图中所用 D 触发器（MC54HC74AJ）位于 Motorola\Motorola Logic Flip-Flop. IntLib 中。端口 D 和 CLK 的输入/输出类型为 Input，端口 Q 的输入/输出类型为 Output。

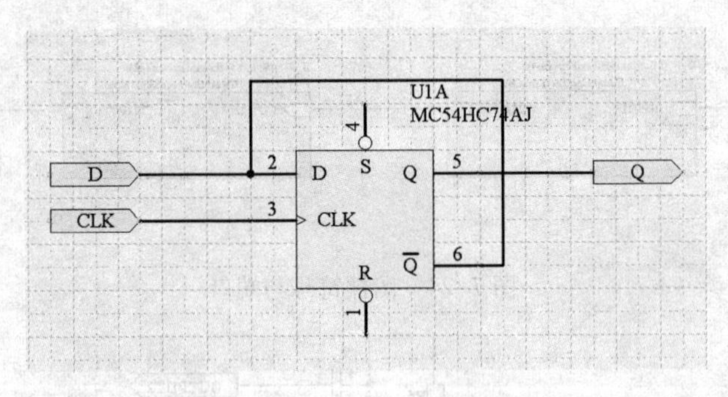

图 7-26　第 1）题图

2）制作图 7-27 所示的计时电路。要求分别使用自顶向下和自下向上两种方法制作。制作要点如下。

（1）库的加载

元器件资料如表 7-1 所示。先按元器件名称查找元器件，在找到后进行放置时，按软件提示加载。

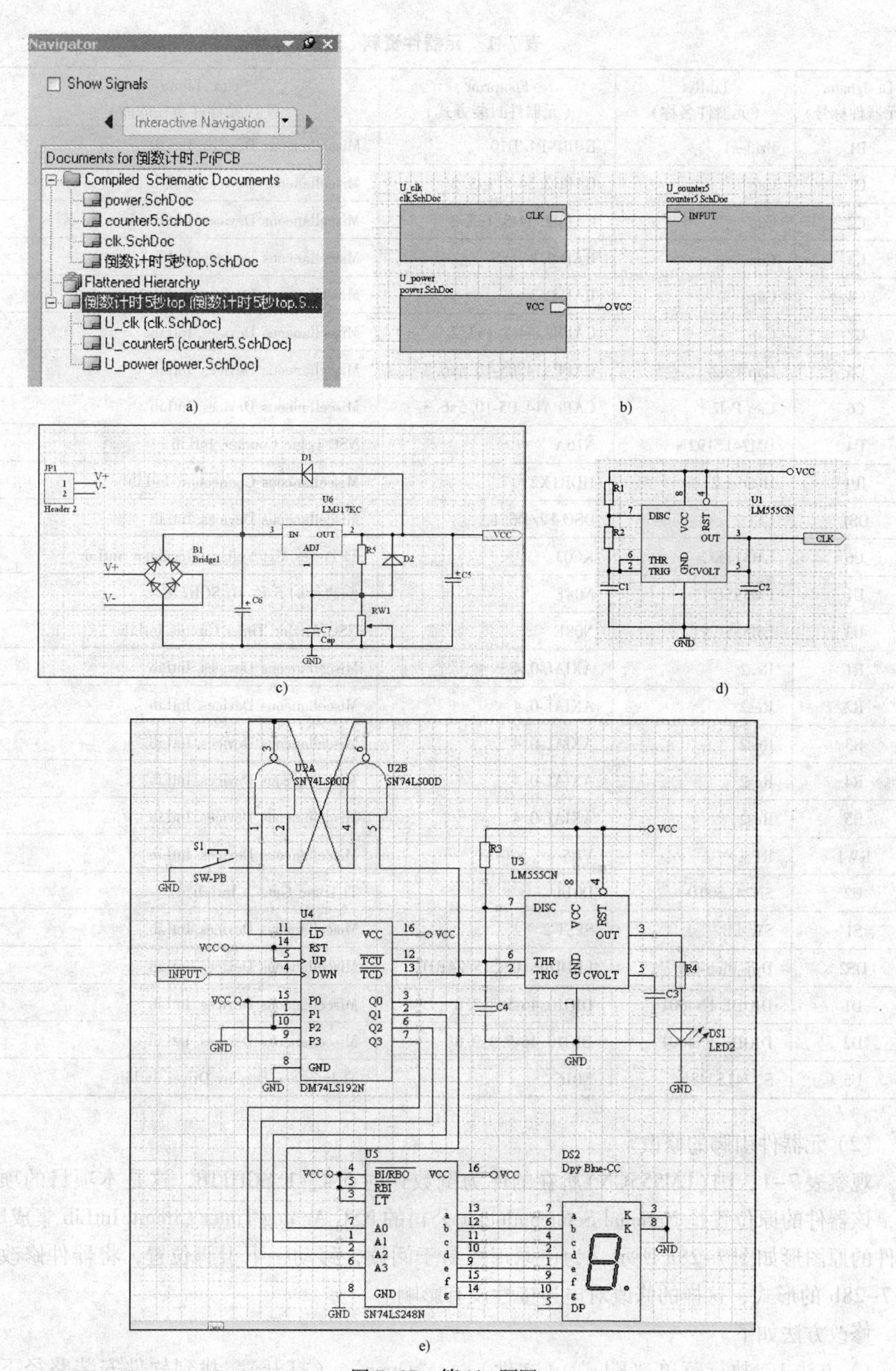

图 7-27　第 2）题图

a）编译后的层次表　b）顶层电路图　c）电源子图　d）秒脉冲产生电路

e）计数、显示、报警延时、控制子图

表 7-1　元器件资料

Designator（元器件标号）	LibRef（元器件名称）	Footprint（元器件封装方式）	SourceLibraryName（元器件所在的库）
B1	Bridge1	E-BIP-P4/D10	Miscellaneous Devices. IntLib
C1	Cap	CAPR2. 54-5. 1x3. 2	Miscellaneous Devices. IntLib
C2	Cap	CAPR2. 54-5. 1x3. 2	Miscellaneous Devices. IntLib
C3	Cap	RAD-0. 3	Miscellaneous Devices. IntLib
C4	Cap	RAD-0. 3	Miscellaneous Devices. IntLib
C7	Cap	CAPR2. 54-5. 1x3. 2	Miscellaneous Devices. IntLib
C5	Cap Pol2	CAPPA14. 05-10. 5x6. 3	Miscellaneous Devices. IntLib
C6	Cap Pol2	CAPPA14. 05-10. 5x6. 3	Miscellaneous Devices. IntLib
U4	DM74LS192N	N16A	NSC Logic Counter. IntLib
JP1	Header 2	HDR1X2	Miscellaneous Connectors. IntLib
DS1	LED2	DSO-F2/D6. 1	Miscellaneous Devices. IntLib
U6	LM317KC	KC03	TI Power Mgt Voltage Regulator. IntLib
U1	LM555CN	N08E	倒数计时 5 秒_ 1. SCHLIB
U3	LM555CN	N08E	NSC Analog Timer Circuit. IntLib
R1	Res2	AXIAL-0. 4	Miscellaneous Devices. IntLib
R2	Res2	AXIAL-0. 4	Miscellaneous Devices. IntLib
R3	Res2	AXIAL-0. 4	Miscellaneous Devices. IntLib
R4	Res2	AXIAL-0. 4	Miscellaneous Devices. IntLib
R5	Res2	AXIAL-0. 4	Miscellaneous Devices. IntLib
RW1	RPot	VR5	Miscellaneous Devices. IntLib
U2	SN74LS00D	D014	TI Logic Gate 2. IntLib
S1	SW-PB	SPST-2	Miscellaneous Devices. IntLib
DS2	Dpy Blue-CC	LEDDIP-10/C15. 24RHD	Miscellaneous Devices. IntLib
D1	DIODE 1N4001	DIO10. 46-5. 3x2. 8	Miscellaneous Devices. IntLib
D2	DIODE 1N4001	DIO10. 46-5. 3x2. 8	Miscellaneous Devices. IntLib
U5	SN74LS248N	N016	TI Interface Display Driver. IntLib

（2）元器件引脚的修改

观察表 7-1，U1（LM555CN）所在的库为倒数计时 5 s _ 1. SCHLIB，这是本项目的项目库，该器件的原位置是 National Semiconductor 公司的 NSC Analog Timer Circuit. IntLib 集成库。器件的原图形如图 7-28a 所示，为使原理图易于阅读，移动一下引脚位置，将器件修改成图 7-28b 的形式，这样的修改对电连接性没有影响。

修改方法如下。

1）方法 1。执行菜单“File”（文件）→“Open”（打开），找到软件安装路径下的 National Semiconductor 公司的 NSC Analog Timer Circuit. IntLib 集成库，打开它，如图 7-29 所示。移动元器件引脚位置后保存。若将元器件已经放置在原理图上，则执行菜单“Tools”

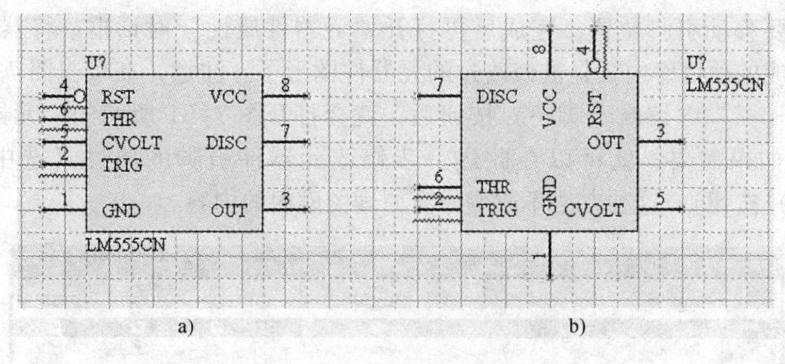

图 7-28　LM555CN 图形
a）原图形　b）修改后

（工具）→“Update Schematics”（更新原理图），将放置好的元器件全部更新。

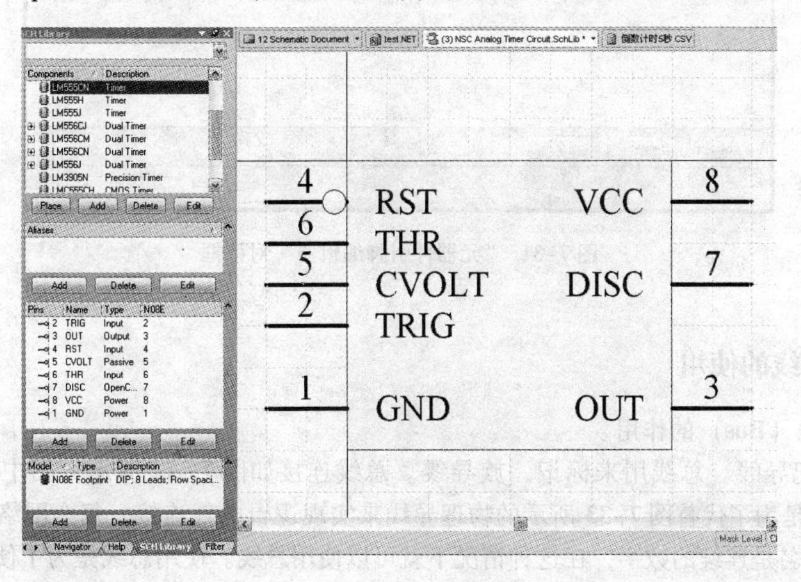

图 7-29　NSC Analog Timer Circuit. IntLib 集成库

2）方法 2。在原理图编辑器中，用鼠标双击元器件，出现“元器件属性”对话框，如图 7-30 所示，在对话框的左下角，把 Lock Pins（锁定引脚）选项框中的对勾去掉，关闭对

图 7-30　“元器件属性”对话框

话框，根据需要移动引脚位置，完成后再打开“元器件属性”对话框，将器件引脚锁定。完成后，在生成的项目库中就是被修改过的元器件图形了。注意，在单击图 7-30 所示左下方的“Edit Pins...”（编辑引脚…）按钮后，就会打开图 7-31 所示的“元器件引脚编辑器”对话框，如果需要，就可以在此进一步修改元器件引脚的属性（选中引脚，单击“Edit”（编辑）按钮）。这种方法不改变原有原理图库内的内容。

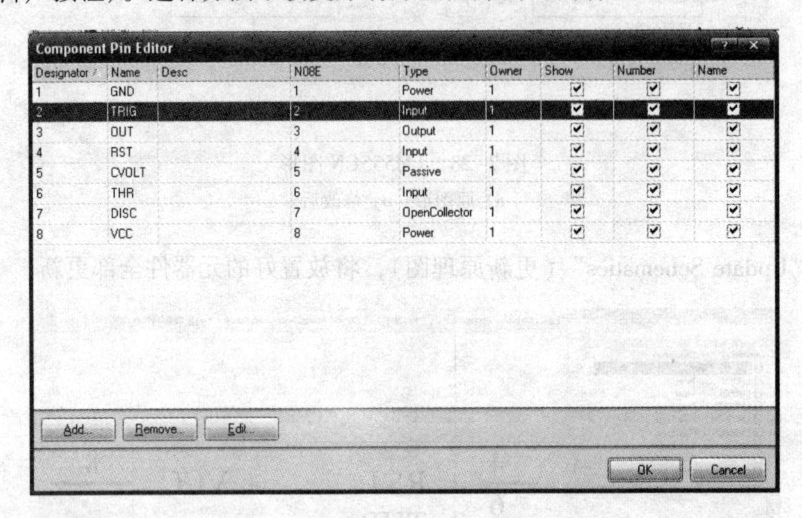

Designator	Name	Desc	N08E	Type	Owner	Show	Number	Name
1	GND		1	Power	1	☑	☑	☑
2	TRIG		2	Input	1	☑	☑	☑
3	OUT		3	Output	1	☑	☑	☑
4	RST		4	Input	1	☑	☑	☑
5	CVOLT		5	Passive	1	☑	☑	☑
6	THR		6	Input	1	☑	☑	☑
7	DISC		7	OpenCollector	1	☑	☑	☑
8	VCC		8	Power	1	☑	☑	☑

图 7-31 “元器件引脚编辑器”对话框

7.1.3 总线的使用

1. 总线（Bus）的作用

1）标记导线。总线用来标记一族导线。总线连接如图 7-32 所示，图中使用网络标签A7 ~ A0 是为了代替图 7-33 所示的物理导线来实现逻辑电气连接，每个网络标签的前缀相同，扩展名是连续的数字，在这种情况下就可以使用总线。使用总线是为了便于阅读，帮助项目人员看清连接走向，删除总线以及总线网络标签 A[7...0]对电路的连接性没有任何影响。

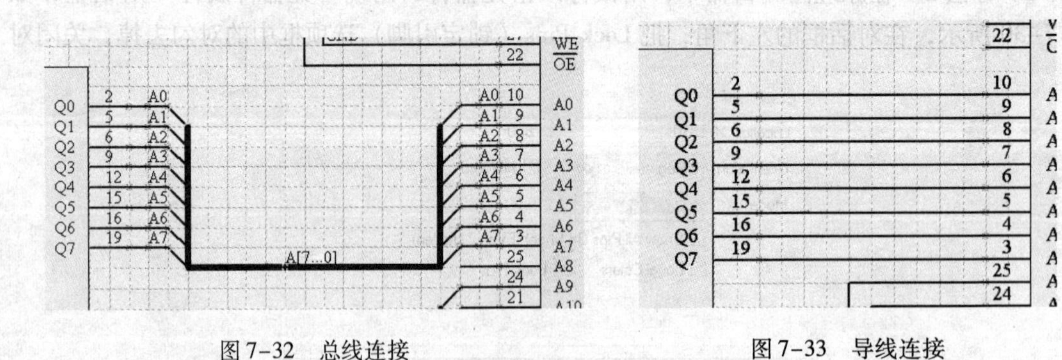

图 7-32　总线连接　　　　图 7-33　导线连接

2）连接端口及图样入口实现图样之间的连接，如图 7-34 所示的 D[0...7]网络的总线连接。端口 1 和端口 2 分别在同一个项目下的两张原理图上，通过这种方式可以实现电连接。

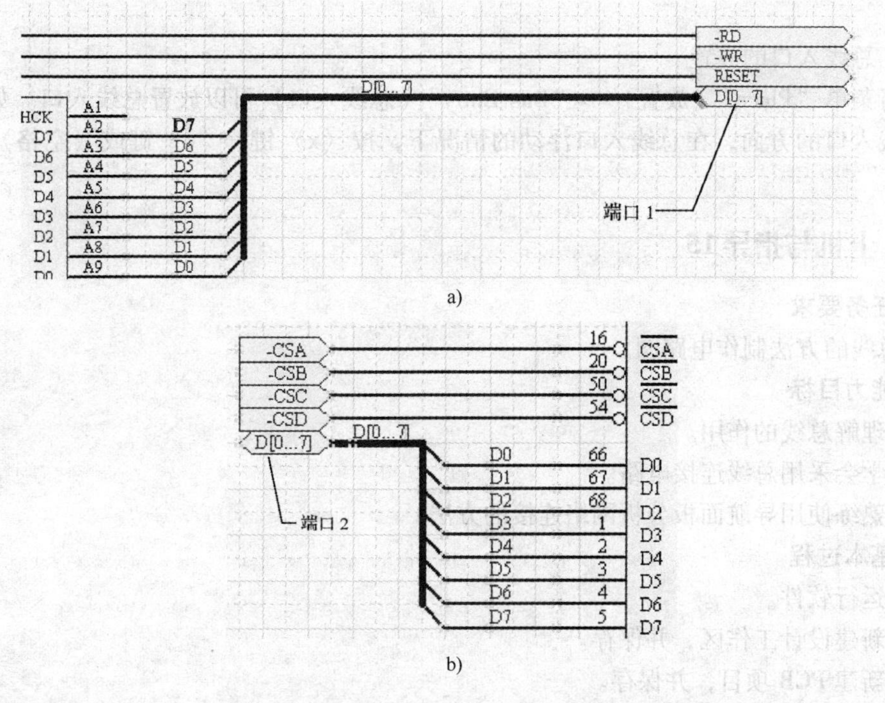

图 7-34　D[0...7]网络的总线连接

a）将总线连接到端口 1　b）将总线连接到端口 2

2. 总线的制作

总线必须与总线入口（Bus Entry）一起使用，注意这两者都没有电连接性。制作时都需要先从引脚引出导线再放置总线入口，最后画总线。总线的连接方法如图 7-35 所示。

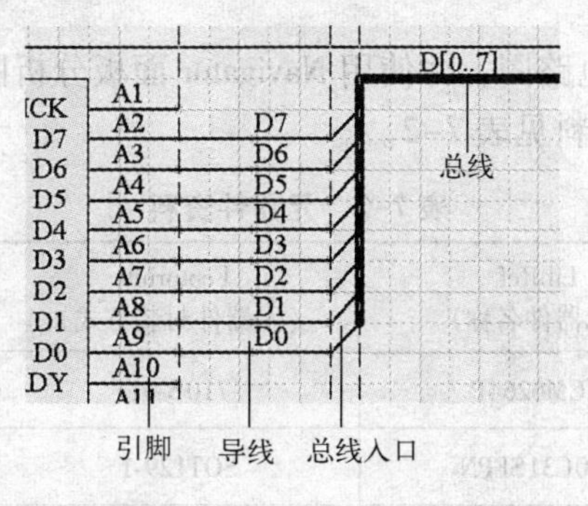

图 7-35　总线的连接方法

（1）总线的画法

执行菜单“Place”（放置）→“Bus”（总线），光标会变成一个十字，单击鼠标左键确定第一点，然后拉动光标，到需要的地点再次单击鼠标左键。画线时，按键盘上的〈Backspace〉键或〈Delete〉键，可以删除刚刚放置的线段。在画线的过程中，按〈Shift + 空格〉组合键可以使总线的拐角在 4 种方式中切换，这 4 种方式是直角、45°、任意角和点对点自动放置。点对点自动放置的方式是指定要连线的两个点，由软件自动绕过障碍物连接两点。

（2）总线入口的放置

执行菜单“Place”（放置）→“Bus Entry”（总线入口）可以放置总线入口。如果需要调整总线入口的方向，在总线入口浮动的情况下，按〈x〉键、〈y〉键或〈空格〉键调整即可。

7.1.4 上机与指导15

1. 任务要求

用总线的方法制作电路图。

2. 能力目标

1）理解总线的作用。

2）学会采用总线连接电路。

3）熟练使用导航面板分析网络连接的方法。

3. 基本过程

1）运行软件。

2）新建设计工作区，并保存。

3）新建PCB项目，并保存。

4）新建原理图文件，制作原理图，并进行网络分析。

5）保存文档。

4. 关键问题点拨

使用总线只是为了便于阅读，帮助项目人员分辨连接走向。总线本身并不标识网络，所以在使用总线连接时，一定要添加相应的网络标签以完善电路连接。

5. 能力升级

1）制作图7-36所示的电路图，并使用Navigator面板分析网络的连接关系。

图7-36中所用元器件资料见表7-2。

表7-2 元器件资料

Designator（元器件标号）	LibRef（元器件名称）	Footprint（元器件封装方式）	SourceLibraryName（元器件所在的库）
U3	MCM6264P	710B-01	Motorola Memory Static RAM. IntLib
U1	P80C31SFPN	SOT129-1	Philips Microcontroller 8-bit. IntLib
U2	SN74HCT373N	N020	TI Logic Latch. IntLib

制作要点如下。

对元器件符号修改，可参考“上机与指导14”的内容，将图7-37所示的P80C31SBPN原图形修改为图7-38所示的图形，注意VSS是接地端。

2）使用总线将图7-36改画成图7-39所示，并使用Navigator面板分析网络的连接关系。

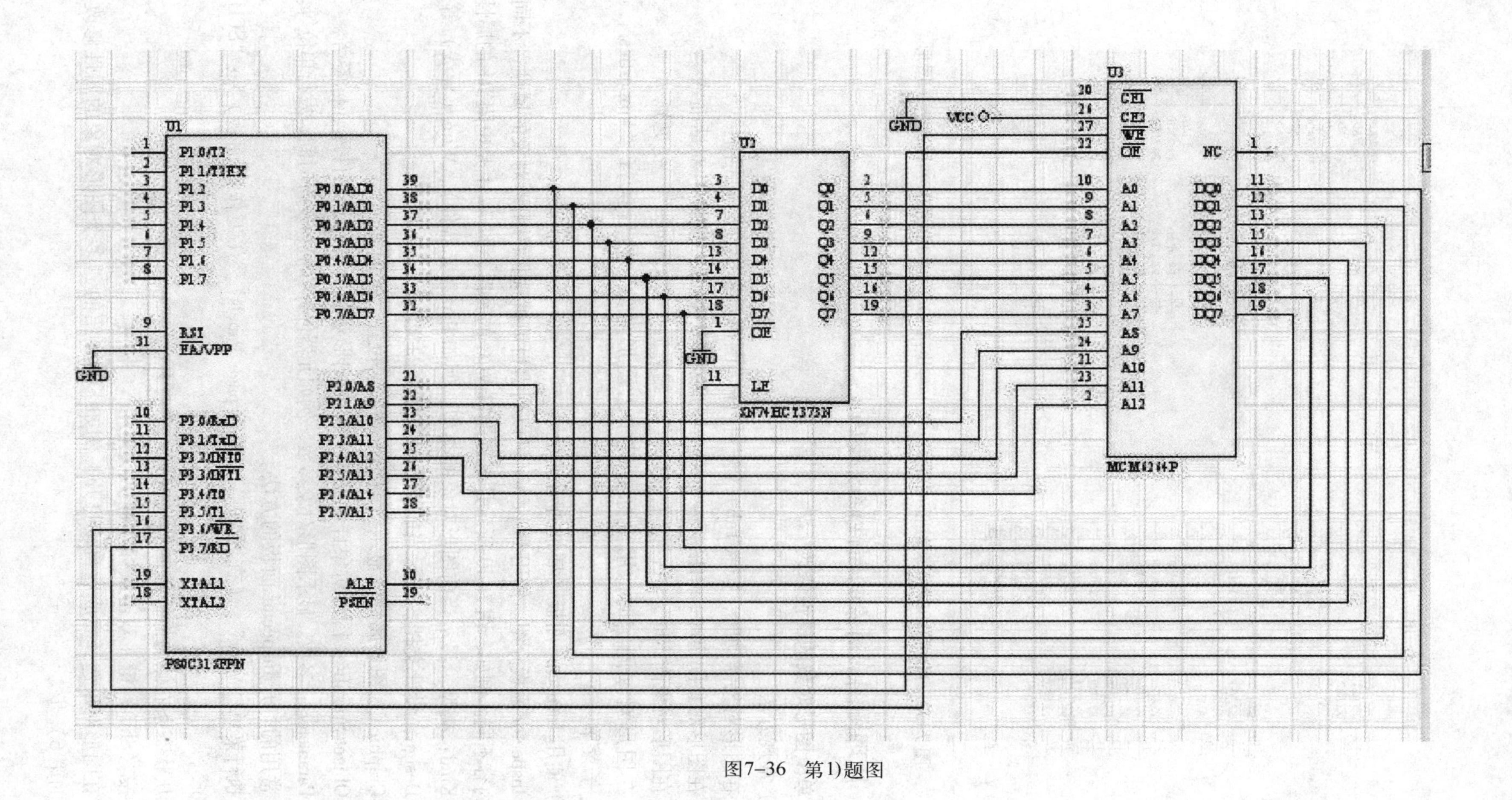

图7-36 第1)题图

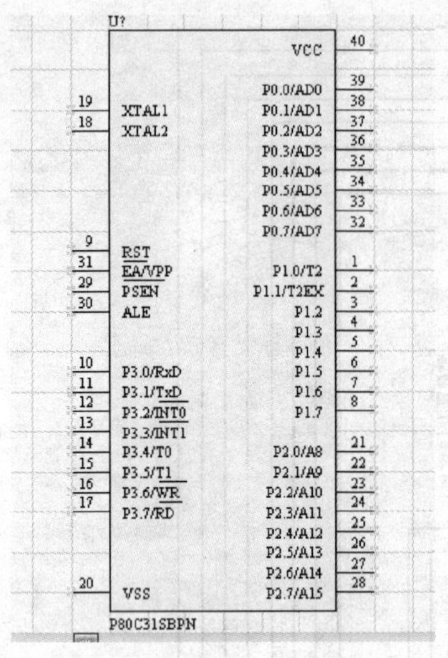

图 7-37　P80C31SBPN 原图形

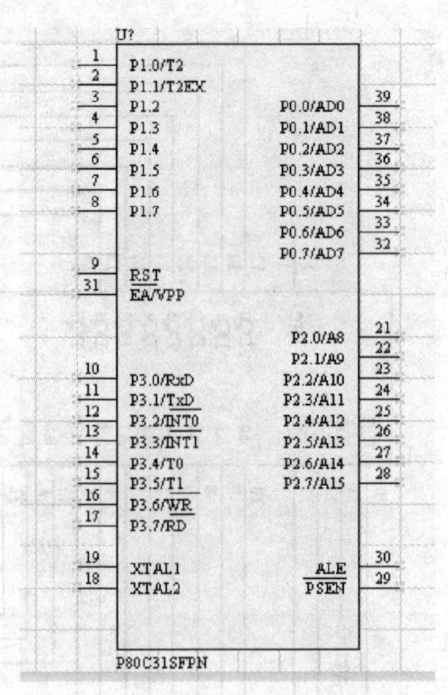

图 7-38　P80C31SBPN 修改后的图形

7.1.5　原理图图形对象的属性修改技巧

1. 单个图形对象的属性修改

（1）常规方法

1）在图形对象浮动时，按〈Tab〉键，打开“图形对象属性”对话框。

2）在图形对象固定时，用鼠标左键双击图形对象，打开“属性”对话框。

3）在图形对象固定时，执行菜单“Edit”（编辑）→“Change”（变更）。

4）在图形对象固定时，用鼠标右键单击图形对象，然后执行“Properties...（属性…）”子菜单。

（2）使用 Inspector 面板（属性查看面板）

1）Inspector 面板介绍。使用 Inspector 可以列出目前被选择的图形对象的属性，不同的图形对象内容不同。例如，图 7-40 所示是电源端口 VCC 的属性，图 7-41 是电阻 R1 的属性。

① Kind：类型。显示当前图形对象的类型，例如 Part（元器件）、Wire（导线）等。

② Design：设计文档。显示当前图形对象所属的文档。

③ Graphical：图形属性。显示当前图形对象的位置、方向等。

④ Object Specific：图形对象详细属性。显示图形对象所属的元器件库、标签等。

⑤ Parameters：参数。显示图形对象参数，例如元器件标称值、发行时间、发行单位等。

2）常用的打开 Inspector 面板的方法。

① 执行菜单“View”（查看）→“Workspace Panels”（工作区面板）→“SCH”→“Inspector”。

② 从状态条右侧的面板控制器（SCH）中打开。

③ 按〈Shift〉键 + 双击鼠标左键。

④ 在图形对象选择完成后自动打开，例如下面介绍的“多个图形对象的属性修改”的（1）中的第 6）步。

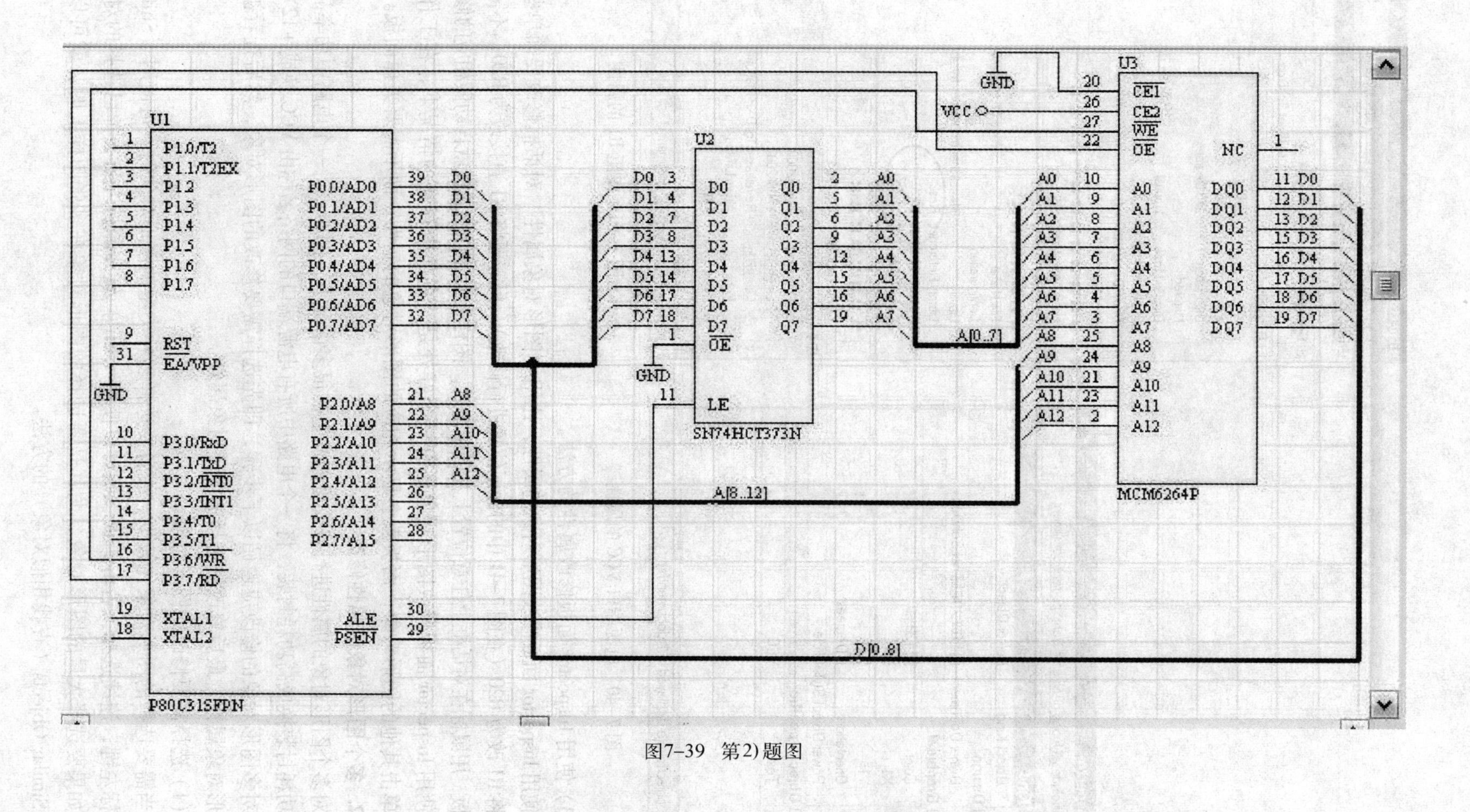
U1
P80C31SFPN
P1.0/T2
P1.1/T2EX
P1.2
P1.3
P1.4
P1.5
P1.6
P1.7
RST
EA/VPP
GND
P3.0/RxD
P3.1/TxD
P3.2/INT0
P3.3/INT1
P3.4/T0
P3.5/T1
P3.6/WR
P3.7/RD
XTAL1
XTAL2
P0.0/AD0
P0.1/AD1
P0.2/AD2
P0.3/AD3
P0.4/AD4
P0.5/AD5
P0.6/AD6
P0.7/AD7
P2.0/A8
P2.1/A9
P2.2/A10
P2.3/A11
P2.4/A12
P2.5/A13
P2.6/A14
P2.7/A15
ALE
PSEN
U2
SN74HCT373N
D0
D1
D2
D3
D4
D5
D6
D7
OE
LE
Q0
Q1
Q2
Q3
Q4
Q5
Q6
Q7
A[0..7]
A[8..12]
D[0..8]
U3
MCM6264P
CE1
CE2
WE
OE
NC
VCC
GND
A0
A1
A2
A3
A4
A5
A6
A7
A8
A9
A10
A11
A12
DQ0
DQ1
DQ2
DQ3
DQ4
DQ5
DQ6
DQ7
图7–39　第2)题图

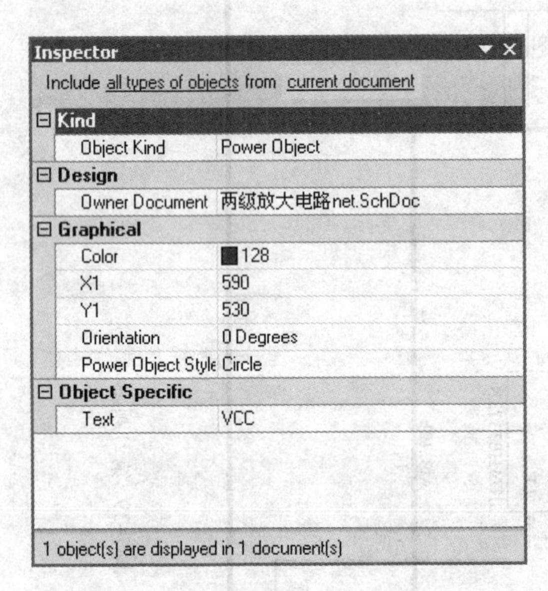

图 7-40　电源端口 VCC 的属性

Inspector	
Include all types of objects from current document	
Kind	
Object Kind	Part
Design	
Owner Document	两级放大电路net.SchDoc
Graphical	
X1	650
Y1	330
Orientation	270 Degrees
Mirrored	☐
Display Mode	Normal
Show Hidden Pins	☐
Show Designator	☑
Object Specific	
Description	Resistor
Lock Designator	☐
Lock Part ID	☐
Pins Locked	☑
File Name	
Configuration	*
Library	Miscellaneous Devices.IntLib
Library Reference	Res2
Component Design	R1
Current Part	
Part Comment	Res2
Current Footprint	AXIAL-0.4
Component Type	Standard
Parameters	
Published	8-Jun-2000
LatestRevision	17-Jul-2002
LatestRevision	Re-released for DXP Platform.
Publisher	Altium Limited
Value	1kΩ
Add User Paramet	
1 object(s) are displayed in 1 document(s)	

图 7-41　电阻 R1 的属性

3）使用 Inspector 面板修改属性的方法。

使用 Inspector 面板修改图形对象的属性，比用“图形对象属性”对话框修改要简单些。例如，将 R1 改为 R20（在图 7-41 中的标记位置进行修改），只需要将 R1 直接改为 R20，不需要关掉面板，用鼠标在对话框上任意位置上左键单击后，图样上元器件的属性就自动做相应的修改。

使用 Inspector 面板修改图形对象还有一个好处是，在面板存在的情况下，在工作区内任意单击其他的图形对象，面板就会显示相应的图形对象的属性，而不需要关掉面板。

2. 多个图形对象的属性修改

对多个图形对象的属性进行修改可能发生在很多情况下，例如，将一个电路中功率晶体管的低功耗封装换成高功耗封装，将一个电路中所有电源端口的网络名称由 VCC 换成 +12V 等。

对多图形对象的修改应遵循以下步骤，即先选择需要修改的图形对象，然后查看被选择的图形对象属性，最后修改被选择的图形对象属性。

（1）选择需要修改的图形对象

当需要选择的图形对象比较少、或者要选择多种类型的图形对象时，可使用〈Shift〉键 + 鼠标左键，连续选择，若有错误，则可以使用〈Ctrl〉键 + 鼠标左键去掉已选择的对象。

如果要选择大量的图形对象，尤其是要选择的图形对象在多张图样上时，就可以使用 Find Similar Objects（查找相似对象）的方法。

本例将修改图 7-42 所示的两个电源端口，将其网络名称改为 +12 V，步骤如下。

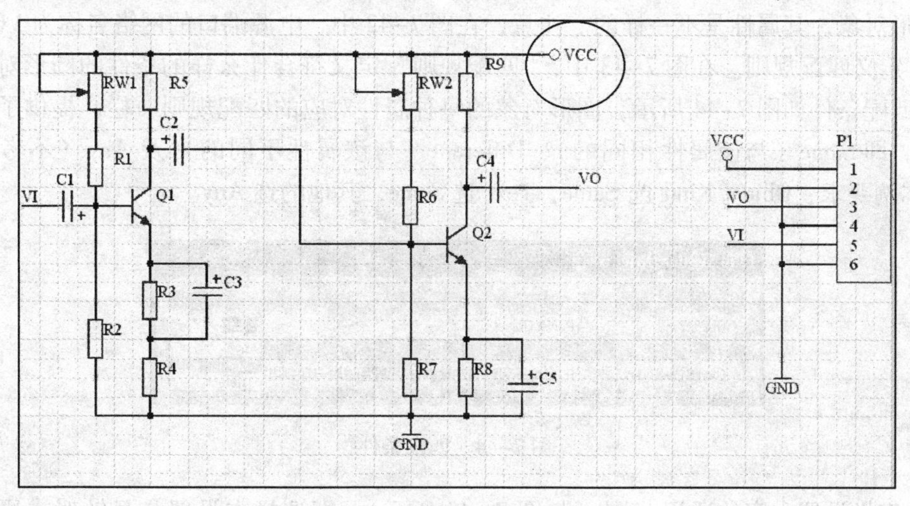

图 7-42　修改电源端口

1）打开“Find Similar Objects”（查找相似对象）对话框。用鼠标右键单击图 7-42 中标注位置的电源端口，弹出右键菜单，执行第一项：Find Similar Objects...（查找相似对象…）；或者执行菜单“Edit”（编辑）→“Find Similar Objects”，光标就会变成十字，然后用鼠标左键单击图 7-42 中的标注位置，弹出图 7-43 所示的查找相似对象对话框。

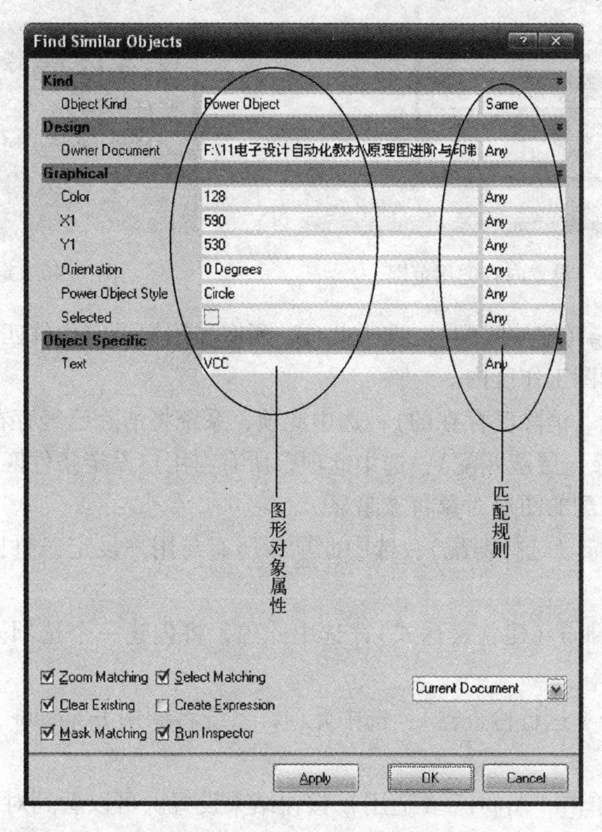

图 7-43　“查找相似对象”对话框

2）查看图形对象的属性。图 7-43 所示对话框是电源端口 VCC 的属性。注意，选择不同的图形对象，其属性是不一样的。注意，在图 7-42 中，电源端口的网络名称为 VCC。

3）定义匹配规则。在图 7-43 中，“匹配规则”定义符合什么样的条件的图形对象将被选择。匹配条件如图 7-44 所示，图形对象的每种属性对应的匹配规则一栏，提供了 3 种匹配方式，即 Same（与该属性相同的）、Different（与该属性不同的）及 Any（不考虑这一项）。本例要求：Object Kind 选 Same，Text 选 Same，其他的选 Any。

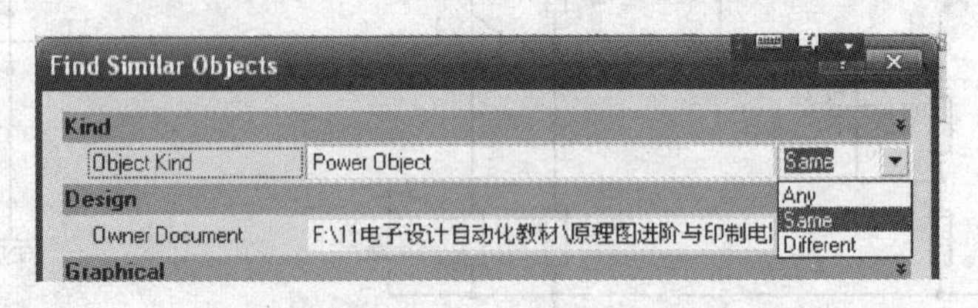

图 7-44　匹配条件

4）定义设置内容的适用范围（如图 7-45 所示），即选择本设置是只针对本原理图文件，还是对所有打开的原理图文件都有效。如果是对于一个项目中所有的原理图文件都有效，就要注意把原理图文件全部打开。

5）定义对被选择的图形对象所要进行的操作，定义操作如图 7-46 所示，各复选框功能如下。

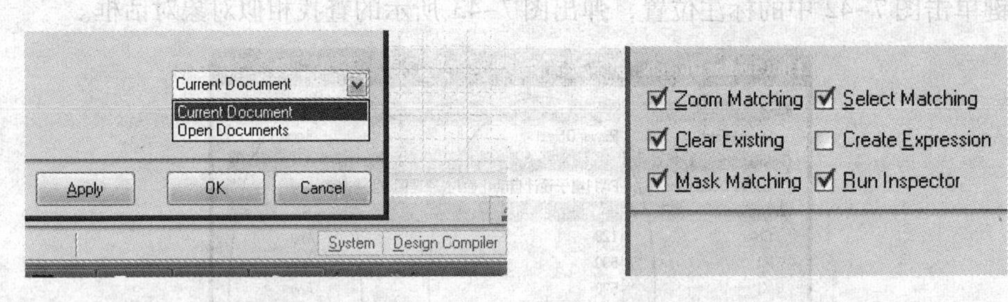

图 7-45　设置内容适用范围　　　　图 7-46　定义操作

① Zoom Matching（缩放匹配）：选中此项，所有与用户设定条件匹配的图形对象将以适当的比例显示在原理图工作区内。

② Clear Existing（消除已存在的）：选中此项，系统将清除已经存在的设置内容。

③ Mask Matching（屏蔽匹配）：选中此项，所有与用户设定条件匹配的图形对象将被高亮显示，而与之不匹配的图形对象将被暗显。

④ Select Matching（选择匹配）：选中此项，所有与用户设定条件匹配的图形对象将被选择。

⑤ Create Expression（建立表达式）：选中此项，将创建一个选项表达式，从而便于在以后的操作中选用。

⑥ Run Inspector（运行检查器）：选中此项，系统将调用 Inspector 面板，并且在上面显示相应的内容。

6）完成设置。单击“Apply”（适用）按钮结束设置。可以看到对话框后面的工作区内电源端口已经被选择并高亮显示，而其他部分则被暗显，亮显符合条件的实体如图 7-47 所示。单击“OK”按钮关闭对话框，Inspector 面板（如图 7-48 所示）随之被打开。

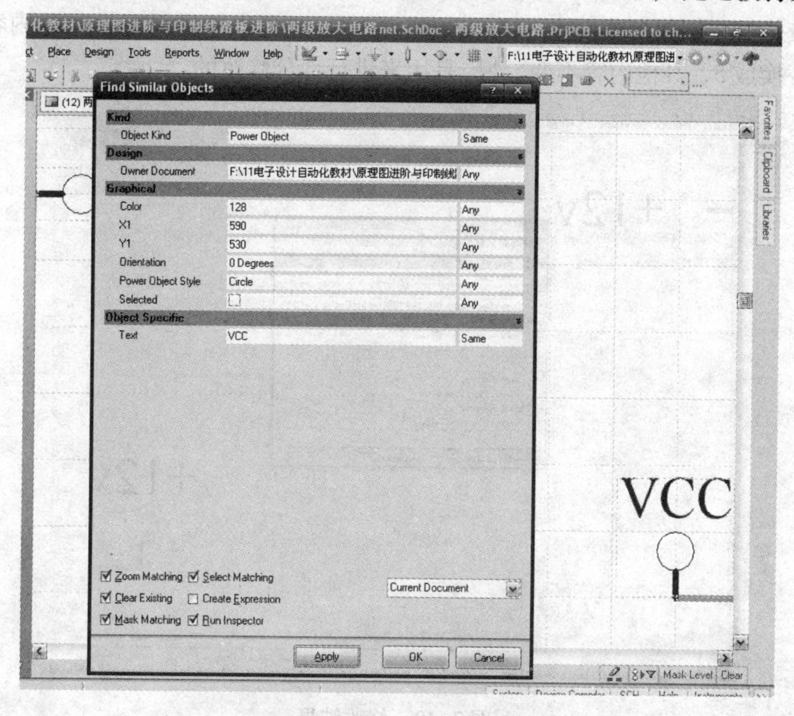

图 7-47　亮显符合条件的实体

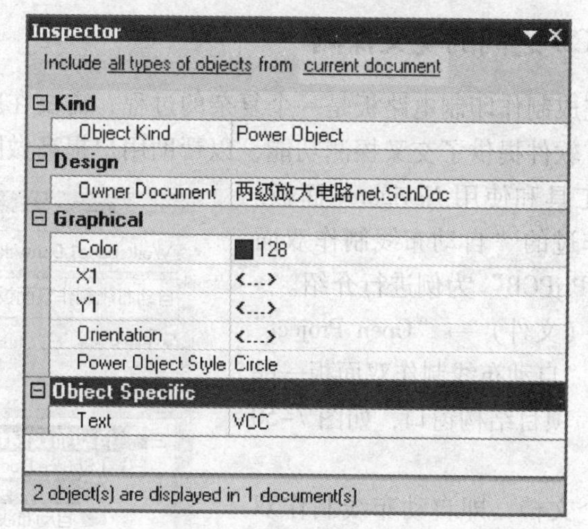

图 7-48　Inspector 面板

（2）查看被选择的图形对象属性

在图 7-48 中显示的图形对象属性与前面略有不同。本例中有两个电源端口被选中，这两个图形对象的属性有相同之处（例如 Object Kind），也有不同之处（例如它们所在位置的坐标），若是相同的属性，则按其属性值显示；若不同，则显示〈...〉。

（3）修改被选择的图形对象属性

本例是将电源端口的文本名称（Text）VCC 改为 +12 V。现在单击图 7-48 中的 VCC 位置，VCC 处会变为{}号，将它删除，键入 +12 V，然后按〈Enter〉键。可以看到图 7-49

所示的修改结果，两个电源端口的 Net 名称都改为了 +12 V。Inspector 面板还会留在原处，以供用户继续修改。例如，若再将 +12 V 改为 +15 V，则可以这样填写 Text 处内容：{2 =5}，而只有 2 被替换成 5，其他内容不变，{} 是用来进行部分修改的。

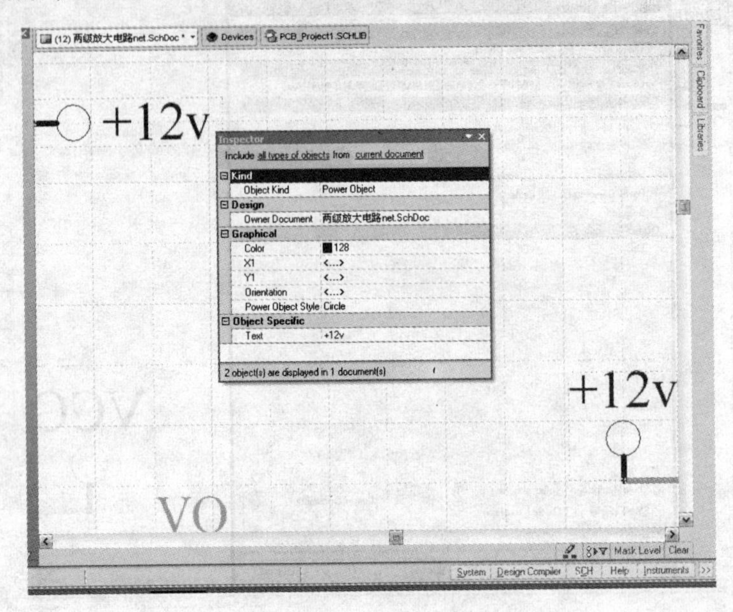

图 7-49　修改结果

7.1.6　原理图与 PCB 之间的交叉探测

从制作原理图到完成制作印制电路板是一个复杂的过程，需要在原理图与印制电路板文档之间反复进行切换。软件提供了交叉探测功能，以帮助用户提高做图速度。交叉探测有两种方法，即使用探测工具和使用 Navigator 面板。本节以前面章节中制作过的“自动布线制作双面板—晶体管放大电路 . PrjPCB”为例进行介绍。

执行菜单“File”（文件）→“Open Project”（打开项目）...，打开“自动布线制作双面板—晶体管放大电路 . PrjPCB”项目结构窗口，如图 7-50 所示。

图 7-50　项目结构窗口

打开项目中的两个文档，即自动布线制作双面板 - 晶体管放大电路 . SchDoc 和自动布线制作双面板 - 晶体管放大电路 . PCBDoc。执行菜单“Window”（视窗）→“Tile Vertically”（垂直排列），将工作区文档并行排列，窗口布局如图 7-51 所示。在图 7-51 中①或②任一个标记位置上单击鼠标右键，执行右键菜单 Merge All（全部合并），以使工作区排列恢复到原样。

1. 使用追踪工具

(1) 从原理图探测到 PCB

1) 在原理图窗口单击，使之成为活动文档。

2）执行菜单“Tools”（工具）→“Cross Probe”（交叉探测）或者单击主工具条上的“探测工具”图标，光标变为十字。

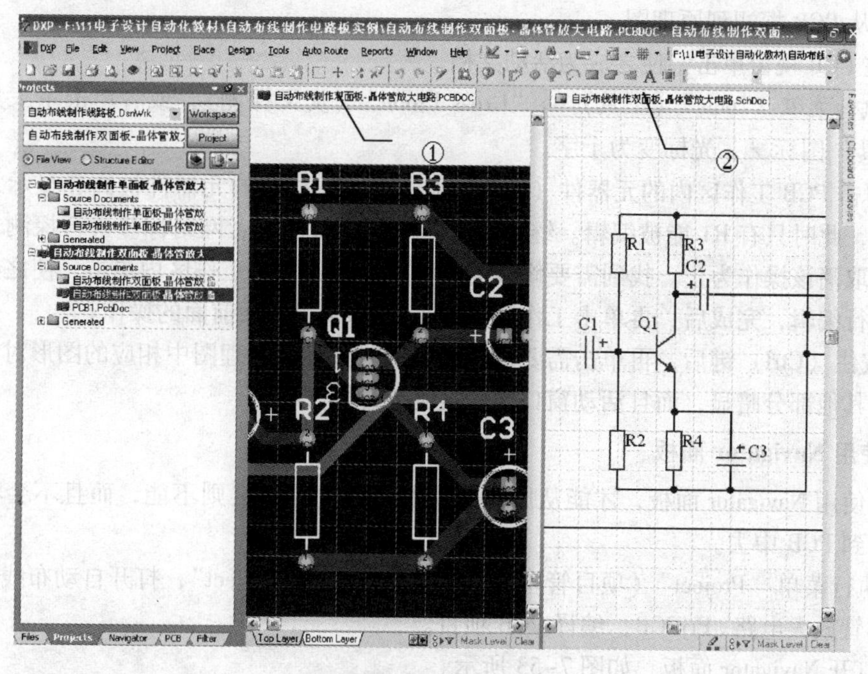

图 7-51　窗口布局

① 单击原理图工作区内的元器件（Q1），则 PCB 中相应的元器件被高亮显示，而其他部分暗显，此时只有 Q1 能被编辑，如图 7-52 所示。继续单击其他的元器件或者网络标签进行探测，直到按鼠标右键取消该操作为止。找到需要修改的目标后，在 PCB 工作区内单击，使之成为活动窗口，进行编辑，完成后，再单击工作区右下角的 Clear，清除前面的操作。

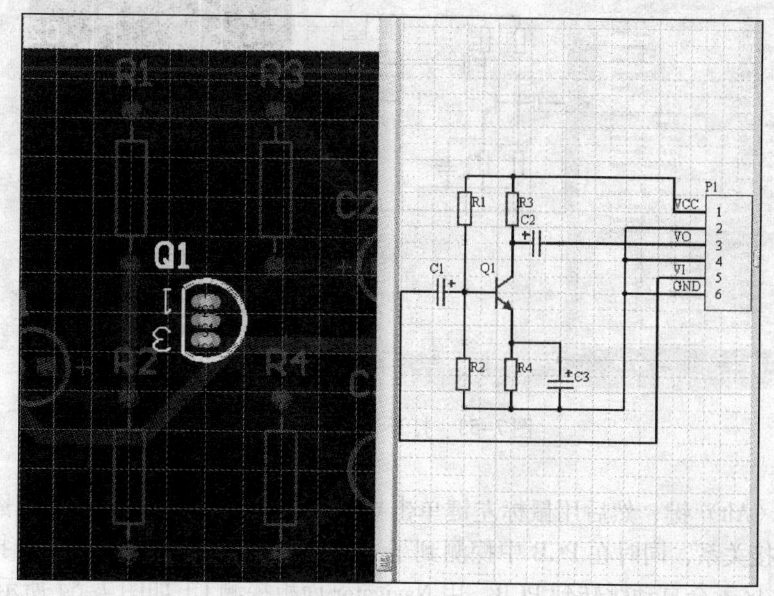

图 7-52　只有 Q1 能被编辑

② 按住〈Ctrl〉键后再在原理图中单击需要探测的图形对象，则 PCB 中相应的图形对象被高亮显示，而其他部分暗显，而且活动窗口也切换到 PCB 文档。

（2）从 PCB 探测到原理图

1）在 PCB 视窗单击，使之成为活动文档。

2）执行菜单“Tools”（工具）→“Cross Probe”（交叉探测），或者单击主工具条上的“探测工具”图标，光标变为十字。

① 单击 PCB 工作区内的元器件（R1），则原理图中相应的元器件被高亮显示，而其他部分暗显，此时只有 R1 能被编辑。继续单击其他的元器件或者网络标签进行探测，直到按鼠标右键取消该操作为止。找到需要修改的目标后，在原理图工作区内单击，使之成为活动窗口，进行编辑，完成后，再单击工作区右下角的 Clear，清除前面的操作。

② 按住〈Ctrl〉键后，再单击需要探测的图形对象，则原理图中相应的图形对象被高亮显示，而其他部分暗显，而且活动窗口也切换到原理图文档。

2. 使用 Navigator 面板

只有使用 Navigator 面板，才能从原理图探测到 PCB，反之则不能，而且不会将工作区自动切换到 PCB 中去。

1）执行菜单“Project”（项目管理）→“Compile PCB Project”，打开自动布线制作双面板－晶体管放大电路.PrjPCB，编译 PCB 项目。

2）打开 Navigator 面板，如图 7-53 所示。

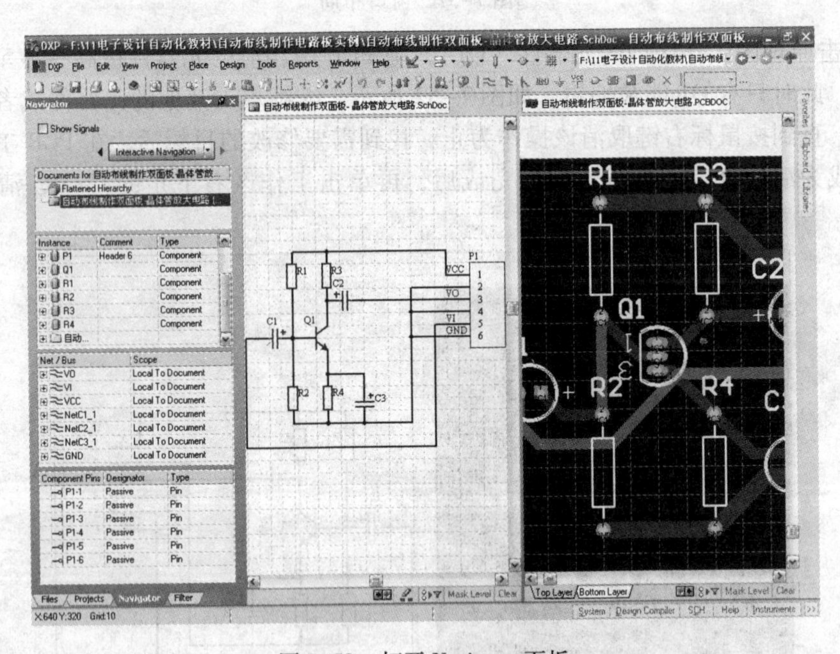

图 7-53 打开 Navigator 面板

3）按住〈Alt〉键，然后用鼠标左键单击导航栏中元器件 C1，则在原理图中按照设置显示 C1 的连接关系，同时在 PCB 中探测到了 C1，并且做了同样的高亮、选择、暗显等处理，但是工作区不会自动跳转到 PCB。用 Navigator 面板探测 C1 如图 7-54 所示。

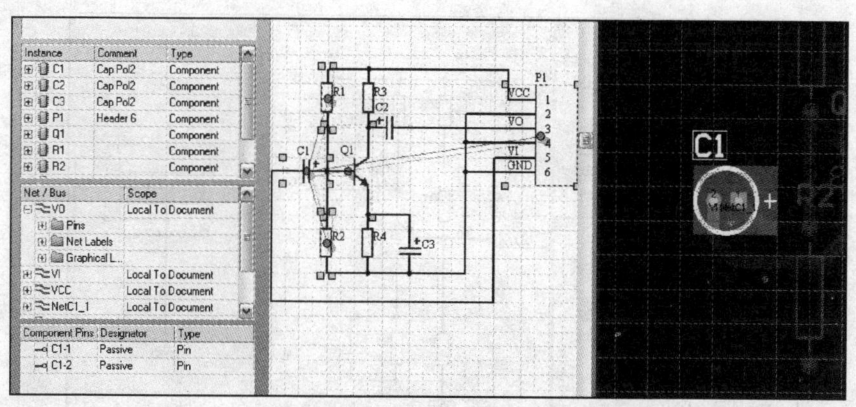

图 7-54　用 Navigator 面板追踪 C1

4）单击 Navigator 面板上方的“Interactive Navigation”（交互式导航）按钮，光标变为一个十字。

① 单击原理图中的元器件、网络标签、导线等将显示相应的网络连接关系。

② 按住〈Alt〉键，然后单击元器件、网络标签、导线等将在原理图和 PCB 中同时显示相应的网络连接关系。

7.1.7　元器件自动编号

在完成原理图设计后，可以使用软件提供的自动编号功能，将元器件统一编号，以保证元器件编号的唯一性和统一性。

1. 简单编号

简单编号方式有快捷编号模式和强迫重编号模式两种。本节以前面制作的两级放大电路为例进行介绍。

（1）快捷编号模式

给电路中所有没有编号的元器件都指定一个编号，已经编号的元器件不予改动。无需打开设置对话框。项目结构如图 7-55 所示。

图 7-55　项目结构

1）打开“两级放大电路 flat. PrjPCB”。

2）打开“两级放大电路 flat1. SchDoc”和“两级放大电路 flat2. SchDoc”。

3）执行菜单“Tools”（工具）→“Reset Designators”（重置标识符）...，重置所有的元器件标号（即元器件编号为 R?、Q? 等），如图 7-56 所示。（本步骤只是为了演示效果而设，不是必需的）

4）执行菜单“Tools”（工具）→“Annotate Quiet”（快捷注释元件）...。采用安静编号模式的结果如图 7-57 所示。可以看到，除了预先编号的元器件，软件给别的元器件自动作了编号。

（2）强制重编号模式

按照自动编号对话框的设置，将项目中的元器件重新编号。

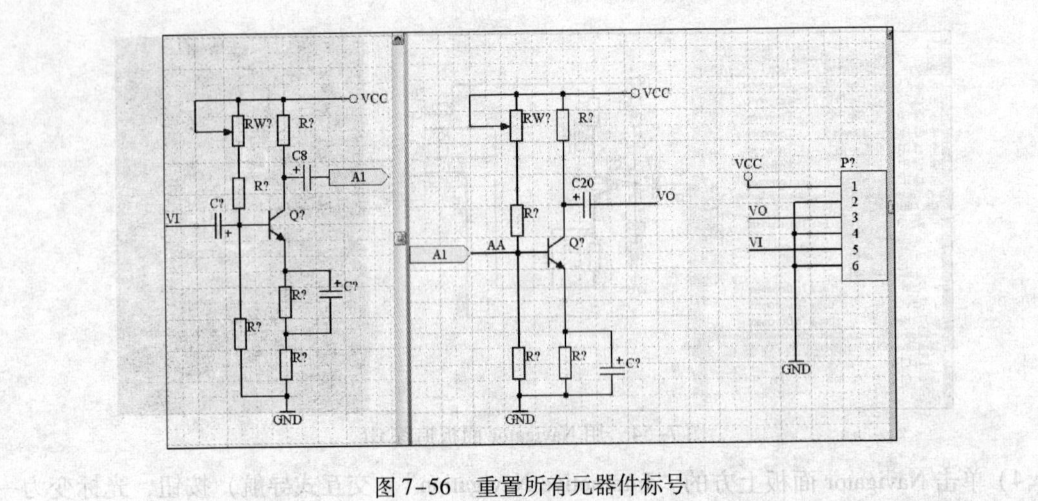

图 7-56　重置所有元器件标号

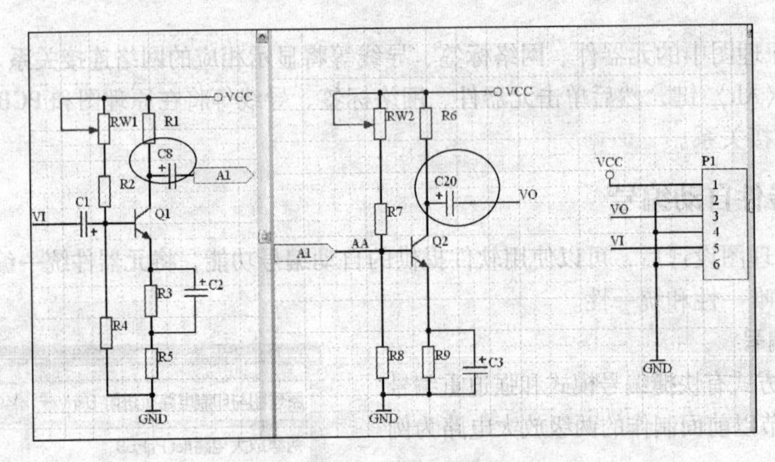

图 7-57　采用快捷编号模式的结果

1）撤销上述第 4）步的操作（注意要在两个原理图内都执行撤销操作），将原理图还原到图 7-56 所示。

2）执行菜单“Tools”（工具）→“Force Annotate All”（强制注释全部元件）…，采用强制重编号模式的结果如图 7-58 所示。

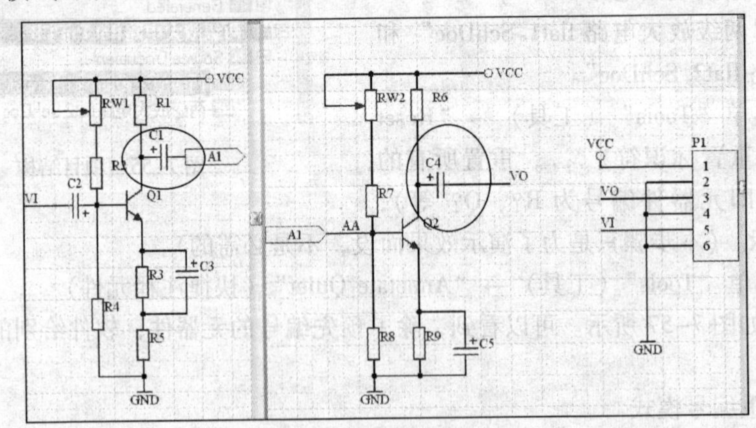

图 7-58　采用强制重编号模式的结果

2. 复杂编号

复杂编号涉及元器件标号的锁定、多单元元器件单元序号的锁定和选择要编号的文档等。本例以图 7-59 所示的半加器电路为例进行讲解。

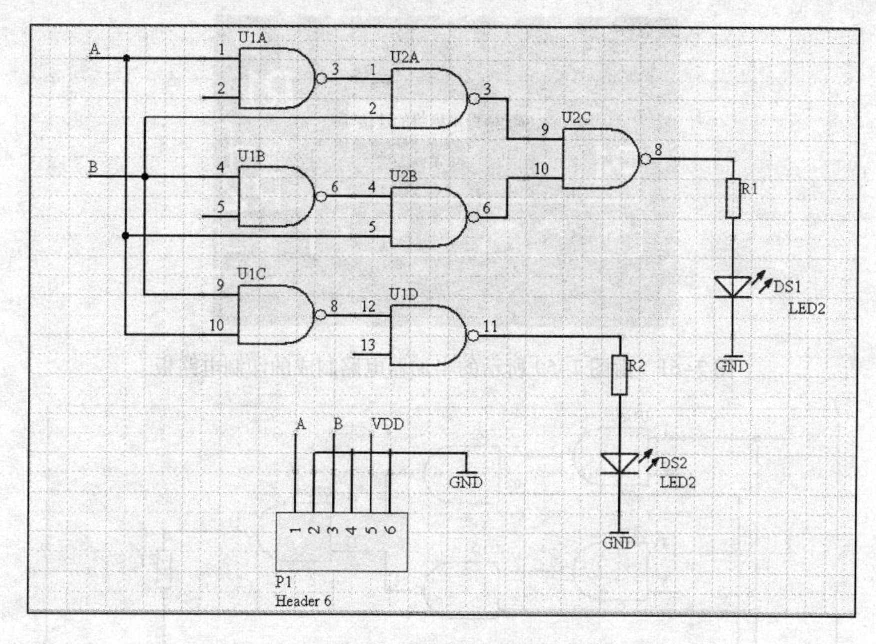

图 7-59　半加器电路

(1) 元器件标号的锁定方法

在原理图上用鼠标双击元器件 P1，打开“P1 的属性”对话框，如图 7-60 所示。在图中所示位置的选项框里打勾，锁定元器件标号。

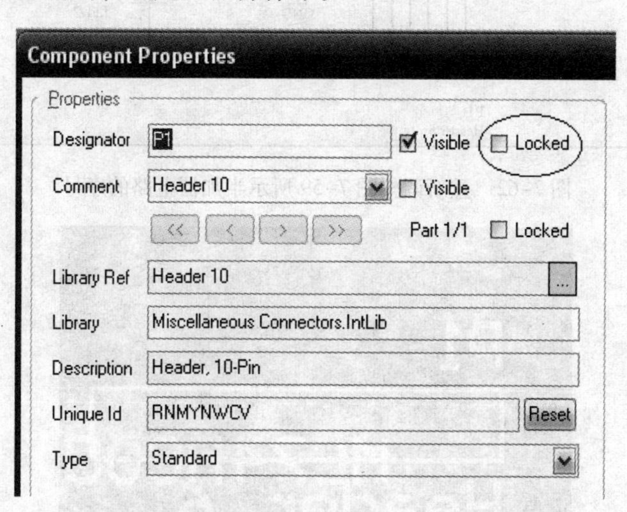

图 7-60　“P1 的属性”对话框

(2) 元器件单元序号的锁定方法

1) 调整元器件单元序号的意义。图 7-61 是由图 7-59 所示的半加器电路制成的印制电路板。观察其中的 A 网络，可以看到绕弯很多，走线比较困难。重新调整图 7-59 所示半加器电路中元器件单元电路的序号，如图 7-62 所示。图 7-63 是调整后由图 7-62 所示电路制作的印制电路板，再观察 A 网络，可以看到走线明显容易多了。

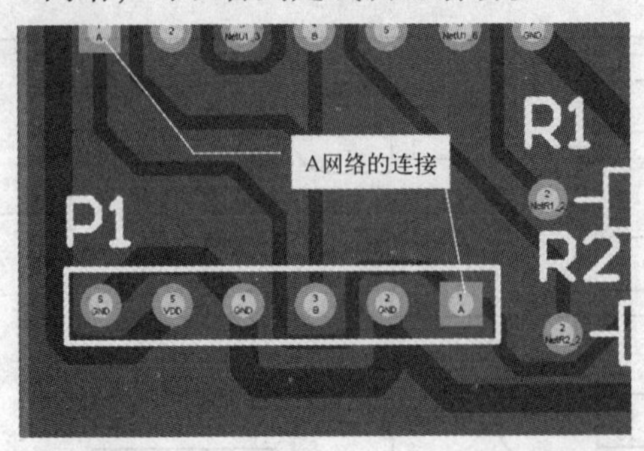

图 7-61　由图 7-59 所示的半加器电路制成的印制电路板

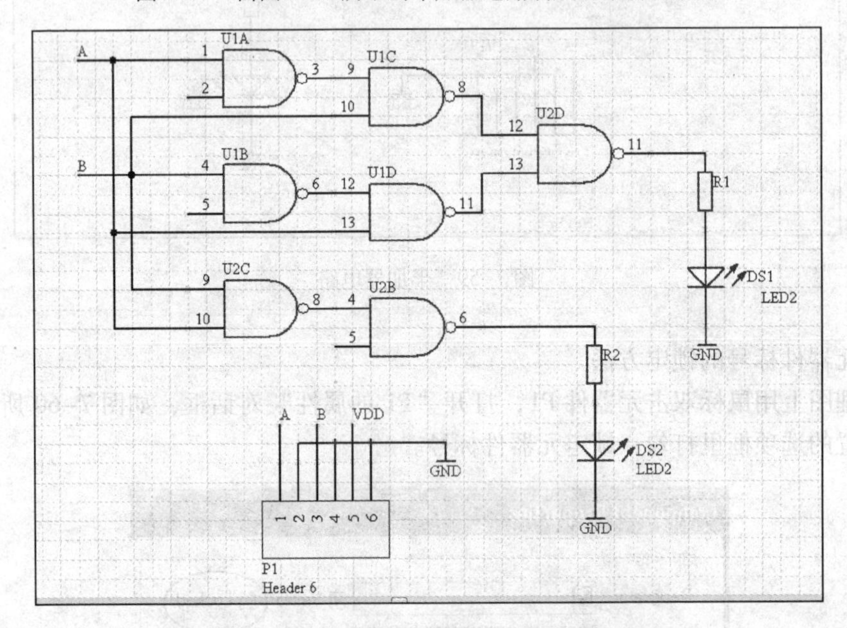

图 7-62　重新调整图 7-59 所示半加器电路的序号

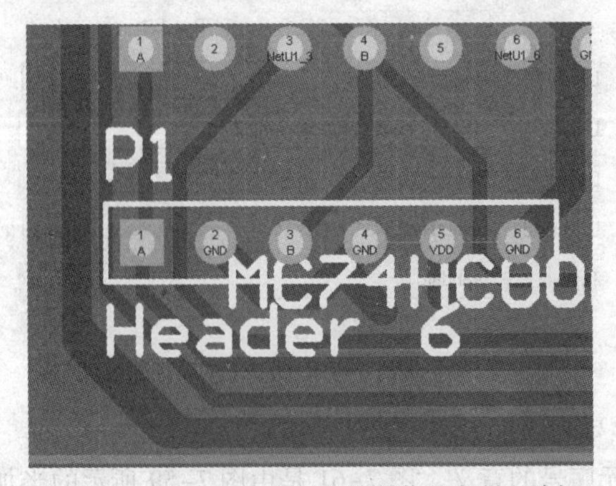

图 7-63　由图 7-62 所示电路制作的印制电路板

2）锁定单元电路的方法。用鼠标双击图 7-59 中的 U2A，打开“属性”对话框，锁定单元电路如图 7-64 所示，将元器件标号改为 U1，单元电路序号改为 3/4，并锁定元器件标号和单元电路序号，锁定后自动编号将略过它。参照图 7-62 对其他元器件进行修改与锁定。

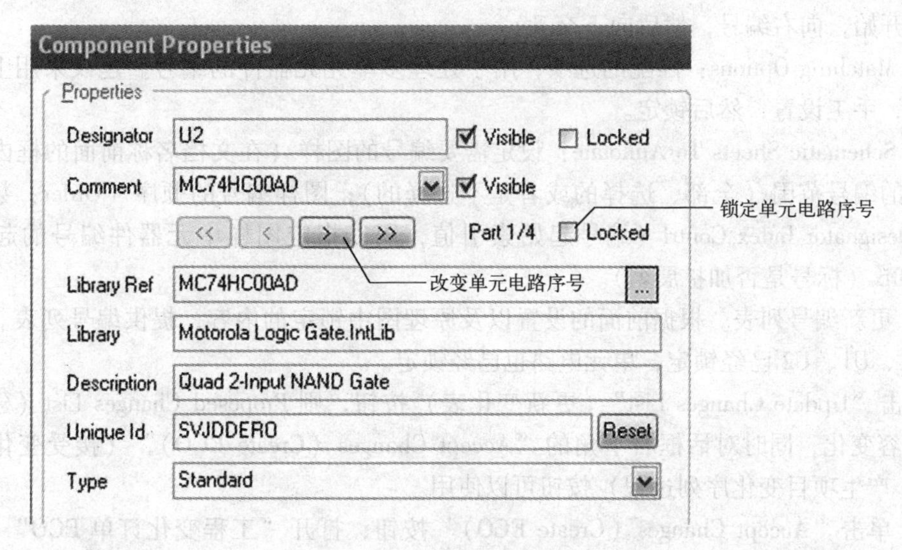

图 7-64　锁定单元电路

（3）自动编号设置及操作方法

1）执行菜单“Tools”（工具）→“Reset Designators”（重置标识符），可以看到除了锁定的元器件外，其他的元器件标号都已恢复到系统默认值。

2）执行菜单“Tools”（工具）→“Annotate”（注释），打开图 7-65 所示的“元器件自动编号设置”对话框。

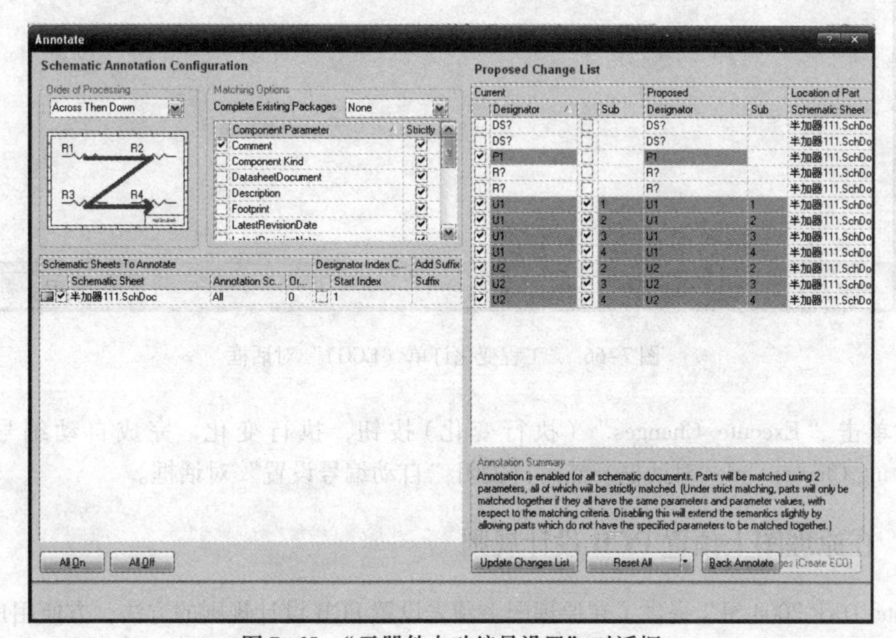

图 7-65　“元器件自动编号设置”对话框

3）编号设置。各参数说明如下。

① Order of Processing：编号处理顺序。提供4种方式：Up Then Across（从左下角开始，向上编号，然后水平交叉）、Down Then Across（从左上角开始，向下编号，然后水平交叉）、Across Then Up（从左下角开始，向右编号，然后向上交叉）、Across Then Down（从左上角开始，向右编号，然后向下交叉）。

② Matching Options：匹配的选项，用于处理多单元元器件的编号。建议采用上述介绍的方法，手工设置，然后锁定。

③ Schematic Sheets To Annotate：设定需要编号的图样（在文档名称前面的框内打勾）；图样内的编号范围（全部、选择的或者是不选择的）；图样编号的顺序（Order：数字可设定）；Designator Index Contrl（编号起始索引值，用以指定图样中元器件编号的起始值）；Add Suffix（标号是否加扩展名）。

4）更新编号列表。根据前面的设置以及原理图中锁定的内容，提供编号列表。从图中看到P1、U1、U2已经锁定，单元电路也已经锁定。

单击“Update Changes List”（更新变化表）按钮，则Proposed Changes List（建议变化表）内容变化，同时对话框右下角的“Accept Changes（Create ECO）”（接受变化（建立ECO），产生项目变化序列过程）按钮可以使用。

5）单击“Accept Changes（Create ECO）”按钮，打开“工程变化订单ECO”对话框，如图7-66所示。

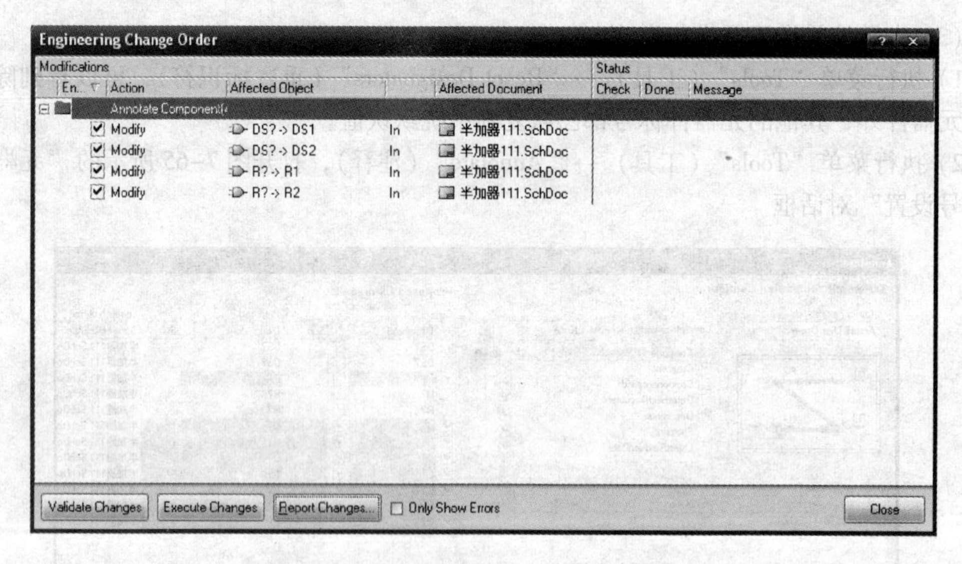

图7-66 “工程变化订单（ECO）”对话框

6）单击“Execute Changes”（执行变化）按钮，执行变化，完成自动编号，关闭Engineering Charge Order对话框，然后再关闭“自动编号设置”对话框。

7.1.8 在原理图上预置PCB设计规则

Protel DXP 2004 SP2提供了在原理图上预先设置PCB设计规则的方法，方便用户指定某个网络的设计规则。在执行原理图到 PCB 的同步或者从 PCB 导入原理图的变化时，这些预先指定的规则将被同步到 PCB 中。此处以指定半加器电源网络 VDD 的布线宽度为例进行介绍。预置 PCB 规则如图 7-67 所示。

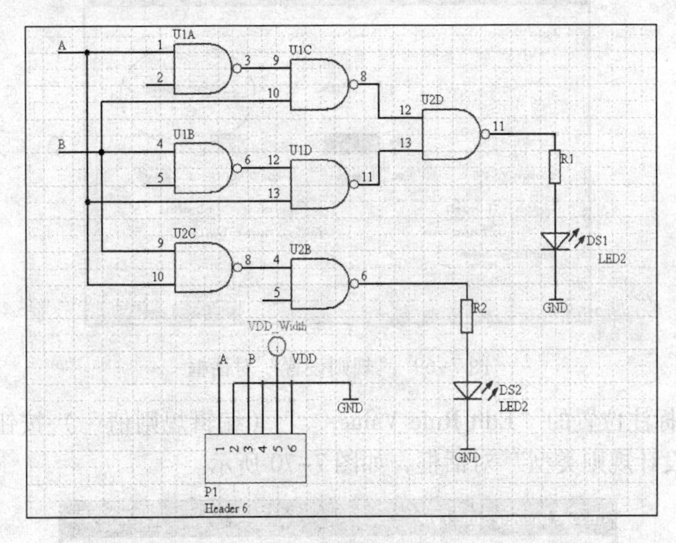

图 7-67　预置 PCB 规则

制作步骤如下。

1）执行菜单“Place”（放置）→“Directives”（指示符）→“PCB Layout”（PCB 布局），在图 7-67 所示的位置放置 PCB 设计规则图标。

2）用鼠标双击该图标，打开“预置 PCB 规则参数设置”对话框，如图 7-68 所示。

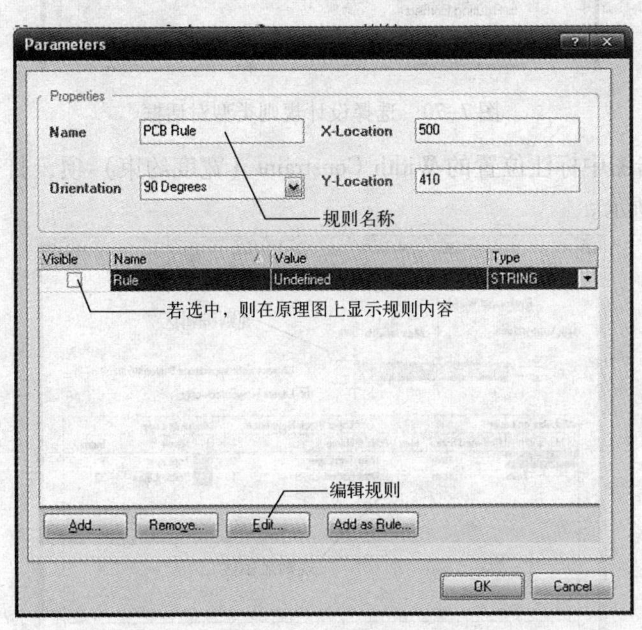

图 7-68　“预置 PCB 规则参数设置”对话框

3）在 Name（名称）处填入规则名称，本例为 VDD _ Width，选中图示规则，单击“Edit...”（编辑）按钮，进入“规则设置”对话框，如图 7-69 所示。

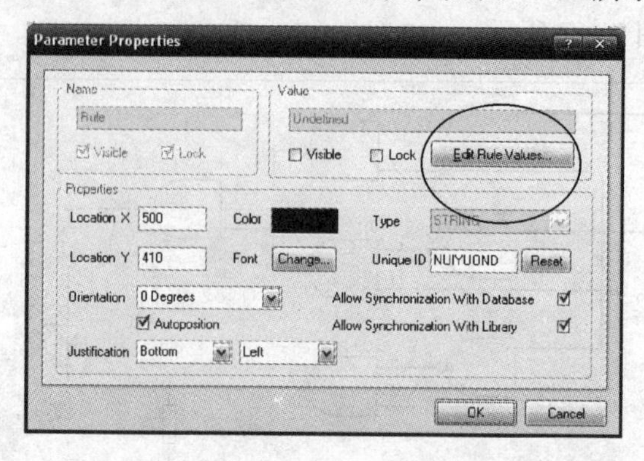

图 7-69 “规则设置”对话框

4）单击图中标注位置的“Edit Rule Value...”（编辑规则值…）按钮，编辑规则的内容，打开“选择设计规则类型”对话框，如图 7-70 所示。

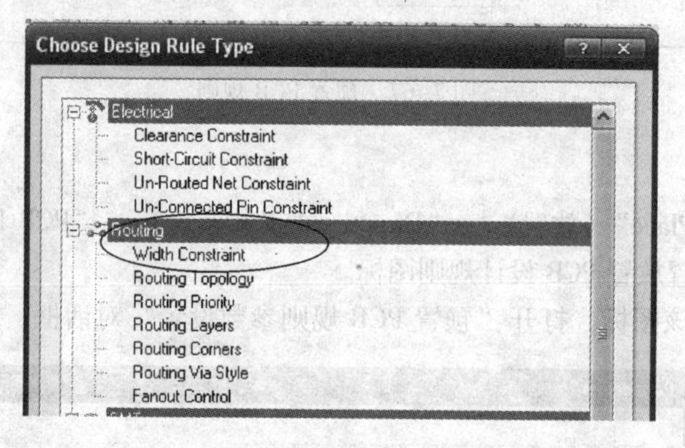

图 7-70 选择设计规则类型对话框

5）用鼠标双击图中标注位置的 Width Constraint（宽度约束）项，打开“宽度设置”对话框，如图 7-71 所示。

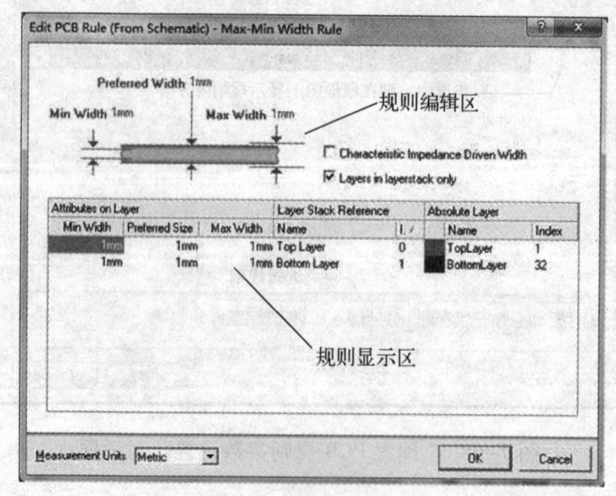

图 7-71 “宽度设置”对话框

6）在图 7–71 的左下方选择度量单位：Metric（公制），在规则编辑区将导线的最小宽度、最大宽度以及优先选择宽度都设置为 1 mm。修改后的规则将显示在“规则显示区”内。

7）依次关闭对话框。

8）将原理图内容同步到 PCB 中去，并在 PCB 编辑器中打开设计规则。“PCB 规则与约束编辑器”如图 7–72 所示。可以看到，上述设置已经被导入（注意，需要将 PCB 中的度量单位也设为公制才能正确显示）。

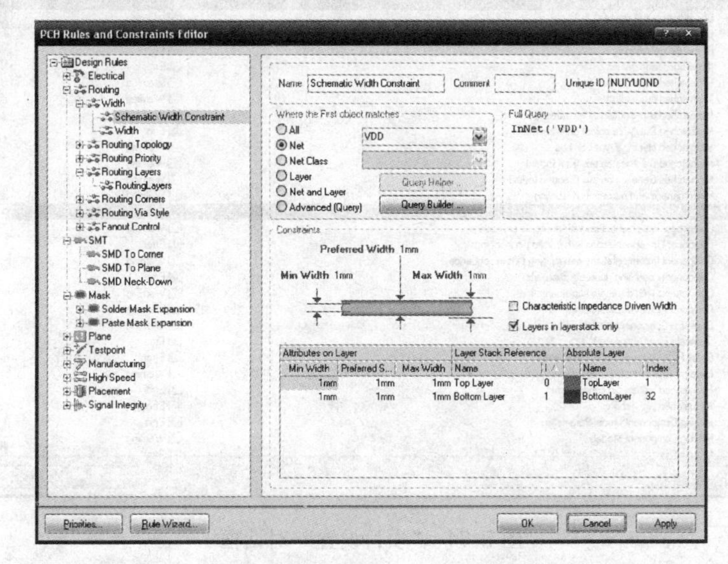

图 7–72　PCB 规则与约束编辑器

7.1.9　原理图编译与电气规则检查

Protel DXP 2004 SP2 提供了一系列的电气规则与绘图规则设置，在用户完成原理图制作后，运行项目编译，软件就会按照规则对电路图进行检查，然后将结果显示在信息（Messages）面板上，供用户定位错误之用。此处以图 7–73 所示的半加器电路为例进行介绍。

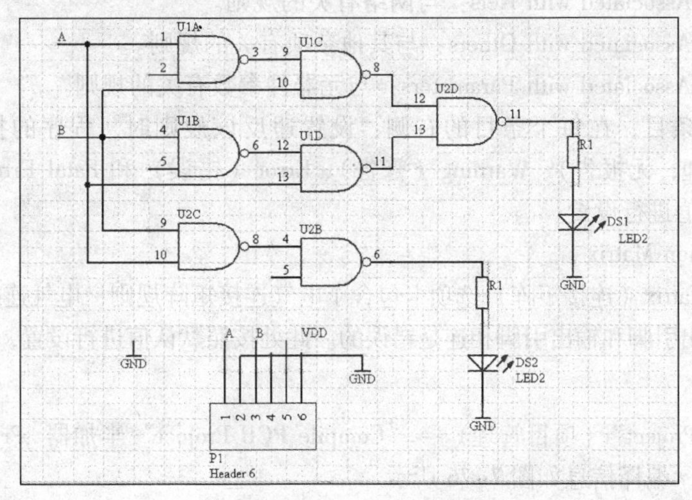

图 7–73　半加器电路

1. 电气规则设置

执行菜单“Project”（项目管理）→“Project Options”（项目管理选项）...，打开“项目设置”对话框，如图 7-74 所示。

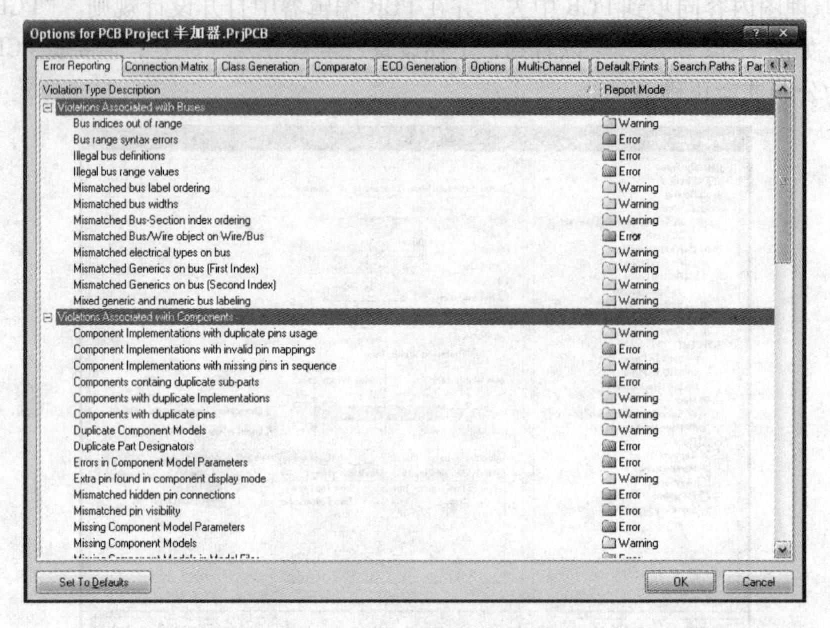

图 7-74 “项目设置”对话框

（1）Error Reporting

Error Reporting（违规类型描述）选项卡规定需要报告的错误类型。

1）Violation Associated with Buses：与总线有关的电路规则。

2）Violation Associated with Components：与元器件有关的规则。

3）Violation Associated with Documents：与多张电路图设计有关的规则。

4）Violation Associated with Nets：与网络有关的规则。

5）Violation Associated with Others：与其他杂项有关的规则。

6）Violation Associated with Parameters：与元器件参数有关的规则。

每项有多个条目，在每个条目的右侧、设置违反该规则时，程序的报告模式是，No Report（不予处理，无报告）、Warning（警告）、Error（错误）和 Fatal Error（致命错误）。本例全部按默认值进行设置。

（2）Connection Matrix

Connection Matrix（连接矩阵）选项卡包含了电气连接矩阵规则，电气连接矩阵如图 7-75 所示。例如，输出引脚和输出引脚相连是错误的。此处按照默认值进行设置，不作改动。

2. 编译项目

执行菜单“Project”（项目管理）→“Compile PCB Project”半加器 . PrjPCB，弹出“编译信息”对话框，编译信息如图 7-76 所示。

1）第 1 条错误是存在浮动的电源端口 GND。用鼠标双击该信息，显示浮动电源端口错误信息，如图 7-77 所示，用鼠标双击错误提示，在图样上可以准确定位错误地点。

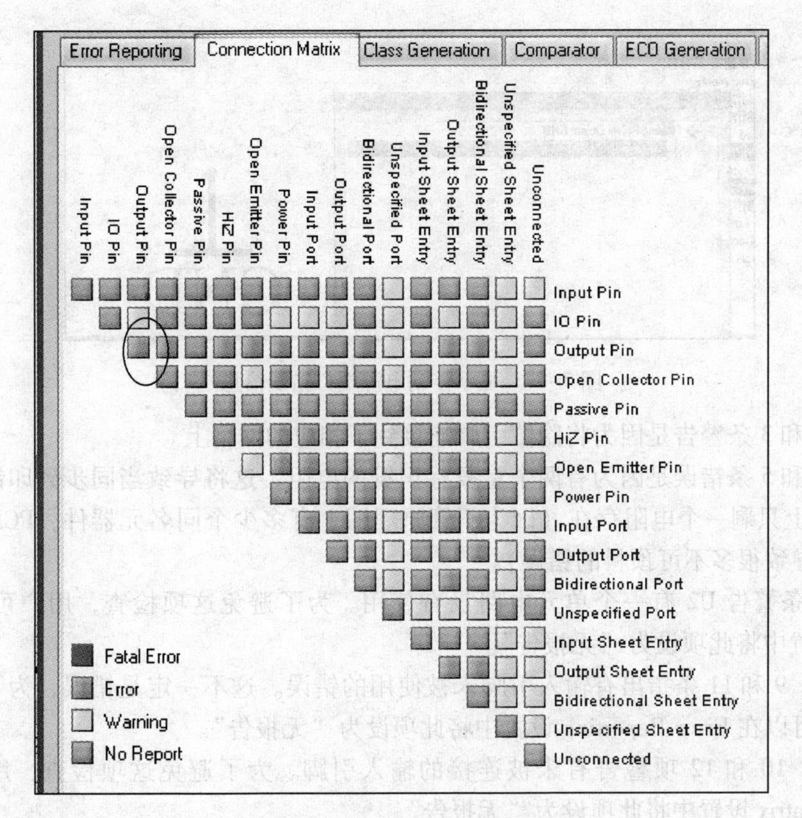

图 7-75　电气连接矩阵

Messages

Class	Document	Source	Message	Time	Date	No.
[Warning]	半加器111.Sc...	Compiler	Floating Power Object GND	21:40:20	2007-4-16	1
[Warning]	半加器111.Sc...	Compiler	Adding items to hidden net GND	21:40:20	2007-4-16	2
[Warning]	半加器111.Sc...	Compiler	Adding items to hidden net VDD	21:40:20	2007-4-16	3
[Error]	半加器111.Sc...	Compiler	Duplicate Component Designators R1 at 690,530 and 630...	21:40:20	2007-4-16	4
[Error]	半加器111.Sc...	Compiler	Duplicate Component Designators R1 at 630,440 and 690...	21:40:20	2007-4-16	5
[Warning]	半加器111.Sc...	Compiler	Component U2 MC74HC00AN has unused sub-part (1)	21:40:20	2007-4-16	6
[Error]	半加器111.Sc...	Compiler	Net NetU1_2 contains floating input pins (Pin U1-2)	21:40:21	2007-4-16	7
[Warning]	半加器111.Sc...	Compiler	Unconnected Pin U1-2 at 410,580	21:40:21	2007-4-16	8
[Error]	半加器111.Sc...	Compiler	Net NetU1_5 contains floating input pins (Pin U1-5)	21:40:21	2007-4-16	9
[Warning]	半加器111.Sc...	Compiler	Unconnected Pin U1-5 at 410,520	21:40:21	2007-4-16	10
[Error]	半加器111.Sc...	Compiler	Net NetU2_5 contains floating input pins (Pin U2-5)	21:40:21	2007-4-16	11
[Warning]	半加器111.Sc...	Compiler	Unconnected Pin U2-5 at 490,450	21:40:21	2007-4-16	12
[Warning]	半加器111.Sc...	Compiler	Net NetU1_2 has no driving source (Pin U1-2)	21:40:21	2007-4-16	13
[Warning]	半加器111.Sc...	Compiler	Net NetU1_5 has no driving source (Pin U1-5)	21:40:21	2007-4-16	14
[Warning]	半加器111.Sc...	Compiler	Net NetU2_5 has no driving source (Pin U2-5)	21:40:21	2007-4-16	15
[Warning]	半加器111.Sc...	Compiler	Net B has no driving source (Pin P1-3,Pin U1-4,Pin U1-10,...	21:40:21	2007-4-16	16
[Warning]	半加器111.Sc...	Compiler	Net A has no driving source (Pin P1-1,Pin U1-1,Pin U1-13,...	21:40:21	2007-4-16	17
[Error]	半加器111.Sc...	Compiler	Duplicate Net Names Wire NetR1_2	21:40:21	2007-4-16	18

图 7-76　编译信息

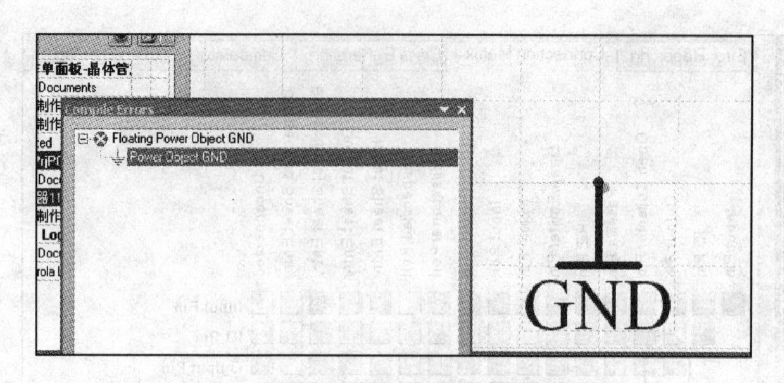

图 7-77　显示浮动电源端口错误信息

2）第 2 和 3 条警告是因为将隐藏引脚连接到了相应的网络上。

3）第 4 和 5 条错误是因为有两个重复标识符的电阻，这将导致当同步到印制电路板上时，在 PCB 上只剩一个电阻存在（因为不管原理图上有多少个同名元器件，PCB 只认为是一个，这将导致很多不可预料的错误）。

4）第 6 条警告 U2 有一个单元电路没有使用。为了避免这项检查，用户可以在 Error Reporting 设置中将此项设为“无报告”。

5）第 7、9 和 11 条指出有输入引脚未被使用的错误。这不一定是错误，为了避免这项检查，用户可以在 Error Reporting 设置中将此项设为“无报告”。

6）第 8、10 和 12 项警告有未被连接的输入引脚。为了避免这项检查，用户可以在 Connection Matrix 设置中将此项设为“无报告”。

7）第 13、14、15、16 和 17 项警告引脚网络没有驱动信号源。这不是错误，为了避免这项检查，用户可以在 Error Reporting 设置中将此项设为“无报告”。

8）第 18 条指出重复使用的网络标签错误，这个问题是由于两个重复使用的元器件标号（R1）引起的，修改元器件标号后就可以解决。

7.1.10　上机与指导 16

1. 任务要求

计数器电路图的制作。

2. 能力目标

1）学会使用各种方法编辑图形对象。

2）学会使用交叉追踪功能提高作图速度。

3）学会元器件自动编号的方法。

4）学会在原理图中预置 PCB 设计规则，并在 PCB 文件中做进一步修改。

5）理解原理图编译与电气规则检查的存在意义以及设置方法，并学会使用该规则定位错误。

3. 基本过程

1）运行软件。

2）新建设计工作区，并保存。

3）新建 PCB 项目，并保存。

4）新建原理图文件，制作原理图，并进行各种设置及分析。

5）保存文档。

4. 关键问题点拨

1）明确各种图形对象的编辑方法将极大程度地提高作图速度。例如，在图形对象浮动时按〈Tab〉键修改其属性，当后续同类图形对象放置时将继承该属性，这将节省大量的重复设置属性的时间；多个同类图形对象的修改方法适用于原理图或 PCB 完成后进行成批修改。

2）多单元元器件的单元标号修改及锁定对于后续 PCB 制作有至关重要的意义。

3）电气规则检查只负责检查是否违反了预先设定的规则，对于用户设计思想的错误，例如，电解电容器正负极放反了，该工具没有能力检查出来。

5. 能力升级

制作图 7-78 所示的计数器电路图，元器件资料如表 7-3 所示。

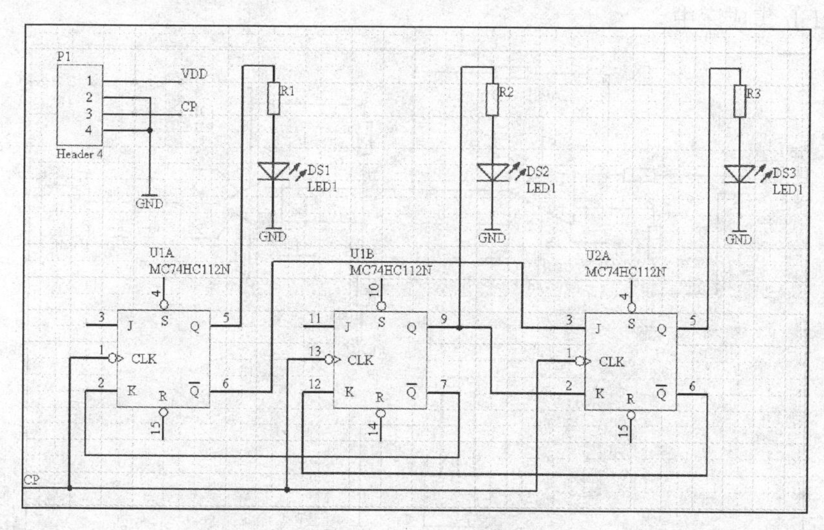

图 7-78　计数器电路图

表 7-3　元器件资料

Designator （元器件标号）	LibRef （元器件名称）	Footprint （元器件封装方式）	Library Name （元器件所在的库）
U1	MC74HC112N	648-06	Motorola Logic Flip-Flop. IntLib
U2	MC74HC112N	648-06	Motorola Logic Flip-Flop. IntLib
P1	Header 4	HDR1X4	Miscellaneous Connectors. IntLib
R1	Res2	AXIAL-0. 4	Miscellaneous Devices. IntLib
R2	Res2	AXIAL-0. 4	Miscellaneous Devices. IntLib
R3	Res2	AXIAL-0. 4	Miscellaneous Devices. IntLib
DS1	LED1	LED-1	Miscellaneous Devices. IntLib
DS2	LED1	LED-1	Miscellaneous Devices. IntLib
DS3	LED1	LED-1	Miscellaneous Devices. IntLib

制作要点如下。

1）新建项目。

2）新建原理图。

3）加载元器件库。

4）制作原理图。

5）自动编号。

6）编译项目，分析网络，观察错误及警告信息。

7）修改项目设置，重新编译项目。

8）放置 PCB 规则标记。

7.2 印制电路板进阶

本节以图 7-79 所示的反相放大及比较器电路为案例进行介绍。要求：一般导线宽度为 0.5 mm，电源和地线宽度为 1 mm，制作单面板。图中 UA741MN 在 ST Operational Amplifier. IntLib 集成库中。

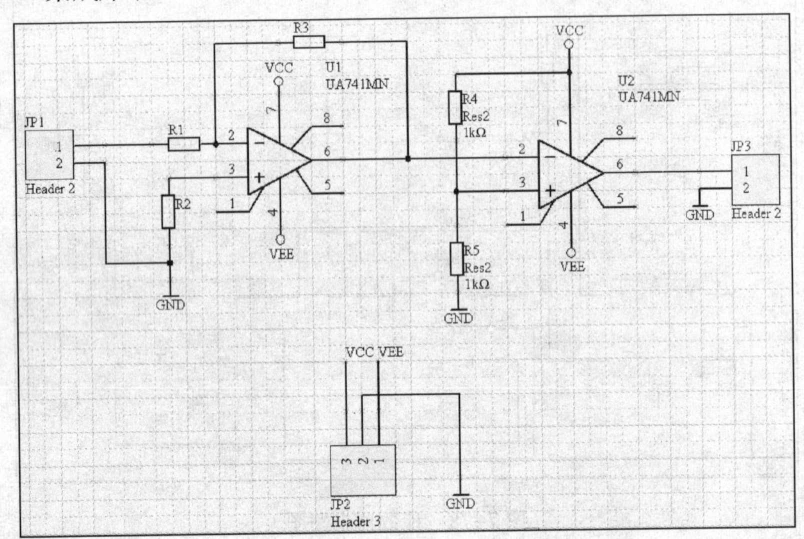

图 7-79 反相放大及比较器电路

制作过程如下。

1）参考图 7-80 所示的项目结构准备项目文件、原理图文件和印制电路板文件。

图 7-80 项目结构

2）编译项目，处理原理图的错误和警告信息。

3）打开 Navigator 面板，分析原理图网络关系。

4）将原理图内容同步到 PCB，删除软件自动放置的元器件盒。

5）将元器件全部移动到 PCB 的物理边界内（此处使用软件默认大小的物理边界）。

6）画好禁止布线区，结果如图 7-81 所示。若需要，则在布线区内不允许在布局、布线的地方予以标记，例如电路板的固定孔（放置大于孔径的圆弧，方法是执行菜单“Place”（放置）→“Keepout”（禁止布线区）→“Arc”（圆弧（中心）））。

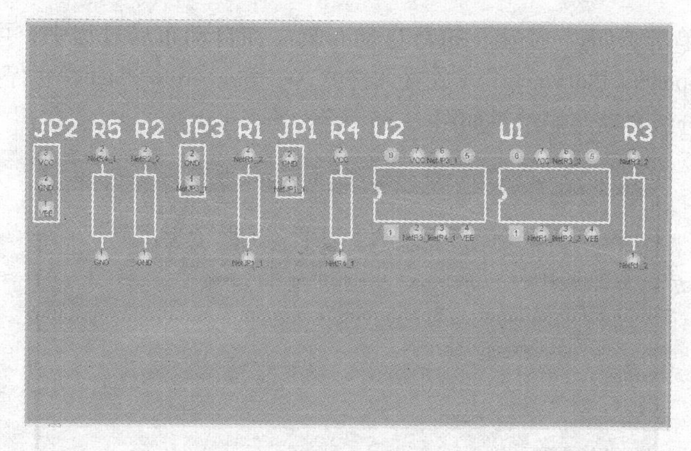

图 7-81　禁止布线区

7.2.1　元器件布局

1. 自动布局

在自动布局之前，需要将接插件、插座、散热零件、经常更换或将调节的元器件等预先放置到合适的位置，并在元器件的属性里面设置锁定。锁定元器件如图 7-82 所示。预布局结果如图 7-83 所示。

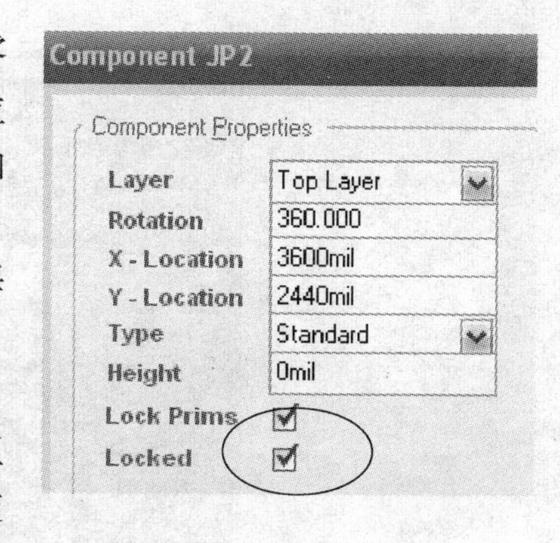

图 7-82　锁定元器件

Protel DXP 2004 SP2 提供了两种自动布局方式，每种方式都使用了不同的计算和优化元器件位置的方法。

（1）Cluster Placer（组群自动布局器）

组群自动布局方式是将元器件按照它们之间的相互连接分为不同的元器件组，并且将这些元器件按照一定的几何位置进行布局，这种布局方式适合元器件数量（少于 100 个）较少的 PCB 的制作。

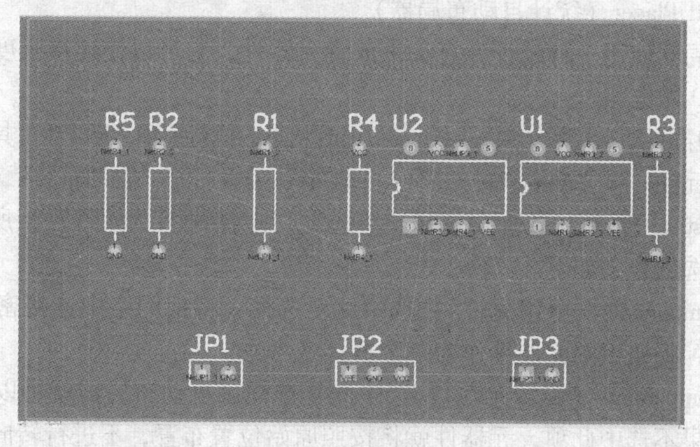

图 7-83　预布局结果

执行菜单“Tool”（工具）→“Component Placement”（放置元件）→“Auto Placer…”（自动布局…），打开“自动布局”对话框，如图 7-84 所示，选中“Cluster Placer”（分组

布局）单选项，单击“OK”按钮，执行自动布局。在自动布局过程中，可以执行“Tool”（工具）→“Component Placement”（放置元件）→“Stop Auto Placer”（停止自动布局器），停止自动布局。分组自动布局结果如图 7-85 所示。

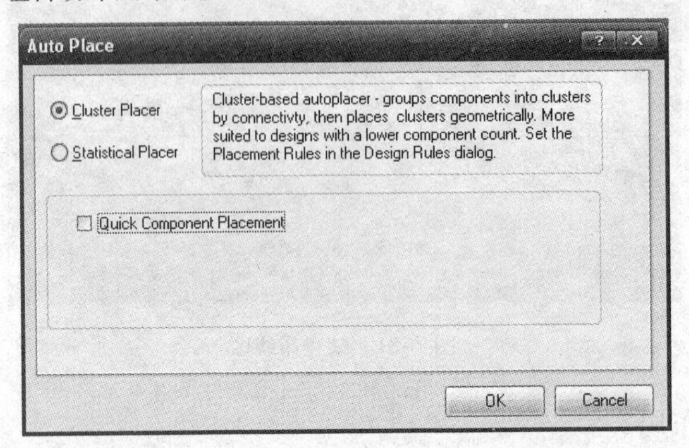

图 7-84 “自动布局”对话框

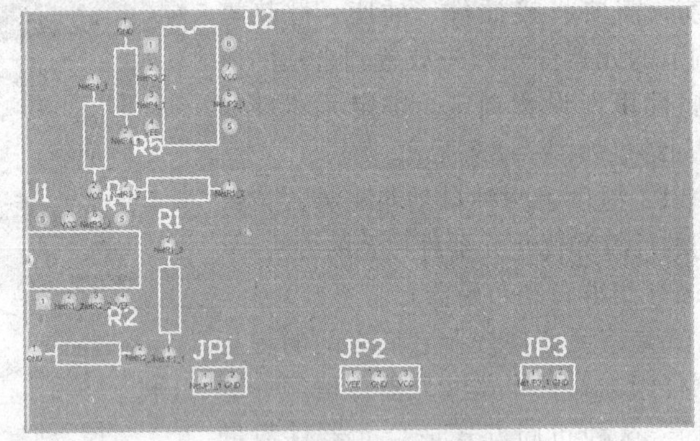

图 7-85 分组自动布局结果

（2）Statistical Placer（统计自动布局器）

统计自动布局器使用一种统计计算法来放置元器件，它可以使连接长度最优化，适合元器件个数大于 100 的电路。

撤销上一步组群自动布局的结果，回到未布局的状态，执行菜单“Tool”（工具）→“Component Placement”（放置元件）→“Auto Placer…”（自动布局…），打开“自动布局”对话框，如图 7-84 所示，选中“Statistical Placer”（统计式布局）单选项，则对话框变为如图 7-86 所示。

各复选框及选框含义如下。

1）Group Components（分组元件）：选中此复选框，将把网络中连接密切的元器件归为一组，在排列时，将该组的元器件作为一个群体来考虑。

2）Rotate Components（旋转元件）：选中此复选框，自动布局器就可以根据需要将元器件旋转方向；如果不选中此项，元器件就将按照原始位置布置，不进行转向。

3）Power Nets（电源网络）：定义电源网络。可以定义多个网络。

4）Ground Nets（接地网络）：定义地线网络。

在完成定义电源和地线网络后，可以显著提高布局速度。横跨到两者之间的两端器件将

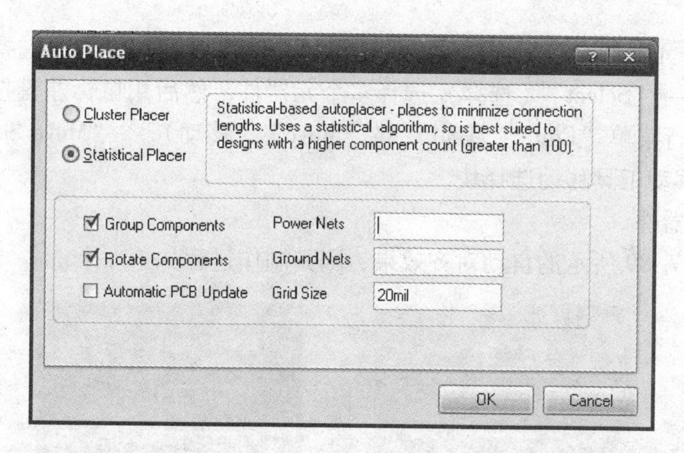

图 7-86 选中“Statistical Placer”单选项

被作为去耦电容处理，自动靠近引脚多的元器件（14 个引脚或者更多）。

5）Grid Size（网络尺寸）：设置元器件自动布局时的网格点间距大小。

6）Automatic PCB Update（自动 PCB 更新）：统计自动布局器新创建了临时界面以进行自动布局，选中此项，软件将在布局时把结果自动更新到原 PCB 中，这将降低布局速度。本例自动布局的设置如图 7-87 所示。

单击“OK”按钮，执行自动布局。在自动布局过程中，可以执行“Tool”(工具）→“Component Placement”（放置元件）→“Stop Auto Placer”（停止自动布局器）停止自动布局。使用快捷键〈Z-A〉，可以看到统计自动布局结果的整体效果，如图 7-88 所示。

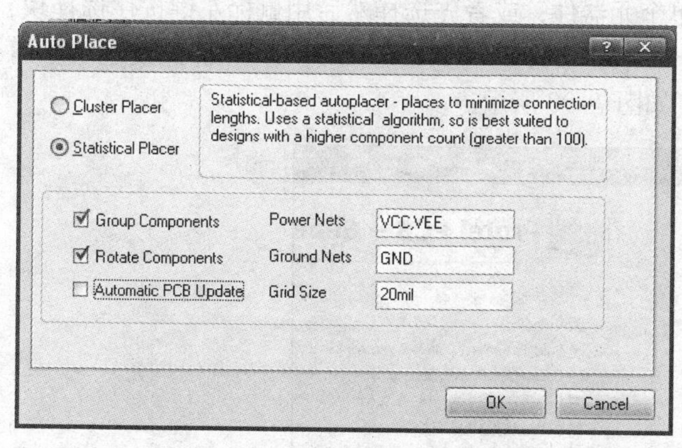

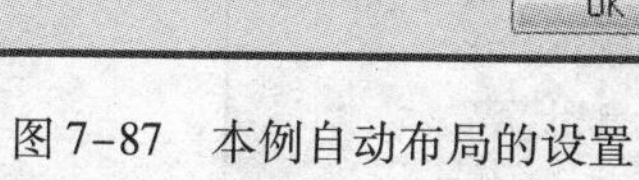

图 7-87 本例自动布局的设置

图 7-88 统计自动布局结果的整体效果

从图 7-85 和图 7-88 所示可以看到，两种自动布局的效果都不让人满意，它只是提供了把元器件按照原理图连接顺序大致分开的方法，在自动布局后，需要用户手工仔细调整布局，在调整的过程中，还要兼顾电磁兼容性、散热、机械固定、便于调节维修等方面的因素。

2. 手工调整

手工调整元器件就是对元器件进行移动、排列和旋转等操作。

（1）移动元器件

1）移动单个元器件。用鼠标左键按住元器件直接拖动。

2）移动多个元器件。首先按住〈Shift〉键，并单击鼠标左键连续选择；或者执行菜单“Edit”（编辑）→“Select”（选择）选择多个元器件，然后用鼠标左键按住选择的部分直接拖动；或者执行菜单“Edit”（编辑）→“Move”（移动）→“Move Selection”（移动选择）；或者使用移动工具移动选择块。

（2）排列元器件

若要实现图 7-89 所示的自动对齐效果，则其制作过程如下。

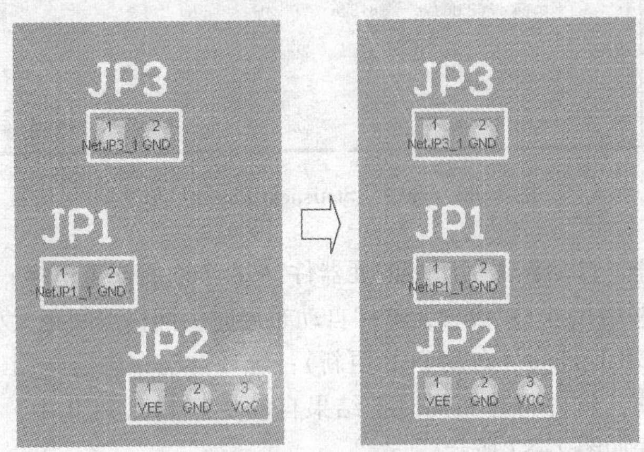

图 7-89　自动对齐效果

1）选择需要排列的元器件。

2）执行菜单“Edit”（编辑）→“Align”（排列）→“Align left”（左对齐排列）。

（3）旋转元器件

1）使用空格键。用鼠标左键按住单个元器件，或者先选择然后用鼠标左键按住选择块，最后按〈空格〉键旋转。执行菜单“Tools”（工具）→“Preference…”（优先设定…）可以设置每次按〈空格〉键旋转的角度，如图 7-90 所示。

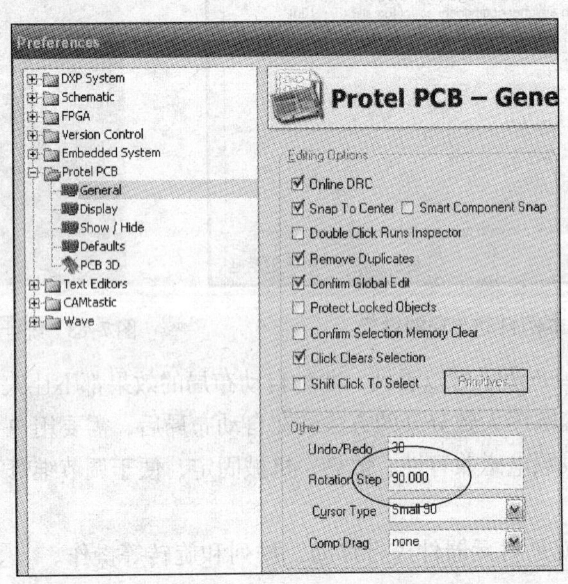

图 7-90　设置每次按〈空格〉键旋转的角度

2）使用编辑菜单。先选择要旋转的元器件，然后执行菜单“Edit”（编辑）→“Move”（移动）→“Rotate Selection…”（旋转选择对象…），打开“旋转角度”对话框，如图 7-91 所示。在文本框中填入需要旋转的角度，关闭对话框，光标变为十字，然后用鼠标左键单击选择的元器件，完成旋转。

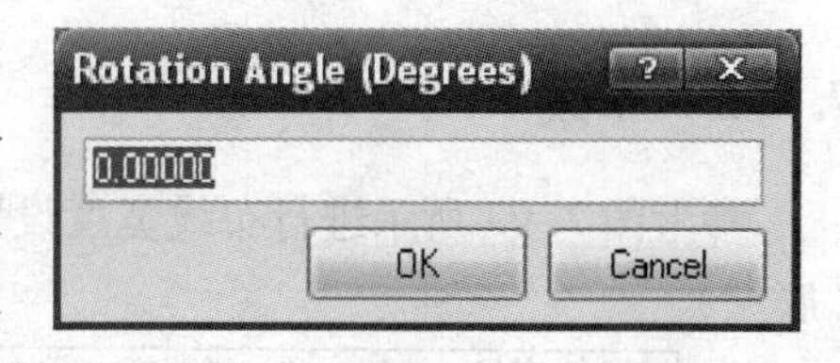

图 7-91 “旋转角度”对话框

3. 其他布局工具

（1）在元器件盒内摆开元器件

1）执行菜单“Design”（设计）→“Rooms”（Room 空间）→“Place Rectangular Room”（放置矩形 Room 空间），定义合适大小的矩形元器件盒。

2）执行菜单“Tools”（工具）→“Component Placement”（放置元件）→“Arrange Within Room”（Room 内部排列），光标变为十字，在元器件盒上用鼠标左键单击，除锁定的元器件外，其他的元器件均在元器件盒内被摆开，并可以随元器件盒整体移动。

（2）在定义的矩形内摆开元器件

1）选择需要分散摆开的元器件。

2）执行菜单“Tools”（工具）→“Component Placement”（放置元件）→“Arrange Within Rectangle”（矩形区内部排列），光标变为十字，在工作区内用鼠标左键单击，然后拖动到合适的大小，第二次单击，则被选择的元器件在矩形内按一定的顺序被摆开。

（3）推挤元器件

这种工具适合将堆积在一起的元器件推开。

1）执行菜单“Tools”（工具）→“Component Placement”（放置元件）→“Set Shove Depth…”（设定推挤深度…），在随后出现的对话框内填入推挤深度，例如 100。

2）执行菜单“Tools”（工具）→“Component Placement”（放置元件）→“Shove”（推挤），光标变为十字，在要推挤的任意一个元器件上单击，元器件就会被散开。

布局结果如图 7-92 所示。

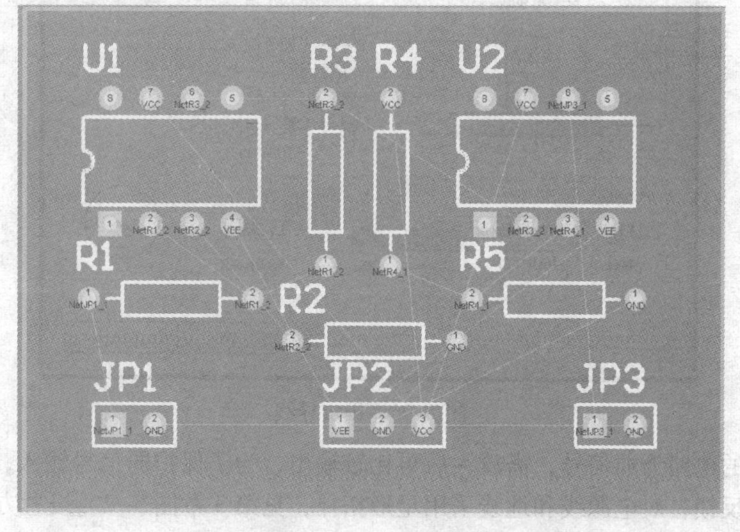

图 7-92 布局结果

7.2.2 布线

参考图 7-93 所示进行布线宽度设置，以满足导线宽度要求。将布线层设为 Bottom Layer（底层）。

Width_ALL*	4	☑	Width	Routing	(All)	Pref Width = 0.5mm Min Width = 0.254mm Max Width = 1.5mm
Width_GND*	3	☑	Width	Routing	(InNet('GND'))	Pref Width = 1mm Min Width = 1mm Max Width = 1mm
Width_VEE*	2	☑	Width	Routing	(InNet('VEE'))	Pref Width = 1mm Min Width = 1mm Max Width = 1mm
Width_VCC*	1	☑	Width	Routing	(InNet('VCC'))	Pref Width = 1mm Min Width = 1mm Max Width = 1mm

图 7-93　布线宽度设置

1. 预布线

在自动布线之前往往需要预布线，以满足电磁兼容性的要求。例如，在图 7-92 中，JP1＿1（提 JP1 的第 1 个引脚）到 R1＿1 的连线和 R1＿2 到 U1＿2 的连线因为是微弱信号的输入部分，为了避免干扰，要尽量缩短，所以应该手工布线并锁定。预布线结果如图 7-94所示，在导线的“属性”对话框里锁定导线，如图 7-95 所示。对于多条导线的锁定，建议使用前面所介绍的全局修改的方法。

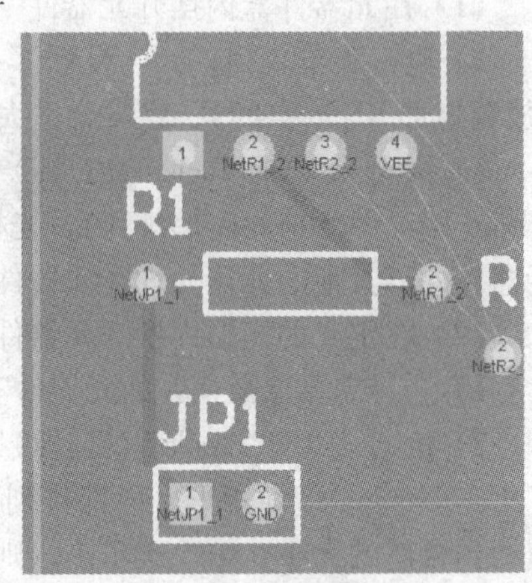

图 7-94　预布线结果

2. 自动布线拓扑设置

Protel DXP 2004 SP2 提供了多种拓扑设置，以满足各种性能的电路要求。对于一般的电路，要求网络节点之间的连线总长度最短，应该设为 Shortest；对于高频电路，信号线不能走环路，应该采用菊花链拓扑（Daisy-Simple）；对于地线网络和电源网络，为了避免由于接地线和电源线引入的不同单元之间的相互干扰，应采用星形拓扑（StarBurst）。

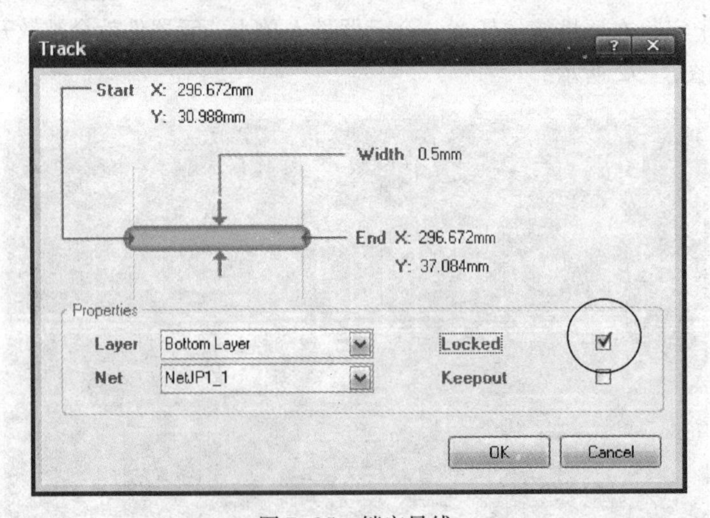

图 7-95　锁定导线

本节采用的电路为弱信号，需放大后再比较输出，为了保护弱信号输入，防止由电源和地线引入寄生反馈，对电源线和地线采用星形拓扑，见第 3 章图 3-2。设置方法如下。

1）设定星形拓扑网络的 Source（源节点）。在图 7-92 所示的 PCB 中用鼠标双击 JP2_1，打开“焊盘 1 的属性”对话框，如图 7-96 所示。将焊盘的 Electrical Type（电气类型）设为 Source，作为网络 VEE 的源节点。用同样的方法，将 JP2_2 和 JP2_3 设为网络 GND 和 VCC 的源节点。

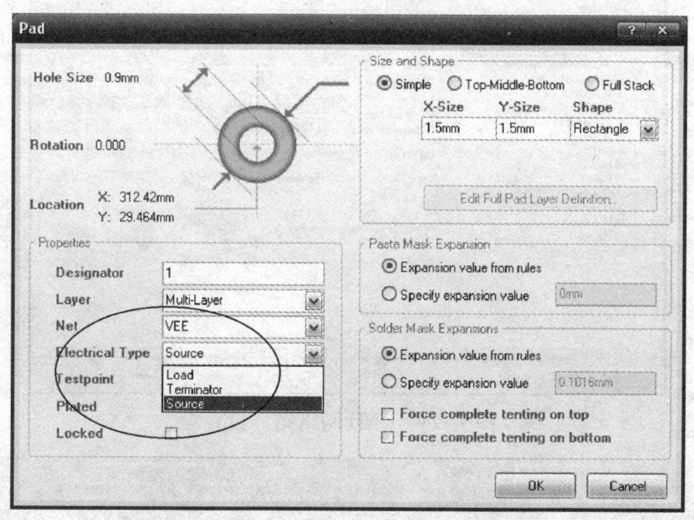

图 7-96 “焊盘 1 的属性”对话框

2）隐藏所有的网络飞线。为了便于观察，执行菜单“View”（查看）→“Connections”（连接）→“Hide All”（隐藏全部网络），隐藏所有的网络飞线。

3）规则设置。

① 总体规则。执行菜单“Design”（设计）→“Rules...”（规划···），打开“（PCB 规则和约束编辑器）”对话框。将软件默认拓扑规则改名为 RoutingTopology _ All，规则匹配范围不变（选中 All），网络拓扑不变（选中 Shortest）。一般网络拓扑设置如图 7-97 所示。

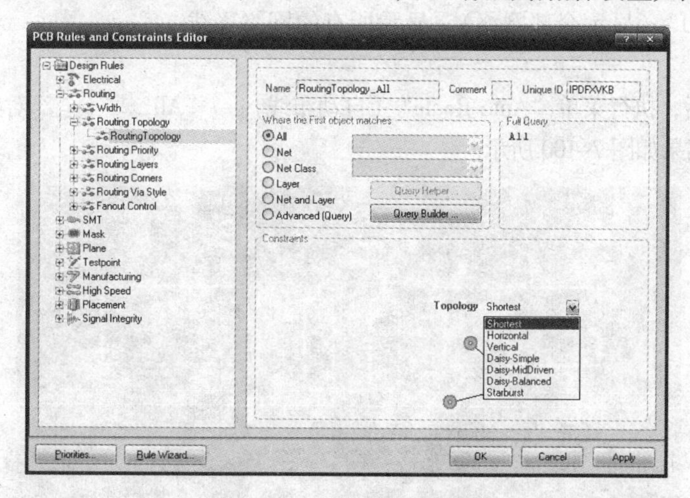

图 7-97 一般网络拓扑设置

② GND 网络。添加新的规则，命名为 RoutingTopology _ GND，规则匹配范围设为 GND 网络，网络拓扑设为 StarBurst。GND 网络拓扑设置如图 7-98 所示。关闭对话框，执行菜单“View”（查看）→“Connections”（连接）→“Show Net”（显示网络），单击工作区中任

一个 GND 网络标签。可以看到 GND 网络的星形拓扑结构，如图 7-99 所示。

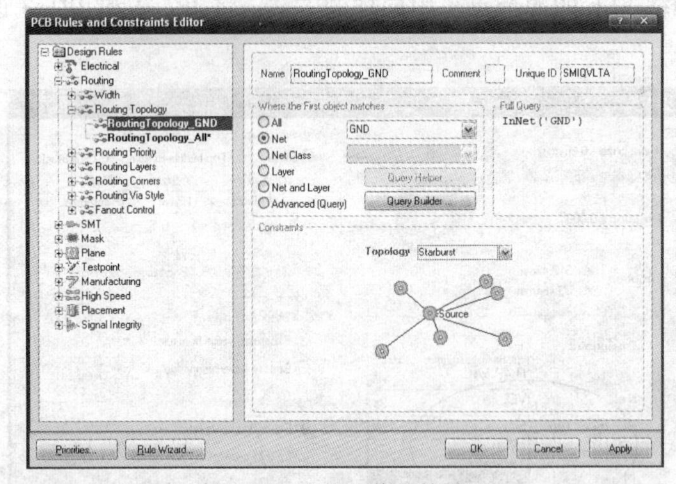

图 7-98　GND 网络拓扑设置

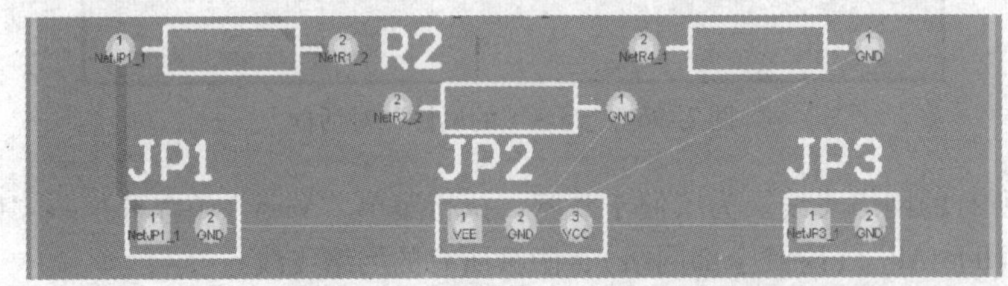

图 7-99　GND 网络的星形拓扑结构

③ VCC 和 VEE 网络。采用同样的方法添加 VCC 和 VEE 网络拓扑，拓扑名称为 RoutingTopology _ VCC 和 RoutingTopology _ VEE，拓扑结构为 StarBurst。

4）显示网络飞线。在完成设置后，执行菜单“View”（查看）→“Connections”（连接）→“Show All”（显示全部网络），显示所有的网络飞线。

3. 自动布线

在完成设置后，执行菜单“Auto Route”（自动布线）→“All...”（全部对象…），开始自动布线，自动布线结果如图 7-100 所示。

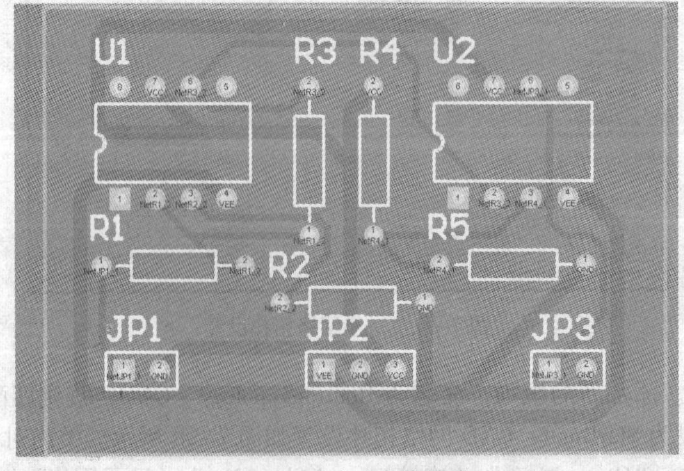

图 7-100　自动布线结果

7.2.3　制作 PCB 的后期处理

1. 走线修改

自动布线之后，要仔细检查印制电路板，修改不合理的走线。例如，输入导线和输出导线平行走线会导致寄生反馈，有可能引起自激振荡，应该避免；如果存在网络没有布通，或者存在拐弯太多、总长度太长的线，则应拆除导线（执行菜单“Tools”（工具）→“Un-route”（取消布线）→“All”（全部对象）)，重新调整布局，然后重新布线。在图 7-100 所示的 VCC 网络中，U2 的 VCC 连接线绕弯较大，应该拆除，然后可用手工修改 VCC 网络的连接线为图 7-101 所示的效果。

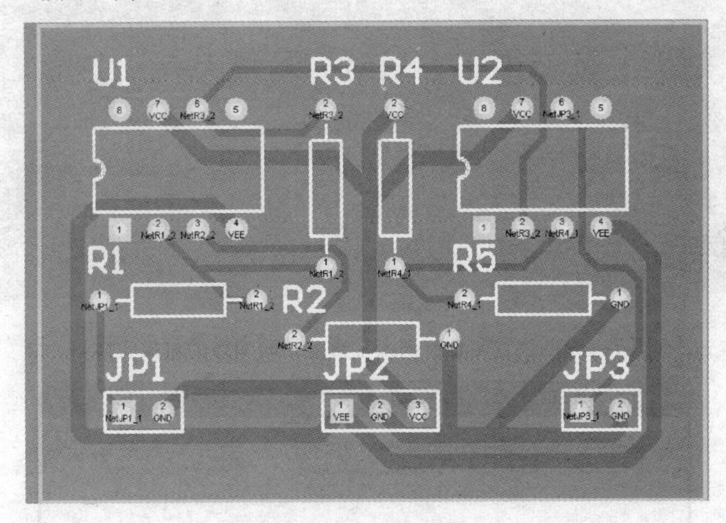

图 7-101　修改 VCC 网络的连接线

2. 覆铜

在印制电路板上覆铜有以下作用：加粗电源网络的导线，使电源网络承载大电流；给电路中的高频单元放置覆铜区，可吸收高频电磁波，以免干扰其他单元；对整个电路板覆铜，可提高抗干扰能力。

覆铜有如下 3 种方法。

(1) 放置填充

切换到合适的布线层，执行菜单“Place”（放置）→“Fill”（矩形填充）。这种方法只能放置矩形填充，在其属性对话框中可以设置填充所连接的网络。填充不能包围元器件等图形对象。

(2) 放置多边形铜区域

切换到合适的布线层，执行菜单“Place”（放置）→“Copper Region”（铜区域），画出多边形铜区域，在其属性对话框中可以设置填充所连接的网络。其形状可以改变，但是不能包围元器件等图形对象。

(3) 放置覆铜区

1) 放置实心覆铜区。如图 7-101 所示，放置实心覆铜后，操作完成后的放置实心覆铜区（覆盖相同网络的对象实体）如图 7-102所示。执行菜单“Place”（放置）→“Polygon Pour...”（覆铜），弹出覆铜设置对话框，在其中进行属性设置，在覆铜设置对话框中进行属性设置如图 7-103 所示。

① Solid（实心填充）：覆铜区为实心铜区域。

② Remove Islands Less Than（删除岛）：在覆铜的过程中，将不产生小于设定值的孤岛铜区域。

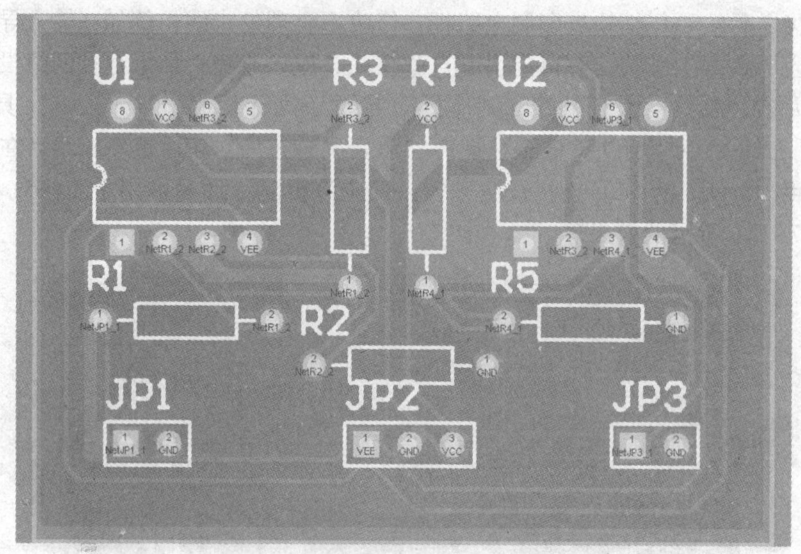

图 7-102　放置实心覆铜区（覆盖相同网络的对象实体）

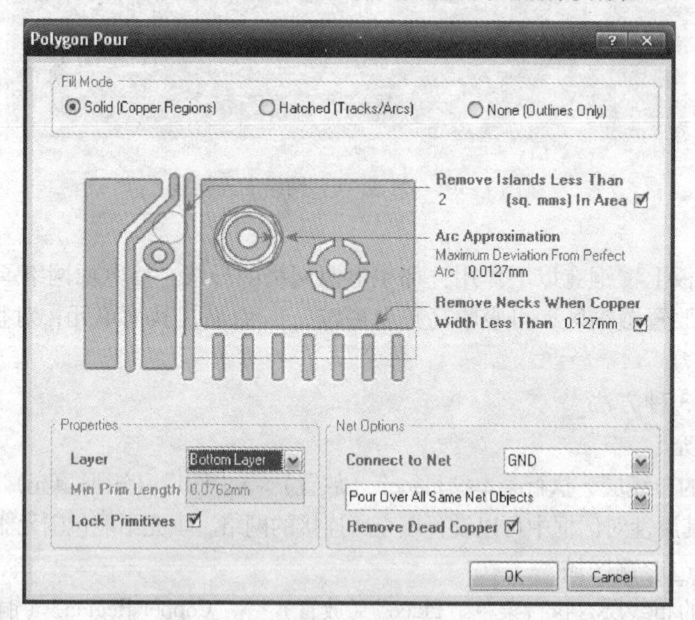

图 7-103　在覆铜设置对话框中进行属性设置

③ Layer（层）：设定覆铜区所在的信号层。本例设为 Bottom Layer。

④ Lock Primitives（锁定图元）：选中此项，覆铜将作为一个整体存在，否则会被分解为若干导线、圆弧，将失去抗干扰的作用。

⑤ Connect to Net（连接到网络）：选择覆铜所要连接的网络。为抗干扰考虑，一般选择地线网络，本例设为 GND。设为 GND 后，当覆铜经过 GND 网络时，会自动与该网络相连。然后选择如何处理覆铜和在同一个网络中对象实体之间的关系。其中 Don't Pour Over Same

Net Objects：覆铜经过连接在相同网络上的对象实体时，不覆盖过去，要为对象实体勾画出轮廓；Pour Over All Same Net Objects：覆铜经过连接在相同网络上的对象实体时，会覆盖过去，不为对象实体勾画出轮廓；Pour Over Same Net Polygon Only：只覆盖相同网络的覆铜。本例选择 Pour Over All Same Net Objects。

⑥ Remove Dead Copper：删除没有连接在指定网络上的死铜。

注意：如果整个覆铜都不能连接到指定网络上，就不能生成覆铜。

设置完成后，光标变为十字，在工作区内画出覆铜的区域（区域可以不闭合，软件会自动完成区域的闭合），覆铜的效果如图 7-102 所示。

如果选择不覆盖相同网络的对象实体（Don't Pour Over Same Net Objects），不覆盖相同网络的对象实体如图 7-104 所示。对于比较复杂的系统，印制电路板上可能包含多种性质的功能单元（传感器、低频模拟、高频模拟、数字模块等），不宜采用覆盖所有的网络对象实体，这样会导致单元电路之间的干扰，甚至导致系统无法正常工作。

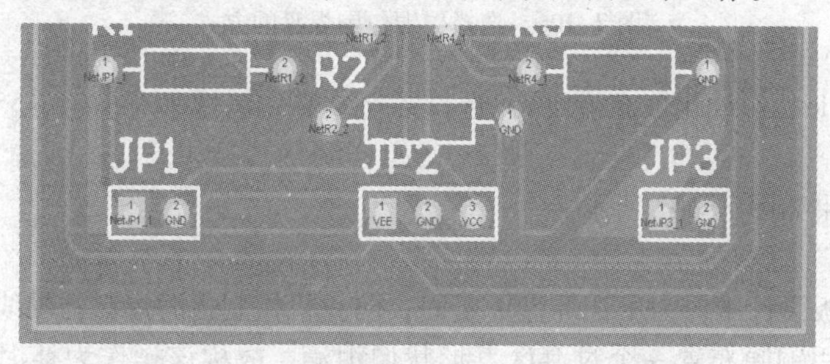

图 7-104　不覆盖相同网络的对象实体

2）放置镂空覆铜区。在覆铜区内没有对象实体的位置上单击鼠标左键，选中覆铜，然后按〈Delete〉键删除覆铜。执行菜单“Place”（放置）→“Polygon Pour…”（覆铜…），弹出“覆铜设置”对话框，进行属性设置，在“覆铜设置”对话框中进行属性设置如图 7-105 所示。

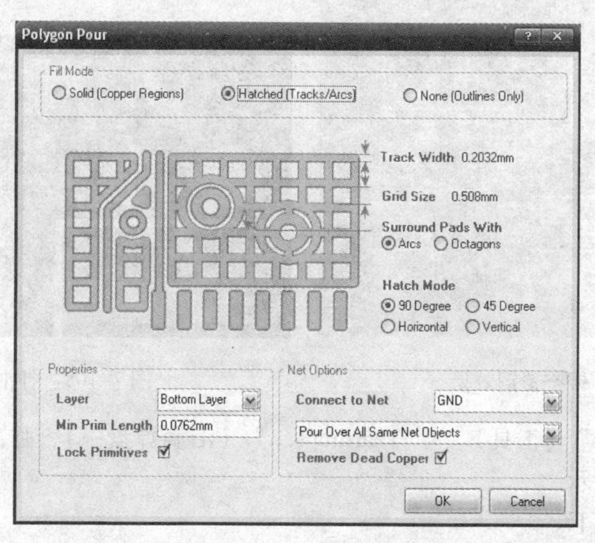

图 7-105　在覆铜设置对话框中进行属性设置

① Hatched（Tracks/Arcs）（影线化填充）：覆铜区为镂空铜区域。

② Track Width（导线宽度）：设置导线宽度。

③ Grid Size（网格尺寸）：设置网格尺寸。

④ Surround Pads With（围绕焊盘的形状）：此单选项选择覆铜包围焊盘的方式，是 Arc（圆弧）还是 Octagons（八边形），选择覆铜包围焊盘的方式如图 7-106 所示。

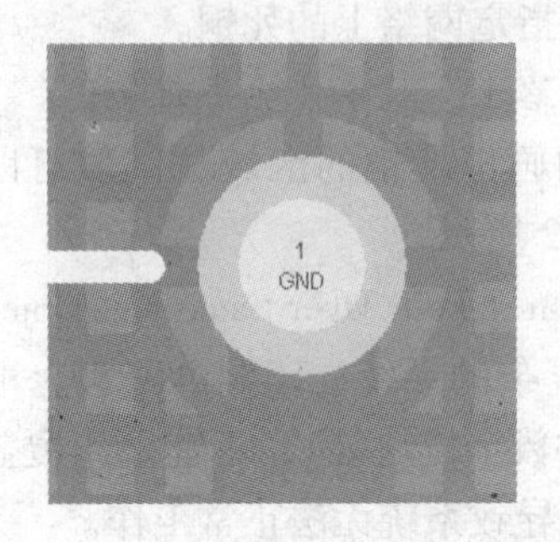

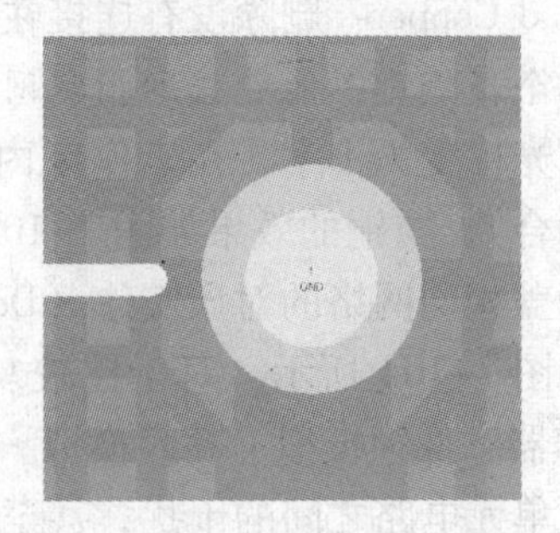

图 7-106　选择覆铜包围焊盘的方式

⑤ Hatch Mode（影线化填充模式）：选择镂空式样，包括 90°网格、45°网格、水平线和垂直线。

镂空覆铜效果如图 7-107 所示。

3. 补泪滴

在印制电路板设计中，为了让焊盘更坚固，防止机械制板时焊盘与导线之间断开，常在焊盘和导线之间用铜膜布置一个过渡区，形状像泪滴，故称该操作为补泪滴（Teardrops），补泪滴的效果如图 7-108 所示，焊盘 6 经过补泪滴操作，而焊盘 2 没有，对比这两处可看出补泪滴的效果。

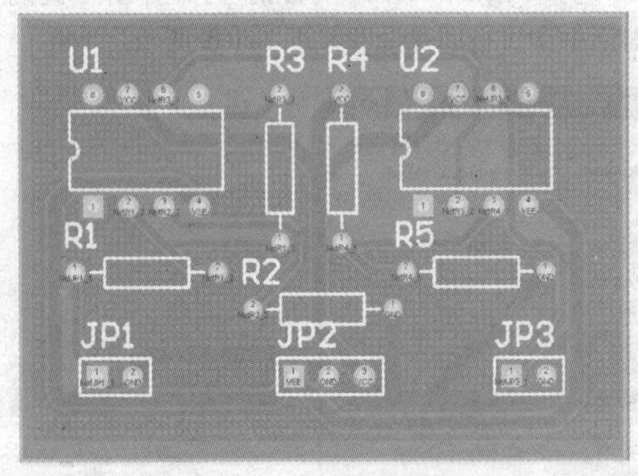

图 7-107　镂空覆铜效果

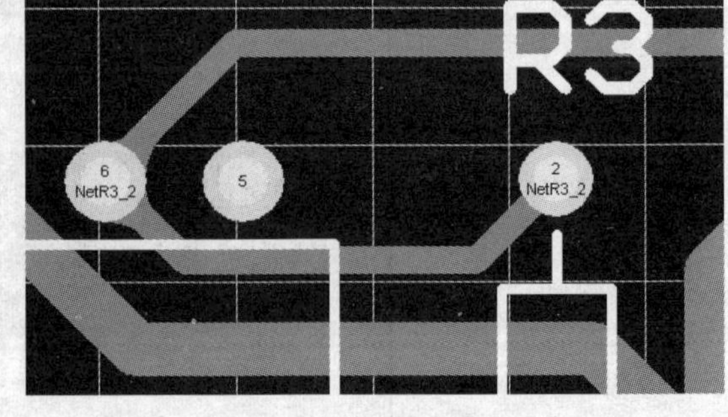

图 7-108　补泪滴的效果

执行菜单“Tools”（工具）→“Teardrops…”（泪滴焊盘…），弹出“补泪滴设置”对话框，如图 7-109 所示。

各项参数说明如下。

① All Pads（全部焊盘）：用于设置是否对所有的焊盘都进行补泪滴操作。

② All Vias（全部过孔）：用于设置是否对所有过孔都进行补泪滴操作。

③ Selected Objects Only（只有选定的对象）：用于设置是否只对所选中的焊盘或者过孔

补泪滴。

④ Force Teardrops（强制点泪滴）：用于设置是否强制性地补泪滴。

⑤ Create Report（建立报告）：用于设置补泪滴操作结束后是否生成补泪滴的报告文件。

⑥ Add（追加）：泪滴的添加操作。

⑦ Remove（删除）：泪滴的删除操作。

⑧ Arc（圆弧）：选择圆弧形状补泪滴。

⑨ Track（导线）：选择用直线形状补泪滴。

注意：对选择的焊盘和过孔补泪滴时，要同时选中 All Pads 和 All Vias 选项。例如：在图 7-108 中焊盘 6 上用鼠标左键单击，然后打开图 7-109 所示的对话框，选中 Selected Objects Only 选项，然后关闭对话框，则可得到图 7-108 所示的补泪滴效果。

4. 调整元器件标号及说明的位置

为了便于用户读图，应该统一元器件的标号及其说明的位置。如果需要，还可以对元器件重新编号（执行菜单“Tools”（工具）→“Re-Annotate...”（重新注释…）），此处不再详述。调整元器件的标号及其说明的步骤如下。

1）选择需要调整标号及其说明的元器件，如果要全部选择，就可使用快捷键〈Ctrl + A〉。

2）执行菜单“Edit”（编辑）→“Align”（排列）→“Position Component Text...”（定位元件文本位置…），弹出“元件文本位置”对话框，如图 7-110 所示。按照图中所示指定元器件标号（标识符，Designator）和（注释）（Comment）的放置位置。

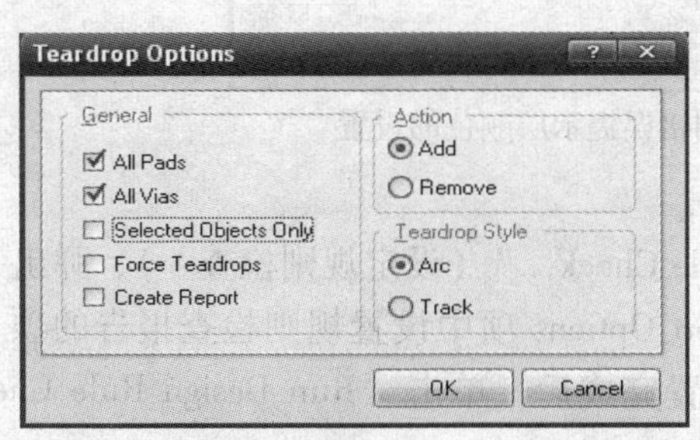

图 7-109 “补泪滴设置”对话框

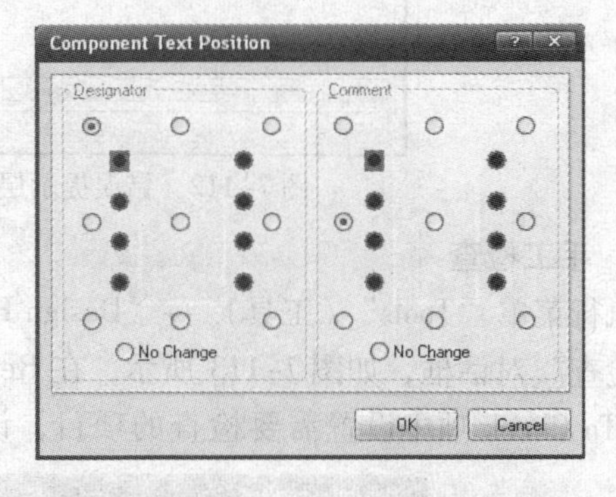

图 7-110 “元件文本位置”对话框

7.2.4 设计规则的检查

1. 在线自动检查

Protel DXP 2004 SP2 支持在线的规则检查，即在制作过程中软件按照在“设计规则”中设置的规则（执行菜单“Design”（设计）→“Rules...”（规则…）），自动进行检查，如果有错误，则高亮显示，软件默认的高亮显示颜色为鲜绿色。执行菜单“Tools”（工具）→“Preferences...”（优先设定…），打开“优先设定”对话框，设置是否要进行在线规则检查，在线规则检查的设置如图 7-111 所示。执行菜单“Design”设计→“Board Layers&Colors...”（PCB 层次颜色…），打开印制电路板的“层和颜色设置”对话框，设置是否显示错误提示层和设置错误提示层的颜色，错误提示层和错误提示层颜色的设置如图 7-112 所示。

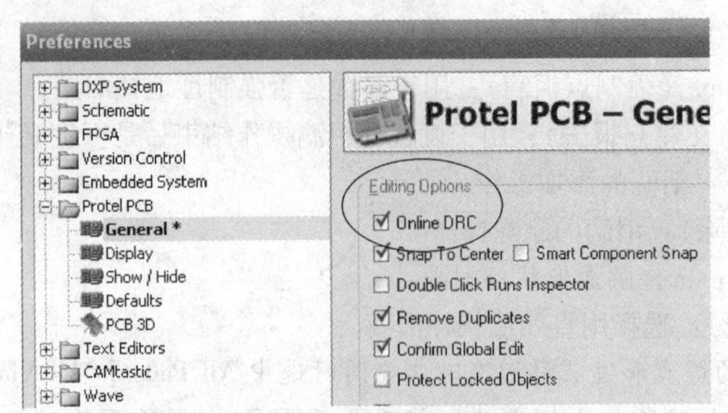

图 7-111　在线规则检查的设置

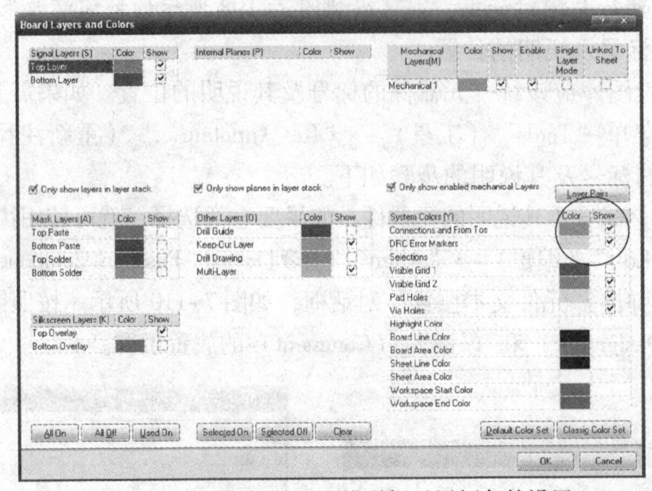

图 7-112　错误提示层和错误提示层颜色的设置

2. 手工检查

执行菜单“Tools”（工具）→“Design Rule Check…”（设定规则检查…），弹出“设计规则检查”对话框，如图 7-113 所示，在 Report Options 项中设置规则检查报告的项目，在 Rules To Check 项中设置需要检查的项目，设置完成后，单击“Run Design Rule Check…”

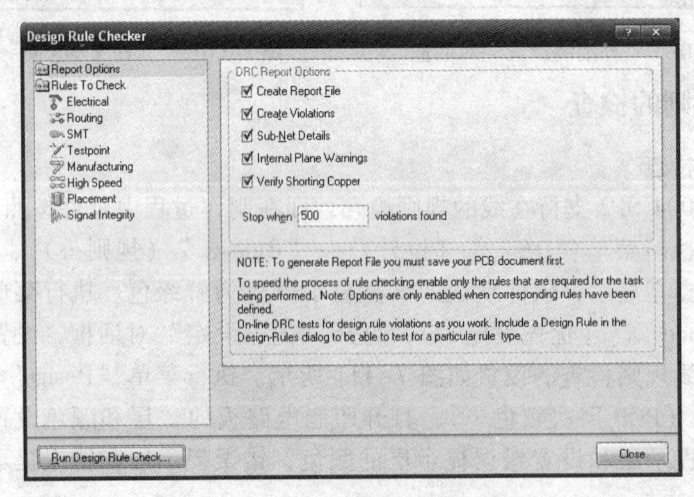

图 7-113　“设计规则检查”对话框

（运行设计规则检查…）按钮运行规则检查，系统将弹出 Messages 面板，列出违反规则的项，并生成 . DRC 错误报告文件。

例如，对反相放大器及比较器. PcbDoc 的检查结果如下。

Protel Design System Design Rule Check

PCB File ：\原理图进阶与印制电路板进阶\反相放大器及比较器 . PcbDoc

Date ：2007-4-28

Time ：16:33:58

Processing Rule ：Short-Circuit **Constraint**（Allowed = No）（All）,（All）

Rule Violations ：0

Processing Rule ：Broken-**Net Constraint**（（All））

Rule Violations ：0

Processing Rule ：**Clearance Constraint**（Gap = 0. 254mm）（All）,（All）

Rule Violations ：0

Processing Rule ：**Width Constraint**（Min = 0. 254mm）（Max = 1. 5mm）（Preferred = 0. 5mm）（All）

Rule Violations ：0

Processing Rule ：Height **Constraint**（Min = 0mm）（Max = 25. 4mm）（Prefered = 12. 7mm）（All）

Rule Violations ：0

Processing Rule ：Hole Size **Constraint**（Min = 0. 0254mm）（Max = 2. 54mm）（All）

Rule Violations ：0

Processing Rule ：**Width Constraint**（Min = 1mm）（Max = 1mm）（Preferred = 1mm）（InNet（'GND'））

Rule Violations ：0

Processing Rule ：**Width Constraint**（Min = 1mm）（Max = 1mm）（Preferred = 1mm）（InNet（'VEE'））

Rule Violations ：0

Processing Rule ：**Width Constraint**（Min = 1mm）（Max = 1mm）（Preferred = 1mm）（InNet（'VCC'））

Rule Violations ：0

Violations Detected ：0

Time Elapsed ：00:00:00

7.2.5 PCB 面板

对于一个综合性的大型项目来说，借助 PCB 面板，可以更好地浏览全图和定位工作区的内容。在项目布线结束后，编译项目，并打开 PCB 面板，如图 7-114 所示。

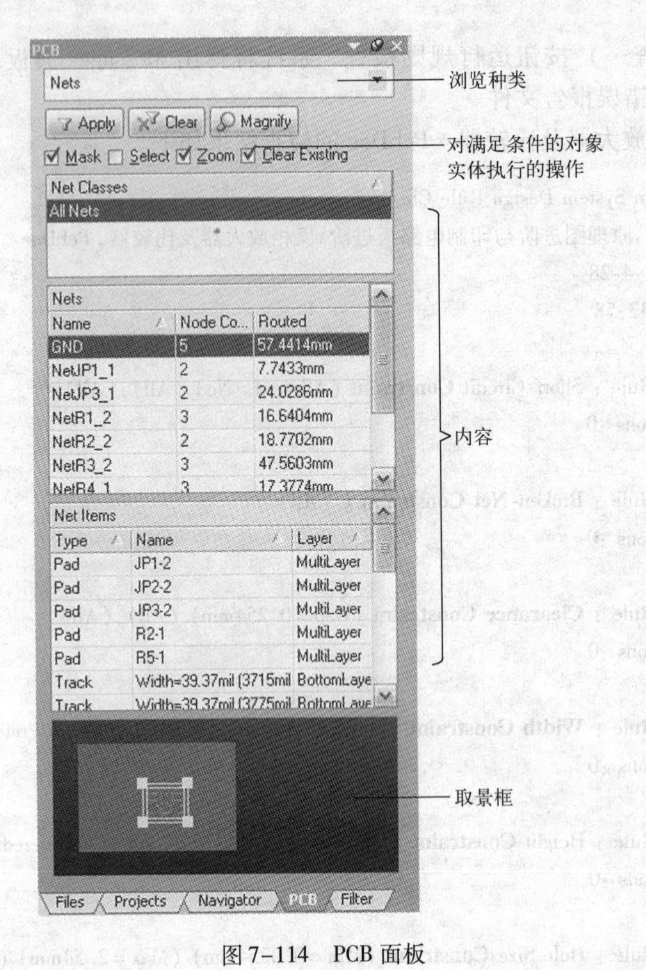

图 7-114　PCB 面板

单击 Nets 右边的下拉列表，可以看到软件提供了多条主线，以帮助用户浏览项目内容。这些选项包括 Nets（网络）、Components（元器件）、Rules（设计规则）、From-To Editor（节点到节点）以及 Split Plane Editor（分割的电源内层）。例如：选中 Rules，软件列出符合某项规则约束条件的所有对象实体；选中 From-To Editor，则先选中一个网络，然后软件列出连接在这个网络上的所有节点（元器件引脚）。

在图 7-114 中的下方是软件提供的取景框，用鼠标左键拖动方框，可以快速定位所要浏览的部分。

7.3　PCB 项目报表输出

在项目制作完成后，根据需要应生成一些报表，供后期制作 PCB 或者装配 PCB 使用。本节以 7.2 节制作的反相放大及比较器. PrjPCB 为例进行讲解。

7.3.1　元器件采购清单

在原理图编辑器界面下，执行菜单“Reports”（报告）→“Bill of Materials”（材料清单），打开如图 7-115 所示的“元器件采购清单”对话框。在对话框的左下方，选择要输出的项，在对话框的右上方相应地就会显示元器件的信息清单。按住清单的列标题拖动，可以将列按要求排序；单击列标题可以将行记录排序。本例选择了元器件标号、元器件的名称、数值、封装方式、元器件所在库的名称以及元器件数量这 6 项。

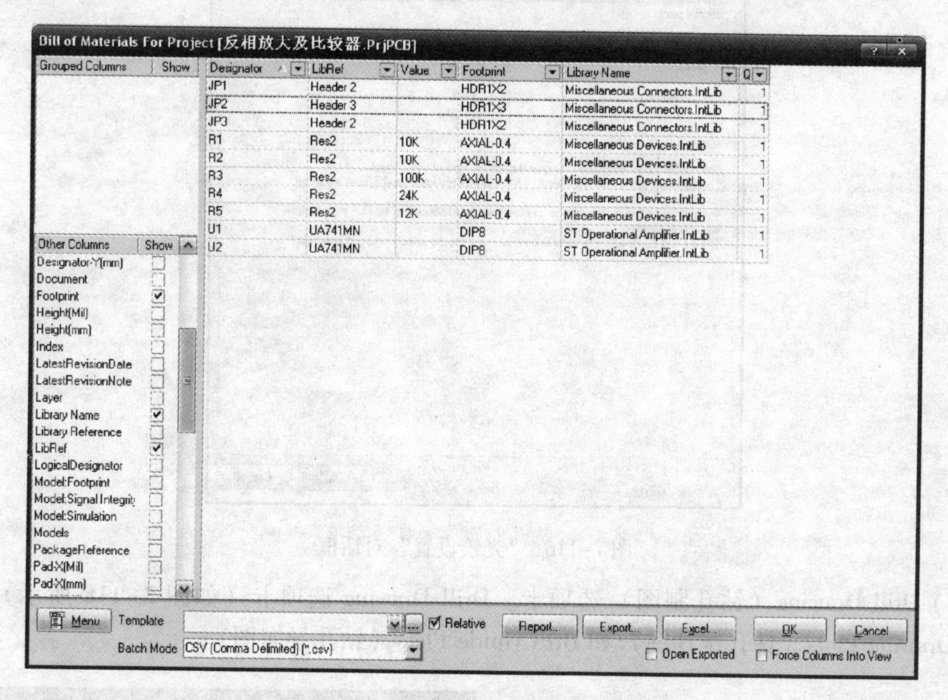

图 7-115 “元器件采购清单”对话框

单击对话框下方的“Excel...”（电子表格…）按钮，可得生成的 Excel 表格存放进“Project Outputs for 反相放大及比较器”文件夹内，使用 Excel 软件可进行进一步处理。

7.3.2 光绘文件和钻孔文件

要制作 PCB，需要向 PCB 生产厂家提供 Gerber Files（光绘文件）和 NC Drill Files（钻孔文件）。

1. 光绘文件

在 PCB 编辑器界面下，执行菜单“Files”（文件）→“Fabrication Outputs”（输出制造文件）→“Gerber Files”，打开图 7-116 所示的“光绘设置”对话框，设置如下。

1）General（一般）选项卡。

① Units（单位）：设置单位，可选 Inches（英寸）或者 Millimeters（毫米）。

② Format（格式）：设置 Gerber 文件中的坐标精度。例如，如果选用单位为英寸，则 2:3 表示光绘底片最大尺寸是 99.999 in，最小尺寸是 0.001 in（即坐标精度为 1 mil），数据的格式为小数点前两位，小数点后 3 位。

2）Layer（层）选项卡。Layer 选项卡（如图 7-117 所示）设置需要输出光绘文件的层。对于本例，选 Bottom layer 和 Top Overlay。注意，不要选中“Mechanical Layer to Add to All Plots”（追加全部要绘制的机械层）。如果需要输出机械层，则重新运行输出 Gerber 文件过程，而且只选中输出机械层。

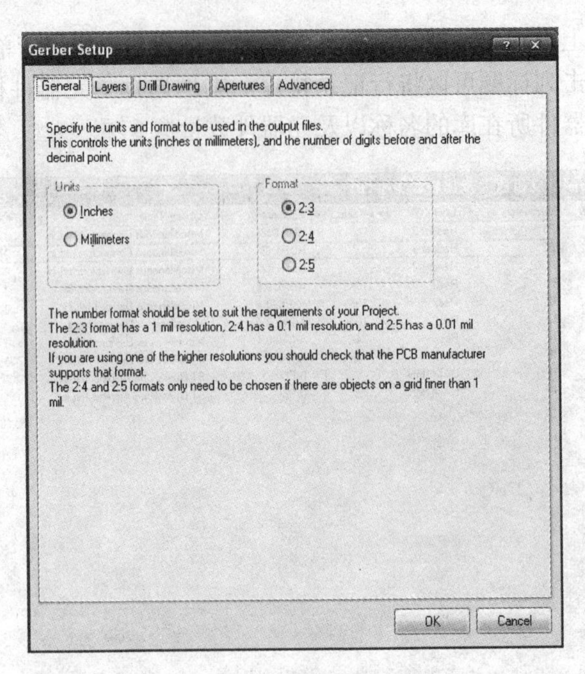

图 7-116 “光绘设置”对话框

3）Drill Drawing（钻孔制图）选项卡。Drill Drawing 选项卡（如图 7-118 所示）设置 Drill Drawing Plots（钻孔统计图）和 Drill Guide Plots（钻孔导向图）。

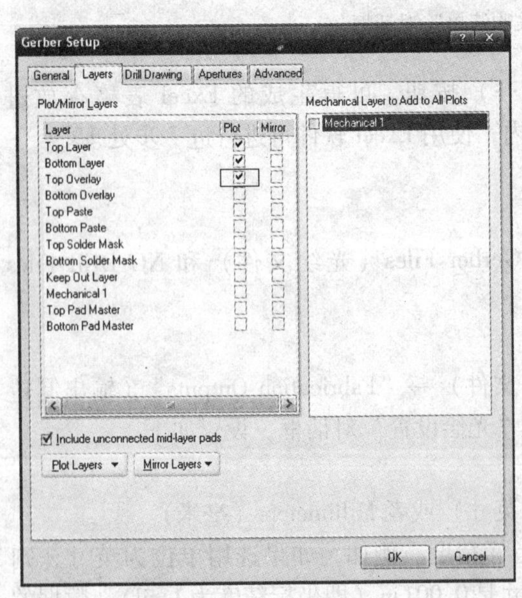

图 7-117 Layer 选项卡

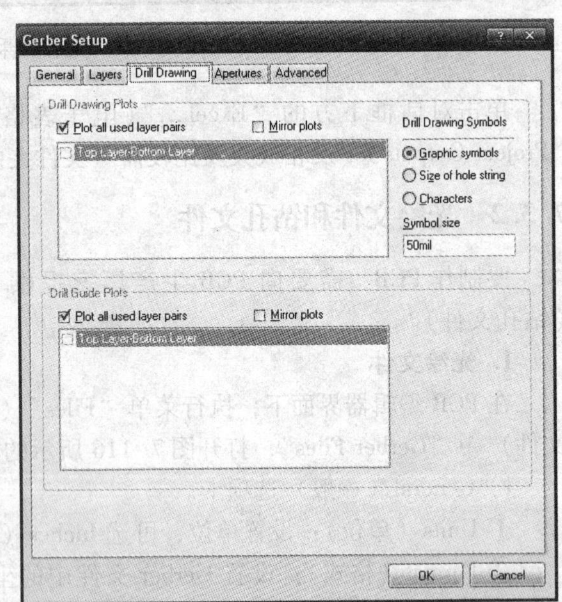

图 7-118 Drill Drawing 选项卡

4）Apertures（光圈）和 Advanced（高级）选项卡。与电路板生产厂家商定。

设置完成后单击“OK”按钮“关闭”对话框，软件生成各层的光绘文件，如图 7-119 所示。

Protel DXP 2004 SP2 产生的光绘文件扩展名与 PCB 各层对应如下。

Top (copper) Layer : . GTL

Bottom (copper) Layer : . GBL

Mid Layer 1,2,… ,30 : . G1, . G2, … , . G30

Internal Plane Layer 1,2,… ,16 : . GP1, . GP2,…,. GP16

Top Overlay : . GTO

Bottom Overlay : . GBO

Top Paste Mask : . GTP

Bottom Paste Mask : . GBP

Top Solder Mask : . GTS

Bottom Solder Mask : . GBS

Keep-Out Layer : . GKO

Mechanical Layer 1, 2,…,16 : . GM1,. GM2,…,. GM16

Top Pad Master : . GPT

Bottom Pad Master : . GPB

Drill Drawing, Top Layer - Bottom Layer (Through Hole) : . GD1

Drill Guide, Top Layer - Bottom Layer (Through Hole) : . GG1

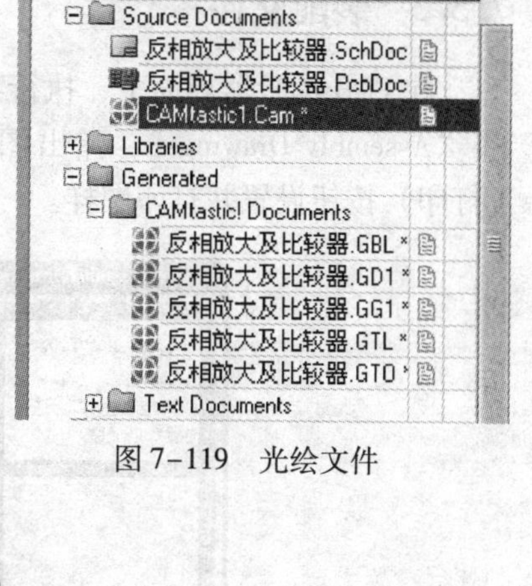

图 7-119　光绘文件

2. 钻孔文件

在 PCB 编辑器界面下，执行菜单“Files”（文件）→“Fabrication Outputs”（输出制造文件）→“NC Drill Files”，打开图 7-120 所示的“钻孔设置”对话框，此处的设置应该与输出 Gerber 文件的设置一致。Suppress leading zeros（抑制前导零字符）项的作用是使数据紧凑，例如，00001Mil 将变成 1mil。

单击“OK”按钮，关闭对话框，出现图 7-121 所示的 Import Drill Data“输入钻孔数据”对话框，若再次单击“OK”按钮，关闭对话框，则软件将生成数控钻孔文件（. DRL）。

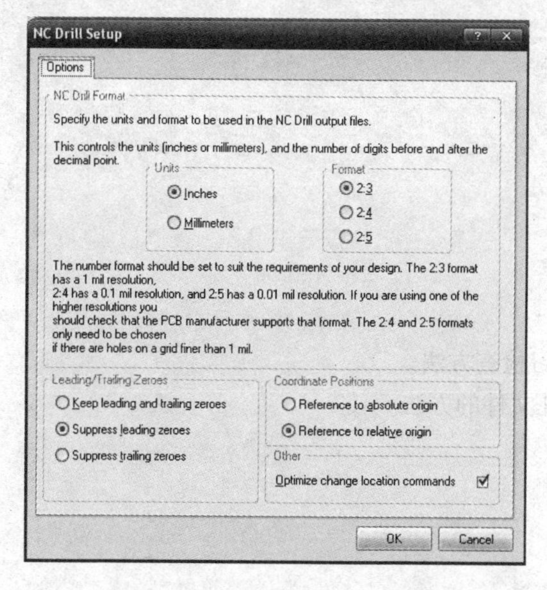

图 7-120　“钻孔设置”对话框

图 7-121　“输入钻孔数据”对话框

7.3.3 装配文件

在 PCB 编辑器界面下，执行菜单“Files”（文件）→“Assembly Outputs”（装配输出）→“Assembly Drawings”，弹出图 7-122 所示的顶面和底面元器件装配图，单击“Print”（打印）按钮设置并打印图样。

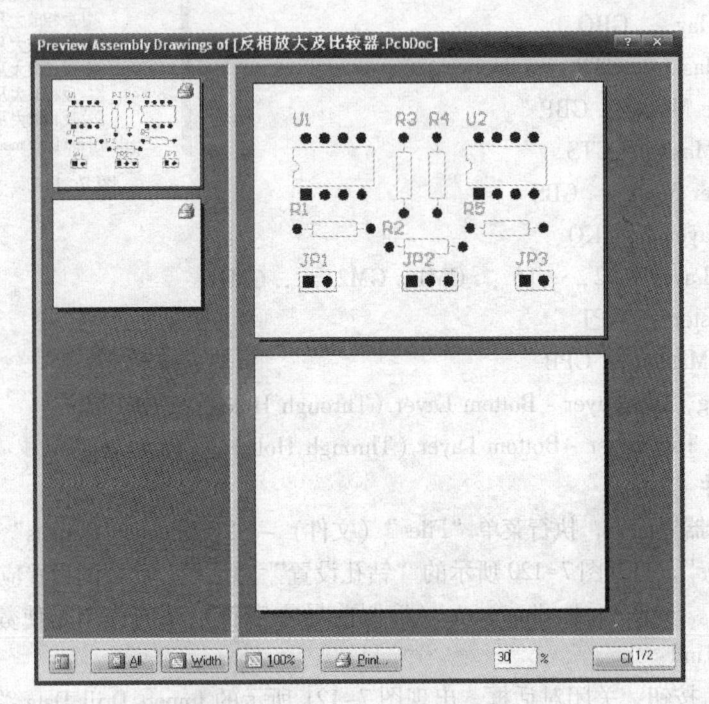

图 7-122 顶面和底面元器件装配图

7.3.4 上机与指导 17

1. 任务要求

PCB 布局、布线技巧以及后期制作学习。

2. 能力目标

1）了解自动布局。

2）学习自动布线拓扑设置。

3）学会覆铜和补泪滴。

4）理解 PCB 设计规则，检查意义与学习检查方法。

5）学习生成报表文件、光绘文件和钻孔文件的方法。

3. 基本过程

1）运行软件。

2）新建设计工作区，并保存。

3）新建 PCB 项目，并保存。

4）新建原理图文件，制作原理图，将内容同步到 PCB，进行各种设置并比较效果，最后生成各种报表文件。

5）保存文档。

4. 关键问题点拨

1）在 PCB 中，软件提供的自动布局工具，只适合帮助初步布局，而不能作为最后的布局结果。初步布局后应该充分考虑电路特点、元器件特殊要求以及其他电磁兼容性要求等，仔细、反复地调整布局，以求达到最好效果。

2）PCB 布线要根据电路的性质，例如是低频电路还是高频电路，是大功率电路还是低功耗电路等，选择是手工布线还是自动布线，或者是两者结合。尤其要根据不同的电路性质选择好地线的处理方法，读者可参考本书 3．1 节的内容。

5. 能力升级

1）制作送话器放大器电路的印制电路板，如图 7-123 所示。元器件资料如表 7-4 所示。要求制作单面板，电源、地线导线宽度为 2 mm，其余导线宽度为 1.5 mm。

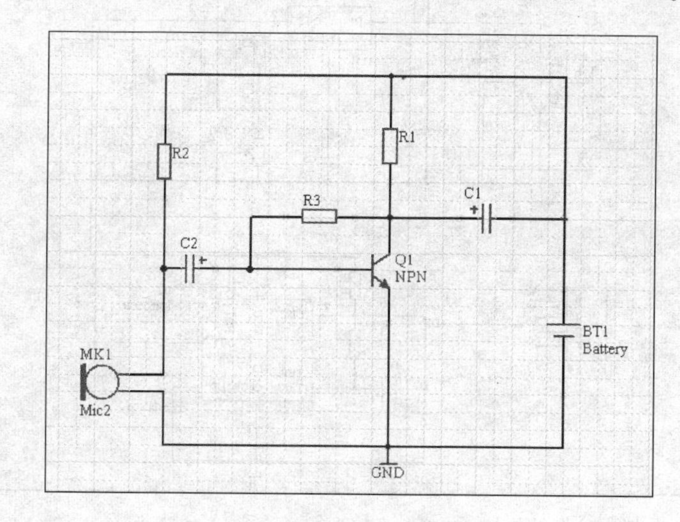

图 7-123　第 1）题图

表 7-4　元器件资料

Designator （元器件标号）	LibRef （元器件名称）	Footprint （元器件封装方式）	Library Name （元器件所在的库）
MK1	Mic2	PIN2	Miscellaneous Devices. IntLib
BT1	Battery	BAT-2	Miscellaneous Devices. IntLib
Q1	NPN	BCY-W3	Miscellaneous Devices. IntLib
C1	Cap Pol2	CAPPR2-5x6. 8	Miscellaneous Devices. IntLib
C2	Cap Pol2	CAPPR2-5x6. 8	Miscellaneous Devices. IntLib
R1	Res2	AXIAL-0. 4	Miscellaneous Devices. IntLib
R2	Res2	AXIAL-0. 4	Miscellaneous Devices. IntLib
R3	Res2	AXIAL-0. 4	Miscellaneous Devices. IntLib

制作要点如下。

① 新建项目。

② 新建原理图。

③ 加载元器件库。

④ 制作原理图。

⑤ 新建 PCB 文件，并将原理图文件内容同步到 PCB 上。

⑥ 按照本章 7.2 节的内容练习各种布局方法、各种布线技巧，并对 PCB 进行后期处理；对 PCB 进行设计规则检查，根据检查内容定位并修改错误；学习使用 PCB 面板。

2）制作 555 方波发生器电路的印制电路板，如图 7-124 所示。元器件资料见表 7-5。要求制作单面板，电源部分导线宽度为 2 mm，555 振荡部分的导线宽度为 1 mm。

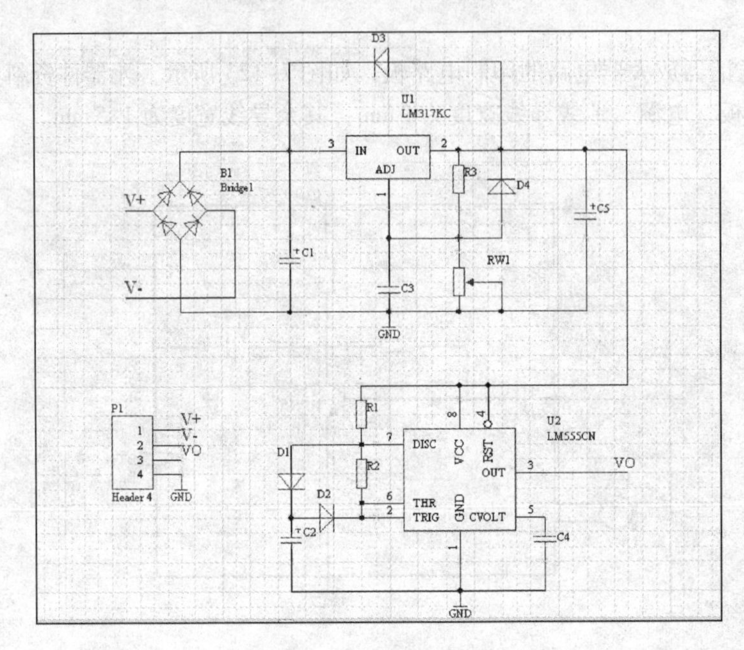

图 7-124　第 2）题图

表 7-5　元器件资料

Designator （元器件标号）	LibRef （元器件名称）	Footprint （元器件封装方式）	Library Name （元器件所在的库）
D1、D2、D3、D4	Diode 1N4001	DIO10. 46-5. 3x2. 8	Miscellaneous Devices. IntLib
U1	LM317KC	KC03	TI Power Mgt Voltage Regulator. IntLib
C3、C4	Cap	RAD-0. 3	Miscellaneous Devices. IntLib
B1	bridge1	E-BIP-P4/D10	Miscellaneous Devices. IntLib
P1	Header 4	HDR1X4	Miscellaneous Connectors. IntLib
C1	Cap Pol2	CAPPR7. 5-16x35	Miscellaneous Devices. IntLib
C2、C5	Cap Pol2	CAPPR5-5x5	Miscellaneous Devices. IntLib
RW1	RPot	VR5	Miscellaneous Devices. IntLib
R1、R2、R3	Res2	AXIAL-0. 4	Miscellaneous Devices. IntLib
U2	LM555CN	N08E	NSC Analog Timer Circuit. IntLib（需要修改）

制作要点如下。

① 新建项目。

② 新建原理图。
③ 加载元器件库。
④ 制作原理图。
⑤ 新建 PCB 文件，并将原理图文件内容同步到 PCB 上。
⑥ 根据要求制作 PCB 文件。
⑦ 生成元器件采购清单、光绘文件和钻孔文件。

7.4 习题

1. 在原理图中，什么是物理连接？什么是逻辑连接？说明软件提供的各种逻辑连接方法以及它们的适用范围。

2. 某原理图已经完成初期制作，需要将所有的导线颜色改成黑色，该如何操作？

3. 在元器件自动编号前，如何锁定特殊元器件的标号？

4. 在对印制电路板完成布线后，如何快速将元器件标号规范摆放，使之整齐美观，便于读图？

5. 在对印制电路板完成布线后，如何生成项目集成库？

6. 怎样获得项目的元器件采购清单？

第8章　仿　　真

本章要点

- 仿真概念
- 仿真设置
- 仿真应用

8.1　仿真的意义及类型

8.1.1　仿真的意义

仿真（simulation）是通过对系统模型的实验来研究存在的或设计中的系统，又称为模拟。当所研究的系统造价昂贵、实验的危险性大或需要很长的时间才能了解系统参数变化所引起的后果时，仿真是一种特别有效的研究手段。

电路仿真是指用仿真软件在计算机上复现设计即将完成的电路（已经完成电路设计、电路参数计算和元器件选择），并提供电路电源以及输入信号，然后在计算机屏幕上模拟示波器，给出测试点波形或绘出相应的曲线的过程。

Protel DXP 2004 SP2 采用 SPICE 3f5/Xspice 最新标准，可以进行模拟、数字及模数混合仿真。软件采用集成库机制管理元器件，将仿真模型与原理图元器件关联在一起，使用非常方便。

8.1.2　仿真类型

Protel DXP 2004 SP2 中支持的电路分析类型有：静态工作点分析（Operating Point）、瞬态分析和傅里叶分析（Transient and Fourier）、交流小信号分析（AC Small Signal）、噪声分析（Noise）、零-极点分析（Pole-Zero）、传递函数分析（Transfer Function）、直流扫描（DC Sweep）、参数扫描（Parameters Sweep）、温度扫描（Temperature Wweep）和蒙特卡罗分析（Monte Carlo）。

1. 静态工作点分析

静态工作点分析是为了求解在直流电压源或者在直流电流源作用下，电路中的电压值和电流值。在分析过程中，视电容为开路，电感为短路。在需要的情况下，即使未设定要进行静态工作点分析，软件也会自动进行静态工作点分析。

2. 瞬态分析和傅里叶分析

瞬态分析又称为暂态分析，是观察、分析电路中某个节点的变量（电压、电流）在规定时间段内随着时间变化的波形。如果没有指定初始条件有效，在瞬态分析以前，会自动进行静态分析。

将瞬态分析的输出量的最后一个周期进行傅里叶变换，就得到该信号的频谱函数。

3. 交流小信号分析

交流小信号分析是在一定的频率范围内计算电路的响应，用于分析电路的幅频特性和相频特性。要对电路进行交流小信号分析，就必须保证电路中至少有一个交流信号源（即激励源），并且设置它的振幅值（AC Magnitude）大于零。

4. 噪声分析

电阻和半导体器件等都能产生噪声，噪声分析用来分析这些器件的噪声频谱密度。电阻和半导体器件产生不同类型的噪声（注意：在噪声分析中，视电容、电感和受控源为无噪声元器件）。对交流分析的每一个频率，电路中每一个噪声源（电阻或晶体管）的噪声电平都被计算出来，输出节点的电平通过将各均方根值相加得到。

5. 零－极点分析

零－极点分析用来求解在交流小信号电路的传递函数中零、极点的个数及其数值，用于单输入、单输出线性系统的稳定性分析。

6. 传递函数分析

传递函数分析用于计算电路的直流输入、输出电阻和直流增益。

7. 直流扫描

直流扫描分析就是直流转移特性分析，当某输入在一定范围内步进变化时，计算电路直流输出变量的相应变化曲线。

8. 参数扫描

参数扫描是在指定的参数变化范围内，对电路进行计算，它可以与直流、交流或瞬态分析等分析类型配合使用，对电路所执行的分析按步长进行参数扫描。参数扫描为研究电路参数变化对电路特性的影响提供了很大的方便。

9. 温度扫描

温度扫描是指在一定的温度范围内进行电路参数计算，用以确定电路的温度漂移等性能指标。温度扫描可以与直流、交流或瞬态分析等分析类型一起配合使用。

10. 蒙特卡罗分析

蒙特卡罗分析是一种统计分析方法，它在给定的电路元器件参数公差范围内随机抽取一组序列，然后使用这些参数对电路进行静态工作点、瞬态、直流扫描及交流小信号等分析，并通过多次分析结果估算出电路性能的统计分布规律。

8.2 仿真举例

仿真的基本步骤如下。

1）使用具有关联仿真模型的元器件制作原理图。注意，从制作印制电路板的角度看原理图，注重的是封装方式，而从仿真的角度看原理图，重要的是提供正确的元器件数值及仿真模型。电阻默认单位为 Ω（欧姆），电容的默认单位为 F（法拉），电感的默认单位是 H（亨利），电压的默认单位为 V（伏特），电流的默认单位为 A（安培），时间的默认单位为 s（秒），频率的默认单位是 Hz（赫兹），相位的默认单位是 rad（弧度）。表 8-1 为填写仿真元器件的量值时使用的单位的倍乘系数，不区分大小写，特别要注意 m 和 M 都代表 10^{-3}，

10^6 用 Meg 表示。在填写元器件属性或者进行有关参数设置时，只需要填写数值和倍率，不需要附带基本单位，例如，如果某个电阻的电阻值是 10000 Ω（欧姆），那么填写 10 k 和 10 kΩ，软件都认可。

2）提供激励源。常用激励源见表 8-2。

3）放置网络标签。

4）如果需要，就设定初始条件。

5）运行仿真，分析仿真结果。

表 8-1　倍乘系数

倍乘系数	含　义	倍乘系数	含　义
T	10^{12}	u（or μ）	10^{-6}
G	10^{9}	n	10^{-9}
Meg	10^{6}	p	10^{-12}
K	10^{3}	f	10^{-15}
m	10^{-3}		

表 8-2　常用激励源

元器件名称	描　述	元器件名称	描　述
. IC	初始条件	VPULSE	脉冲电压源
. NS	节点设置	BISRC	非线性独立电流源
ISRC	电流源	BVSRC	非线性独立电压源
VSRC	电压源	IEXP	指数电流源
ISIN	正弦电流源	VEXP	指数电压源
VSIN	正弦电压源	IPWL	分段线性电流源
IPULSE	脉冲电流源	VPWL	分段线性电压源

8.2.1　静态工作点分析、瞬态分析和傅里叶分析

本节以晶体管放大电路为例进行分析。晶体管放大电路如图 8-1 所示。

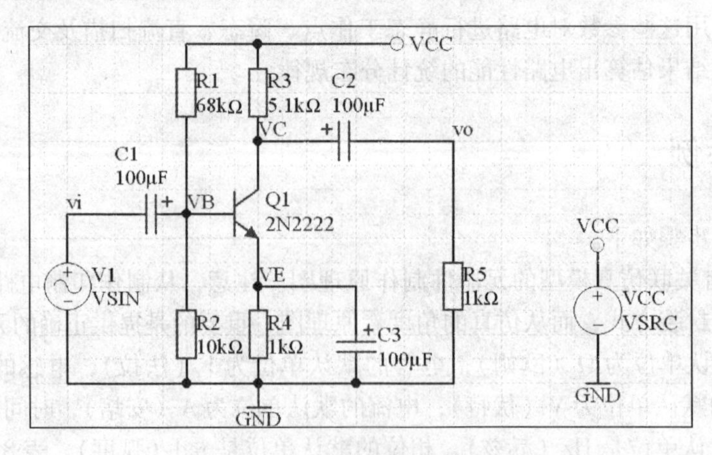

图 8-1　晶体管放大电路

1. 准备工作

1）在硬盘上新建文件夹，命名为仿真案例，作为本节文档的保存路径。

2）新建设计工作区，命名为仿真. DsnWrk。

3）新建项目，命名为时域仿真-晶体管放大电路. PrjPCB。

4）新建原理图文档，命名为晶体管放大电路. SchDoc。

5）安装包含电阻、电容的混合元件集成库 Miscellaneous Devices. IntLib。

6）安装包含激励源的集成库 Simulation Sources. IntLib，路径为…\Altium2004 SP2\Library\Simulation\Simulation Sources. IntLib。

2. 画原理图

（1）放置晶体管 Q1

1）查找晶体管 2N2222。在元件库面板上，单击“Search…”（查找…）按钮，弹出图 8-2 所示的“元件库查找”对话框。按图中内容设置查找选项。单击“Search”查找按钮开始查找。

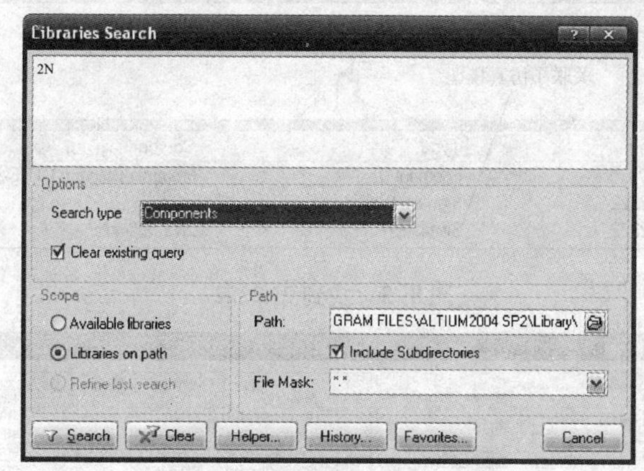

图 8-2 “元件库查找”对话框

在查找结果栏内，键入 2N，显示所有以 2N 开头的元器件，拉动滑动条，找到 2N2222，如图 8-3 所示。

2）放置晶体管。用鼠标双击 2N2222，软件提示是否安装 2N2222 所在的 Motorola Discrete BJT. IntLib 库文件，选择 Yes，则软件将安装库文件，之后元器件 2N2222 将浮动在光标上。

3）修改晶体管的属性。按〈Tab〉键，弹出“元器件属性”对话框，如图 8-4 所示。

① 元器件标号。注意不要修改元器件默认标号的字母部分。

② 仿真模型参数设定。用鼠标双击图 8-4 中右下角 2N2222 的模型部分的 Simulation（模型），打开图 8-5 所示的“仿真模型”对话框，此处不作改动。

（2）放置电阻 R1

1）放置电阻。使用快捷键〈P-P〉，打开放置元器件对话框，填写电阻 R1 的相关内容，放置 R1，如图 8-6 所示。

2）修改电阻 R1 的属性。当 R1 浮动时，按〈Tab〉键，打开“R1 的属性”对话框，如图 8-7 所示。

Properties（属性）区域。

① Designator（元器件标号，标识符）：R1。

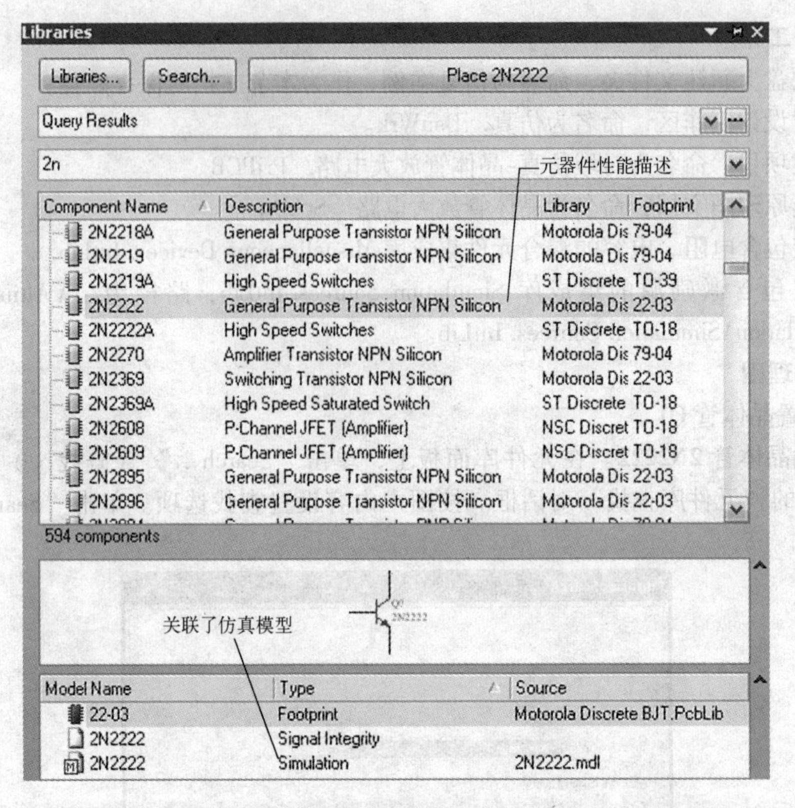

图 8-3　找到 2N2222

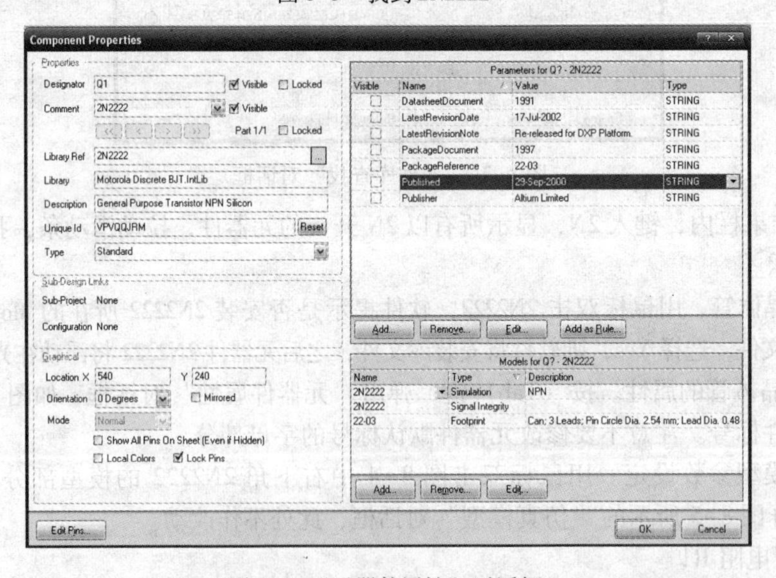

图 8-4　“元器件属性”对话框

② Comment（元器件注释）：选择下拉列表的 = Value 一项，并将其后面的 Visible（可视）选项中的对勾去掉，以避免数值重复显示（与 Parameters 区域内的 Value 项一致）。

Models for R1 区域。

用鼠标双击 Simulation 项，打开“仿真模型”对话框，如图 8-8 所示。在 Value 文本框内填入 68 kΩ。

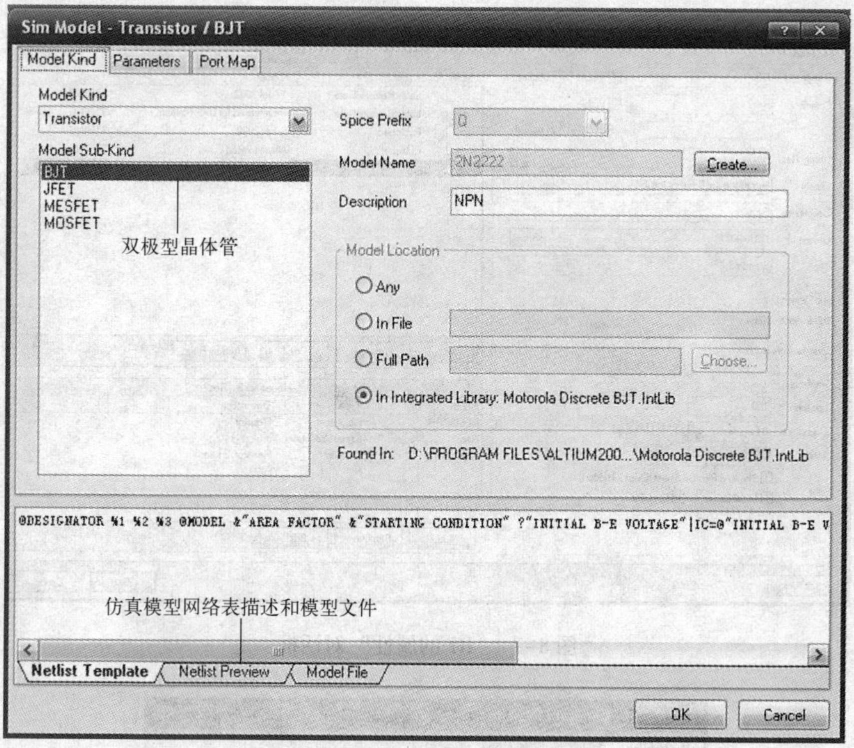

图 8-5 “仿真模型”对话框

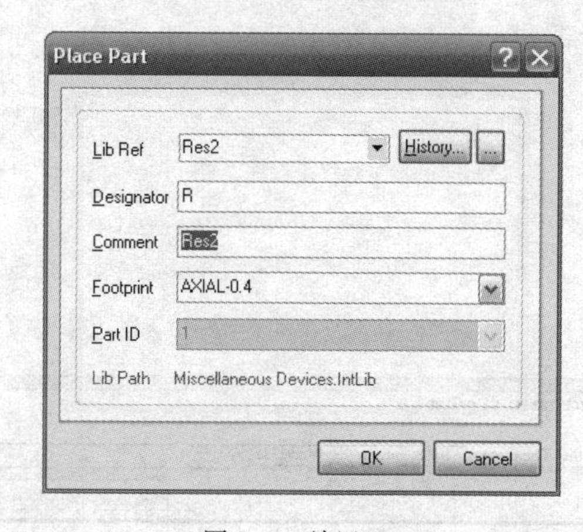

图 8-6 放置 R1

关闭图 8-8 所示对话框可以看到，图 8-7 所示对话框中 Parameters 区域内的 Value 项值自动变为 68 kΩ。关闭图 8-7 所示的对话框。

（3）放置其他元器件

按照图 8-1 所示放置其他元器件。电容 C1、C2 和 C3 的名称为 Cap Pol2。

（4）放置直流电源 VCC

将元器件库切换到 Simulation Sources. IntLib，找到 VSRC 并双击后，电源符号就浮动在光标上了，按〈Tab〉键，打开“VSRC 的属性”对话框，如图 8-9 所示。

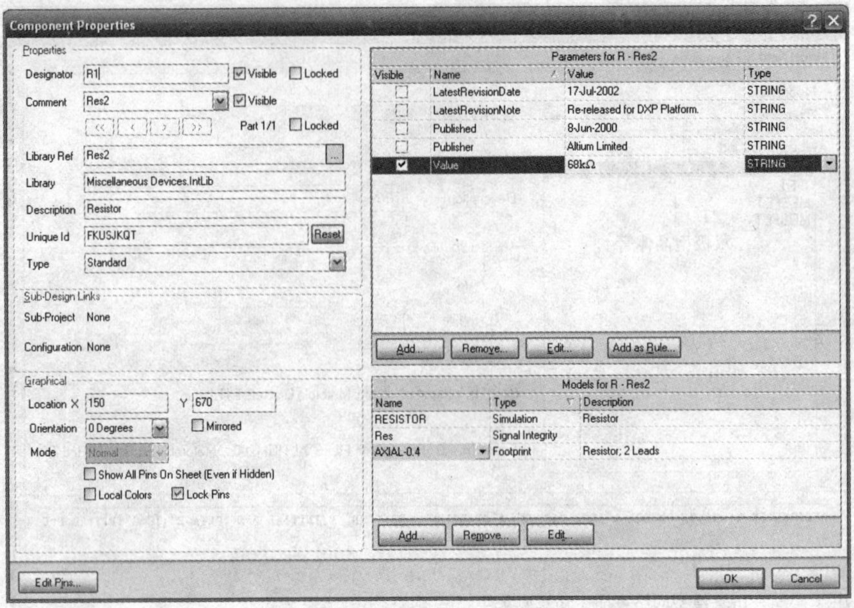

图 8-7 “R1 的属性”对话框

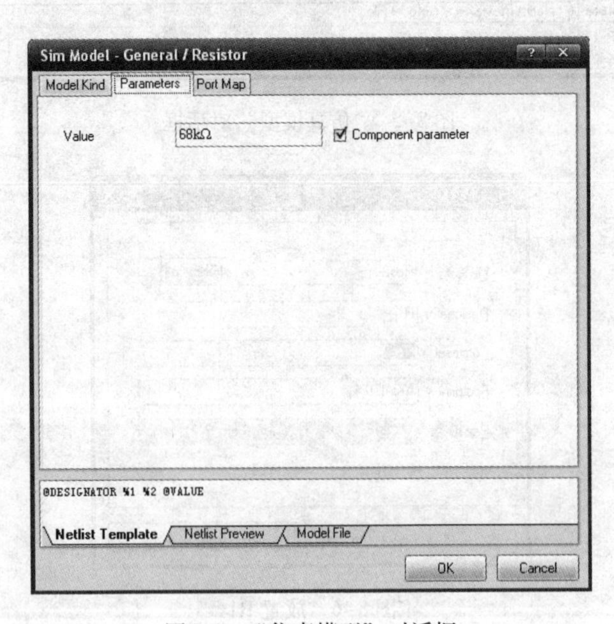

图 8-8 “仿真模型”对话框

元器件属性设置如下。

1）元器件标号：VCC。

2）元器件注释：若去掉“ =Value”下拉列表后复选框中的对号，则不显示注释。

3）仿真属性：打开仿真对话框，将 Parameters 选项卡的 Value 值设为 12 V。

（5）放置正弦波信号源 V1

用放置直流电源的方法，放置 VSIN。“V1 的属性”对话框如图 8-10 所示，V1 的仿真设置如图 8-11所示。

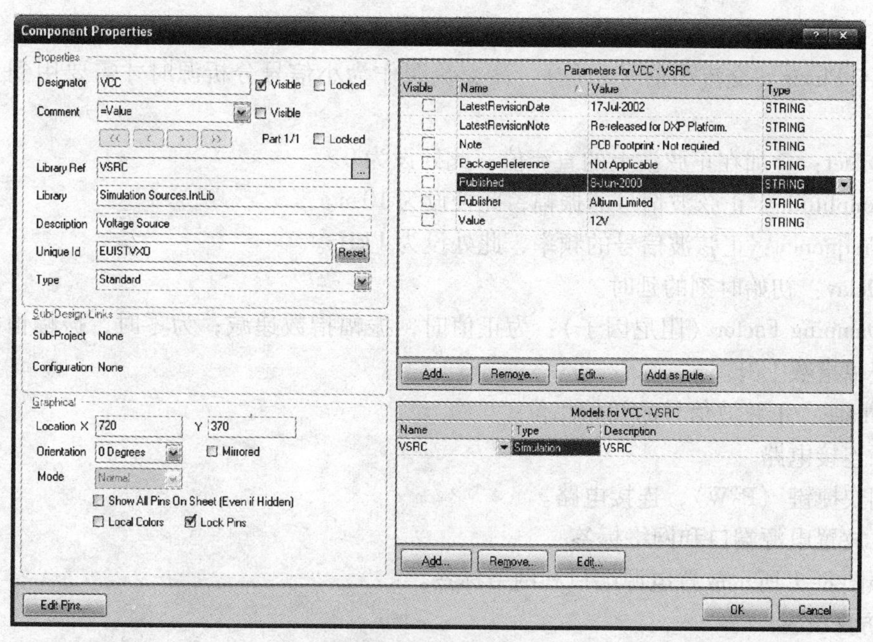

图 8-9 “VSRC 的属性”对话框

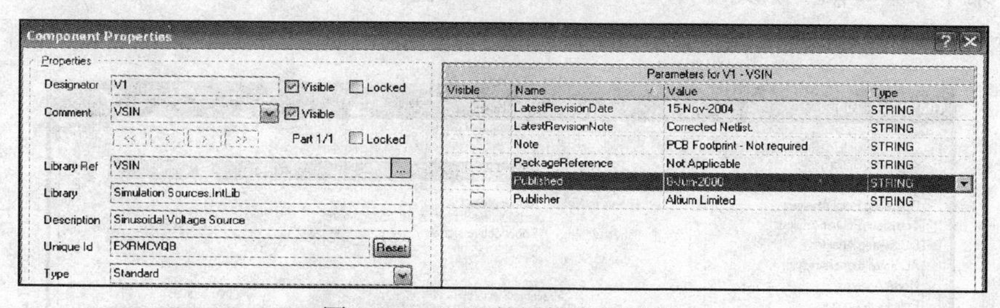

图 8-10 “V1 的属性”对话框

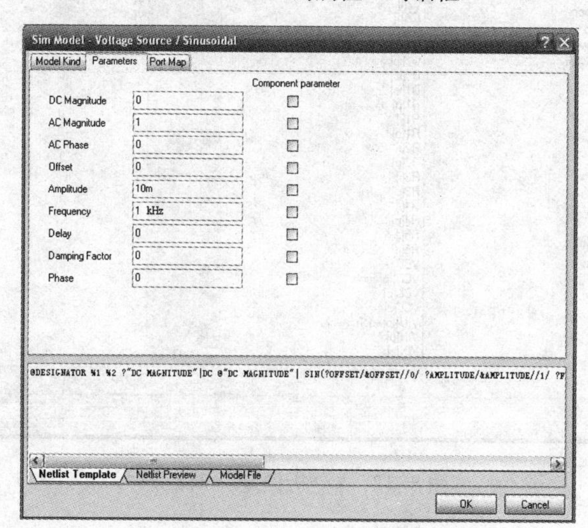

图 8-11 V1 的仿真设置

参数设置如下。

1）DC Magnitude（直流参数）：正弦信号源的直流偏置，通常设置为 0。

2）AC Magnitude（交流小信号振幅）：该交流源作为小信号分析源时才需要用到，一般设为1。

3）AC Phase（交流小信号相位）：该交流源作为小信号分析源时才需要用到，一般设为0。

4）Offset：叠加在正弦波上的直流值，此处设为0。

5）Amplitude：正弦波信号的振幅，此处设为10 m。

6）Frequency：正弦波信号的频率，此处设为1 kHz。

7）Delay：初始时刻的延时。

8）Damping Factor（阻尼因子）：为正值时，振幅指数递减；为零时，振幅恒定；为负值时，振幅指数上升。

9）Phase：正弦波信号的初始相位。

（6）连接电路

使用快捷键〈P-W〉，连接电路。

（7）放置电源端口和网络标签

按照图8-1所示放置电源端口和网络标签。

3. 仿真设置

执行菜单“Design”（设计）→“Simulate”（仿真）→“Mixed Sim”，打开图8-12所示的“分析设定”对话框，进行仿真设置。设置过程如下。

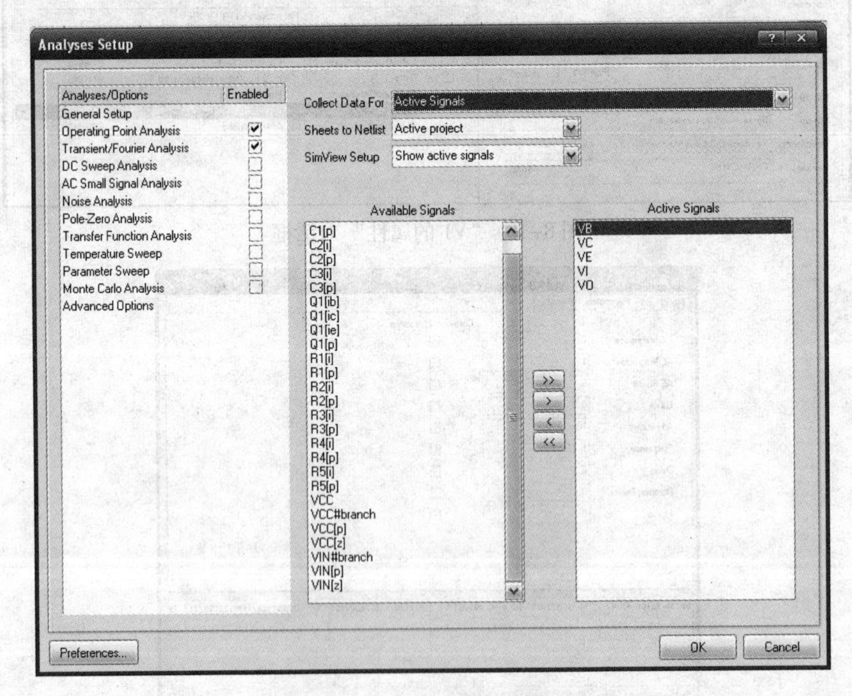

图8-12 “分析设定”对话框

（1）General Setup（一般）设置

1）Collect Data For（为此收集数据）：指定要收集的数据。其下拉列表中包含以下几项。

① Node Voltage and Supply Current：节点电压和电源电流。

② Node Voltage, Supply and Device Current：节点电压、电源电流和流过元器件的电流。

③ Node Voltage, Supply Current, Device and Power：节点电压、电源电流、通过每个元器件的电流和元器件的功率。

④ Node Voltage, Supply Current and Subcircuit：节点电压、电源电流和每个子电路中的电流电压。

⑤ Active Signals：仅收集图 8-12 中在 Active Signals 区域中出现的被激活变量的数据。

2）Sheets to Netlist（图样到网络表）：设定仿真程序作用范围。其下拉列表中包含以下两项。

① Active sheet：当前原理图。

② Active project：当前项目。

3）SimView Setup（SimView 设定）：仿真结果显示设置。其下拉列表中包含以下两项。

① Keep last setup：沿用上一次的设置来保存和显示仿真结果。

② Show active signals：按照 Active Signals 区域中出现的变量数据保存和显示仿真结果。

（2）静态工作点分析

不需要对此项进行设置，只需要选中此项通知软件进行该项分析即可。

（3）瞬态分析和傅里叶分析设置

选中此项，出现此设置对话框，“瞬态分析和傅里叶分析的设置”对话框如图 8-13 所示。

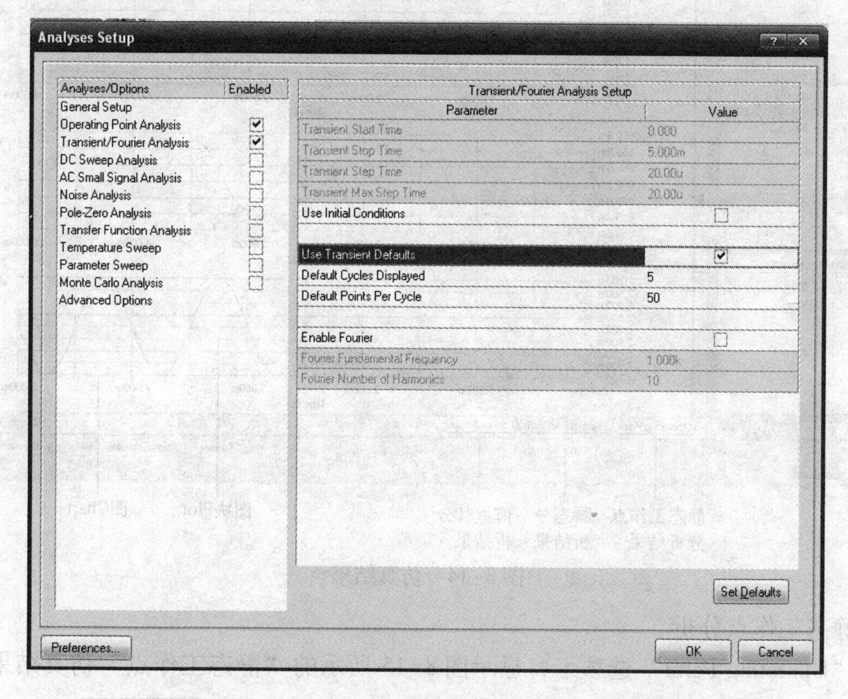

图 8-13 “瞬态分析和傅里叶分析的设置”对话框

1）Use Transient Defaults：使用瞬态分析默认值。若选中此项，则如图 8-13 所示，分析起始时间、步长、终止时间等灰显不可用。在 Default Cycle Displayed（默认显示周期数）中填入所要显示的周期数，并在 Default Points Per Cycle（默认每周期的计算点数）中填入要软件计算的点数，则软件根据这些数据和原理图中的设置值，自动计算步长等。

2）Use Initial Conditions：使用初始条件。选中此项后，软件将使用元器件的初始条件（例如电容的 Initial Voltage）或者 .IC 指定的初始条件作为后续计算的基础，而不进行静态分析。

3）若没有选中 Use Transient Defaults 项，则需要用户自己指定 Transient Start Time（仿真起始时间）、Transient Stop Time（仿真终止时间）、Transient Step Time（仿真步长）和 Transient Max Step Time（仿真最大步长）。

4）选中 Enable Fourier 选项。

设置完成后，单击“OK”按钮，关闭对话框，则原理图开始仿真运行，弹出 Messages 面板，显示有关信息。

4. 分析仿真结果

图 8-14 所示为仿真结果。

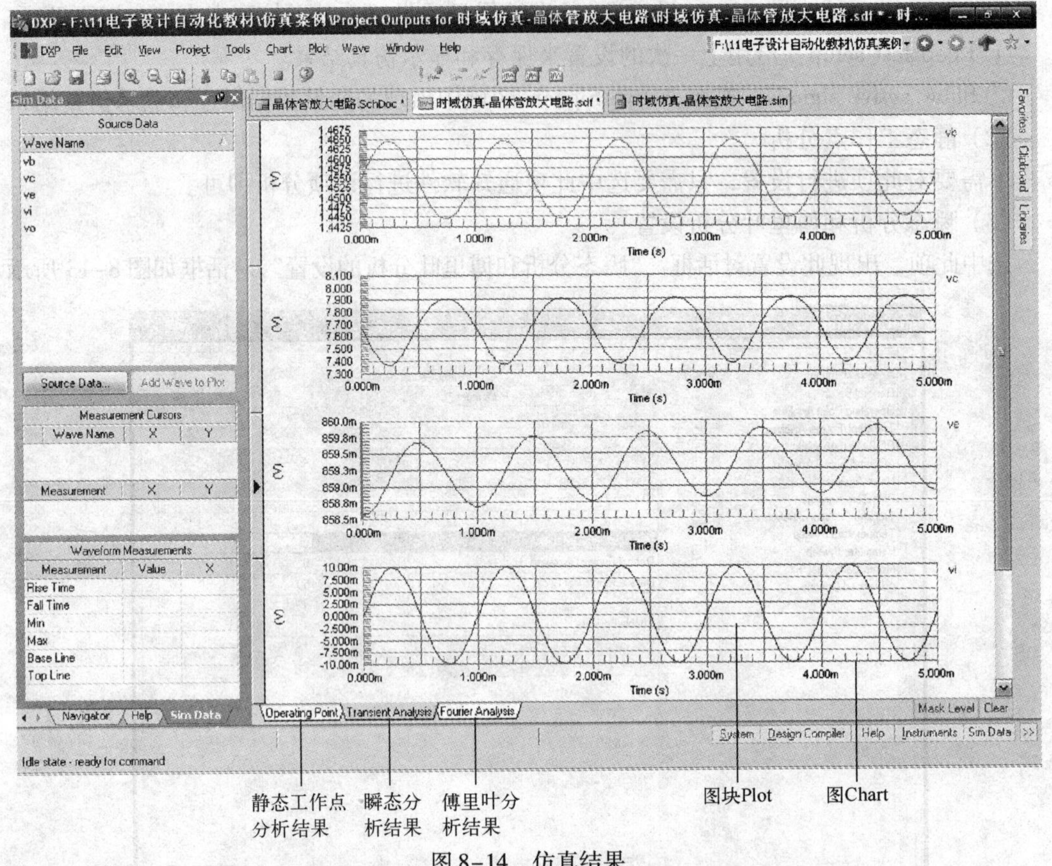

图 8-14　仿真结果

(1) 静态工作点分析

单击“Operating Point”选项卡，显示图 8-15 所示的“静态工作点”仿真结果。

晶体管放大电路.SchDoc *　时域仿真-晶体管放大电路.sdf *　时域仿真-晶体管放大电路.sim

vb	1.455 V
vc	7.670 V
ve	858.6mV
vi	0.000 V
vo	0.000 V

图 8-15　“静态工作点”仿真结果

（2）瞬态分析

1）波形显示。单击“Transient Analysis”选项卡，如图 8-14 所示。分别在 vb、vc 和 ve 3 个图块中单击鼠标右键，弹出右键菜单，执行 Delete Plot（删除图块）操作，vi 和 vo 的瞬态分析结果如图 8-16 所示。

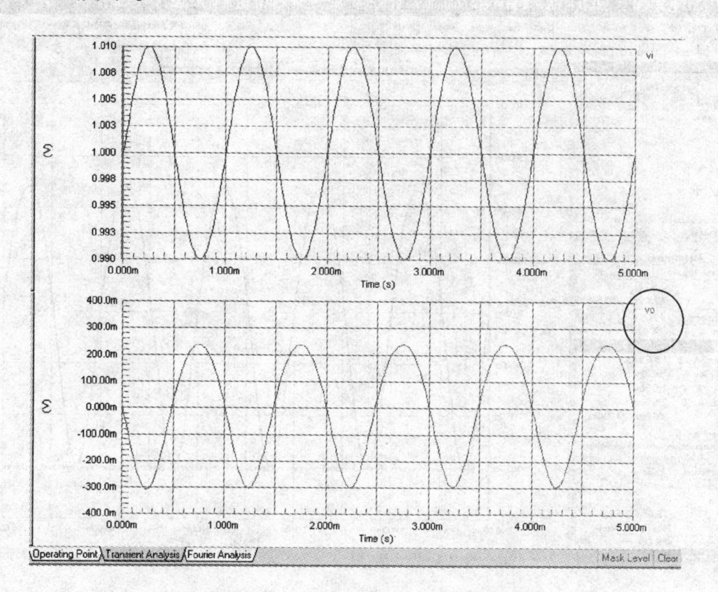

图 8-16　vi 和 vo 的瞬态分析结果

按住图示位置的 vo，将 vo 拖动到 vi 图块处放开，删除空白图块，并在键盘上按快捷键〈Z-A〉，最大程度地显示图样内容，对比显示 vi 和 vo 的效果如图 8-17 所示。

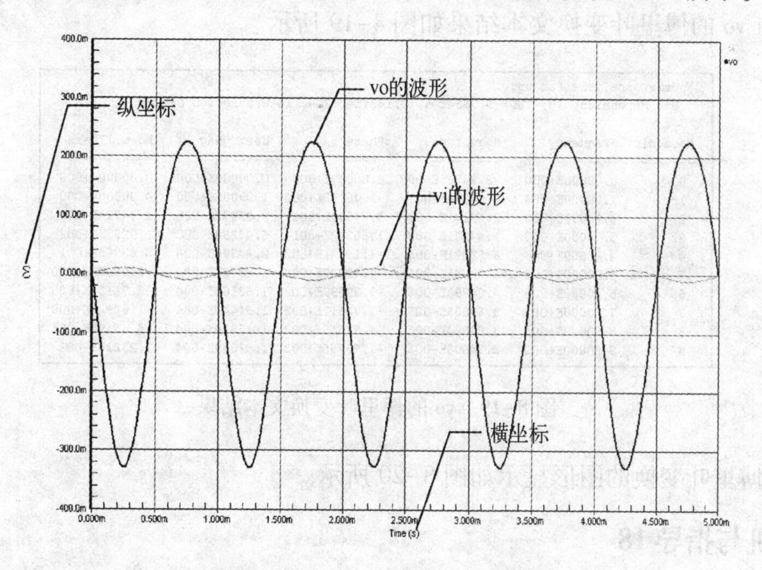

图 8-17　对比显示 vi 和 vo 的效果

2）波形分析。从图 8-17 中可以看出，vo 与 vi 是反相关系，而且 vo 远大于 vi，故电路起到了放大作用。

3）波形测量。在图 8-17 右上角位置鼠标右键单击 vi 或者 vo（根据要测量的对象确定)，选择右键菜单中的 Cursor A 和 Cursor B（测量指针），则波形上面附着测量指针，拖动指针，Sim Data（仿真数据）面板上随之显示有关数据，供用户使用。Sim Data 面板及测量指针如图 8-18 所示。

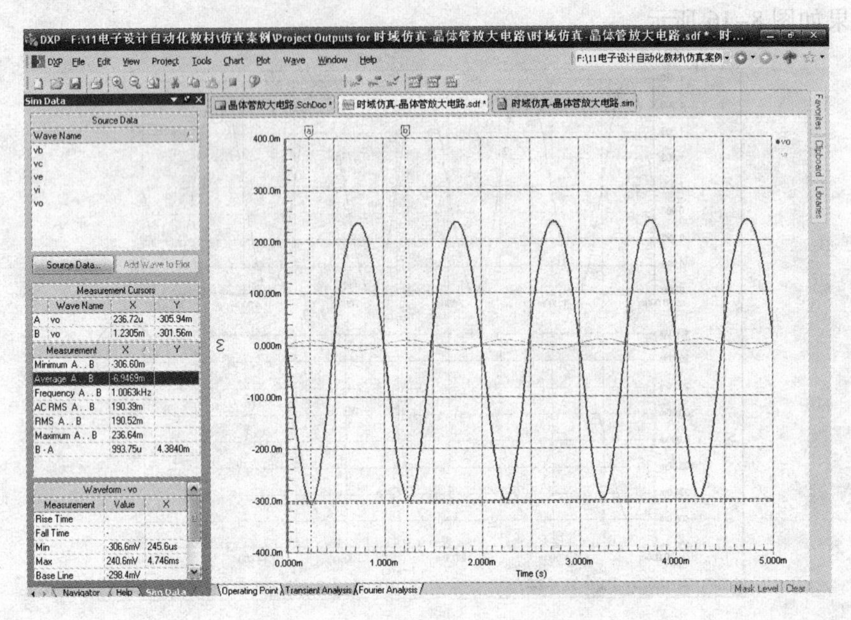

图 8-18　Sim Data 面板及测量指针

(3) 傅里叶分析

1）软件生成文本文件“时域仿真-晶体管放大电路. sim”，收集了激活信号的傅里叶变换结果。例如 vo 的傅里叶变换文本结果如图 8-19 所示。

Fourier analysis for vo:
No. Harmonics: 10, THD: 9.35542 %, Gridsize: 200, Interpolation Degree: 1

Harmonic	Frequency	Magnitude	Phase	Norm. Mag	Norm. Phase
0	0.00000E+000	-2.96725E-003	0.00000E+000	0.00000E+000	0.00000E+000
1	1.00000E+003	2.66894E-001	-1.76988E+002	1.00000E+000	0.00000E+000
2	2.00000E+003	2.49271E-002	9.77358E+001	9.33972E-002	2.74724E+002
3	3.00000E+003	1.44201E-003	1.55344E+001	5.40294E-003	1.92522E+002
4	4.00000E+003	6.52271E-005	-1.18651E+002	2.44394E-004	5.83366E+001
5	5.00000E+003	5.03641E-005	-1.79047E+002	1.88705E-004	-2.05933E+000
6	6.00000E+003	4.08790E-005	-1.79699E+002	1.53166E-004	-2.71132E+000
7	7.00000E+003	3.50805E-005	-1.78617E+002	1.31440E-004	-1.62944E+000
8	8.00000E+003	3.07884E-005	-1.77653E+002	1.15358E-004	-6.65198E-001
9	9.00000E+003	2.74603E-005	-1.76765E+002	1.02889E-004	2.23226E-001

图 8-19　vo 的傅里叶变换文本结果

2）vo 的傅里叶变换的图形显示如图 8-20 所示。

8.2.2　上机与指导 18

1. 任务要求

电路时域仿真学习。

2. 能力目标

1）了解电子电路仿真的概念。

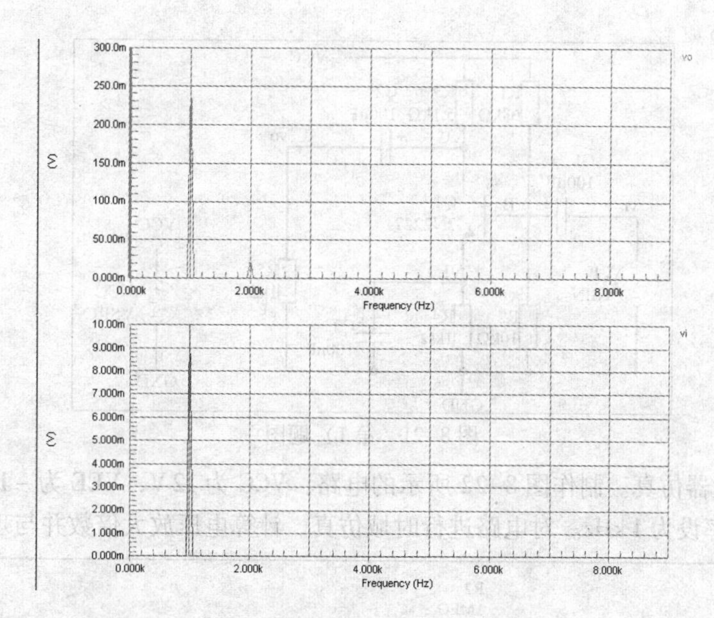

图 8-20　vo 的傅里叶变换的图形显示

2）学习时域仿真设置。

3）学会观察仿真波形，分析仿真结果。

3. 基本过程

1）运行软件。

2）新建设计工作区，并保存。

3）新建 PCB 项目，并保存。

4）新建原理图文件，制作原理图，进行仿真设置，执行仿真过程，分析结果。

5）保存文档。

4. 关键问题点拨

1）与制作印制电路板不同，仿真不再注重元器件的封装方式，而是注重元器件的仿真模型。在选择元器件时，要注意库面板上该器件的模型（Model Name）一栏内是否有标有“M”（Model）的一项。

2）在制作印制电路板时，要注意安装接插件，以便使印制电路板与外部电路连接，而作为仿真，可以先去掉这类接插件，给电路添加适当的直流源和激励源即可。

5. 能力升级

1）晶体管放大电路仿真。制作图 8-21 所示的电路，设置 V1 振幅为10 mV，频率为 1 kHz，其余参数设为 0。

① 对该电路进行静态分析、瞬态分析和傅里叶分析，计算 Av = vo/vi。

② 将 V1 振幅改为 1 V，对电路进行静态分析、瞬态分析和傅里叶分析，分析波形失真的原因。

③ 将 R1 改为 10 kΩ（V1 振幅为 1 V），对电路进行静态分析、瞬态分析和傅里叶分析，分析波形。

④ 删除电容 C3，设置 V1 振幅为 10 mV，对电路进行静态分析，分析交流负反馈对交流电压放大倍数的影响。

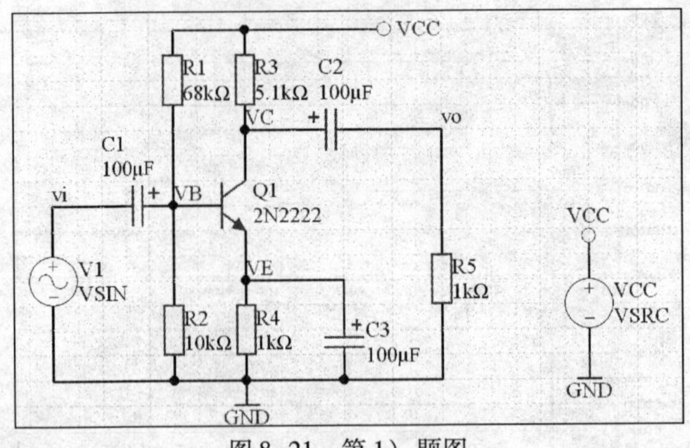

图 8-21　第 1）题图

2）反相放大器仿真。制作图 8-22 所示的电路，VCC 为 12 V，VEE 为 -12 V，VIN 振幅设为 10 mV，频率设为 1 kHz。对电路进行时域仿真。计算电压放大倍数并与理论值相比较。

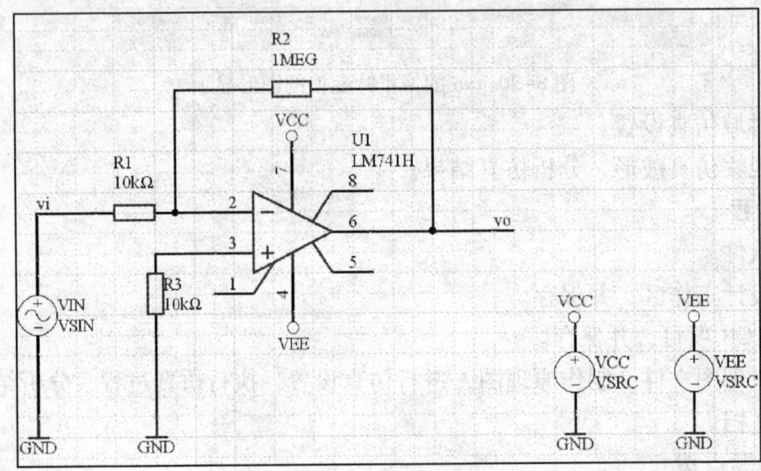

图 8-22　第 2）题图

3）打开软件安装路径下\Examples\Circuit Simulation\555 Astable Multivibrator\555 Astable Multivibrator. PRJPCB（非稳态多谐振荡器）。

① 分析电路图的制作；学习 . IC 元器件的使用方法；观察 555 元器件的仿真属性。

② 学习时域仿真的设置。

8.2.3　参数扫描

以在晶体管放大电路中静态偏置电阻对放大电路的影响为例进行介绍。

1. 准备工作

1）新建项目，命名为参数扫描-晶体管放大电路. PrjPCB，并保存。

2）将本章 8.2.1 节中制作的晶体管放大电路. SchDoc 添加到本项目中。修改 V1 的仿真属性，使它的振幅为 50 mV。

2. 仿真设置

1）选中静态工作点分析和瞬态分析，采用默认设置。

2）选中 Parameters Sweep（参数扫描），并按图 8-23 所示进行参数扫描设置。

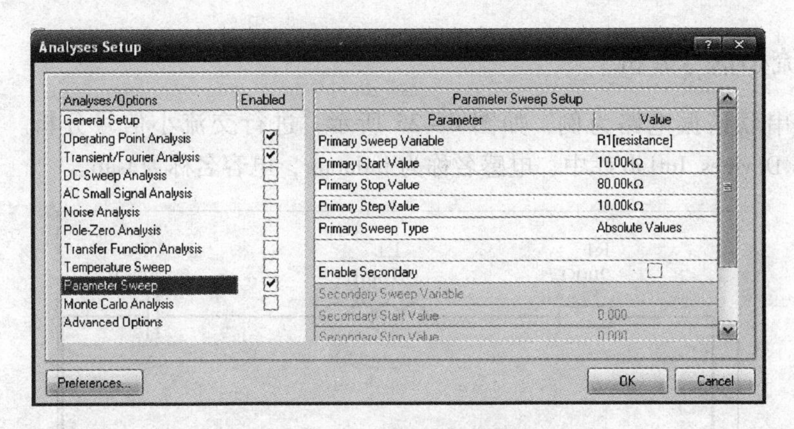

图 8-23　参数扫描设置

① Primary Sweep Variable：从列表中指定用于主扫描的变量。

② Primary Start Value：主扫描变量起始值，此处设置为 10 kΩ。

③ Primary Stop Value：主扫描变量终止值，此处设置为 80 kΩ。

④ Primary Step Value：主扫描变量步长，此处设置为 10 kΩ。

⑤ Primary Sweep Type：扫描类型。Absolate Values（绝对值扫描）：将扫描起始值、终止值和步长定义的数值作为扫描变量的值进行计算；Relative Values（相对值扫描）：将扫描起始值、终止值和步长定义的数值与扫描变量原来的数值（本例 R1 原值是 68 kΩ）相加作为扫描变量的值进行计算。

3. 仿真结果

参数扫描的仿真结果如图 8-24 所示。软件在同一个坐标系中描绘出了对应于 R1 取值为 10 kΩ、20 kΩ、30 kΩ、40 kΩ、50 kΩ、60 kΩ、70 kΩ 和 80 kΩ 时的输出波形。若单击图 8-24 右上角的 vo _ p1，则对应的波形将加粗显示，依此类推。从图上可以看到，当 R1 取值不合理时，输出波形将会失真。使用参数扫描可以帮助设计人员确定元器件参数以及选择合适的元器件。

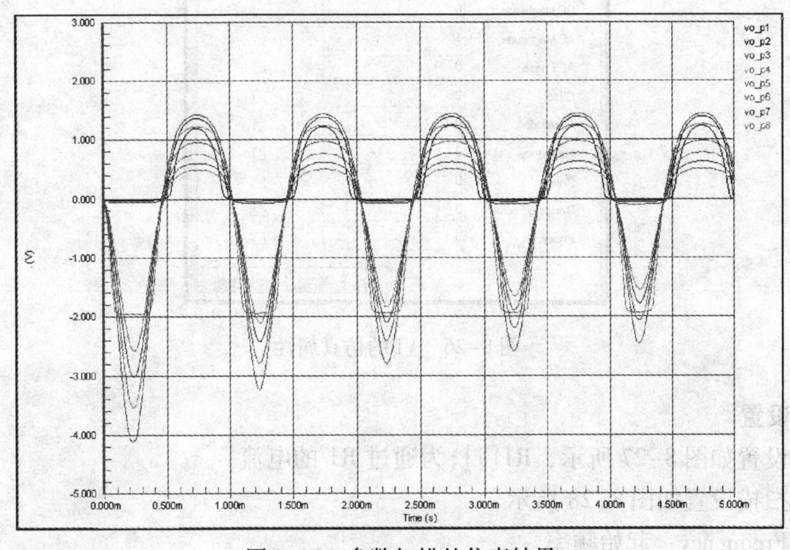

图 8-24　参数扫描的仿真结果

8.2.4　交流小信号分析

以 RLC 串联谐振电路为例，如图 8-25 所示，进行交流小信号分析。元器件位于 Miscellaneous Devices. IntLib 库中，电感名称为 inductor，电容名称为 Cap。

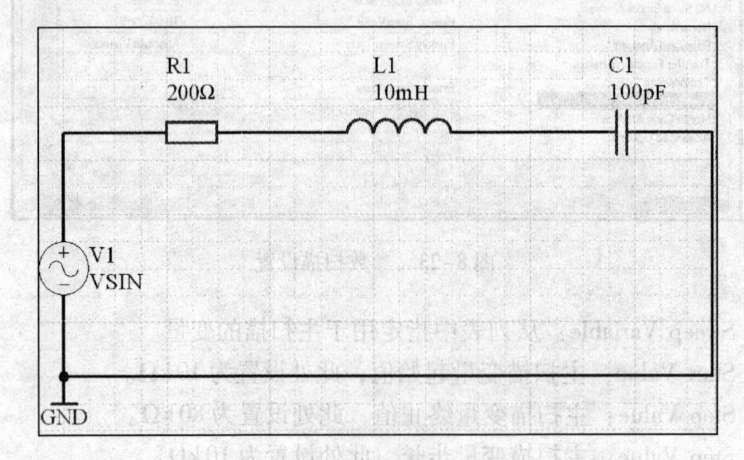

图 8-25　RLC 串联谐振电路

1. 准备工作

1）新建项目，命名为交流小信号分析-RLC 谐振电路. PrjPCB，并保存。

2）新建原理图文件，命名为 RLC 谐振电路 . SchDoc，并保存。

2. 制作原理图

1）按照图 8-25 所示制作原理图。

2）VI 的仿真属性按照图 8-26 所示进行设置。

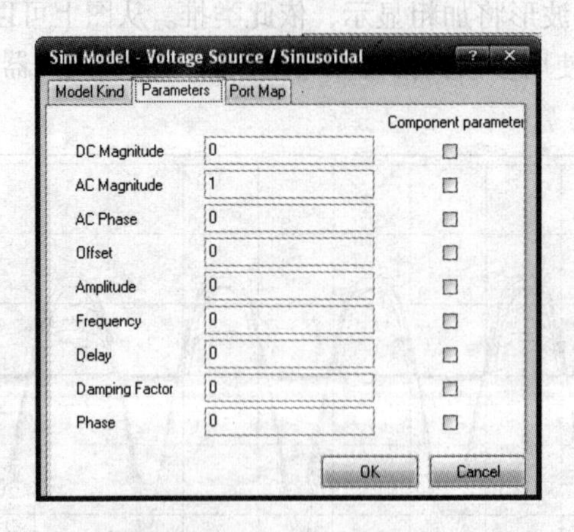

图 8-26　VI 的仿真属性

3. 仿真设置

1）一般设置如图 8-27 所示，R1[i] 为通过 R1 的电流。

2）频率扫描设置如图 8-28 所示。

① Start Frequency：起始频率。

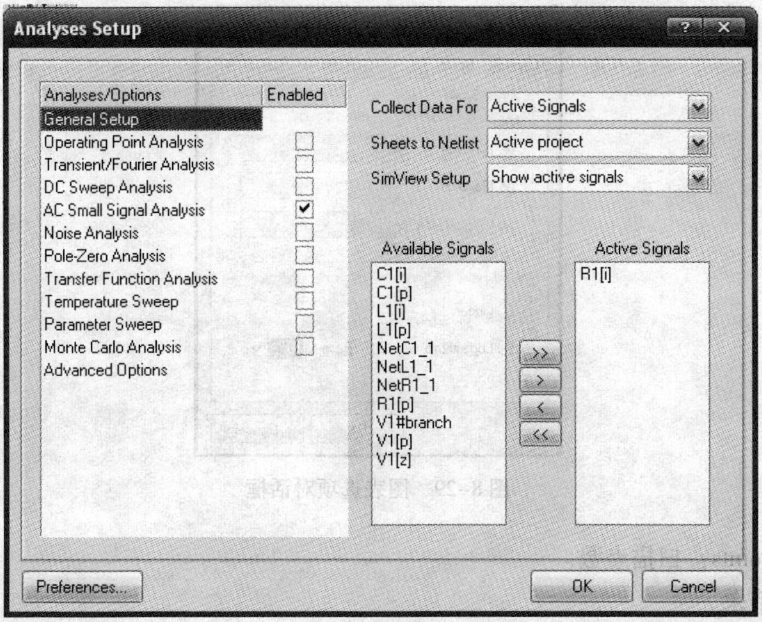

图 8-27　一般设置

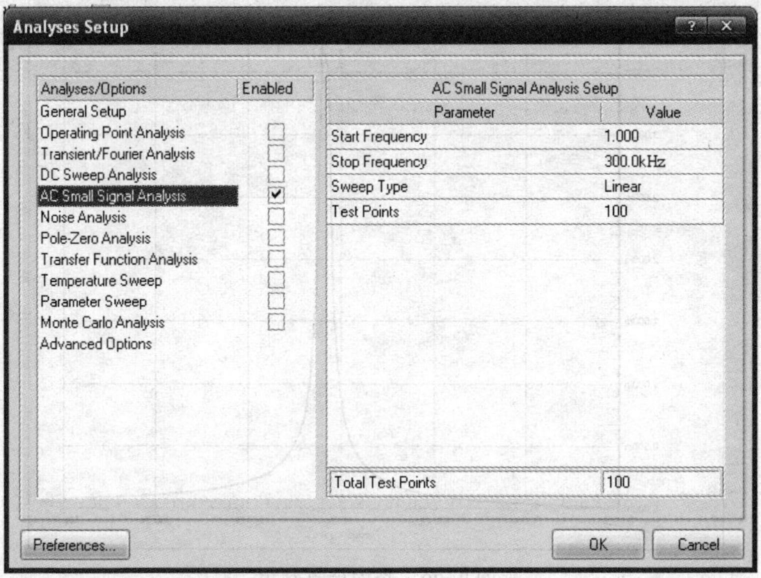

图 8-28　频率扫描设置

② Stop Frequency：终止频率。

起始频率和终止频率要根据具体的电路进行选择。

③ Sweep Type：扫描方式。从起始频率开始，各个扫描的频率点的确定方法，包括直线、10 倍频和 8 倍频 3 种。若采用 10 倍频，则频率坐标轴应相应地改为对数坐标轴。方法是执行菜单“Chart”（仿真图表）→“Chart Options…”（仿真图表选项…），打开“图表选项”对话框，单击 Scale（刻度）选项卡，如图 8-29 所示，选择“Grid Type”（网格类型）为 Logarithmic（对数）。

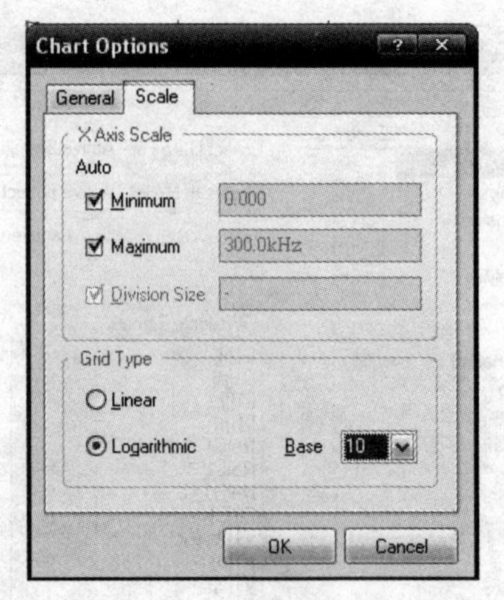

图 8-29　图表选项对话框

④ Test Points：扫描点数。

4. 仿真结果

频率仿真结果如图 8-30 所示。

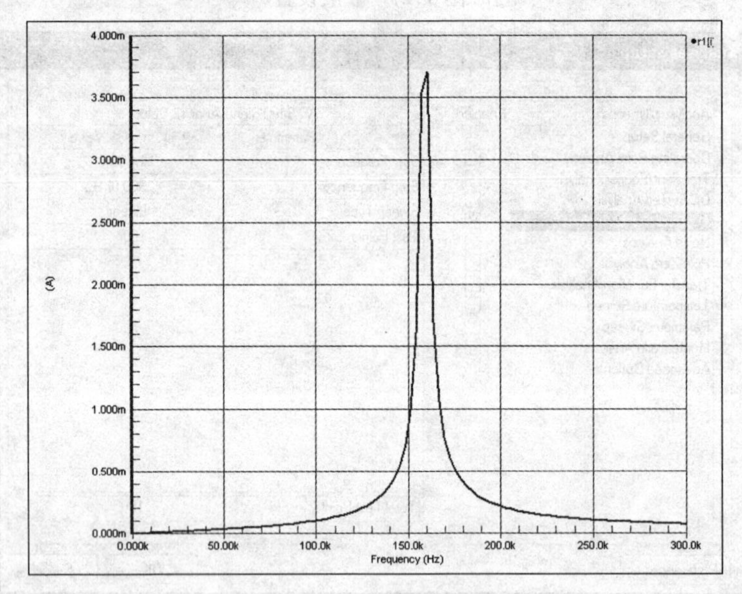

图 8-30　频率仿真结果

8.2.5　DC 扫描

本节以分析反相放大器电路（如图 8-31 所示）的线性工作范围为例进行 DC 扫描分析，其中 VCC 为12 V，VEE 为 -12 V。

1. 准备工作

1）新建项目，命名为 DC 扫描-反相放大器. PrjPCB，并保存。

2）新建原理图文件，命名为 DC 扫描-反相放大器. SchDoc，并保存。

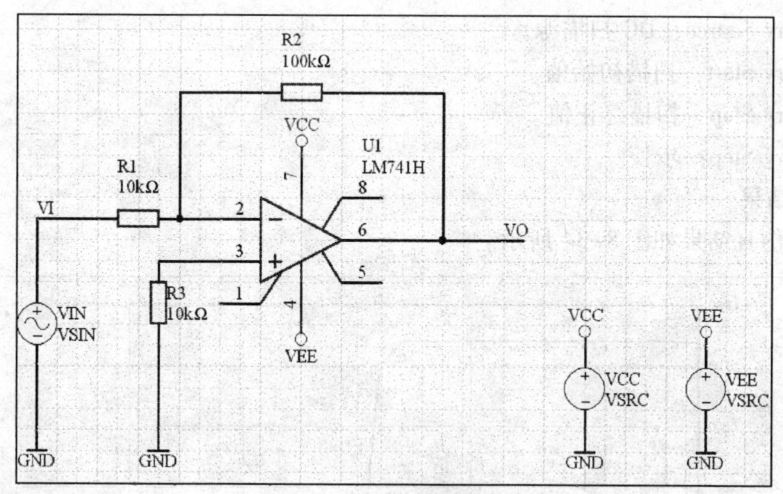

图 8-31　反相放大器电路

2. 仿真设置

1）一般设置如图 8-32 所示。

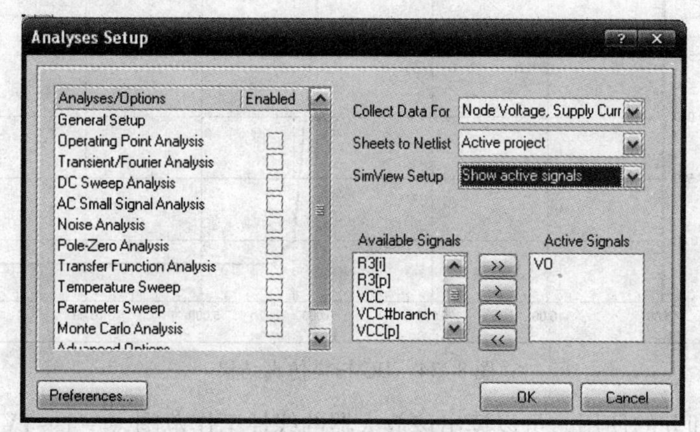

图 8-32　一般设置

2）DC 扫描设置如图 8-33 所示。

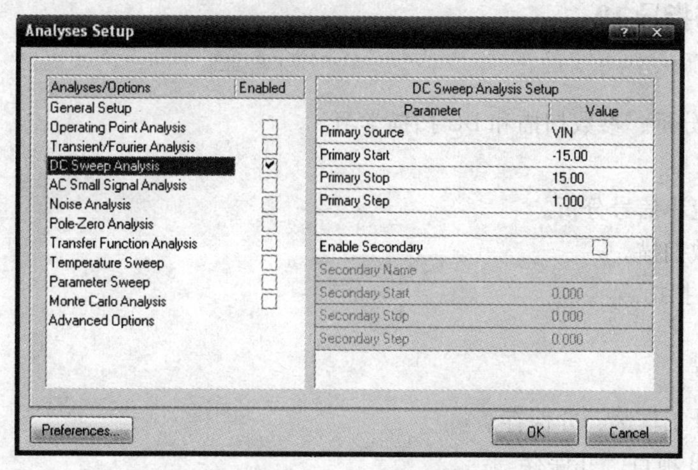

图 8-33　DC 扫描设置

① Primary Source：DC 扫描源。

② Primary Start：扫描初始值。

③ Primary Stop：扫描终止值。

④ Primary Step：步长。

3. 仿真结果

DC 扫描仿真结果如图 8-34 所示。

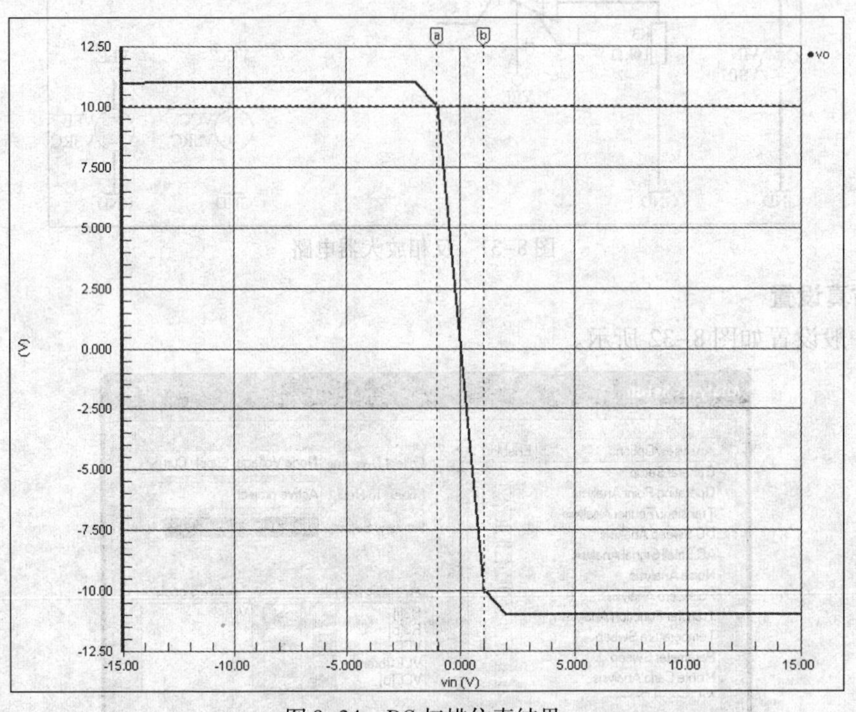

图 8-34　DC 扫描仿真结果

配合指针 a 和 b 的使用，可以读出该放大器的线性工作范围（-1～1V）和求出放大倍数（-10）。

8.2.6　上机与指导 19

1. 任务要求

交流小信号分析、参数扫描和 DC 扫描学习。

2. 能力目标

1）学习交流小信号分析。

2）学习参数扫描。

3）学习 DC 扫描。

3. 基本过程

1）运行软件。

2）新建设计工作区，并保存。

3）新建 PCB 项目，并保存。

4）新建原理图文件，制作原理图，进行仿真设置，执行仿真过程，分析结果。

5）保存文档。

4. 关键问题点拨

1）注意不同种类的电路的激励源使用和设置，例如交流小信号电路激励源采用正弦波，幅度是毫伏一级，而 TTL 电路采用方波，幅度要按照 TTL 门电路电平要求设置等。

2）要做出有意义、有成效的仿真，就需要了解该电路的原理和基本预期结果，了解电路中包含的元器件的特性，还需要了解实际进行试验的基本流程，也就是说，软件提供的仿真功能，只是个辅助工具。

5. 能力升级

1）对两级放大电路进行仿真。其电路如图 8-35 所示。

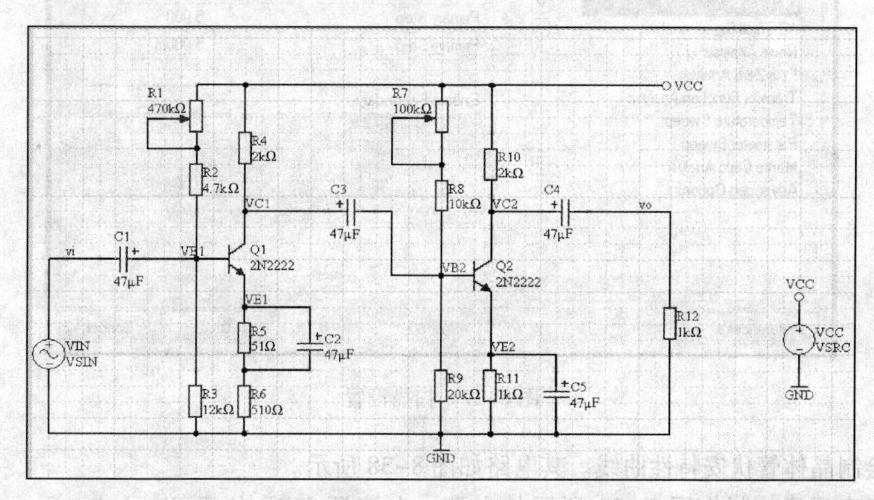

图 8-35　第 1）题图

① 制作图 8-35 所示的电路。软件没有提供电位器 R1 和 R7 的原理图元器件符号，可用位于 Miscellaneous Devices. IntLib 集成库中名称为 Rpot 的原理图元器件图形代替。设置电位器的属性 Set Position（第一脚和第二脚之间的阻值与总阻值之比）为 0.5，VCC 值为 12 V。

② 设置 VIN 振幅为 10 mV，频率为 1 kHz，进行静态工作点分析和瞬态分析。

③ 对电路进行交流小信号分析。

④ 把电位器 R1 的 Set Position（设定位置）的值作为扫描源，进行参数扫描。

⑤ 给两级放大电路添加级间负反馈，然后再进行分析。

2）对与非门传输特性进行分析。其电路如图 8-36 所示。

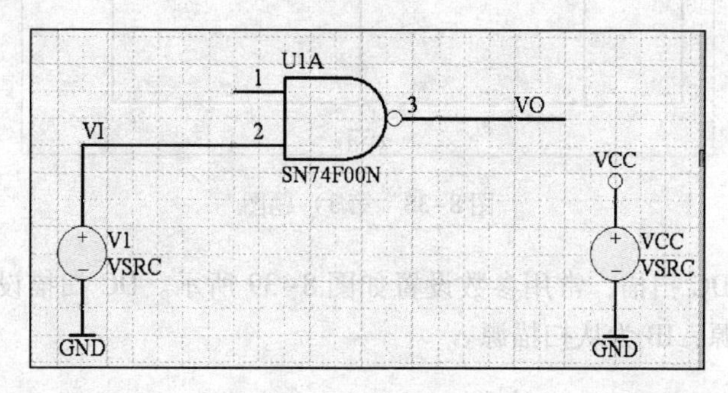

图 8-36　第 2）题图

① 制作图 8-36 所示的电路，V1 和 VCC 的值都设为 5 V，SN74F00N 在 TI Logic Gate 2. IntLib 集成库内。

② 对电路进行直流扫描，将 V1 设为扫描源，观察 VO 随 VI 变化的规律。扫描设置如图 8-37所示。

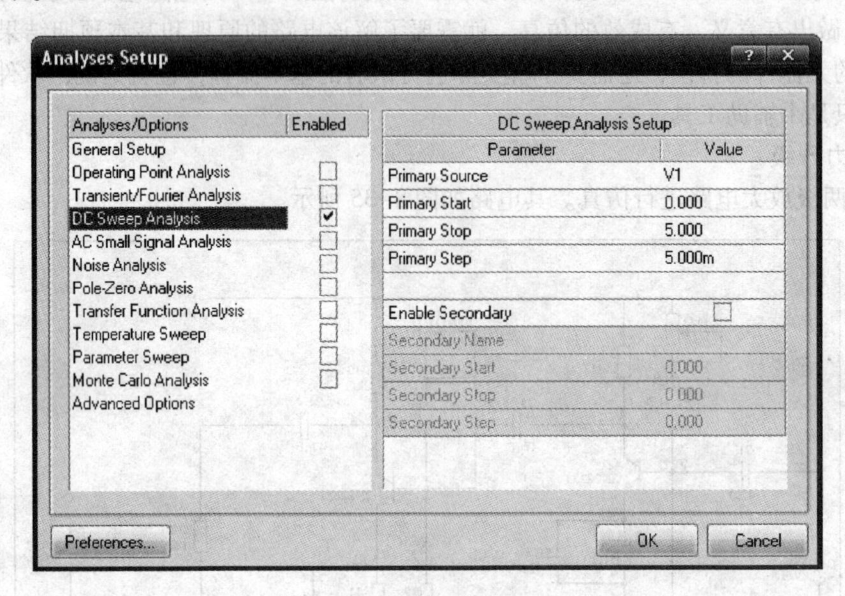

图 8-37　扫描设置

3）绘制晶体管伏安特性曲线。其电路如图 8-38 所示。

① 新建项目，制作图 8-38 所示的电路。电流源 ISRC 位于 Simulation Sources. IntLib 集成库中，设置电流源的仿真属性：Value 值为 40μA，AC Magnitude 为 0 V，AC Phase 为 0 rad。

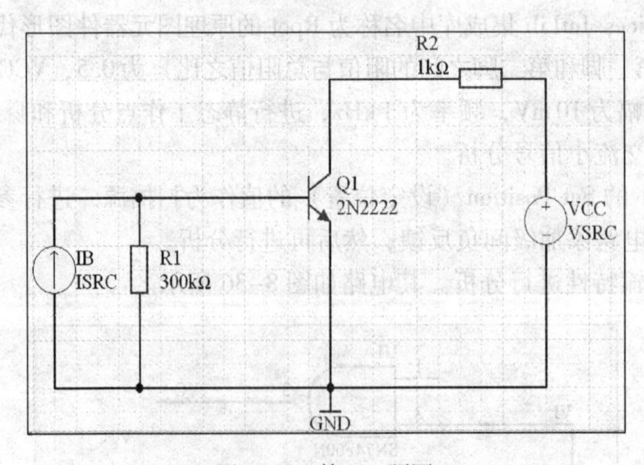

图 8-38　第 3）题图

② 对电路进行 DC 扫描，常用参数设置如图 8-39 所示。DC 扫描设置如图 8-40 所示，设置 VCC 为主扫描源，IB 为从扫描源。

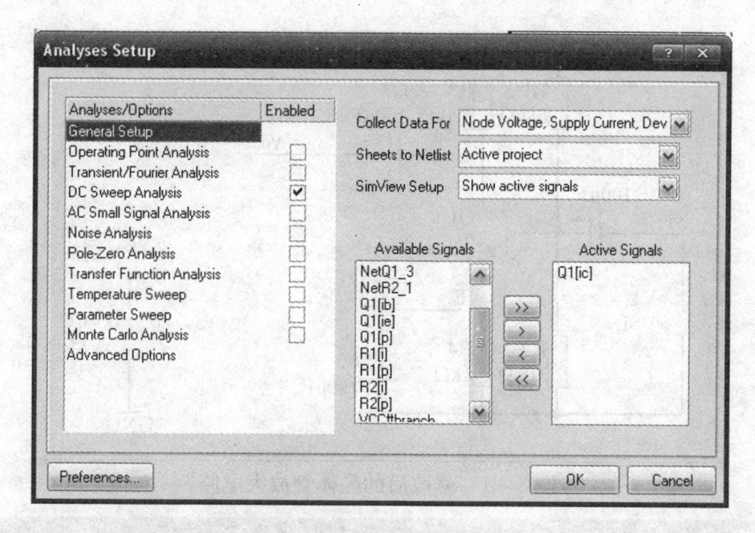

图 8-39　常用参数设置

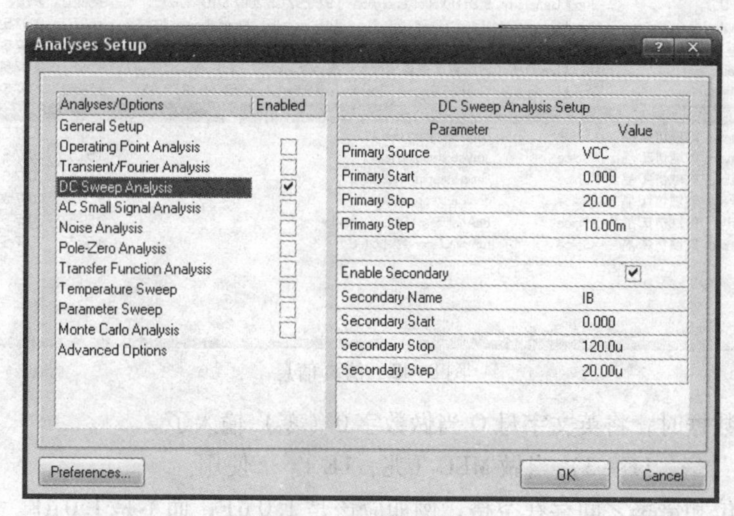

图 8-40　DC 扫描设置

8.3　仿真常见错误

8.3.1　仿真常见错误案例分析

1. 错误案例

删除本章 8.2.1 节中图 8-1 所示电容中的负载电阻 R5，修改后的晶体管放大电路如图 8-41所示，其余设置不变。运行仿真，会发现仿真不能完成，图 8-42 所示的仿真信息上指出了电路及设置出现的问题。对于本例是 vo 网络没有连接好，解决方法是重新连上负载电阻 R5。

2. 仿真常见错误

1）电路没有连接好，电路中有游离的元器件和摇摆的节点。

2）电路中没有设置参考接地点，或者电路中存在某些节点，软件找不到这些节点到接地点的 DC 通路。

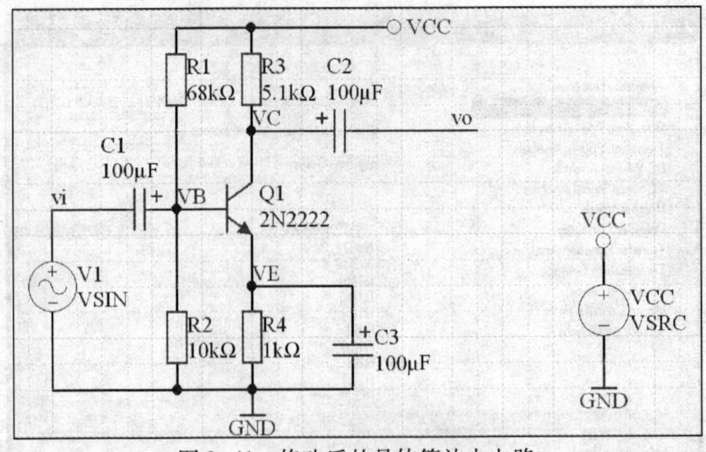

图 8-41　修改后的晶体管放大电路

Messages

Class	Document	Source	Message	Time	Date	No.
[Start O...		Ouput Generator	Start Output Generation At 9:56:52 On 2007-5-18	9:56:52	2007-5-...	1
[Output]		Ouput Generator	Name: Mixed Sim Type: AdvSimNetlist From: Project [时域...	9:56:52	2007-5-...	2
[Hint]	晶体管放大...	AdvSim	Q1 - Model found in: D:\PROGRAM FILES\ALTIUM2004 SP2...	9:56:52	2007-5-...	3
[Genera...		Ouput Generator	时域仿真-晶体管放大电路.nsx	9:56:52	2007-5-...	4
[Finishe...		Ouput Generator	Finished Output Generation At 9:56:52 On 2007-5-18	9:56:52	2007-5-...	5
[Warning]	时域仿真-晶...	XSpice	singular matrix: check nodes vo and vo	9:56:52	2007-5-...	6
[Warning]	时域仿真-晶...	XSpice	Gmin stepping failed	9:56:52	2007-5-...	7
[Warning]	时域仿真-晶...	XSpice	source stepping failed	9:56:52	2007-5-...	8
[Warning]	时域仿真-晶...	XSpice	Gmin stepping failed	9:56:52	2007-5-...	9
[Warning]	时域仿真-晶...	XSpice	source stepping failed	9:56:52	2007-5-...	10
[Error]	时域仿真-晶...	XSpice	doAnalyses: Matrix is singular	9:56:52	2007-5-...	11
[Warning]	时域仿真-晶...	XSpice	run simulation(s) aborted	9:56:53	2007-5-...	12

图 8-42　仿真信息

3）当输入数据时，将英文字母 O 当做数字 0（零）输入了。

4）错把 M（毫，1E－3）当做 MEG（兆，1E＋6）使用。

5）数值单位和倍率之间存在空格，例如应该是 1.0μF，而不是 1.0 μF。

6）元器件参数设置不合理，或者仿真设置不合理。

8.3.2　上机与指导 20

1. 任务要求

学习仿真常见问题的解决方法。

2. 能力目标

1）熟练仿真设置。

2）学习仿真中常见问题的解决方法。

3. 基本过程

1）运行软件。

2）新建设计工作区，并保存。

3）新建 PCB 项目，并保存。

4）新建原理图文件，制作原理图，进行仿真设置，执行仿真过程，分析结果。

5）保存文档。

4. 能力升能

1）将“上机与指导18”第2）题反相放大器仿真中的R2值设为1MΩ，重新进行仿真，并分析仿真结果。

2）对二分频电路进行仿真。其电路如图8-43所示。

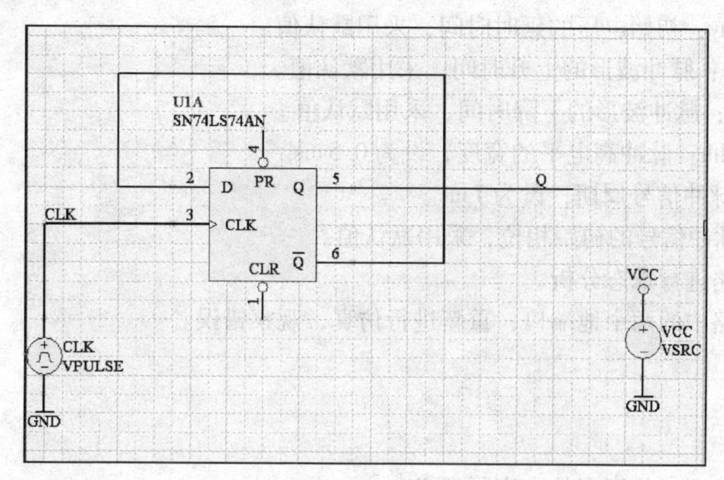

图8-43 第2）题图

① 制作图8-43所示的电路。D触发器名称为SN74LS74AN，位于TI Logic Flip-Flop. IntLib库中；脉冲信号源名称为VPULSE，位于Simulation Sources. IntLib库中，对VPULSE的主要仿真属性的设置如图8-44所示。

Sim Model - Voltage Source / Pulse

Model Kind | Parameters | Port Map

		Component parameter
DC Magnitude	0	☐
AC Magnitude	1	☐
AC Phase	0	☐
Initial Value	0	☐
Pulsed Value	5	☐
Time Delay	0	☐
Rise Time	1u	☐
Fall Time	1u	☐
Pulse Width	0.5ms	☐
Period	1ms	☐
Phase		☐

@DESIGNATOR %1 %2 ?"DC MAGNITUDE"|DC @"DC MAGNITUDE"| PULSE(?"INITIAL VA

Netlist Template | Netlist Preview | Model File

OK　Cancel

图8-44 对VPULSE的主要仿真属性的设置

- DC Magnitude：静态偏置，此处不用。
- AC Magnitude：交流小信号分析振幅，此处不用。
- AC Phase：交流小信号分析相位，此处不用。
- Initial Value：零时刻的电压值，设为0。
- Pulsed Value：脉冲电压的幅值，此处设为5 V。
- Time Delay：初始电压的延时时间，采用默认值。
- Rise Time：脉冲波形的上升时间，采用默认值。
- Fall Time：脉冲波形的下降时间，采用默认值。
- Pulse Width：脉冲高电平的宽度，设为0.5 ms。
- Period：脉冲信号周期，设为1 ms。
- Phase：脉冲信号的初始相位，采用默认值。

② 对该电路进行瞬态分析。

③ 删除电路中的两个地端口，重新进行仿真，观察错误。

8.4 习题

1. 什么是仿真？仿真有什么实际意义？
2. 仿真有哪些类型？如果想知道频率对输出的影响，就应该运行什么仿真？
3. 说明瞬态分析的过程以及观察结果的方法。
4. 在电路设计过程中，某电阻R3，其值期望在1 ~ 10 kΩ 中选取，但不知道最合适的值是多大，应该运行什么仿真协助选择？说明设置方法。

第 9 章　印制电路板综合设计

本章要点

- 完成项目设计的总体思路
- 软件各个模块的综合使用

9.1　设计印制电路板的总体思路

设计印制电路板的总体思路如下。

1）分析任务，准备资料：包括原理图分析、元器件资料准备和明确设计要求，例如散热要求、机械防护要求、电磁兼容性要求、印制电路尺寸要求和特殊加工要求等。

2）建立项目文件夹：明确保存路径。

3）准备元器件：在 Protel DXP 2004 SP2 软件提供的库内查找元器件，若没有，则自己制作（包括原理图元器件符号和封装方式）。

4）制作原理图：根据项目规模划分单元，确定是否需要制作层次电路图及其层次划分。

5）制作印制电路板。

6）生成有关报表、Gerber 文件和钻孔文件等。

9.2　BTL 功率放大电路的印制电路板设计

本节以设计由 TDA2009 构成的 BTL 功率放大电路的印制电路板为例进行介绍。用户提供的资料如下。

1. 电路图

BTL 功率放大电路图如图 9-1 所示。

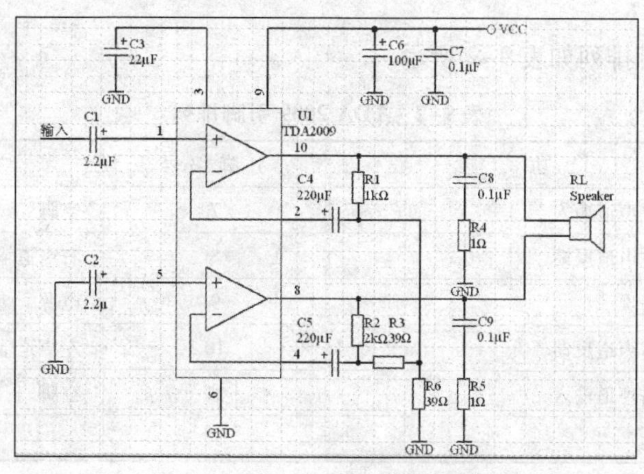

图 9-1　BTL 功率放大电路

2. 元器件资料

BTL 功率放大电路元器件资料如表 9-1 所示。

表 9-1 BTL 功率放大电路元器件资料

元 器 件	标 号	标 称 值	元器件名称	封 装 方 式
电阻	R1	1kΩ	Res2	Axial-0. 5
电阻	R2	2 kΩ	Res2	Axial-0. 5
电阻	R3、R6	39 Ω	Res2	Axial-0. 5
电阻	R4、R5	1 Ω	Res2	Axial-0. 5
电解电容	C1、C2	2. 2 μF	Cap Pol2	CAPPR5-8x15
电解电容	C3	22 μF	Cap Pol2	CAPPR5-8x15
电解电容	C4、C5	220 μF	Cap Pol2	CAPPR5-8x15
电解电容	C6	100 μF	Cap Pol2	CAPPR5-8x15
涤纶电容	C7、C8、C9	0. 1 μF	CAP	RAD-0. 2

3. TDA2009 资料

1）TDA2009 的外形如图 9-2 所示。

图 9-2 TDA2009 的外形

2）TDA2009 引脚排列如表 9-2 所示。

表 9-2 TDA 2009 引脚排列

引脚编号	功 能	引脚编号	功 能
1	左声道输入	7	空脚
2	左声道反馈	8	右声道输出
3	静噪	9	电源
4	右声道反馈	10	左声道输出
5	右声道输入	11	空脚
6	地		

3）TDA2009 结构图与尺寸分别如图 9-3 和表 9-3 所示。

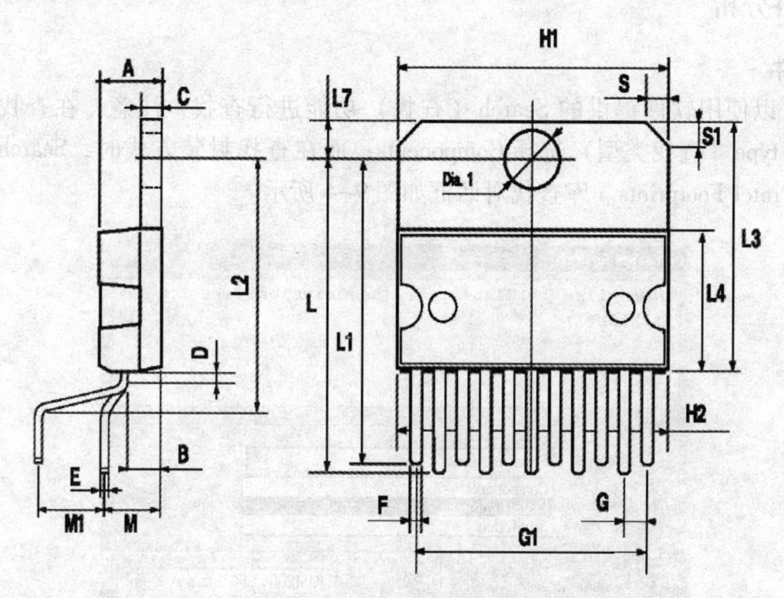

图 9-3　TDA2009 结构图

表 9-3　TDA2009 的尺寸

编号 \ 尺寸	最小尺寸/mm	典型尺寸/mm	最大尺寸/mm
A			5
B			2. 65
C			1. 6
D		1	
E	0. 49		0. 55
F	0. 88		0. 95
G	1. 45	1. 7	1. 95
G1	16. 75	17	17. 25
H1	19. 6		
H2			20. 2
L	21. 9	22. 2	22. 5
L1	21. 7	22. 1	22. 5
L2	17. 4		18. 1
L3	17. 25	17. 5	17. 75
L4	10. 3	10. 7	10. 9
L7	2. 65		2. 9
M	4. 25	4. 55	4. 85
M1	4. 73	5. 08	5. 43
S	1. 9		2. 6
S1	1. 9		2. 6
Dia1	3. 65		3. 85

4）TDA 散热器尺寸。铝型材散热器的宽度为 75 mm，厚度为 8 mm，高度为 40 mm。

4. 电路板尺寸

要求电路板宽为 90 mm，高为 70 mm，一般导线宽度为 1. 5 mm，电源导线宽度为 2 mm。

9.2.1 资料分析

1. 元器件

元器件可以使用软件提供的 Search（查找）功能进行查找，注意，在查找原理图元器件时，Search type（查找类型）选择 Components；而在查找封装方式时，Search type（查找类型）选择 Protel Footprints。库查找对话框如图 9-4 所示。

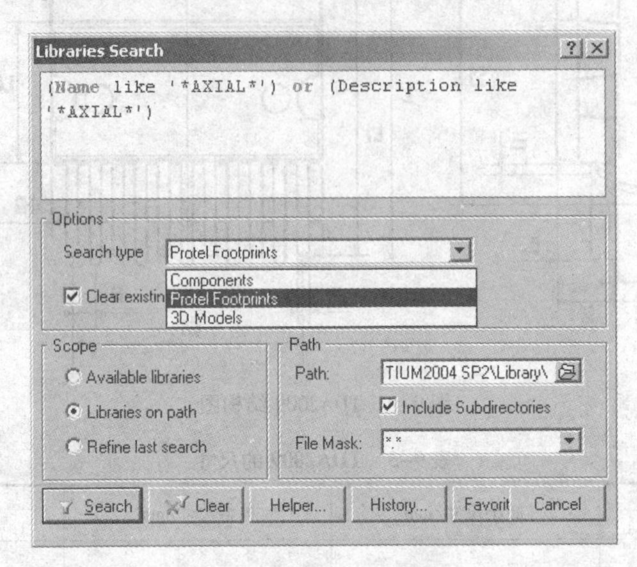

图 9-4 “库查找”对话框

（1）电阻

电阻的原理图符号 Res2 位于 Miscellaneous Devices. IntLib 库内，封装方式 Axial-0. 5 位于 Miscellaneous Devices Pcb. Lib 库内。两者之间没有进行封装方式模型关联。参考前面的章节将封装方式 Axial-0. 5 与元器件符号 Res2 建立关联。

（2）电解电容

电解电容的符号 Cap Pol2 位于 Miscellaneous Devices. IntLib 库内，封装方式 CAPPR5-8x15 位于 Capacitor Polar Radial Cylinder. PcbLib 库内。两者之间没有进行封装方式模型关联。参考前面的章节将封装方式 CAPPR5-8x15 与元器件符号 Cap Pol2 建立关联。

（3）涤纶电容

涤纶电容的符号 CAP 位于 Miscellaneous Devices. IntLib 库内，封装方式 RAD-0. 2 位于 Miscellaneous Devices Pcb. Lib。两者之间没有进行封装方式模型关联。参考前面的章节将封装方式 RAD-0. 2 与元器件符号 CAP 建立关联。

（4）功率放大器 TDA2009

在成品库内没有查找到功率放大器 TDA2009 的原理图符号，需要自己制作。封装方式为 DFM- T11/X1. 7V，位于 Vertical，Dual- Row，Flange Mount with Tab. PcbLib 库内，将 TDA2009 符号制作好后，再将两者进行关联。

2. 原理图

原理图比较简单，不需要制作层次电路图。

9.2.2 制作过程

1. 准备工作

1）新建文件夹为“功率放大器”，用以保存文档。

2）新建印制电路板项目，命名为功率放大器.PrjPCB，并保存。

3）新建原理图文件，命名为功率放大器.SchDoc，并保存。

4）新建集成库项目，命名为功率放大器.LibPkg，并保存。

5）新建原理图库文件，命名为功率放大器.SchLib，并保存。

6）使用 PCB 向导，建立 PCB 文件，要求印制电路板的宽为 90 mm，高为 70 mm，并将其添加到“功率放大器”项目中，命名为功率放大器.PcbDoc，并保存。

2. 为电阻、电解电容和涤纶电容添加封装方式

打开 Miscellaneous Devices.IntLib 混合集成库，参考前面章节的内容，依照表 9-1，分别为 Res2、Cap Pol2、CAP 添加封装方式。

3. 制作 TDA2009

在功率放大器.SchLib 中，制作 TDA2009 符号，如图 9-5 所示。在符号被制作完成后，为该元器件添加封装方式 DFM-T11/X1.7V，为 TDA2009 添加封装方式如图 9-6 所示。制作完成后编译“功率放大器.LibPkg”，生成“功率放大器.IntLib”。

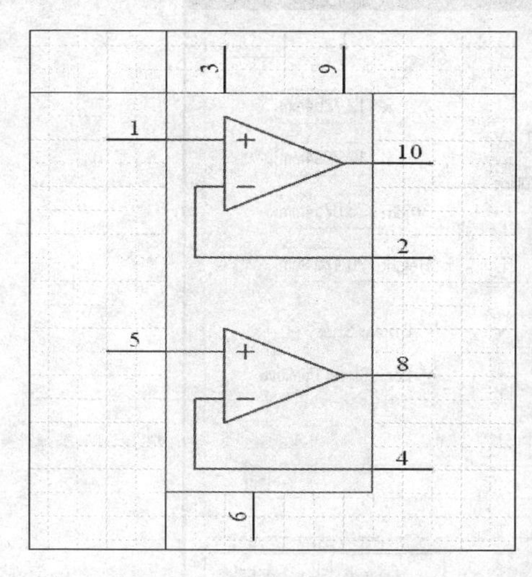

图 9-5 TDA2009 符号

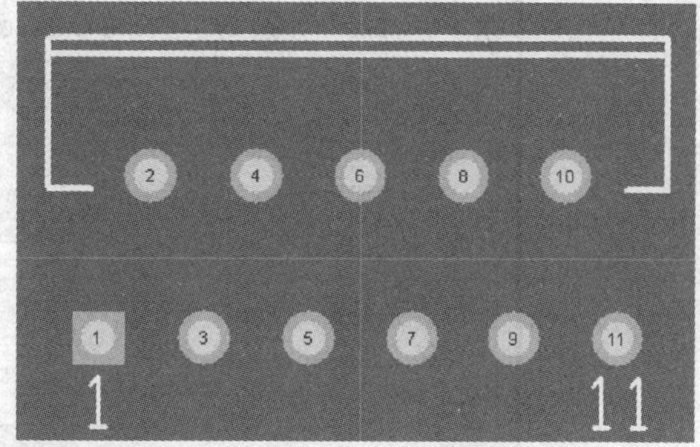

图 9-6 为 TDA2009 添加封装方式

4. 制作原理图

制作“功率放大器.SchDoc”。在原理图上添加接插件，完整的 BTL 功率放大电路如图 9-7所示。注意为新元器件选择正确的封装方式。

5. 制作印制电路板的安装孔

1）设置电路板的左下角为相对坐标原点。执行菜单“Edit”（编辑）→“Origin”（原点）→“Set”（设定），单击电路板的左下角。

2）设置捕获网格为 5 mm。执行菜单“Design”（设计）→“Board Options…”（PCB 选择项…），设置捕获网格如图 9-8 所示，将捕获网格设为5 mm。

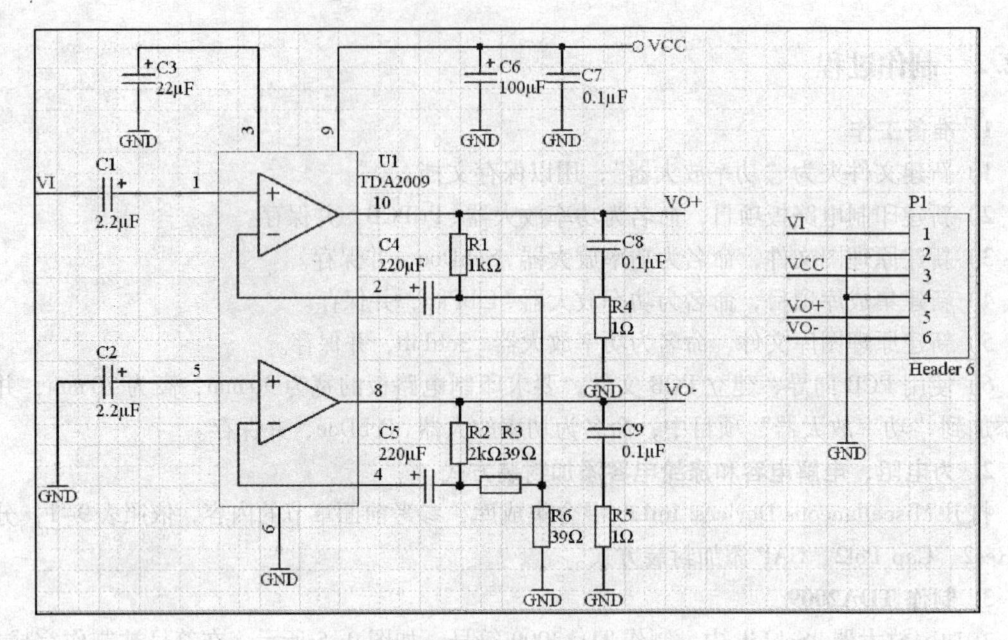

图 9-7　完整的 BTL 功率放大电路

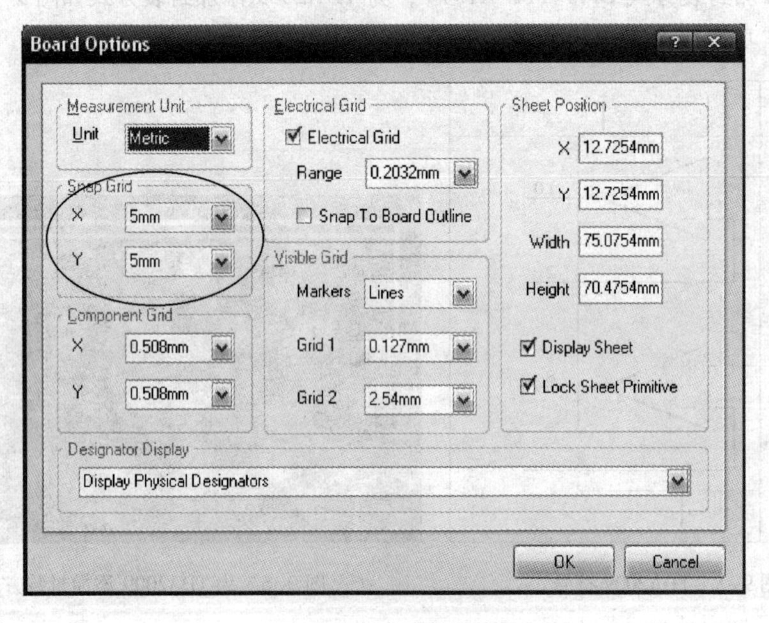

图 9-8　设置捕获网格

3）在坐标为（5 mm，5 mm）、（85 mm，5 mm ）、（85 mm，65 mm）和（5 mm，65 mm）这 4 个位置上放置 4 个安装孔，焊盘 X 方向的尺寸为 5 mm，Y 方向的尺寸为 5 mm，焊盘孔为 5 mm，PCB 的安装孔如图 9-9 所示。

6. 制作 PCB

将原理图同步到印制电路板上，进行布局和布线，并仔细调整，得到 BTL 功率放大电路的 PCB，如图 9-10 所示。

图 9-9　PCB 的安装孔

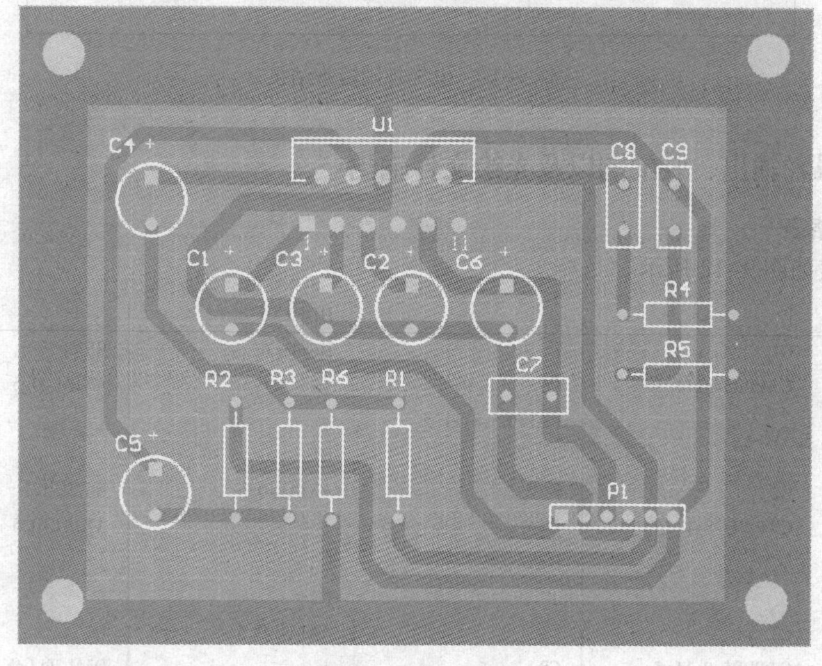

图 9-10　BTL 功率放大电路的 PCB

9.2.3　电气规则检查

编译工程即对原理图进行规则检查。

在 PCB 界面下，执行菜单“Tool”（工具）→“Design Rule Check…”（设计规则检查…），可对 PCB 进行电气规则检查，电气规则检查结果如图 9-11 所示。可以看到，焊盘孔径太大，违反了规则。在 PCB“规则设置”对话框中将 Manufacturing 的“焊盘孔径”（Hole Size）项设置为不检查。

```
Protel Design System Design Rule Check
PCB File : \11电子设计自动化教材\功率放大器\功率放大器.PcbDoc
Date     : 2007-5-28
Time     : 7:56:42

Processing Rule : Clearance Constraint (Gap=0.3mm) (All),(All)
Rule Violations :0

Processing Rule : Width Constraint (Min=0.3mm) (Max=2.5mm) (Preferred=1.5mm) (All)
Rule Violations :0

Processing Rule : Hole Size Constraint (Min=0.0254mm) (Max=2.54mm) (All)
   Violation         Pad Free-(5mm,5mm)  Multi-Layer  Actual Hole Size = 5mm
   Violation         Pad Free-(85mm,5mm)  Multi-Layer  Actual Hole Size = 5mm
   Violation         Pad Free-(85mm,65mm)  Multi-Layer  Actual Hole Size = 5mm
   Violation         Pad Free-(5mm,65mm)  Multi-Layer  Actual Hole Size = 5mm
Rule Violations :4

Processing Rule : Height Constraint (Min=0mm) (Max=25.4mm) (Prefered=12.7mm) (All)
Rule Violations :0

Processing Rule : Broken-Net Constraint ( (All) )
Rule Violations :0

Processing Rule : Short-Circuit Constraint (Allowed=No) (All),(All)
Rule Violations :0


Violations Detected : 4
Time Elapsed        : 00:00:00
```

图 9-11　电气规则检查结果

9.2.4　报表输出、装配图以及光绘文件输出

1. 网络表

网络表如图 9-12 所示。

```
[
C1
CAPPR5-8x11.5
]
[
C2
CAPPR5-8x11.5
]
[
C3
CAPPR5-8x11.5
]
[
C4
CAPPR5-8x11.5
]
[
C5
CAPPR5-8x11.5
]
[
C6
CAPPR5-8x11.5
]
[
C7
RAD-0.2
]
[
C8
RAD-0.2
]
[
C9
RAD-0.2
]
[
P1
HDR1X6
Header 6
]
[
R1
AXIAL-0.5
]
[
R2
AXIAL-0.5
]
[
R3
AXIAL-0.5
]
[
R4
AXIAL-0.5
]
[
R5
AXIAL-0.5
]
[
R6
AXIAL-0.5
]
[
U1
DFM-T11/X1.7V
*]
(
GND
C2-2
C3-2
C6-2
C7-2
P1-2
```

图 9-12　网络表

P1-4
R4-1
R5-1
R6-1
U1-6
)
(
NetC1_1
C1-1
U1-1
)
(
NetC2_1
C2-1
U1-5
)
(
NetC3_1
C3-1
U1-3
)
(
NetC4_1
C4-1
U1-2
)
(
NetC4_2
C4-2
R1-1
R3-2
R6-2
)
(
NetC5_1
C5-1
U1-4
)
(
NetC5_2
C5-2
R2-1
R3-1
)
(
NetC8_2
C8-2
R4-2
)
(
NetC9_2
C9-2
R5-2
)
(
VCC
C6-1
C7-1
P1-3
U1-9
)
(
VI
C1-2
P1-1
)
(
VO +
C8-1
P1-5
R1-2
U1-10
)
(
VO-
C9-1
P1-6
R2-2
U1-8
)

图 9-12　网络表（续）

2. 元器件清单

如图 9-7 所示，BTL 功率放大电路的元器件清单如表 9-4 所示。

表 9-4　BTL 功率放大电路的元器件清单

元器件标号	元器件名称	元器件封装方式	元器件所在的库
C1	Cap Pol2	CAPPR5-8x11. 5	Miscellaneous Devices. SchLib
C2	Cap Pol2	CAPPR5-8x11. 5	Miscellaneous Devices. SchLib
C3	Cap Pol2	CAPPR5-8x11. 5	Miscellaneous Devices. SchLib
C4	Cap Pol2	CAPPR5-8x11. 5	Miscellaneous Devices. SchLib
C5	Cap Pol2	CAPPR5-8x11. 5	Miscellaneous Devices. SchLib
C6	Cap Pol2	CAPPR5-8x11. 5	Miscellaneous Devices. SchLib
C7	CAP	RAD-0. 2	Miscellaneous Devices. SchLib
C8	CAP	RAD-0. 2	Miscellaneous Devices. SchLib
C9	CAP	RAD-0. 2	Miscellaneous Devices. SchLib
P1	Header 6	HDR1X6	Miscellaneous Connectors. IntLib
R1	Res2	AXIAL-0. 5	Miscellaneous Devices. SchLib
R2	Res2	AXIAL-0. 5	Miscellaneous Devices. SchLib
R3	Res2	AXIAL-0. 5	Miscellaneous Devices. SchLib
R4	Res2	AXIAL-0. 5	Miscellaneous Devices. SchLib
R5	Res2	AXIAL-0. 5	Miscellaneous Devices. SchLib
R6	Res2	AXIAL-0. 5	Miscellaneous Devices. SchLib
U1	TDA2009	DFM-T11/X1. 7V	功率放大器 . SchLib

3. 装配图

BTL 功率放大电路 PCB 装配图如图 9-13 所示。

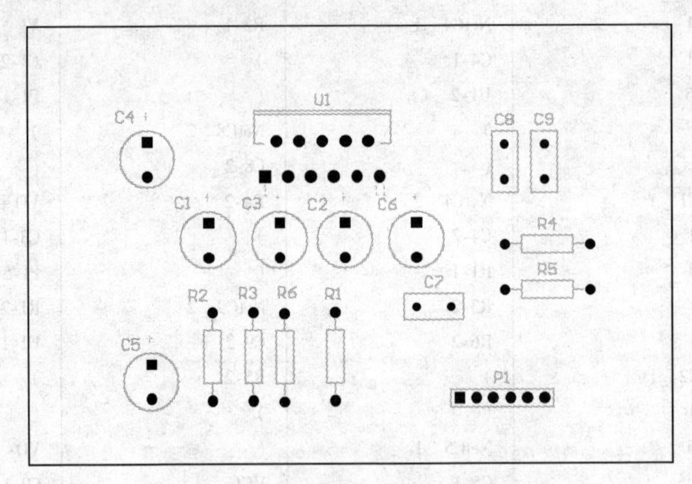

图 9-13 BTL 功率放大电路 PCB 装配图

4. 光绘文件及钻孔文件

在生成光绘文件和钻孔文件后，自动保存在“Project Outputs for 功率放大器”文件夹内。

附录　软件中的符号与国标符号对照表

元器件名称	软件中的符号	国标符号	元器件名称	软件中的符号	国标符号
普通二极管			与门		&
电位器			与非门		&
稳压二极管			非门		1
发光二极管			运算放大器	+ −	▷∞ + + −

参 考 文 献

[1] 张义和. Protel DXP 电路设计快速入门 [M]. 北京：中国铁道出版社，2003.
[2] 龙马工作室. Protel 2004 完全自学手册 [M]. 北京：人民邮电出版社，2005.
[3] 倪泽峰，汪中华. 电路设计与制板——Protel DXP 典型实例 [M]. 北京：人民邮电出版社，2003.
[4] 刘文涛. Protel 2004 设计及应用基础教程与上机指导 [M]. 北京：清华大学出版社，2006.
[5] 杨宗德. Protel DXP 电路设计制版 100 例 [M]. 北京：人民邮电出版社，2005.
[6] 赵明富. EDA 技术与实践 [M]. 北京：清华大学出版社，2005.
[7] 樊会灵. 电子产品工艺 [M]. 北京：机械工业出版社，2002.
[8] 吴良斌，高玉良，李延辉. 现代电子系统的电磁兼容性设计 [M]. 北京：国防工业出版社，2004.